JN000960

令和3年

牛乳乳製品統計
大臣官房統計部

令和4年11月

農林水産省

目　次

利用者のために ・・・・・・・・・・・・・・・・・・・・・・・・・・・ 1

Ⅰ　調査結果の概要
　1　生乳生産量と用途別処理量 ・・・・・・・・・・・・・・・・・ 14
　2　牛乳等生産量 ・・・・・・・・・・・・・・・・・・・・・・・・ 16
　3　乳製品生産量 ・・・・・・・・・・・・・・・・・・・・・・・・ 18
　4　牛乳処理場及び乳製品工場数 ・・・・・・・・・・・・・・・・ 20

Ⅱ　統計表
　1　生乳生産量及び用途別処理量（全国農業地域別・処理内訳）（月別）・・・ 24
　2　生乳生産量（都道府県別）（月別）・・・・・・・・・・・・・・ 28
　3　生乳移出量（都道府県別）（月別）・・・・・・・・・・・・・・ 30
　4　生乳移入量（都道府県別）（月別）・・・・・・・・・・・・・・ 32
　5　生乳移出入量（都道府県別）（月別）・・・・・・・・・・・・・ 34
　6　生乳処理量（用途別　都道府県別）（月別）
　(1)　処理量計 ・・・・・・・・・・・・・・・・・・・・・・・・・ 86
　(2)　牛乳等向け処理量 ・・・・・・・・・・・・・・・・・・・・・ 88
　(3)　牛乳等向け　うち業務用向け処理量 ・・・・・・・・・・・・ 90
　(4)　乳製品向け処理量 ・・・・・・・・・・・・・・・・・・・・・ 92
　(5)　乳製品向け　うちチーズ向け処理量 ・・・・・・・・・・・・ 94
　(6)　乳製品向け　うちクリーム向け処理量 ・・・・・・・・・・・ 96
　(7)　乳製品向け　うち脱脂濃縮乳向け処理量 ・・・・・・・・・・ 98
　(8)　乳製品向け　うち濃縮乳向け処理量 ・・・・・・・・・・・・ 100
　(9)　その他 ・・・・・・・・・・・・・・・・・・・・・・・・・・ 102
　(10)　その他　うち欠減量 ・・・・・・・・・・・・・・・・・・・ 104
　7　牛乳等生産量（全国農業地域別・牛乳等内訳）（月別）・・・・・・・・ 106
　8　飲用牛乳等生産量（都道府県別）（月別）
　(1)　飲用牛乳等計 ・・・・・・・・・・・・・・・・・・・・・・・ 110
　(2)　牛乳生産量 ・・・・・・・・・・・・・・・・・・・・・・・・ 112
　(3)　牛乳　うち業務用生産量 ・・・・・・・・・・・・・・・・・ 114
　(4)　牛乳　うち学校給食用生産量 ・・・・・・・・・・・・・・・ 116
　(5)　加工乳・成分調整牛乳生産量 ・・・・・・・・・・・・・・・ 118
　(6)　加工乳・成分調整牛乳　うち業務用生産量 ・・・・・・・・・ 120
　(7)　加工乳・成分調整牛乳　うち成分調整牛乳生産量 ・・・・・・・ 122

9　乳飲料生産量（都道府県別）（月別）・・・・・・・・・・・・・・124

10　はっ酵乳生産量（都道府県別）（月別）・・・・・・・・・・・・126

11　乳酸菌飲料生産量（都道府県別）（月別）・・・・・・・・・・・128

12　飲用牛乳等出荷量（都道府県別）（月別）・・・・・・・・・・・130

13　飲用牛乳等入荷量（都道府県別）（月別）・・・・・・・・・・・132

14　飲用牛乳等入出荷量（都道府県別）（月別）・・・・・・・・・・134

15　乳製品生産量（全国・北海道・都府県）（月別）・・・・・・・・186

16　乳製品在庫量（全国）（月別）・・・・・・・・・・・・・・・・188

17　牛乳処理場及び乳製品工場数

　(1)　経営組織別・生乳処理量規模別工場処理場数（全国農業地域別・都道府県別）
　　　（令和3年12月末日現在）・・・・・・・・・・・・・・・・189

　(2)　牛乳等製造工場処理場数（全国農業地域別・都道府県別）
　　　（令和3年12月末日現在）・・・・・・・・・・・・・・・・190

　(3)　乳製品種類別製造工場処理場数（全国農業地域別・都道府県別）
　　　（令和3年12月末日現在）・・・・・・・・・・・・・・・・191

　(4)　生乳処理量規模別工場処理場数（全国農業地域別・都道府県別）
　　　（令和3年12月末日現在）・・・・・・・・・・・・・・・・192

　(5)　常用従業者規模別工場処理場数（全国農業地域別・都道府県別）
　　　（令和3年12月末日現在）・・・・・・・・・・・・・・・・194

18　生産能力（全国農業地域別・都道府県別）（令和3年12月末日現在）・・・195

19　容器容量別牛乳生産量割合（全国農業地域別・都道府県別）
　　（令和3年10月）・・・・・・・・・・・・・・・・・・・・196

20　容器容量別加工乳・成分調整牛乳生産量割合（全国農業地域別・都道府県別）
　　（令和3年10月）・・・・・・・・・・・・・・・・・・・・197

　参考　飲用牛乳等の容器容量別工場数（全国）（令和3年10月）・・・・・・・198

Ⅲ　累年統計表

1　生乳生産量及び用途別処理量（全国）・・・・・・・・・・・・・200

2　生乳生産量及び用途別処理量（全国農業地域別）・・・・・・・・204

3　生乳生産量及び用途別処理量（地方農政局別）・・・・・・・・・206

4　牛乳等生産量（全国）・・・・・・・・・・・・・・・・・・・208

5　牛乳等生産量（全国農業地域別）・・・・・・・・・・・・・・212

6　牛乳等生産量（地方農政局別）・・・・・・・・・・・・・・・214

7　乳製品生産量（全国）・・・・・・・・・・・・・・・・・・・216

　参考1　乳用牛の年次別飼養戸数及び頭数（2月1日現在）・・・・・・・220

　参考2　経産牛1頭当たり搾乳量・・・・・・・・・・・・・・・・220

付表　調査票

利用者のために

1　調査の目的

　牛乳乳製品統計調査は、牛乳及び乳製品の生産に関する実態を明らかにするとともに、畜産行政に必要な基礎資料を得ることを目的としている。

2　調査の根拠

　統計法（平成 19 年法律第 53 号）第 9 条第 1 項に基づく総務大臣の承認を受けて実施した基幹統計調査である。

3　調査機関

　農林水産省大臣官房統計部及び農林水産大臣が委託した民間事業者（以下「民間事業者」という。）を通じて実施した。

4　調査の体系

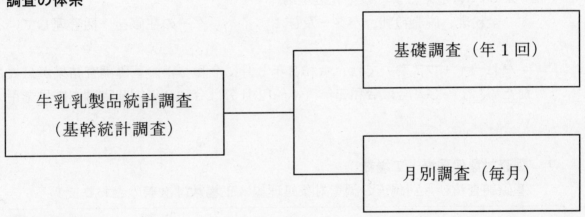

5　調査の範囲

　日本標準産業分類に掲げる次の産業に属する事業所のうち牛乳処理場及び乳製品工場（以下「処理場・工場」という。）並びにこれらを管理する本店又は主たる事務所（以下「本社」という。）とする。

　ただし、アイスクリームのみを製造する乳製品工場のうち、年間の製造量が 5 万リットルに満たない工場及び乳飲料、はっ酵乳又は乳酸菌飲料のみを製造する牛乳処理場のうち、生乳を処理しない工場は除く。

注：　本調査で分類する処理場・工場と日本標準産業分類の対応は次表のとおり。

調査の範囲	日本標準産業分類上の分類
処理場・工場	09　食料品製造業 　091　畜産食料品製造業 　　0913　処理牛乳・乳飲料製造業 　　0914　乳製品製造業（処理牛乳、乳飲料を除く）

6 調査の対象

経済センサス（平成28年）公表年に事業所母集団データベースから処理場・工場に該当する事業所を抽出し、毎年、都道府県、保健所等から収集した休廃業等の状況を反映させた情報を母集団とする。

(1) 基礎調査

令和3年12月31日現在で稼働している全国の全ての処理場・工場

(2) 月別調査

以下のア～オのいずれかに該当する処理場・工場又は本社

ア 全ての乳製品工場

イ 基礎調査結果における12月の月間受乳量が300トン以上の牛乳処理場

ウ 基礎調査結果における12月の月間受乳量が300トン未満の処理場であって、かつ、県外から生乳を受乳又は、県外へ飲用牛乳等を出荷（出荷予定を含む。）している牛乳処理場

エ ア～ウの処理場・工場における12月の月間受乳量が、基礎調査対象工場の都道府県別の12月の月間受乳量の80％に満たない場合について、カバレッジが80％を超えるまでの牛乳処理場

オ 全粉乳、脱脂粉乳、バター及びホエイパウダーの在庫を一括管理している本社

なお、イ・ウにおいては、令和2年3月に令和2年の基礎調査結果が公表されたため、1～3月分は令和元年、4～12月分は令和2年の基礎調査結果を用いている。

7 調査対象処理場・工場数

基礎調査及び月別調査の調査対象処理場・工場数は次表のとおりである。

| | | 基礎調査 | 月別調査 | | | | | | | | | | | |
			令和3年1月	2	3	4	5	6	7	8	9	10	11	12
処理場・工場	調査対象数（事業所）	547	347	347	347	342	342	342	342	342	342	342	342	342
	有効回答率（%）	99.8	100	100	100	100	100	100	100	100	100	100	100	100
本社	調査対象数（社）	－	15	15	15	15	15	15	15	15	15	15	15	15
	有効回答率（%）	－	100	100	100	100	100	100	100	100	100	100	100	100

8 調査期間

令和3年（1月～12月）の1年間を調査期間とし、基礎調査は12月31日現在、月別調査は毎月末日現在で実施した。

9 調査事項

(1) 基礎調査

経営組織、常用従業者数、生乳の送受乳量及び用途別処理量、牛乳等の種類別

生産量、飲用牛乳等の県外出荷の有無及び容器容量別生産量、生産能力、乳製品の種類別生産量及び年末在庫量

(2) 月別調査
　　生乳の集乳地域別受乳量及び仕向け地域別送乳量、生乳の用途別処理量、牛乳等の種類別生産量、飲用牛乳等の仕向け地域別出荷量、乳製品の種類別生産量及び月末在庫量

10　調査方法
　民間事業者が調査対象処理場・工場に調査票を郵送により配布し、郵送若しくはFAX により回収する自計調査又は調査対象処理場・工場が政府統計共同利用システムオンライン調査システムにより入力した電子調査票を民間事業者がオンラインにより回収する自計調査として実施した。

11　集計方法
　本調査の集計は、農林水産省大臣官房統計部において行った。
(1)　基礎調査
　　都道府県別の数値は、各都道府県の調査対象処理場・工場の調査結果を合計して算出し、全国計は都道府県ごとの計を合計して算出した。
(2)　月別調査
　ア　「牛乳等向け処理量」、「牛乳等向けのうち、業務用向け処理量」、「欠減」、「牛乳生産量」、「牛乳のうち、業務用生産量」、「牛乳のうち、学校給食用生産量」、「加工乳・成分調整牛乳生産量」、「加工乳・成分調整牛乳のうち、業務用生産量」、「加工乳・成分調整牛乳のうち、成分調整牛乳生産量」、「乳飲料生産量」、「はっ酵乳生産量」及び「乳酸菌飲料生産量」の各項目の都道府県計値は、次の方法により、月別調査対象処理場・工場の調査値と月別調査対象処理場・工場以外の推計値を合計して算出した。

$$T = T_1 + T_2$$

$\begin{array}{l} T \;:推計対象項目の推計値 \\ T_1:月別調査対象処理場・工場に係る調査結果の合計 \\ T_2:月別調査対象処理場・工場以外に係る推計値 \end{array}$

$$T_2 = \frac{X}{Y} y$$

$\begin{array}{l} X\;:月別調査対象処理場・工場に係る月別調査の調査結果の合計 \\ Y\;:月別調査対象処理場・工場に係る基礎調査の調査結果の合計 \\ y\;:月別調査対象処理場・工場以外に係る基礎調査の調査結果の合計 \end{array}$

また、全国計は、各都道府県の計を合計して算出した。

　イ　ア以外の項目
　　　各都道府県の計は、月別調査対象処理場・工場の調査結果を合計して算出し、全国計は各都道府県の計を合計して算出した。

12　実績精度
　本調査結果は、全数調査又は一定規模以上等の処理場に対する有意抽出による調査の結果を基に集計又は推計している（基礎調査及び乳製品工場に対する月別調査にあっては全数調査、牛乳処理場に対する月別調査にあっては一定規模以上等の処理場に対する月別調査結果と基礎調査結果から全体を推計）ため、実績精度の算出は行っていない。

13　用語の解説
　本調査における品目の定義は、次のとおりである。

生乳	搾乳したままの人の手を加えない牛の乳をいう。 　なお、本調査での乳とは、「乳及び乳製品の成分規格等に関する省令」（昭和26年厚生省令第52号。以下「乳等省令」という。）で定める乳から生山羊乳、殺菌山羊乳及び生めん羊乳を除いたものをいう。
生乳生産量	初乳（分娩後5日内の乳）を除く生乳の総量をいう。 　処理場・工場に出荷された生乳の数量及び生産者の自家飲用や子牛ほ乳用などの出荷されない生乳の数量を含めた。 　なお、生産者が疾病、薬剤投与等により生乳を廃棄した場合は、生産量に含めない。
牛乳等	飲用牛乳等に乳飲料、はっ酵乳及び乳酸菌飲料を加えたものを総称して牛乳等という。 　乳等省令では、乳飲料、はっ酵乳及び乳酸菌飲料は、乳製品に分類しているが、これらは製造過程及び施設が飲用牛乳等と同一又は類似しており、流通も同一であることから、本調査では牛乳等として分類した。
飲用牛乳等	直接飲用に供する目的又はこれを原料とした食品の製造若しくは加工の用に供する目的で販売する牛乳、成分調整牛乳

— 4 —

及び加工乳をいう。

牛乳　　　　　生乳以外のものを混入することなく、直接飲用又はこれを原料とした食品の製造若しくは加工の用に供する目的で販売する牛の乳で、乳等省令に沿って製造されたものをいう（以下の加工乳からアイスクリームまでについても同様に、乳等省令に沿って製造されたものとする。）。

　　　　　　　なお、本調査では、ロングライフミルク（ＬＬ牛乳）及び特別牛乳は牛乳に含まれる。

加工乳　　　　生乳、牛乳又は特別牛乳若しくはこれらを原料として製造した食品を加工したもの（成分調整牛乳、はっ酵乳及び乳酸菌飲料を除く。）をいう。

成分調整牛乳　生乳から乳脂肪分その他の成分の一部を除去したものをいう。

業務用　　　　牛乳、成分調整牛乳及び加工乳のうち、直接飲用に仕向けられたものを除き、製菓用や飲料用等の食品原料用（製造・加工用）として仕向けられたものをいう。

学校給食用　　牛乳のうち、学校給食用（幼稚園の給食用は除く。）のものをいう。

乳飲料　　　　生乳、牛乳又は特別牛乳若しくはこれらを原料として製造した食品を主要原料とした飲料をいう。

はっ酵乳　　　乳又はこれと同等以上の無脂乳固形分を含む乳等（乳及び乳製品並びにこれらを主原料とする食品をいう。）を乳酸菌又は酵母ではっ酵させ、糊状若しくは液状にしたもの又はこれらを凍結したものをいう。

乳酸菌飲料　　乳等を乳酸菌若しくは酵母ではっ酵させたものを加工し、又は主要原料とした飲料（はっ酵乳を除く。）をいう。

乳製品　　　　粉乳、バター、クリーム、チーズ、れん乳及びアイスクリーム等をいい、本調査では全粉乳、脱脂粉乳、調製粉乳、ホエイパウダー、バター、クリーム、チーズ、加糖れん乳、無糖れん

乳、脱脂加糖れん乳及びアイスクリームを調査した。

乳製品生産量　　　製菓、製パン、飲料等の原料や家庭用として販売する目的で
生産した乳製品の量をいう。
なお、他の工場で完成品となったものを単に詰め替えたも
のは含めない。

全粉乳　　　　　　生乳、牛乳又は特別牛乳からほとんど全ての水分を除去し、
粉末状にしたものをいう。

脱脂粉乳　　　　　生乳、牛乳又は特別牛乳の乳脂肪分を除去したものからほ
とんど全ての水分を除去し、粉末状にしたものをいう。

調製粉乳　　　　　生乳、牛乳又は特別牛乳若しくはこれらを原料として製造
した食品を加工し、又は主要原料とし、これに乳幼児に必要な
栄養素を加え粉末状にしたものをいう。

ホエイパウダー　　乳を乳酸菌で発酵させ、又は乳に酵素若しくは酸を加えて
できた乳清からほとんど全ての水分を除去し、粉末状にした
ものをいう。
本調査では、ホエイパウダーの総量に加えて、タンパク質含
有量 25%未満のもの及び同 25%以上 45%未満のものを調査
した。

バター　　　　　　生乳、牛乳又は特別牛乳から得られた脂肪粒を練圧したも
のをいう。

クリーム　　　　　生乳、牛乳又は特別牛乳から乳脂肪分以外の成分を除去し
たものをいう。
なお、平成 28 年 12 月の調査までは、「クリームを生産する
目的で脂肪分離したもの」に限定して調査していたところで
あるが、29 年 1 月以降は、バター、チーズを製造する過程で
製造されるクリーム及び飲用牛乳等の脂肪調整用の抽出クリー
ムのうち、製菓、製パン、飲料等の原料や家庭用として販売
するものを含めて、クリームとして調査した。

脱脂濃縮乳　　　　生乳、牛乳又は特別牛乳から乳脂肪分を除去し濃縮したも
のをいう。

濃縮乳	生乳、牛乳又は特別牛乳を濃縮したものをいう。
チーズ	ナチュラルチーズ及びプロセスチーズをいう。 ナチュラルチーズとは、次の1又は2のものをいう。 1　乳、バターミルク、クリーム又はこれらを混合したものほとんどの全て又は一部のタンパク質を酵素、その他の凝固剤により凝固させた凝乳から乳清の一部を除去したもの又はこれらを熟成したもの 2　1に掲げるもののほか、乳等を原料として、タンパク質の凝固作用を含む製造技術を用いて製造したものであって、1と同様の化学的、物理的及び官能的特性を有するもの プロセスチーズとは、ナチュラルチーズを粉砕し、加熱溶融し、乳化したものをいう。 なお、本調査では、同一工場内で製造するプロセスチーズに仕向けた原料用ナチュラルチーズの生産量は除いた。
直接消費用 ナチュラルチーズ	業務用（菓子原料用等）又は家庭用として直接販売されるナチュラルチーズをいい、チーズの内訳として調査した。
加糖れん乳	生乳、牛乳又は特別牛乳にしょ糖を加えて濃縮したものをいう。
無糖れん乳	濃縮乳であって直接飲用に供する目的で販売するものをいう。
脱脂加糖れん乳	生乳、牛乳又は特別牛乳の乳脂肪分を除去したものにしょ糖を加えて濃縮したものをいう。
アイスクリーム	乳若しくはこれらを原料として製造した食品を加工し、又は主要原料としたものを凍結させたものであって、乳固形分3.0％以上を含むアイスクリーム類のうち、本調査では、乳脂肪分8％以上のハードアイスクリームを対象として調査した。
乳製品在庫量	調査月の月末時点で、まだ出荷されていない乳製品の在庫量をいい、他社から買い受けたもの、輸入したもの及び農畜産

業振興機構が放出したカレントアクセス分を買い受けたものを含めた。

　なお、本調査では、全粉乳、脱脂粉乳、ホエイパウダー及びバターについては在庫量を把握し、脱脂粉乳、ホエイパウダー及びバターについては国産及び輸入に区分した。

　全粉乳、脱脂粉乳、ホエイパウダー及びバターのいずれかを生産又は委託生産している事業者が保有しているものを在庫量として計上した。

注：カレントアクセスとは

　ウルグアイ・ラウンドで関税化した乳製品については、最低限のアクセス機会の提供が義務づけられることになり、基準期間（1986～1988 年）の輸入数量を維持することが合意された。これをカレントアクセスという。

　具体的には、バター及び脱脂粉乳について、基準期間における平均輸入量13万7,000トン（生乳換算）を輸入することが義務づけられている。

　ただし、輸入品目について、バターにするか、脱脂粉乳にするか、双方の組み合わせにするかはわが国の判断に委ねられている。

生乳の移出（入）量	処理場・工場が県外の生産者・集乳所又は処理場・工場から生乳を受乳した量を移入量といい、生産者・集乳所又は処理場・工場が県外の処理場・工場へ生乳を送乳した量を移出量という。 　生乳の都道府県間の移出（入）量を把握することによって、都道府県別の生乳の生産量及び処理量を明らかにする。
生乳処理量	牛乳等及び乳製品を製造するために仕向けた生乳の量等をいう。
牛乳等向け	牛乳等に仕向けたものをいう。
業務用向け	牛乳等向けのうち、製菓用や飲料用等の食品原料用（製造・加工用）の牛乳、成分調整牛乳及び加工乳として仕向けたものをいう。
乳製品向け	生乳のまま乳製品に仕向けたものをいう。

チーズ向け	乳製品向けのうち、チーズを製造するために仕向けたものをいう。 　なお、「クリーム」の調査定義の変更により、平成29年1月以降は、チーズを製造する過程で生産されたクリームに仕向けられた生乳を「チーズ向け」に含めていない。
クリーム向け	乳製品向けのうち、クリームを製造するために仕向けたものをいう。 　なお、平成29年1月以降は、バター、チーズ等を製造する過程で製造されるクリーム及び飲用牛乳等の脂肪調整用の抽出クリームに仕向けた生乳についても、クリーム向けに仕向けた生乳として扱い、「クリーム向け」に含めた。
脱脂濃縮乳向け	乳製品向けのうち、脱脂濃縮乳を製造するために仕向けたものをいう。
濃縮乳向け	乳製品向けのうち、濃縮乳を製造するために仕向けたものをいう。
その他	輸送や牛乳乳製品の製造工程で減耗したもの等をいう。 　なお、自家飲用及び子牛のほ乳用等で処理したものもここに含めた。
欠減	その他のうち、輸送や牛乳乳製品の製造工程で減耗したものをいう。
常用従業者	役員、正社員、準社員、派遣、アルバイト、パート等に関わりなく、12月31日現在で、次の①～④のいずれかに該当する者をいう。 　①　期限を定めず雇用している者 　②　1ヶ月以上の期間を定めて雇用している者 　③　人材派遣会社からの派遣従業者、親企業等からの出向従業者等で、上記①、②に該当する者 　④　重役、理事などの役員又は事業主の家族のうち、常時勤務している者
ガラスびん	着色していない透明なガラス瓶であって、口径26mm以上のものをいう。

紙製容器	防水加工を施したポリエチレン等の合成樹脂を用いる加工紙によって製造された容器（合成樹脂加工紙製容器包装）であって、テトラパック（三角形・小型）、ツーパック（直方体・小型）及びピュアパック（直方体屋根付き・大型）をいう。
生乳の貯乳能力	処理場・工場における貯乳タンクの貯乳可能量をいう。
生産能力	処理場・工場における、各品目別の、単位時間（１時間）当たり又はバット（バターチャーン、チーズバット、濃縮機）当たりの最大生産可能量をいい、各製造工程中でボトルネックとなる工程の生産（処理）能力を調査した。 　具体的には、飲用牛乳等及びはっ酵乳は充てん機、粉乳は乾燥機、クリームはクリームセパレーター（分離機）、バターはバターチャーン、チーズはチーズバット、れん乳は濃縮機、等である。
飲用牛乳等出荷（入荷）量	処理場・工場が県外の処理場・工場及び卸・小売業へ飲用牛乳等を出荷した量を出荷量といい、県外の処理場・工場から飲用牛乳等を入荷した量を入荷量という。
乳製品工場	乳製品を製造する施設をいう。ただし、乳製品工場のうち、アイスクリームのみを製造する工場で年間製造量が５万リットルに満たないものは除いた。
牛乳処理場	生乳又は牛乳を処理して牛乳等を製造する施設であって、乳製品工場以外のものをいう。

14 利用上の注意

(1) 統計表の地域区分

本統計表で用いる全国農業地域及び地方農政局の区分は、次のとおりである。

ア 全国農業地域

全国農業地域名	細分	所属都道府県名
北海道	－	北海道
東北	－	青森、岩手、宮城、秋田、山形、福島
北陸	－	新潟、富山、石川、福井
関東・東山	北関東	茨城、栃木、群馬
	南関東	埼玉、千葉、東京、神奈川
	東山	山梨、長野
東海	－	岐阜、静岡、愛知、三重
近畿	－	滋賀、京都、大阪、兵庫、奈良、和歌山
中国	－	鳥取、島根、岡山、広島、山口
四国	－	徳島、香川、愛媛、高知
九州	－	福岡、佐賀、長崎、熊本、大分、宮崎、鹿児島
沖縄	－	沖縄

注: 統計表中の「関東」とは、上記区分の「関東・東山」地域の細分にある
「北関東」及び「南関東」を合わせたものである。

イ 地方農政局

地方農政局名	所属都道府県名
東北農政局	上記(1)の東北に同じ
関東農政局	茨城、栃木、群馬、埼玉、千葉、東京、神奈川、山梨、長野、静岡
北陸農政局	上記(1)の北陸に同じ
東海農政局	岐阜、愛知、三重
近畿農政局	上記(1)の近畿に同じ
中国四国農政局	鳥取、島根、岡山、広島、山口、徳島、香川、愛媛、高知
九州農政局	上記(1)の九州に同じ

注: 東北農政局、北陸農政局、近畿農政局及び九州農政局の結果について
は、全国農業地域における各地域の結果と同じであることから、統計表
章はしていない。

(2) 統計数値については、表示単位未満を四捨五入したため、合計値と内訳が一致
しない場合がある。

(3) 統計表に用いた記号

統計表に用いた記号は、次のとおりである。

「0」、「0.0」：単位に満たないもの（例：0.04%→0.0%）

「－」：事実のないもの

「…」：事実不詳又は調査を欠くもの

「x」：個人又は法人その他の団体に関する秘密を保護するため、統計数値を
公表しないもの

「△」：負数又は減少したもの

「nc」：計算不能

(4) 秘匿措置

統計調査結果について、調査対象処理場・工場数が2以下の場合には、個人又
は法人その他の団体に関する調査結果の秘密保護の観点から、当該結果を「x」
表示とする秘匿措置を施している。

なお、全体（計）からの差引きにより、秘匿措置を講じた当該結果が推定でき
る場合には、本来秘匿措置を施す必要のない箇所についても「x」表示としてい
る。

(5) この統計表に掲載された数値を他に転載する場合は、「令和3年牛乳乳製品統
計」（農林水産省）による旨を記載してください。

15 ホームページ掲載案内

本調査の累年データについては、農林水産省のホームページ中の「統計情報」の
分野別分類「作付面積・生産量、被害、家畜の頭数など」の「牛乳乳製品統計調査」
で御覧いただけます。

【 https://www.maff.go.jp/j/tokei/kouhyou/gyunyu/index.html#r 】

16 お問合せ先

農林水産省　大臣官房統計部

生産流通消費統計課消費統計室　食品産業動向班

電話　（代表）　03-3502-8111　内線3717

（直通）　03-3591-0783

ＦＡＸ　　　　03-3502-3634

※ 本調査に関するご意見・ご要望は、上記問い合わせ先のほか、農林水産省ホーム
ページでも受け付けております。

【 https://www.contactus.maff.go.jp/j/form/tokei/kikaku/160815.html 】

I　調査結果の概要

1　生乳生産量と用途別処理量

(1)　生乳生産量
－　生乳の生産量は2.1%増加　－

　生乳の生産量は759万2,061 tで、前年に比べ15万3,843 t（2.1%）増加した。

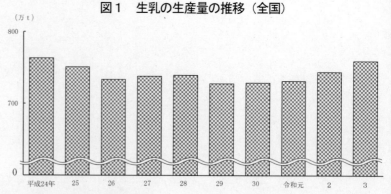

図1　生乳の生産量の推移（全国）

表1　生乳の生産量（全国、北海道・都府県別）

年　次	生　乳　生　産　量			対　前　年　比		
	全国	北海道	都府県	全国	北海道	都府県
	t	t	t	%	%	%
令和2年	7,438,218	4,153,714	3,284,504	101.7	102.6	100.6
3	7,592,061	4,265,600	3,326,461	102.1	102.7	101.3

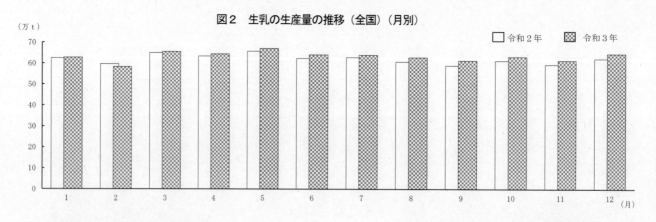

図2　生乳の生産量の推移（全国）（月別）

□ 令和2年　▨ 令和3年

(2)　全国農業地域別生乳生産量
－　北海道の生乳生産量シェアは56.2%　－

　生乳の生産量を全国農業地域別にみると、北海道が426万5,600 t（全国に占める割合56.2%）で最も多く、次いで関東が101万2,065 t（同13.3%）、九州が63万2,991 t（同8.3%）の順となっている。

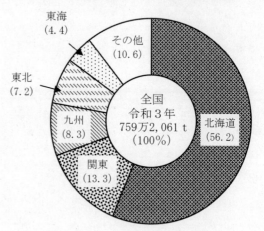

図3　生乳生産量シェア（全国農業地域別）

注：割合については、表示単位未満を四捨五入しているため、計と内訳が一致しない場合がある（以下同じ。）。

表2　生乳の生産量（全国農業地域別）

単位：t

年　次	全国	北海道	東北	北陸	関東	東山	東海	近畿	中国	四国	九州	沖縄
令和2年	7,438,218	4,153,714	553,395	74,958	983,460	108,249	334,143	160,898	312,371	112,837	621,176	23,017
3	7,592,061	4,265,600	546,230	75,345	1,012,065	111,348	332,500	164,010	316,837	112,291	632,991	22,844
対前年比（%）	102.1	102.7	98.7	100.5	102.9	102.9	99.5	101.9	101.4	99.5	101.9	99.2

(3) 用途別処理量
― 牛乳等向けは0.5%減少、乳製品向けは5.0%増加 ―

生乳の処理量を用途別にみると、牛乳等向け処理量は400万979tで、前年に比べ1万8,582t（0.5%）減少し、乳製品向け処理量は354万2,626tで、前年に比べ16万8,515t（5.0%）増加した。

図4　牛乳等向け及び乳製品向け処理量の推移（全国）

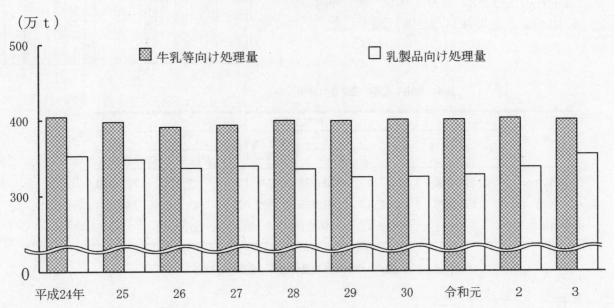

表3　生乳の用途別処理量（全国）

単位：t

年　次	生乳生産量	用　途　別　処　理　量				
		牛乳等向け	業務用向け	乳製品向け	その他	欠減
令和2年	7,438,218	4,019,561	300,580	3,374,111	44,546	10,120
3	7,592,061	4,000,979	323,820	3,542,626	48,456	13,520
対前年比（%）	102.1	99.5	107.7	105.0	108.8	133.6

2　牛乳等生産量

(1)　飲用牛乳等生産量
　　－　牛乳の生産量は0.4%増加　－

　　飲用牛乳等の生産量をみると、牛乳の生産量は319万3,854klで、前年に比べ1万4,130kl（0.4%）増加し、加工乳・成分調整牛乳の生産量は38万2,075klで、前年に比べ1万2,057kl（3.1%）減少した。

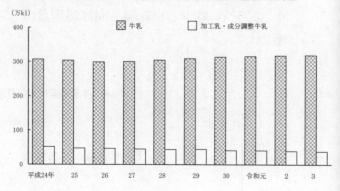

図5　牛乳及び加工乳・成分調整牛乳の生産量の推移（全国）

表4　飲用牛乳等の生産量（全国）

単位：kl

年　次	飲用牛乳等					
	計	牛乳		加工乳・成分調整牛乳		
			業務用		業務用	成分調整牛乳
令和2年	3,573,856	3,179,724	280,924	394,132	42,612	282,329
3	3,575,929	3,193,854	299,665	382,075	43,682	264,289
対前年比（%）	100.1	100.4	106.7	96.9	102.5	93.6

図6　牛乳の生産量の推移（全国）（月別）

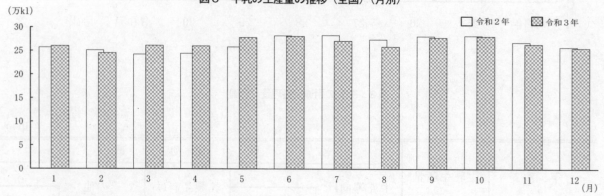

(2)　全国農業地域別飲用牛乳等生産量
　　－　関東の飲用牛乳等生産量シェアは30.8%　－

　　飲用牛乳等の生産量を全国農業地域別にみると、関東が110万183kl（全国に占める割合30.8%）で最も多く、次いで北海道が56万252kl（同15.7%）、九州が39万2,325kl（同11.0%）の順となっている。

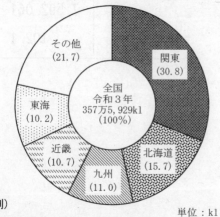

図7　飲用牛乳等生産量シェア（全国農業地域別）

表5　飲用牛乳等生産量（全国農業地域別）

単位：kl

年　次	全国	北海道	東北	北陸	関東	東山	東海	近畿	中国	四国	九州	沖縄
令和2年	3,573,856	556,848	228,508	73,612	1,097,000	116,790	363,146	387,678	243,233	85,398	396,801	24,842
3	3,575,929	560,252	217,549	76,351	1,100,183	120,775	363,355	383,340	249,221	87,576	392,325	25,002
対前年比（%）	100.1	100.6	95.2	103.7	100.3	103.4	100.1	98.9	102.5	102.6	98.9	100.6

(3) 乳飲料、はっ酵乳及び乳酸菌飲料の生産量
－ はっ酵乳の生産量は2.5%減少 －

乳飲料の生産量は105万8,886kl、はっ酵乳の生産量は103万3,721kl、乳酸菌飲料の生産量は11万3,009klで、前年に比べそれぞれ4万9,309kl（4.4%）、2万6,145kl（2.5%）、4,239kl（3.6%）減少した。

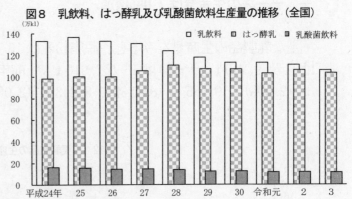
図8 乳飲料、はっ酵乳及び乳酸菌飲料生産量の推移（全国）

表6 乳飲料、はっ酵乳及び乳酸菌飲料の生産量（全国）

単位：kl

年　次	乳飲料	はっ酵乳	乳酸菌飲料
令和2年	1,108,195	1,059,866	117,248
3	1,058,886	1,033,721	113,009
対前年比（%）	95.6	97.5	96.4

図9 乳飲料の生産量の推移（全国）（月別）

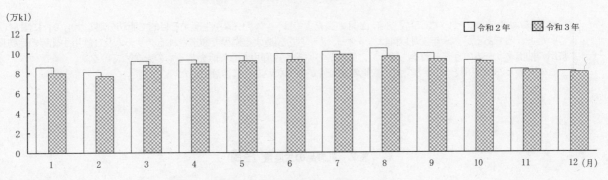

図10 はっ酵乳の生産量の推移（全国）（月別）

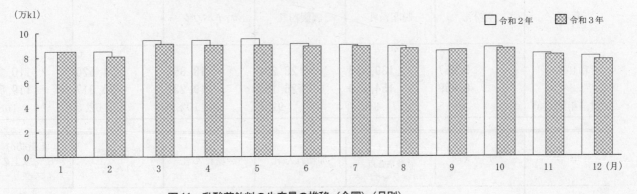

図11 乳酸菌飲料の生産量の推移（全国）（月別）

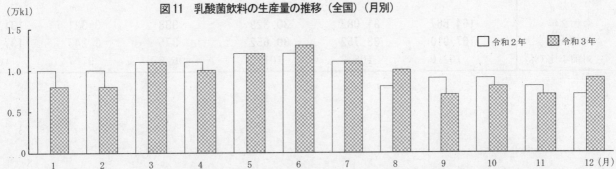

3 乳製品生産量
－ チーズの生産量は2.0%増加 －

　主な乳製品の生産量をみると、脱脂粉乳は15万4,890ｔ、バターは7万3,317ｔ、クリームは11万9,710ｔ、チーズは16万7,910ｔで、前年に比べそれぞれ1万4,937ｔ（10.7%）、1,797ｔ（2.5%）、9,585ｔ（8.7%）、3,243ｔ（2.0%）増加した。

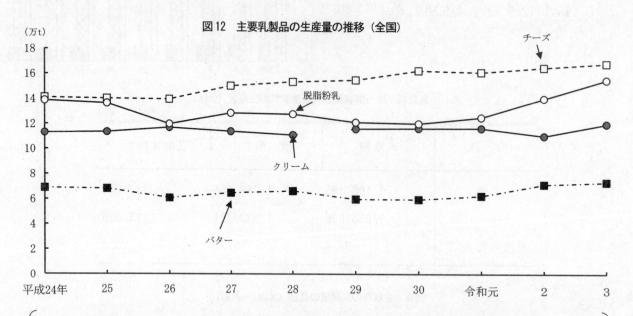

図12　主要乳製品の生産量の推移（全国）

　クリームの生産量について、平成28年12月の調査までは、「クリームを生産する目的で脂肪分離したもの」に限定していたところであるが、29年1月以降は、バター、チーズを製造する過程で製造されるクリーム及び飲用牛乳等の脂肪調整用の抽出クリームのうち、製菓、製パン、飲料等の原料や家庭用として販売するものを含めている。
　このため、28年以前と29年とでは、数値の連続性が保てないことに留意されたい。

表7　乳製品の生産量（全国）

年　次	全粉乳	脱脂粉乳	調製粉乳	ホエイパウダー	バター	クリーム
	t	t	t	t	t	t
令和2年	9,067	139,953	28,232	18,859	71,520	110,125
3	8,959	154,890	26,157	19,238	73,317	119,710
対前年比（%）	98.8	110.7	92.7	102.0	102.5	108.7

年　次	チーズ	直接消費用ナチュラルチーズ	加糖れん乳	無糖れん乳	脱脂加糖れん乳	乳脂肪分8%以上のアイスクリーム
	t	t	t	t	t	kl
令和2年	164,667	31,082	30,329	388	3,321	131,543
3	167,910	33,752	30,652	375	3,243	137,382
対前年比（%）	102.0	108.6	101.1	96.6	97.7	104.4

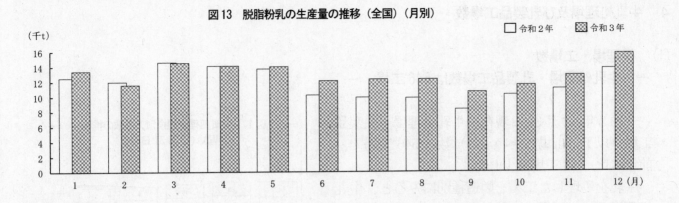

図13 脱脂粉乳の生産量の推移（全国）（月別）

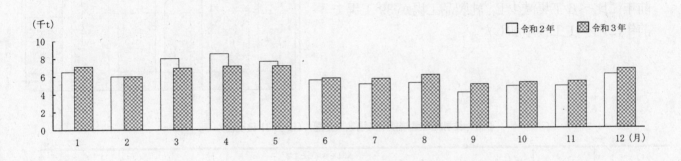

図14 バターの生産量の推移（全国）（月別）

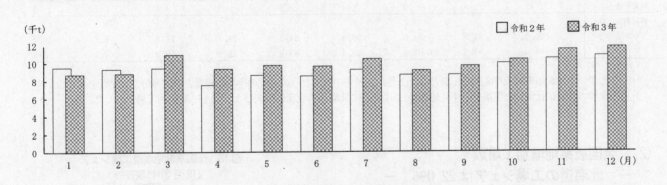

図15 クリームの生産量の推移（全国）（月別）

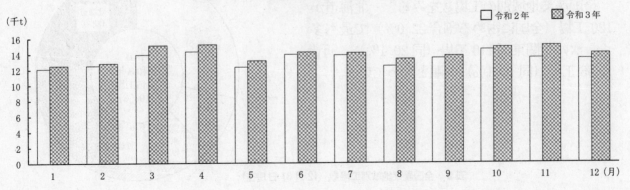

図16 チーズの生産量の推移（全国）（月別）

4 牛乳処理場及び乳製品工場数

(1) 処理場・工場数
－ 牛乳処理場・乳製品工場数は546工場 －

　令和3年12月31日現在の牛乳処理場・乳製品工場（以下「工場」という。）数は546工場で、前年に比べ13工場減少した。

　生乳を処理した工場を製造種別にみると、牛乳処理場が351工場で、前年に比べ10工場減少し、乳製品工場が143工場で、5工場増加した。

　また、生乳処理量規模別にみると、1日当たり2t以上の工場数は、牛乳処理場が185工場で、前年に比べ6工場減少し、乳製品工場が39工場で前年に比べ1工場増加した。

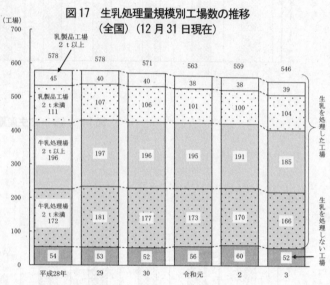

図17　生乳処理量規模別工場数の推移
（全国）（12月31日現在）

表8　生乳処理量規模別工場数（全国）（12月31日現在）

単位：工場

| 区分 | 合計 | 生乳を処理した工場 | | | | | | | 生乳を処理しない工場 |
| | | 計 | 牛乳処理場 | | | 乳製品工場 | | | |
			小計	2t未満	2t以上	小計	2t未満	2t以上	
令和2年	559	499	361	170	191	138	100	38	60
3	546	494	351	166	185	143	104	39	52
対前年差	△13	△5	△10	△4	△6	5	4	1	△8
構成割合（％）									
令和2年	100.0	89.3	64.6	30.4	34.2	24.7	17.9	6.8	10.7
3	100.0	90.5	64.3	30.4	33.9	26.2	19.0	7.1	9.5

> ここでいう牛乳処理場及び乳製品工場とは、12月における1日当たりの生乳の平均処理量を基に区分し、生乳を主として牛乳等の生産に仕向けた工場を「牛乳処理場」、主として乳製品の生産に仕向けた工場を「乳製品工場」とした。

(2) 全国農業地域別工場数
－ 北海道の工場シェアは22.0% －

　全国農業地域別の工場数をみると、北海道が120工場（全国に占める割合22.0%）で最も多く、次いで関東が110工場（同20.1%）、近畿が55工場（同10.1%）の順となっている。

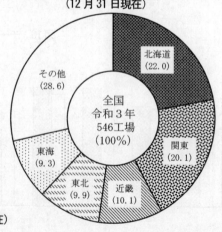

図18　全国農業地域別工場シェア
（12月31日現在）

表9　全国農業地域別工場数（12月31日現在）

単位：工場

年次	全国	北海道	東北	北陸	関東	東山	東海	近畿	中国	四国	九州	沖縄
令和2年	559	121	57	32	114	30	50	56	30	10	51	8
3	546	120	54	29	110	29	51	55	30	10	50	8
対前年差	△13	△1	△3	△3	△4	△1	1	△1	0	0	△1	0

(3) 製造品目別処理場・工場数
－ 牛乳を製造した工場は348工場 －

　令和3年1月から12月に飲用牛乳等を製造した工場数は349工場で、このうち牛乳を製造した工場数は348工場であった。
　また、加工乳・成分調整牛乳を製造した工場数は94工場であり、乳飲料、はっ酵乳、乳酸菌飲料を製造した工場数は、それぞれ199工場、258工場、36工場であった。
　乳製品を製造した工場数は327工場で、このうちチーズを製造した工場数は188工場、乳脂肪分8％以上のアイスクリームを製造した工場数は116工場であった。

表10　牛乳等を製造した工場数（全国）（12月31日現在）

単位：工場

| 年次 | 飲用牛乳等 | | | | | | | 乳飲料 | はっ酵乳 | 乳酸菌飲料 |
| | 計 | 牛乳 | | | 加工乳・成分調整牛乳 | | | | | |
			業務用	学校給食用		業務用	成分調整牛乳			
令和2年	358	357	160	189	102	13	57	204	265	36
3	349	348	160	186	94	13	55	199	258	36
対前年差	△9	△9	0	△3	△8	0	△2	△5	△7	0

注：内訳は各製品を製造した工場数であり、内訳と合計は一致しない（表11において同じ。）。

表11　乳製品を製造した工場数（全国）（12月31日現在）

単位：工場

| 年次 | 乳製品 | | | | | | | | | | | | |
| | 計 | 粉乳 | | | ホエイパウダー | バター | クリーム | チーズ | 直接消費用ナチュラルチーズ | れん乳 | | | 乳脂肪分8％以上のアイスクリーム |
		全粉乳	脱脂粉乳	調製粉乳						加糖れん乳	無糖れん乳	脱脂加糖れん乳	
令和2年	327	10	27	5	5	73	73	182	161	21	2	10	122
3	327	9	26	5	5	72	74	188	167	20	2	10	116
対前年差	0	△1	△1	0	0	△1	1	6	6	△1	0	0	△6

II 統計表

1 生乳生産量及び用途別処理量（全国農業地域別・処理内訳）（月別）

全国農業地域・用途別処理内訳		年 計				1 月	2	3
		実　数	用途別割合	地域別割合	対前年比			
		t	%	%	%	t	t	t
全国								
生乳生産量	(1)	7,592,061	-	100.0	102.1	628,127	582,916	655,239
処理量	(2)	7,592,061	100.0	100.0	102.1	628,127	582,916	655,239
牛乳等向け	(3)	4,000,979	52.7	100.0	99.5	328,455	307,769	329,096
うち業務用向け	(4)	323,820	4.3	100.0	107.7	24,471	24,233	28,211
乳製品向け	(5)	3,542,626	46.7	100.0	105.0	295,934	271,529	322,411
うちチーズ向け	(6)	454,145	6.0	100.0	105.1	36,570	36,181	40,414
クリーム向け	(7)	721,727	9.5	100.0	106.9	52,801	52,742	63,362
脱脂濃縮乳向け	(8)	518,992	6.8	100.0	97.6	41,654	38,576	45,196
濃縮乳向け	(9)	6,438	0.1	100.0	107.5	416	443	522
その他	(10)	48,456	0.6	100.0	108.8	3,738	3,618	3,732
うち欠減	(11)	13,520	0.2	100.0	133.6	857	736	836
北海道								
生乳生産量	(12)	4,265,600	-	56.2	102.7	350,453	323,119	358,764
処理量	(13)	3,775,485	100.0	49.7	104.3	311,347	289,616	327,980
牛乳等向け	(14)	570,092	15.1	14.2	99.9	44,473	41,896	47,663
うち業務用向け	(15)	63,727	1.7	19.7	101.8	4,721	4,930	5,868
乳製品向け	(16)	3,182,137	84.3	89.8	105.1	264,971	245,814	278,399
うちチーズ向け	(17)	448,848	11.9	98.8	105.1	36,192	35,845	39,995
クリーム向け	(18)	652,336	17.3	90.4	108.0	47,132	47,488	57,227
脱脂濃縮乳向け	(19)	514,656	13.6	99.2	97.6	41,326	38,331	44,770
濃縮乳向け	(20)	6,053	0.2	94.0	107.8	382	412	490
その他	(21)	23,256	0.6	48.0	100.8	1,903	1,906	1,918
うち欠減	(22)	542	0.0	4.0	94.9	44	46	44
東北								
生乳生産量	(23)	546,230	-	7.2	98.7	46,017	42,404	48,006
処理量	(24)	357,019	100.0	4.7	97.1	29,802	26,007	32,967
牛乳等向け	(25)	264,870	74.2	6.6	95.5	21,907	20,218	22,104
うち業務用向け	(26)	19,975	5.6	6.2	103.7	1,544	1,258	1,856
乳製品向け	(27)	89,514	25.1	2.5	102.2	7,668	5,565	10,635
うちチーズ向け	(28)	1,177	0.3	0.3	81.7	91	77	100
クリーム向け	(29)	5,529	1.5	0.8	78.2	346	365	511
脱脂濃縮乳向け	(30)	371	0.1	0.1	78.4	30	39	28
濃縮乳向け	(31)	-	-	-	nc	-	-	-
その他	(32)	2,635	0.7	5.4	91.7	227	224	228
うち欠減	(33)	283	0.1	2.1	79.9	24	21	25
北陸								
生乳生産量	(34)	75,345	-	1.0	100.5	6,333	5,856	6,738
処理量	(35)	90,958	100.0	1.2	103.7	7,176	6,916	7,481
牛乳等向け	(36)	88,084	96.8	2.2	103.9	6,911	6,732	7,224
うち業務用向け	(37)	6,321	6.9	2.0	109.9	401	334	655
乳製品向け	(38)	2,447	2.7	0.1	101.7	226	154	219
うちチーズ向け	(39)	70	0.1	0.0	102.9	6	4	6
クリーム向け	(40)	1,577	1.7	0.2	101.3	116	120	135
脱脂濃縮乳向け	(41)	47	0.1	0.0	61.0	16	-	-
濃縮乳向け	(42)	25	0.0	0.4	147.1	4	1	2
その他	(43)	427	0.5	0.9	74.5	39	30	38
うち欠減	(44)	230	0.3	1.7	65.0	22	13	21
関東								
生乳生産量	(45)	1,012,065	-	13.3	102.9	82,719	77,606	89,054
処理量	(46)	1,386,298	100.0	18.3	100.7	115,213	108,382	118,342
牛乳等向け	(47)	1,264,977	91.2	31.6	99.5	106,941	100,222	104,705
うち業務用向け	(48)	89,970	6.5	27.8	100.6	7,182	7,778	7,304
乳製品向け	(49)	108,374	7.8	3.1	111.6	7,448	7,415	12,839
うちチーズ向け	(50)	825	0.1	0.2	159.0	41	37	52
クリーム向け	(51)	25,575	1.8	3.5	95.6	2,147	1,993	2,300
脱脂濃縮乳向け	(52)	-	-	-	nc	-	-	-
濃縮乳向け	(53)	-	-	-	nc	-	-	-
その他	(54)	12,947	0.9	26.7	145.4	824	745	798
うち欠減	(55)	7,748	0.6	57.3	187.1	396	317	370
東山								
生乳生産量	(56)	111,348	-	1.5	102.9	9,305	8,537	9,597
処理量	(57)	139,466	100.0	1.8	103.9	11,091	10,290	11,267
牛乳等向け	(58)	133,971	96.1	3.3	103.9	10,680	9,932	10,835
うち業務用向け	(59)	5,750	4.1	1.8	103.3	478	423	673
乳製品向け	(60)	3,892	2.8	0.1	99.9	277	241	323
うちチーズ向け	(61)	911	0.7	0.2	102.5	60	38	72
クリーム向け	(62)	1,486	1.1	0.2	101.0	124	113	132
脱脂濃縮乳向け	(63)	-	-	-	nc	-	-	-
濃縮乳向け	(64)	-	-	-	nc	-	-	-
その他	(65)	1,603	1.1	3.3	111.0	134	117	109
うち欠減	(66)	1,020	0.7	7.5	111.7	86	69	61

4	5	6	7	8	9	10	11	12	
t	t	t	t	t	t	t	t	t	
643,807	670,200	640,625	639,247	628,217	613,296	630,651	614,100	645,636	(1)
643,807	670,200	640,625	639,247	628,217	613,296	630,651	614,100	645,636	(2)
327,608	349,001	351,762	340,889	329,636	345,291	350,611	324,951	315,910	(3)
26,699	26,311	25,316	26,275	28,503	28,166	30,244	28,937	26,454	(4)
312,107	317,062	284,627	294,081	294,395	263,848	275,994	284,999	325,639	(5)
40,188	38,940	37,608	38,729	37,404	35,625	37,599	34,448	40,439	(6)
57,187	58,434	58,096	63,190	57,802	59,038	62,358	68,352	68,365	(7)
42,973	45,641	44,129	45,171	46,053	42,988	44,010	42,291	40,310	(8)
568	603	482	665	547	591	522	569	510	(9)
4,092	4,137	4,236	4,277	4,186	4,157	4,046	4,150	4,087	(10)
1,199	1,249	1,307	1,344	1,253	1,234	1,119	1,228	1,158	(11)
351,415	370,296	360,770	366,442	360,721	351,832	358,648	346,980	366,160	(12)
320,126	333,410	313,499	320,460	315,561	295,045	308,316	308,866	331,259	(13)
46,349	48,375	47,967	49,206	49,784	50,573	50,270	46,885	46,651	(14)
5,218	5,109	5,120	5,327	5,352	5,530	5,300	5,583	5,669	(15)
271,867	283,123	263,578	269,282	263,812	242,519	256,083	260,033	282,656	(16)
39,729	38,476	37,175	38,251	36,927	35,190	37,123	33,977	39,968	(17)
51,657	52,695	52,639	57,598	52,200	53,518	56,462	62,163	61,557	(18)
42,395	45,238	43,817	44,928	45,656	42,713	43,644	41,867	39,971	(19)
536	571	449	633	515	559	491	537	478	(20)
1,910	1,912	1,954	1,972	1,965	1,953	1,963	1,948	1,952	(21)
39	46	41	55	48	46	52	42	39	(22)
47,170	48,628	46,084	45,431	44,895	43,795	44,866	43,493	45,441	(23)
32,528	32,169	28,223	28,597	28,684	28,238	28,131	28,285	33,388	(24)
21,971	22,530	22,850	22,490	22,201	22,892	23,129	21,309	21,269	(25)
1,817	1,319	1,496	1,579	1,737	1,957	2,054	1,821	1,537	(26)
10,328	9,410	5,158	5,896	6,274	5,133	4,784	6,761	11,902	(27)
92	110	92	106	119	75	87	120	108	(28)
404	439	367	403	468	472	363	601	790	(29)
34	27	28	34	25	14	30	52	30	(30)
-	-	-	-	-	-	-	-	-	(31)
229	229	215	211	209	213	218	215	217	(32)
26	26	24	20	18	22	27	24	26	(33)
6,588	6,846	6,451	6,290	5,963	5,933	6,171	5,993	6,183	(34)
7,317	8,046	8,107	7,672	7,139	7,968	8,047	7,644	7,445	(35)
7,040	7,800	7,912	7,457	6,920	7,756	7,838	7,413	7,081	(36)
441	538	630	518	593	635	556	531	489	(37)
240	216	163	179	183	179	169	194	325	(38)
6	5	5	7	6	4	5	6	10	(39)
122	134	129	135	123	139	132	129	163	(40)
14	-	-	-	1	2	-	7	7	(41)
2	2	3	2	2	2	1	2	2	(42)
37	30	32	36	36	33	40	37	39	(43)
20	13	16	20	20	17	24	21	23	(44)
89,172	91,880	86,022	83,984	81,396	79,623	82,769	82,020	85,820	(45)
116,609	123,549	121,154	117,383	115,851	115,264	115,154	109,193	110,204	(46)
104,273	112,530	112,850	107,362	103,130	105,624	108,216	101,824	97,300	(47)
7,060	8,105	7,468	7,523	7,929	7,321	7,925	7,662	6,713	(48)
11,195	9,832	7,060	8,749	11,528	8,426	5,881	6,195	11,806	(49)
71	75	63	80	77	75	84	76	94	(50)
1,988	2,131	2,077	2,149	2,168	2,104	2,179	2,052	2,287	(51)
-	-	-	-	-	-	-	-	-	(52)
-	-	-	-	-	-	-	-	-	(53)
1,141	1,187	1,244	1,272	1,193	1,214	1,057	1,174	1,098	(54)
713	759	807	835	756	777	620	737	661	(55)
9,463	9,903	9,357	9,339	9,372	9,045	9,240	8,934	9,256	(56)
11,390	12,018	12,012	11,899	12,174	12,187	12,186	11,617	11,335	(57)
10,930	11,564	11,510	11,399	11,674	11,713	11,678	11,154	10,902	(58)
526	560	441	474	425	435	423	404	488	(59)
336	334	370	351	342	334	373	318	293	(60)
95	78	78	87	79	79	102	72	71	(61)
122	122	123	130	124	123	129	126	118	(62)
-	-	-	-	-	-	-	-	-	(63)
-	-	-	-	-	-	-	-	-	(64)
124	120	132	149	158	140	135	145	140	(65)
76	72	83	100	109	91	86	96	91	(66)

1 生乳生産量及び用途別処理量（全国農業地域別・処理内訳）（月別）（続き）

全国農業地域・用途別処理内訳		年　　計 実　数	用途別割合	地域別割合	対前年比	1　月	2	3
		t	%	%	%	t	t	t
東海								
生乳生産量	(67)	332,500	-	4.4	99.5	27,986	26,461	30,357
処理量	(68)	421,747	100.0	5.6	99.8	34,283	32,399	35,058
牛乳等向け	(69)	396,233	94.0	9.9	99.8	31,950	30,275	32,011
うち業務用向け	(70)	45,373	10.8	14.0	157.5	3,093	3,435	3,960
乳製品向け	(71)	23,027	5.5	0.6	101.1	2,139	1,935	2,844
うちチーズ向け	(72)	294	0.1	0.1	106.9	21	23	23
クリーム向け	(73)	1,120	0.3	0.2	95.2	174	94	108
脱脂濃縮乳向け	(74)	-	-	-	nc	-	-	-
濃縮乳向け	(75)	360	0.1	5.6	100.0	30	30	30
その他	(76)	2,487	0.6	5.1	98.5	194	189	203
うち欠減	(77)	1,100	0.3	8.1	85.6	86	81	95
近畿								
生乳生産量	(78)	164,010	-	2.2	101.9	13,740	12,914	14,792
処理量	(79)	438,538	100.0	5.8	99.0	37,157	34,225	35,929
牛乳等向け	(80)	436,380	99.5	10.9	99.0	37,048	34,116	35,791
うち業務用向け	(81)	41,283	9.4	12.7	113.0	3,141	2,611	3,402
乳製品向け	(82)	1,123	0.3	0.0	131.5	24	30	42
うちチーズ向け	(83)	154	0.0	0.0	105.5	9	10	14
クリーム向け	(84)	804	0.2	0.1	144.3	3	9	14
脱脂濃縮乳向け	(85)	-	-	-	nc	-	-	-
濃縮乳向け	(86)	-	-	-	nc	-	-	-
その他	(87)	1,035	0.2	2.1	87.5	85	79	96
うち欠減	(88)	741	0.2	5.5	90.1	57	51	68
中国								
生乳生産量	(89)	316,837	-	4.2	101.4	26,462	24,724	27,958
処理量	(90)	321,021	100.0	4.2	101.0	25,423	24,385	27,126
牛乳等向け	(91)	295,408	92.0	7.4	101.1	23,311	22,230	24,527
うち業務用向け	(92)	14,354	4.5	4.4	102.9	940	1,082	1,630
乳製品向け	(93)	23,523	7.3	0.7	99.9	1,927	1,982	2,410
うちチーズ向け	(94)	557	0.2	0.1	98.4	45	43	50
クリーム向け	(95)	4,545	1.4	0.6	105.5	414	370	444
脱脂濃縮乳向け	(96)	-	-	-	nc	-	-	-
濃縮乳向け	(97)	-	-	-	nc	-	-	-
その他	(98)	2,090	0.7	4.3	97.8	185	173	189
うち欠減	(99)	1,012	0.3	7.5	107.5	87	75	91
四国								
生乳生産量	(100)	112,291	-	1.5	99.5	9,550	8,888	10,058
処理量	(101)	99,467	100.0	1.3	100.9	8,114	7,324	7,799
牛乳等向け	(102)	97,047	97.6	2.4	101.5	7,893	7,170	7,648
うち業務用向け	(103)	9,328	9.4	2.9	108.1	652	442	681
乳製品向け	(104)	2,094	2.1	0.1	79.7	196	127	123
うちチーズ向け	(105)	97	0.1	0.0	112.8	1	5	5
クリーム向け	(106)	1,418	1.4	0.2	101.9	145	122	118
脱脂濃縮乳向け	(107)	-	-	-	nc	-	-	-
濃縮乳向け	(108)	-	-	-	nc	-	-	-
その他	(109)	326	0.3	0.7	104.8	25	27	28
うち欠減	(110)	81	0.1	0.6	137.3	4	6	7
九州								
生乳生産量	(111)	632,991	-	8.3	101.9	53,554	50,495	57,777
処理量	(112)	537,912	100.0	7.1	98.6	46,377	41,341	49,169
牛乳等向け	(113)	430,000	79.9	10.7	98.2	35,206	32,956	34,476
うち業務用向け	(114)	26,388	4.9	8.1	91.9	2,176	1,824	2,068
乳製品向け	(115)	106,486	19.8	3.0	100.2	11,058	8,266	14,577
うちチーズ向け	(116)	1,203	0.2	0.3	102.8	104	99	97
クリーム向け	(117)	27,337	5.1	3.8	101.1	2,200	2,068	2,373
脱脂濃縮乳向け	(118)	3,918	0.7	0.8	101.6	282	206	398
濃縮乳向け	(119)	-	-	-	nc	-	-	-
その他	(120)	1,426	0.3	2.9	99.7	113	119	116
うち欠減	(121)	575	0.1	4.3	92.1	45	51	48
沖縄								
生乳生産量	(122)	22,844	-	0.3	99.2	2,008	1,912	2,138
処理量	(123)	24,150	100.0	0.3	102.3	2,144	2,031	2,121
牛乳等向け	(124)	23,917	99.0	0.6	101.7	2,135	2,022	2,112
うち業務用向け	(125)	1,351	5.6	0.4	105.5	143	116	114
乳製品向け	(126)	9	0.0	0.0	nc	-	-	-
うちチーズ向け	(127)	9	0.0	0.0	nc	-	-	-
クリーム向け	(128)	-	-	-	nc	-	-	-
脱脂濃縮乳向け	(129)	-	-	-	nc	-	-	-
濃縮乳向け	(130)	-	-	-	nc	-	-	-
その他	(131)	224	0.9	0.5	243.5	9	9	9
うち欠減	(132)	188	0.8	1.4	335.7	6	6	6

4	5	6	7	8	9	10	11	12	
t	t	t	t	t	t	t	t	t	
29,450	30,074	28,008	26,883	26,186	25,620	27,070	26,570	27,835	(67)
35,614	36,302	36,134	35,162	33,744	35,823	36,752	34,887	35,589	(68)
32,447	34,294	34,824	33,154	31,193	34,324	35,472	33,261	33,028	(69)
3,706	3,326	3,316	3,676	4,212	3,858	4,346	4,540	3,905	(70)
2,960	1,801	1,096	1,803	2,350	1,299	1,055	1,408	2,337	(71)
23	21	24	27	25	26	25	26	30	(72)
100	83	76	77	77	87	73	85	86	(73)
-	-	-	-	-	-	-	-	-	(74)
30	30	30	30	30	30	30	30	30	(75)
207	207	214	205	201	200	225	218	224	(76)
99	99	93	84	80	79	104	97	103	(77)
14,494	14,825	13,707	13,262	13,157	12,754	13,333	13,172	13,860	(78)
35,970	38,413	39,156	36,445	35,154	38,439	39,402	35,171	33,077	(79)
35,837	38,273	38,993	36,287	34,982	38,273	39,040	34,889	32,851	(80)
3,246	3,082	2,861	3,211	3,718	4,043	4,732	3,947	3,289	(81)
33	42	56	66	74	93	291	213	159	(82)
12	14	12	13	13	14	15	15	13	(83)
6	13	29	39	44	66	262	184	135	(84)
-	-	-	-	-	-	-	-	-	(85)
-	-	-	-	-	-	-	-	-	(86)
100	98	107	92	98	73	71	69	67	(87)
72	70	85	70	76	51	49	47	45	(88)
27,619	28,496	26,551	25,930	25,649	25,344	26,178	25,401	26,525	(89)
26,616	28,492	28,244	27,464	26,778	27,681	27,773	25,760	25,279	(90)
24,075	25,940	26,197	25,653	24,879	25,950	26,033	23,666	22,947	(91)
1,457	1,478	1,025	902	1,175	1,054	1,110	1,248	1,253	(92)
2,363	2,365	1,877	1,642	1,733	1,565	1,573	1,924	2,162	(93)
48	47	46	46	46	44	46	47	49	(94)
424	390	269	287	358	330	310	403	546	(95)
-	-	-	-	-	-	-	-	-	(96)
-	-	-	-	-	-	-	-	-	(97)
178	187	170	169	166	166	167	170	170	(98)
80	89	86	85	82	82	83	86	86	(99)
9,991	10,203	9,411	9,074	8,861	8,694	9,229	9,024	9,308	(100)
8,153	8,728	8,944	8,330	7,727	8,976	8,982	8,246	8,144	(101)
7,884	8,441	8,800	8,184	7,583	8,830	8,825	8,078	7,711	(102)
763	769	931	701	756	1,040	971	866	756	(103)
242	260	117	119	121	122	132	134	401	(104)
8	12	13	12	12	15	8	5	1	(105)
106	110	104	105	109	106	124	129	140	(106)
-	-	-	-	-	-	-	-	-	(107)
-	-	-	-	-	-	-	-	-	(108)
27	27	27	27	23	24	25	34	32	(109)
6	6	7	7	3	4	5	14	12	(110)
56,421	57,029	52,466	50,714	50,251	48,948	51,310	50,691	53,335	(111)
47,409	46,985	43,355	43,785	43,657	41,882	43,748	42,354	47,850	(112)
34,752	37,190	38,085	37,670	35,564	37,584	37,973	34,417	34,127	(113)
2,362	1,939	1,940	2,263	2,525	2,201	2,694	2,179	2,217	(114)
12,542	9,678	5,151	5,993	7,977	4,177	5,652	7,818	13,597	(115)
103	101	99	99	99	102	103	103	94	(116)
2,258	2,317	2,283	2,267	2,131	2,093	2,324	2,480	2,543	(117)
530	376	284	209	371	259	336	365	302	(118)
-	-	-	-	-	-	-	-	-	(119)
115	117	119	122	116	121	123	119	126	(120)
47	49	46	49	43	48	50	46	53	(121)
2,024	2,020	1,798	1,898	1,766	1,708	1,837	1,822	1,913	(122)
2,075	2,088	1,797	2,050	1,748	1,793	2,160	2,077	2,066	(123)
2,050	2,064	1,774	2,027	1,726	1,772	2,137	2,055	2,043	(124)
103	86	88	101	81	92	133	156	138	(125)
1	1	1	1	1	1	1	1	1	(126)
1	1	1	1	1	1	1	1	1	(127)
-	-	-	-	-	-	-	-	-	(128)
-	-	-	-	-	-	-	-	-	(129)
-	-	-	-	-	-	-	-	-	(130)
24	23	22	22	21	20	22	21	22	(131)
21	20	19	19	18	17	19	18	19	(132)

2 生乳生産量（都道府県別）（月別）

都道府県	年 計 実　数	全国生産量に対する割合	対前年比	1 月	2	3	4
	t	%	%	t	t	t	t
全　　　国　(1)	7,592,061	100.0	102.1	628,127	582,916	655,239	643,807
北　海　道　(2)	4,265,600	56.2	102.7	350,453	323,119	358,764	351,415
青　　　森　(3)	72,089	0.9	95.3	6,058	5,504	6,032	6,035
岩　　　手　(4)	211,532	2.8	99.4	17,849	16,461	18,615	18,149
宮　　　城　(5)	108,900	1.4	98.5	9,234	8,465	9,682	9,426
秋　　　田　(6)	23,106	0.3	99.1	1,896	1,778	2,099	2,004
山　　　形　(7)	63,242	0.8	98.2	5,402	4,980	5,719	5,816
福　　　島　(8)	67,361	0.9	101.0	5,578	5,216	5,859	5,740
茨　　　城　(9)	174,864	2.3	102.2	14,551	13,643	15,701	15,724
栃　　　木　(10)	347,879	4.6	105.5	27,811	26,086	30,114	30,369
群　　　馬　(11)	208,496	2.7	101.1	17,208	16,147	18,410	17,883
埼　　　玉　(12)	49,582	0.7	104.8	3,948	3,740	4,251	4,698
千　　　葉　(13)	193,486	2.5	102.0	15,897	14,901	17,072	17,088
東　　　京　(14)	8,720	0.1	96.1	766	722	824	789
神　奈　川　(15)	29,038	0.4	96.0	2,538	2,367	2,682	2,621
新　　　潟　(16)	39,551	0.5	98.4	3,368	3,109	3,537	3,416
富　　　山　(17)	12,121	0.2	108.4	1,020	924	1,114	1,100
石　　　川　(18)	17,907	0.2	98.2	1,486	1,376	1,578	1,565
福　　　井　(19)	5,766	0.1	108.0	459	447	509	507
山　　　梨　(20)	19,458	0.3	107.2	1,671	1,483	1,650	1,695
長　　　野　(21)	91,890	1.2	102.0	7,634	7,054	7,947	7,768
岐　　　阜　(22)	33,263	0.4	101.3	2,823	2,622	2,947	2,930
静　　　岡　(23)	88,403	1.2	99.2	7,439	7,024	8,247	7,725
愛　　　知　(24)	154,055	2.0	97.5	13,231	12,351	14,177	13,861
三　　　重　(25)	56,779	0.7	104.9	4,493	4,464	4,986	4,934
滋　　　賀　(26)	18,648	0.2	103.9	1,458	1,378	1,695	1,685
京　　　都　(27)	28,461	0.4	102.4	2,375	2,263	2,563	2,508
大　　　阪　(28)	9,328	0.1	101.0	793	745	850	840
兵　　　庫　(29)	77,936	1.0	100.4	6,670	6,232	7,107	6,868
奈　　　良　(30)	24,958	0.3	105.0	2,065	1,904	2,172	2,165
和　歌　山　(31)	4,679	0.1	104.1	379	392	405	428
鳥　　　取　(32)	60,706	0.8	99.3	5,159	4,728	5,312	5,284
島　　　根　(33)	76,191	1.0	104.2	6,268	5,890	6,771	6,624
岡　　　山　(34)	114,500	1.5	100.7	9,618	8,982	10,064	9,933
広　　　島　(35)	50,395	0.7	103.2	4,101	3,877	4,404	4,441
山　　　口　(36)	15,045	0.2	96.8	1,316	1,247	1,407	1,337
徳　　　島　(37)	26,015	0.3	98.4	2,239	2,093	2,339	2,351
香　　　川　(38)	37,441	0.5	103.7	3,069	2,856	3,275	3,266
愛　　　媛　(39)	29,656	0.4	97.5	2,584	2,402	2,709	2,637
高　　　知　(40)	19,179	0.3	96.5	1,658	1,537	1,735	1,737
福　　　岡　(41)	73,360	1.0	99.7	6,186	5,822	6,629	6,485
佐　　　賀　(42)	14,046	0.2	97.9	1,190	1,112	1,272	1,266
長　　　崎　(43)	45,179	0.6	99.1	3,855	3,687	4,173	4,107
熊　　　本　(44)	267,173	3.5	103.1	22,322	21,086	24,159	23,686
大　　　分　(45)	72,409	1.0	102.0	6,204	5,770	6,658	6,396
宮　　　崎　(46)	82,844	1.1	104.5	6,852	6,425	7,397	7,384
鹿　児　島　(47)	77,980	1.0	99.7	6,945	6,593	7,489	7,097
沖　　　縄　(48)	22,844	0.3	99.2	2,008	1,912	2,138	2,024

5	6	7	8	9	10	11	12	
t	t	t	t	t	t	t	t	
670,200	640,625	639,247	628,217	613,296	630,651	614,100	645,636	(1)
370,296	360,770	366,442	360,721	351,832	358,648	346,980	366,160	(2)
6,340	6,016	6,070	5,959	5,903	6,061	5,930	6,181	(3)
18,758	17,831	17,723	17,546	17,058	17,432	16,718	17,392	(4)
9,698	9,196	9,043	8,976	8,612	8,868	8,601	9,099	(5)
2,103	1,962	1,938	1,849	1,873	1,884	1,829	1,891	(6)
5,827	5,377	5,041	4,950	4,922	5,021	4,941	5,246	(7)
5,902	5,702	5,616	5,615	5,427	5,600	5,474	5,632	(8)
16,100	15,365	14,200	13,617	13,423	14,116	13,939	14,485	(9)
31,186	29,287	29,038	28,312	28,049	28,929	28,684	30,014	(10)
18,665	17,563	17,500	17,016	16,536	17,141	16,981	17,446	(11)
4,714	4,245	4,275	4,206	3,708	3,837	3,788	4,172	(12)
17,724	16,389	15,934	15,329	15,116	15,755	15,675	16,606	(13)
803	723	679	652	634	697	691	740	(14)
2,688	2,450	2,358	2,264	2,157	2,294	2,262	2,357	(15)
3,555	3,381	3,385	3,150	3,108	3,234	3,129	3,179	(16)
1,147	1,072	967	920	921	980	944	1,012	(17)
1,630	1,515	1,464	1,418	1,441	1,479	1,452	1,503	(18)
514	483	474	475	463	478	468	489	(19)
1,764	1,650	1,627	1,582	1,522	1,611	1,530	1,673	(20)
8,139	7,707	7,712	7,790	7,523	7,629	7,404	7,583	(21)
3,026	2,790	2,761	2,725	2,642	2,706	2,591	2,700	(22)
7,796	7,297	7,250	7,128	6,760	7,165	7,067	7,505	(23)
14,213	13,073	12,278	11,784	11,684	12,410	12,252	12,741	(24)
5,039	4,848	4,594	4,549	4,534	4,789	4,660	4,889	(25)
1,656	1,490	1,548	1,683	1,453	1,495	1,444	1,663	(26)
2,564	2,372	2,307	2,242	2,217	2,317	2,308	2,425	(27)
867	805	731	714	709	749	738	787	(28)
7,059	6,495	6,291	6,139	5,999	6,312	6,262	6,502	(29)
2,238	2,144	2,022	2,003	2,004	2,104	2,051	2,086	(30)
441	401	363	376	372	356	369	397	(31)
5,428	5,027	4,900	4,859	4,854	5,008	4,942	5,205	(32)
6,776	6,346	6,254	6,222	6,156	6,336	6,186	6,362	(33)
10,290	9,567	9,298	9,175	9,113	9,560	9,204	9,696	(34)
4,637	4,370	4,283	4,204	4,062	4,074	3,906	4,036	(35)
1,365	1,241	1,195	1,189	1,159	1,200	1,163	1,226	(36)
2,387	2,187	2,075	2,012	1,953	2,104	2,104	2,171	(37)
3,390	3,180	3,115	3,028	2,982	3,169	3,034	3,077	(38)
2,671	2,441	2,361	2,316	2,286	2,415	2,351	2,483	(39)
1,755	1,603	1,523	1,505	1,473	1,541	1,535	1,577	(40)
6,631	6,102	5,932	5,828	5,709	6,019	5,899	6,118	(41)
1,294	1,190	1,119	1,087	1,082	1,151	1,125	1,158	(42)
4,163	3,799	3,580	3,508	3,437	3,536	3,571	3,763	(43)
24,016	22,164	21,649	21,357	20,874	21,896	21,489	22,475	(44)
6,485	5,980	5,781	5,700	5,564	5,873	5,832	6,166	(45)
7,465	6,840	6,644	6,712	6,522	6,828	6,675	7,100	(46)
6,975	6,391	6,009	6,059	5,760	6,007	6,100	6,555	(47)
2,020	1,798	1,898	1,766	1,708	1,837	1,822	1,913	(48)

3 生乳移出量（都道府県別）（月別）

都道府県	年計 実数	年計 生乳生産量に対する割合	1 月	2	3	4	5
	t	%	t	t	t	t	t
全　　国 (1)	1,768,593	23.3	144,971	133,944	147,381	146,291	152,467
北 海 道 (2)	490,115	11.5	39,106	33,503	30,784	31,289	36,886
青　　森 (3)	62,791	87.1	5,335	4,741	5,286	5,262	5,536
岩　　手 (4)	97,732	46.2	8,249	8,028	8,413	7,715	8,256
宮　　城 (5)	53,967	49.6	4,024	3,828	4,757	4,885	5,086
秋　　田 (6)	15,962	69.1	1,312	1,196	1,509	1,408	1,489
山　　形 (7)	39,613	62.6	3,349	3,063	3,763	3,853	3,804
福　　島 (8)	20,169	29.9	1,674	1,801	1,821	1,665	1,854
茨　　城 (9)	26,445	15.1	2,477	2,197	1,821	1,881	1,928
栃　　木 (10)	168,281	48.4	13,388	13,019	15,608	15,863	15,425
群　　馬 (11)	105,300	50.5	8,491	7,903	8,678	8,824	9,247
埼　　玉 (12)	9,895	20.0	589	457	687	1,099	1,104
千　　葉 (13)	70,862	36.6	5,467	5,302	7,067	6,527	6,051
東　　京 (14)	－	－	－	－	－	－	－
神 奈 川 (15)	－	－	－	－	－	－	－
新　　潟 (16)	6,789	17.2	751	537	840	767	660
富　　山 (17)	2,593	21.4	277	160	358	327	290
石　　川 (18)	85	0.5	17	－	－	34	－
福　　井 (19)	5,706	99.0	454	442	504	502	509
山　　梨 (20)	19,231	98.8	1,652	1,465	1,628	1,678	1,745
長　　野 (21)	16,476	17.9	1,321	1,199	1,620	1,702	1,769
岐　　阜 (22)	1,730	5.2	190	89	169	155	195
静　　岡 (23)	18,450	20.9	1,663	1,539	1,925	1,537	1,479
愛　　知 (24)	27,264	17.7	2,353	2,026	2,638	2,694	2,884
三　　重 (25)	28,404	50.0	2,147	2,221	2,717	2,547	2,542
滋　　賀 (26)	6,439	34.5	604	538	659	568	510
京　　都 (27)	9,458	33.2	770	719	815	793	814
大　　阪 (28)	973	10.4	88	70	93	95	92
兵　　庫 (29)	7,417	9.5	654	637	836	776	672
奈　　良 (30)	24,814	99.4	2,053	1,892	2,160	2,153	2,225
和 歌 山 (31)	4,308	92.1	347	361	373	397	410
鳥　　取 (32)	－	－	－	－	－	－	－
島　　根 (33)	57,465	75.4	4,821	4,487	5,296	5,086	5,144
岡　　山 (34)	31,988	27.9	2,954	2,711	3,209	3,019	2,798
広　　島 (35)	13,245	26.3	997	878	1,263	1,210	1,264
山　　口 (36)	330	2.2	－	－	－	209	－
徳　　島 (37)	17,864	68.7	1,596	1,440	1,712	1,657	1,674
香　　川 (38)	20,414	54.5	1,544	1,436	1,732	1,664	1,795
愛　　媛 (39)	5,440	18.3	414	377	413	789	595
高　　知 (40)	10,477	54.6	970	860	1,042	1,024	1,009
福　　岡 (41)	14,690	20.0	1,069	1,580	1,853	1,647	1,241
佐　　賀 (42)	4,155	29.6	411	376	472	569	398
長　　崎 (43)	32,964	73.0	2,869	2,677	3,214	3,095	3,061
熊　　本 (44)	95,236	35.6	8,350	8,146	8,227	7,562	9,175
大　　分 (45)	18,173	25.1	1,690	1,485	1,910	1,772	1,536
宮　　崎 (46)	48,935	59.1	3,347	3,607	3,775	4,762	4,278
鹿 児 島 (47)	55,828	71.6	5,137	4,951	5,700	5,230	5,037
沖　　縄 (48)	120	0.5	－	－	34	－	－

6	7	8	9	10	11	12	
t	t	t	t	t	t	t	
152, 187	149, 707	149, 201	153, 532	151, 988	141, 117	145, 807	(1)
47, 271	45, 982	45, 160	56, 787	50, 332	38, 114	34, 901	(2)
5, 183	5, 320	5, 299	5, 087	5, 184	5, 124	5, 434	(3)
8, 985	8, 496	8, 098	7, 839	8, 544	7, 778	7, 331	(4)
4, 402	4, 726	4, 802	3, 895	4, 305	4, 269	4, 988	(5)
1, 328	1, 343	1, 341	1, 242	1, 278	1, 216	1, 300	(6)
3, 308	2, 978	3, 005	2, 936	3, 035	3, 090	3, 429	(7)
1, 732	1, 666	1, 704	1, 484	1, 542	1, 512	1, 714	(8)
2, 057	2, 544	2, 234	2, 719	2, 326	2, 166	2, 095	(9)
13, 821	13, 034	12, 811	12, 402	13, 904	13, 791	15, 215	(10)
8, 211	8, 916	8, 726	8, 599	9, 017	9, 166	9, 522	(11)
967	851	931	661	773	829	947	(12)
5, 511	5, 844	6, 158	5, 191	5, 321	5, 834	6, 589	(13)
–	–	–	–	–	–	–	(14)
–	–	–	–	–	–	–	(15)
486	479	613	380	381	382	513	(16)
205	220	290	74	82	105	205	(17)
–	–	–	–	–	–	34	(18)
478	469	470	458	473	463	484	(19)
1, 631	1, 610	1, 563	1, 503	1, 591	1, 510	1, 655	(20)
1, 333	1, 389	1, 193	1, 143	1, 097	1, 188	1, 522	(21)
68	158	181	106	69	208	142	(22)
1, 436	1, 477	1, 551	1, 277	1, 513	1, 447	1, 606	(23)
2, 090	1, 917	2, 074	1, 660	2, 137	2, 279	2, 512	(24)
2, 329	2, 238	2, 413	2, 198	2, 178	2, 268	2, 606	(25)
491	498	466	482	495	486	642	(26)
761	744	760	786	816	816	864	(27)
75	94	82	62	71	72	79	(28)
469	460	450	453	493	529	988	(29)
2, 132	2, 010	1, 991	1, 992	2, 092	2, 039	2, 075	(30)
370	333	344	342	326	339	366	(31)
–	–	–	–	–	–	–	(32)
4, 670	4, 663	4, 747	4, 489	4, 649	4, 600	4, 813	(33)
2, 504	2, 411	2, 441	2, 319	2, 367	2, 338	2, 917	(34)
1, 061	1, 314	1, 251	942	897	967	1, 201	(35)
–	–	–	–	–	–	121	(36)
1, 431	1, 407	1, 449	1, 195	1, 364	1, 424	1, 515	(37)
1, 689	1, 703	1, 720	1, 729	1, 844	1, 765	1, 793	(38)
386	374	360	354	382	366	630	(39)
841	794	788	663	756	826	904	(40)
729	1, 048	1, 523	499	527	1, 148	1, 826	(41)
210	255	338	150	225	360	391	(42)
2, 635	2, 596	2, 789	2, 351	2, 392	2, 514	2, 771	(43)
8, 288	7, 904	7, 109	7, 751	7, 693	7, 859	7, 172	(44)
1, 553	1, 587	1, 262	1, 211	1, 263	1, 315	1, 589	(45)
4, 571	3, 849	4, 466	4, 270	4, 161	4, 254	3, 595	(46)
4, 437	4, 006	4, 214	3, 851	4, 093	4, 361	4, 811	(47)
52	–	34	–	–	–	–	(48)

4 生乳移入量（都道府県別）（月別）

都道府県	年 計 実　数	年 計 生乳生産量に対する割合	1 月	2	3	4	5
	t	%	t	t	t	t	t
全　　国　(1)	1,768,593	23.3	144,971	133,944	147,381	146,291	152,467
北　海　道　(2)	－	－	－	－	－	－	－
青　　森　(3)	x	x	x	x	x	x	x
岩　　手　(4)	25,649	12.1	1,395	1,316	2,464	2,480	2,169
宮　　城　(5)	35,655	32.7	2,607	2,378	2,508	3,066	3,253
秋　　田　(6)	x	x	x	x	x	x	x
山　　形　(7)	－	－	－	－	－	－	－
福　　島　(8)	39,719	59.0	3,726	2,566	5,538	4,600	4,144
茨　　城　(9)	161,621	92.4	12,137	12,093	15,647	14,009	13,531
栃　　木　(10)	7,532	2.2	581	547	585	581	611
群　　馬　(11)	72,061	34.6	7,218	6,223	6,481	5,862	6,159
埼　　玉　(12)	67,908	137.0	5,470	5,454	5,014	5,407	6,190
千　　葉　(13)	73,930	38.2	6,688	5,827	5,837	5,477	6,106
東　　京　(14)	85,905	985.1	6,828	6,573	6,446	6,991	7,668
神　奈　川　(15)	286,059	985.1	23,984	22,937	23,139	23,304	25,159
新　　潟　(16)	19,859	50.2	1,527	1,435	1,600	1,596	1,715
富　　山　(17)	x	x	x	x	x	x	x
石　　川　(18)	10,927	61.0	815	764	845	763	944
福　　井　(19)	x	x	x	x	x	x	x
山　　梨　(20)	4,138	21.3	271	276	344	332	375
長　　野　(21)	59,687	65.0	4,488	4,141	4,574	4,975	5,254
岐　　阜　(22)	63,046	189.5	4,605	4,351	4,707	5,034	5,145
静　　岡　(23)	27,287	30.9	2,599	2,305	1,812	1,958	2,113
愛　　知　(24)	70,153	45.5	5,157	4,922	5,277	5,726	5,645
三　　重　(25)	4,609	8.1	289	235	354	379	425
滋　　賀　(26)	12,692	68.1	1,194	1,105	961	873	1,174
京　　都　(27)	97,375	342.1	8,223	7,381	7,851	7,724	8,233
大　　阪　(28)	116,579	1,249.8	9,239	8,940	9,041	9,194	10,230
兵　　庫　(29)	101,291	130.0	9,277	8,102	8,220	8,467	8,674
奈　　良　(30)	x	x	x	x	x	x	x
和　歌　山　(31)	x	x	x	x	x	x	x
鳥　　取　(32)	x	x	x	x	x	x	x
島　　根　(33)	－	－	－	－	－	－	－
岡　　山　(34)	52,205	45.6	3,512	3,561	4,131	3,804	4,263
広　　島　(35)	36,611	72.6	3,131	2,813	3,066	2,777	3,123
山　　口　(36)	x	x	x	x	x	x	x
徳　　島　(37)	x	x	x	x	x	x	x
香　　川　(38)	x	x	x	x	x	x	x
愛　　媛　(39)	x	x	x	x	x	x	x
高　　知　(40)	x	x	x	x	x	x	x
福　　岡　(41)	110,101	150.1	9,594	9,023	8,717	8,705	9,109
佐　　賀　(42)	x	x	x	x	x	x	x
長　　崎　(43)	x	x	x	x	x	x	x
熊　　本　(44)	23,485	8.8	2,100	963	3,507	3,314	2,048
大　　分　(45)	3,798	5.2	165	75	－	－	195
宮　　崎　(46)	34,168	41.2	3,541	3,337	4,026	3,230	3,060
鹿　児　島　(47)	－	－	－	－	－	－	－
沖　　縄　(48)	1,426	6.2	136	119	17	51	68

6	7	8	9	10	11	12	
t	t	t	t	t	t	t	
152, 187	149, 707	149, 201	153, 532	151, 988	141, 117	145, 807	(1)
–	–	–	–	–	–	–	(2)
x	x	x	x	x	x	x	(3)
1, 145	1, 587	2, 239	2, 189	2, 235	2, 657	3, 773	(4)
3, 183	3, 253	3, 402	3, 110	3, 012	2, 772	3, 111	(5)
x	x	x	x	x	x	x	(6)
–	–	–	–	–	–	–	(7)
2, 749	2, 855	2, 397	1, 627	1, 906	2, 352	5, 259	(8)
12, 155	14, 440	17, 037	14, 251	11, 505	10, 780	14, 036	(9)
637	683	711	693	683	637	583	(10)
6, 999	6, 289	6, 092	5, 341	5, 481	5, 185	4, 731	(11)
6, 618	5, 556	4, 683	5, 961	6, 663	5, 986	4, 906	(12)
6, 837	6, 320	5, 837	6, 880	6, 815	5, 987	5, 319	(13)
7, 593	7, 304	7, 122	7, 557	7, 846	6, 981	6, 996	(14)
24, 860	23, 996	23, 833	24, 530	24, 733	23, 403	22, 181	(15)
1, 736	1, 693	1, 690	1, 768	1, 775	1, 616	1, 708	(16)
x	x	x	x	x	x	x	(17)
1, 089	857	859	1, 179	1, 037	985	790	(18)
x	x	x	x	x	x	x	(19)
400	364	365	353	350	333	375	(20)
5, 219	5, 195	5, 193	5, 435	5, 284	5, 048	4, 881	(21)
5, 288	5, 386	4, 910	5, 308	5, 793	5, 841	6, 678	(22)
2, 400	2, 542	2, 709	2, 736	2, 641	2, 020	1, 452	(23)
5, 921	5, 719	5, 799	7, 018	6, 728	6, 241	6, 000	(24)
440	422	359	382	417	417	490	(25)
1, 355	942	648	1, 149	1, 313	1, 101	877	(26)
8, 286	8, 454	8, 442	9, 069	9, 052	7, 672	6, 988	(27)
10, 853	9, 722	9, 103	10, 625	10, 924	9, 825	8, 883	(28)
9, 253	8, 204	7, 897	8, 959	9, 073	7, 682	7, 483	(29)
x	x	x	x	x	x	x	(30)
x	x	x	x	x	x	x	(31)
x	x	x	x	x	x	x	(32)
–	–	–	–	–	–	–	(33)
5, 089	5, 518	5, 228	5, 242	4, 583	3, 777	3, 497	(34)
3, 294	3, 171	2, 841	3, 310	3, 318	2, 927	2, 840	(35)
x	x	x	x	x	x	x	(36)
x	x	x	x	x	x	x	(37)
x	x	x	x	x	x	x	(38)
x	x	x	x	x	x	x	(39)
x	x	x	x	x	x	x	(40)
9, 504	9, 848	9, 736	9, 387	8, 972	8, 578	8, 928	(41)
x	x	x	x	x	x	x	(42)
x	x	x	x	x	x	x	(43)
608	1, 168	1, 892	523	837	2, 117	4, 408	(44)
615	826	526	796	540	60	–	(45)
2, 331	2, 208	2, 686	2, 061	2, 171	2, 451	3, 066	(46)
–	–	–	–	–	–	–	(47)
51	152	16	85	323	255	153	(48)

5 生乳移出入量（都道府県別）（月別）

(1) 年計

移入 ＼ 移出	全国	北海道	青森	岩手	宮城	秋田	山形	福島	茨城	栃木	群馬
全　国　(1)	1,768,593	490,115	62,791	97,732	53,967	15,962	39,613	20,169	26,445	168,281	105,300
北 海 道 (2)	-	-	-	-	-	-	-	-	-	-	-
青　森　(3)	x	x	x	x	x	x	x	x	x	x	x
岩　手　(4)	25,649	-	11,675	-	4,609	8,014	799	-	-	296	256
宮　城　(5)	35,655	-	21,511	13,672	-	-	460	12	-	-	-
秋　田　(6)	x	x	x	x	x	x	x	x	x	x	x
山　形　(7)	-	-	-	-	-	-	-	-	-	-	-
福　島　(8)	39,719	-	140	2,986	9,791	410	654	-	-	25,104	634
茨　城　(9)	161,621	64,082	13,081	19,834	5,817	2,628	7,968	9,440	-	15,611	6,810
栃　木　(10)	7,532	-	-	7,532	-	-	-	-	-	-	-
群　馬　(11)	72,061	15,602	3,897	4,929	8,304	2,431	898	1,261	18	25,171	-
埼　玉　(12)	67,908	20,664	491	12,385	4,426	1,585	1,482	1,995	98	20,814	3,968
千　葉　(13)	73,930	17,697	767	4,658	2,442	235	-	982	21,827	23,043	2,173
東　京　(14)	85,905	5,265	4,688	4,079	3,066	564	-	-	1,187	19,426	27,930
神 奈 川 (15)	286,059	119,752	6,541	10,864	9,938	95	21,027	6,479	-	24,579	27,913
新　潟　(16)	19,859	5,825	-	9,155	89	-	3,598	-	13	-	1,164
富　山　(17)	x	x	x	x	x	x	x	x	x	x	x
石　川　(18)	10,927	6,987	-	-	20	-	247	-	-	-	829
福　井　(19)	x	x	x	x	x	x	x	x	x	x	x
山　梨　(20)	4,138	-	-	-	-	-	-	-	-	-	-
長　野　(21)	59,687	3,897	-	-	288	-	200	-	3,221	92	29,392
岐　阜　(22)	63,046	35,139	-	614	-	-	1,099	-	-	9,869	3,308
静　岡　(23)	27,287	9,330	-	1,531	3,460	-	620	-	17	4,276	813
愛　知　(24)	70,153	20,480	-	5,493	1,717	-	561	-	64	-	-
三　重　(25)	4,609	2,556	-	-	-	-	-	-	-	-	-
滋　賀　(26)	12,692	6,248	-	-	-	-	-	-	-	-	-
京　都　(27)	97,375	63,906	-	-	-	-	-	-	-	-	-
大　阪　(28)	116,579	52,577	-	-	-	-	-	-	-	-	110
兵　庫　(29)	101,291	27,571	-	-	-	-	-	-	-	-	-
奈　良　(30)	x	x	x	x	x	x	x	x	x	x	x
和 歌 山 (31)	x	x	x	x	x	x	x	x	x	x	x
鳥　取　(32)	x	x	x	x	x	x	x	x	x	x	x
島　根　(33)	-	-	-	-	-	-	-	-	-	-	-
岡　山　(34)	52,205	12,230	-	-	-	-	-	-	-	-	-
広　島　(35)	36,611	273	-	-	-	-	-	-	-	-	-
山　口　(36)	x	x	x	x	x	x	x	x	x	x	x
徳　島　(37)	x	x	x	x	x	x	x	x	x	x	x
香　川　(38)	x	x	x	x	x	x	x	x	x	x	x
愛　媛　(39)	x	x	x	x	x	x	x	x	x	x	x
高　知　(40)	x	x	x	x	x	x	x	x	x	x	x
福　岡　(41)	110,101	-	-	-	-	-	-	-	-	-	-
佐　賀　(42)	x	x	x	x	x	x	x	x	x	x	x
長　崎　(43)	x	x	x	x	x	x	x	x	x	x	x
熊　本　(44)	23,485	-	-	-	-	-	-	-	-	-	-
大　分　(45)	3,798	-	-	-	-	-	-	-	-	-	-
宮　崎　(46)	34,168	-	-	-	-	-	-	-	-	-	-
鹿 児 島 (47)	-	-	-	-	-	-	-	-	-	-	-
沖　縄　(48)	1,426	-	-	-	-	-	-	-	-	-	-

埼 玉	千 葉	東 京	神奈川	新 潟	富 山	石 川	福 井	山 梨	長 野	岐 阜	静 岡	
9,895	70,862	-	-	6,789	2,593	85	5,706	19,231	16,476	1,730	18,450	(1)
-	-	-	-	-	-	-	-	-	-	-	-	(2)
x	x	x	x	x	x	x	x	x	x	x	x	(3)
-	-	-	-	⌐	-	-	-	-	-	-	-	(4)
-	-	-	-	-	-	-	-	-	-	-	-	(5)
x	x	x	x	x	x	x	x	x	x	x	x	(6)
-	-	-	-	-	-	-	-	-	-	-	-	(7)
-	-	-	-	-	-	-	-	-	-	-	-	(8)
575	10,282	-	-	1,209	534	85	-	-	1,261	479	-	(9)
-	-	-	-	-	-	-	-	-	-	-	-	(10)
3,132	220	-	-	4,285	530	-	-	167	1,216	-	-	(11)
-	-	-	-	-	-	-	-	-	-	-	-	(12)
-	-	-	-	106	-	-	-	-	-	-	-	(13)
2,741	9,818	-	-	-	-	-	-	3,710	1,644	-	1,772	(14)
865	50,542	-	-	-	-	-	-	7,144	-	-	320	(15)
-	-	-	-	-	15	-	-	-	-	-	-	(16)
x	x	x	x	x	x	x	x	x	x	x	x	(17)
-	-	-	-	393	1,422	-	1,029	-	-	-	-	(18)
x	x	x	x	x	x	x	x	x	x	x	x	(19)
-	-	-	-	-	-	-	-	-	4,138	-	-	(20)
-	-	-	-	796	-	-	-	4,049	-	-	-	(21)
2,582	-	-	-	-	-	-	-	-	1,397	-	-	(22)
-	-	-	-	-	-	-	-	3,993	-	-	-	(23)
-	-	-	-	-	-	-	-	168	6,820	1,004	14,677	(24)
-	-	-	-	-	-	-	-	-	-	-	1,681	(25)
-	-	-	-	-	92	-	4,677	-	-	-	-	(26)
-	-	-	-	-	-	-	-	-	-	-	-	(27)
-	-	-	-	-	-	-	-	-	-	-	-	(28)
-	-	-	-	-	-	-	-	-	-	-	-	(29)
x	x	x	x	x	x	x	x	x	x	x	x	(30)
x	x	x	x	x	x	x	x	x	x	x	x	(31)
x	x	x	x	x	x	x	x	x	x	x	x	(32)
-	-	-	-	-	-	-	-	-	-	-	-	(33)
-	-	-	-	-	-	-	-	-	-	-	-	(34)
-	-	-	-	-	-	-	-	-	-	-	-	(35)
x	x	x	x	x	x	x	x	x	x	x	x	(36)
x	x	x	x	x	x	x	x	x	x	x	x	(37)
x	x	x	x	x	x	x	x	x	x	x	x	(38)
x	x	x	x	x	x	x	x	x	x	x	x	(39)
x	x	x	x	x	x	x	x	x	x	x	x	(40)
-	-	-	-	-	-	-	-	-	-	-	-	(41)
x	x	x	x	x	x	x	x	x	x	x	x	(42)
x	x	x	x	x	x	x	x	x	x	x	x	(43)
-	-	-	-	-	-	-	-	-	-	247	-	(44)
-	-	-	-	-	-	-	-	-	-	-	-	(45)
-	-	-	-	-	-	-	-	-	-	-	-	(46)
-	-	-	-	-	-	-	-	-	-	-	-	(47)
-	-	-	-	-	-	-	-	-	-	-	-	(48)

5 生乳移出入量（都道府県別）（月別）（続き）

(1) 年計（続き）

移入 ＼ 移出	愛 知	三 重	滋 賀	京 都	大 阪	兵 庫	奈 良	和歌山	鳥 取	島 根	岡 山	広 島
全　国 (1)	27,264	28,404	6,439	9,458	973	7,417	24,814	4,308	－	57,465	31,988	13,245
北 海 道 (2)	－	－	－	－	－	－	－	－	－	－	－	－
青　森 (3)	x	x	x	x	x	x	x	x	x	x	x	x
岩　手 (4)	－	－	－	－	－	－	－	－	－	－	－	－
宮　城 (5)	－	－	－	－	－	－	－	－	－	－	－	－
秋　田 (6)	x	x	x	x	x	x	x	x	x	x	x	x
山　形 (7)	－	－	－	－	－	－	－	－	－	－	－	－
福　島 (8)	－	－	－	－	－	－	－	－	－	－	－	－
茨　城 (9)	1,498	427	－	－	－	－	－	－	－	－	－	－
栃　木 (10)	－	－	－	－	－	－	－	－	－	－	－	－
群　馬 (11)	－	－	－	－	－	－	－	－	－	－	－	－
埼　玉 (12)	－	－	－	－	－	－	－	－	－	－	－	－
千　葉 (13)	－	－	－	－	－	－	－	－	－	－	－	－
東　京 (14)	15	－	－	－	－	－	－	－	－	－	－	－
神 奈 川 (15)	－	－	－	－	－	－	－	－	－	－	－	－
新　潟 (16)	－	－	－	－	－	－	－	－	－	－	－	－
富　山 (17)	x	x	x	x	x	x	x	x	x	x	x	x
石　川 (18)	－	－	－	－	－	－	－	－	－	－	－	－
福　井 (19)	x	x	x	x	x	x	x	x	x	x	x	x
山　梨 (20)	－	－	－	－	－	－	－	－	－	－	－	－
長　野 (21)	15,342	2,410	－	－	－	－	－	－	－	－	－	－
岐　阜 (22)	3,865	1,748	－	－	－	－	－	－	－	－	1,170	－
静　岡 (23)	3,247	－	－	－	－	－	－	－	－	－	－	－
愛　知 (24)	－	16,715	69	－	－	－	－	－	－	－	－	－
三　重 (25)	－	－	－	－	－	－	－	－	－	－	－	372
滋　賀 (26)	－	1,418	－	－	56	－	－	－	－	－	－	－
京　都 (27)	2,180	4,732	864	－	650	3,640	3,337	－	－	697	2,065	－
大　阪 (28)	480	872	4,249	－	－	3,743	5,597	4,308	－	1,330	9,698	－
兵　庫 (29)	149	－	1,257	9,458	267	－	15,880	－	－	1,440	13,397	410
奈　良 (30)	x	x	x	x	x	x	x	x	x	x	x	x
和 歌 山 (31)	x	x	x	x	x	x	x	x	x	x	x	x
鳥　取 (32)	x	x	x	x	x	x	x	x	x	x	x	x
島　根 (33)	－	－	－	－	－	－	－	－	－	－	－	－
岡　山 (34)	－	－	－	－	－	－	－	－	－	18,787	－	8,180
広　島 (35)	－	－	－	－	－	－	－	－	－	25,724	5,214	－
山　口 (36)	x	x	x	x	x	x	x	x	x	x	x	x
徳　島 (37)	x	x	x	x	x	x	x	x	x	x	x	x
香　川 (38)	x	x	x	x	x	x	x	x	x	x	x	x
愛　媛 (39)	x	x	x	x	x	x	x	x	x	x	x	x
高　知 (40)	x	x	x	x	x	x	x	x	x	x	x	x
福　岡 (41)	－	－	－	－	－	－	－	－	－	－	－	－
佐　賀 (42)	x	x	x	x	x	x	x	x	x	x	x	x
長　崎 (43)	x	x	x	x	x	x	x	x	x	x	x	x
熊　本 (44)	488	82	－	－	－	34	－	－	－	754	95	250
大　分 (45)	－	－	－	－	－	－	－	－	－	－	－	－
宮　崎 (46)	－	－	－	－	－	－	－	－	－	－	－	－
鹿 児 島 (47)	－	－	－	－	－	－	－	－	－	－	－	－
沖　縄 (48)	－	－	－	－	－	－	－	－	－	－	－	－

山口	徳島	香川	愛媛	高知	福岡	佐賀	長崎	熊本	大分	宮崎	鹿児島	沖縄	
330	17,864	20,414	5,440	10,477	14,690	4,155	32,964	95,236	18,173	48,935	55,828	120	(1)
-	-	-	-	-	-	-	-	-	-	-	-	-	(2)
x	x	x	x	x	x	x	x	x	x	x	x	x	(3)
-	-	-	-	-	-	-	-	-	-	-	-	-	(4)
-	-	-	-	-	-	-	-	-	-	-	-	-	(5)
x	x	x	x	x	x	x	x	x	x	x	x	x	(6)
x	x	x	-	-	-	-	-	-	-	-	-	-	(7)
-	-	-	-	-	-	-	-	-	-	-	-	-	(8)
-	-	-	-	-	-	-	-	-	-	-	-	-	(9)
-	-	-	-	-	-	-	-	-	-	-	-	-	(10)
-	-	-	-	-	-	-	-	-	-	-	-	-	(11)
-	-	-	-	-	-	-	-	-	-	-	-	-	(12)
-	-	-	-	-	-	-	-	-	-	-	-	-	(13)
-	-	-	-	-	-	-	-	-	-	-	-	-	(14)
-	-	-	-	-	-	-	-	-	-	-	-	-	(15)
-	-	-	-	-	-	-	-	-	-	-	-	-	(16)
x	x	x	x	x	x	x	x	x	x	x	x	x	(17)
-	-	-	-	-	-	-	-	-	-	-	-	-	(18)
x	x	x	x	x	x	x	x	x	x	x	x	x	(19)
-	-	-	-	-	-	-	-	-	-	-	-	-	(20)
-	-	-	-	-	-	-	-	-	-	-	-	-	(21)
-	-	-	-	-	-	-	-	-	-	2,255	-	-	(22)
-	-	-	-	-	-	-	-	-	-	-	-	-	(23)
-	-	-	-	-	-	-	772	-	-	1,613	-	-	(24)
-	-	-	-	-	-	-	-	-	-	-	-	-	(25)
-	156	-	-	-	-	-	-	-	-	45	-	-	(26)
-	217	117	815	58	2,775	-	660	6,402	1,020	3,240	-	-	(27)
-	9,301	2,721	-	463	-	-	820	13,255	136	6,698	221	-	(28)
-	1,222	2,283	-	13	1,209	-	1,395	5,203	374	3,129	16,634	-	(29)
x	x	x	x	x	x	x	x	x	x	x	x	x	(30)
x	x	x	x	x	x	x	x	x	x	x	x	x	(31)
x	x	x	x	x	x	x	x	x	x	x	x	x	(32)
-	-	-	-	-	-	-	-	-	-	-	-	-	(33)
-	-	-	3,894	-	-	-	-	2,025	459	5,977	653	-	(34)
-	1,144	1,002	-	-	-	-	484	459	663	1,648	-	-	(35)
x	x	x	x	x	x	x	x	x	x	x	x	x	(36)
x	x	x	x	x	x	x	x	x	x	x	x	x	(37)
x	x	x	x	x	x	x	x	x	x	x	x	x	(38)
x	x	x	x	x	x	x	x	x	x	x	x	x	(39)
x	x	x	x	x	x	x	x	x	x	x	x	x	(40)
-	-	-	-	-	-	-	23,869	52,855	14,265	18,520	592	-	(41)
x	x	x	x	x	x	x	x	x	x	x	x	x	(42)
x	x	x	x	x	x	x	x	x	x	x	x	x	(43)
330	-	-	-	-	5,471	4,155	4,964	-	1,256	1,679	3,560	120	(44)
-	-	-	-	-	1,353	-	-	2,445	-	-	-	-	(45)
-	-	-	-	-	-	-	-	-	-	-	34,168	-	(46)
-	-	-	-	-	-	-	-	-	-	-	-	-	(47)
-	-	-	-	-	-	-	-	1,426	-	-	-	-	(48)

5 生乳移出入量（都道府県別）（月別）（続き）

(2) 1月分

移入＼移出	全国	北海道	青森	岩手	宮城	秋田	山形	福島	茨城	栃木	群馬
全　　国 (1)	144,971	39,106	5,335	8,249	4,024	1,312	3,349	1,674	2,477	13,388	8,491
北　海　道 (2)	–	–	–	–	–	–	–	–	–	–	–
青　　森 (3)	x	x	x	x	x	x	x	x	x	x	x
岩　　手 (4)	1,395	–	688	–	66	561	65	–	–	15	–
宮　　城 (5)	2,607	–	1,561	1,026	–	–	20	–	–	–	–
秋　　田 (6)	x	x	x	x	x	x	x	x	x	x	x
山　　形 (7)	–	–	–	–	–	–	–	–	–	–	–
福　　島 (8)	3,726	–	100	103	833	20	36	–	–	2,468	166
茨　　城 (9)	12,137	5,548	1,041	1,592	300	310	526	763	–	460	430
栃　　木 (10)	581	–	–	581	–	–	–	–	–	–	–
群　　馬 (11)	7,218	1,207	700	407	582	306	459	170	–	2,317	–
埼　　玉 (12)	5,470	2,045	51	1,175	135	60	31	162	–	1,564	247
千　　葉 (13)	6,688	1,603	185	510	309	35	–	15	2,007	1,847	152
東　　京 (14)	6,828	460	74	374	195	20	–	–	470	1,436	2,340
神　奈　川 (15)	23,984	9,909	935	800	1,108	–	1,667	564	–	1,921	2,357
新　　潟 (16)	1,527	403	–	753	–	–	331	–	–	–	40
富　　山 (17)	x	x	x	x	x	x	x	x	x	x	x
石　　川 (18)	815	420	–	–	–	–	–	–	–	–	114
福　　井 (19)	x	x	x	x	x	x	x	x	x	x	x
山　　梨 (20)	271	–	–	–	–	–	–	–	–	–	–
長　　野 (21)	4,488	372	–	–	26	–	20	–	–	–	2,034
岐　　阜 (22)	4,605	2,182	–	144	–	–	63	–	–	752	257
静　　岡 (23)	2,599	610	–	273	255	–	100	–	–	608	271
愛　　知 (24)	5,157	1,252	–	511	215	–	31	–	–	–	–
三　　重 (25)	289	–	–	–	–	–	–	–	–	–	–
滋　　賀 (26)	1,194	684	–	–	–	–	–	–	–	–	–
京　　都 (27)	8,223	5,323	–	–	–	–	–	–	–	–	–
大　　阪 (28)	9,239	3,519	–	–	–	–	–	–	–	–	83
兵　　庫 (29)	9,277	2,812	–	–	–	–	–	–	–	–	–
奈　　良 (30)	x	x	x	x	x	x	x	x	x	x	x
和　歌　山 (31)	x	x	x	x	x	x	x	x	x	x	x
鳥　　取 (32)	x	x	x	x	x	x	x	x	x	x	x
島　　根 (33)	–	–	–	–	–	–	–	–	–	–	–
岡　　山 (34)	3,512	757	–	–	–	–	–	–	–	–	–
広　　島 (35)	3,131	–	–	–	–	–	–	–	–	–	–
山　　口 (36)	x	x	x	x	x	x	x	x	x	x	x
徳　　島 (37)	x	x	x	x	x	x	x	x	x	x	x
香　　川 (38)	x	x	x	x	x	x	x	x	x	x	x
愛　　媛 (39)	x	x	x	x	x	x	x	x	x	x	x
高　　知 (40)	x	x	x	x	x	x	x	x	x	x	x
福　　岡 (41)	9,594	–	–	–	–	–	–	–	–	–	–
佐　　賀 (42)	x	x	x	x	x	x	x	x	x	x	x
長　　崎 (43)	x	x	x	x	x	x	x	x	x	x	x
熊　　本 (44)	2,100	–	–	–	–	–	–	–	–	–	–
大　　分 (45)	165	–	–	–	–	–	–	–	–	–	–
宮　　崎 (46)	3,541	–	–	–	–	–	–	–	–	–	–
鹿　児　島 (47)	–	–	–	–	–	–	–	–	–	–	–
沖　　縄 (48)	136	–	–	–	–	–	–	–	–	–	–

埼玉	千葉	東京	神奈川	新潟	富山	石川	福井	山梨	長野	岐阜	静岡	
589	5,467	-	-	751	277	17	454	1,652	1,321	190	1,663	(1)
-	-	-	-	-	-	-	-	-	-	-	-	(2)
x	x	x	x	x	x	x	x	x	x	x	x	(3)
-	-	-	-	-	-	-	-	-	-	-	-	(4)
-	-	-	-	-	-	-	-	-	-	-	-	(5)
x	x	x	x	x	x	x	x	x	x	x	x	(6)
-	-	-	-	-	-	-	-	-	-	-	-	(7)
-	-	-	-	-	-	-	-	-	-	-	-	(8)
78	716	-	-	81	60	17		-	38	49	-	(9)
-	-	-	-	-	-	-	-	-	-	-	-	(10)
291	135	-	-	434	88	-	-	10	112	-	-	(11)
-	-	-	-	-	-	-	-	-	-	-	-	(12)
-	-	-	-	25	-	-	-	-	-	-	-	(13)
205	452	-	-	-	-	-	-	429	213	-	160	(14)
15	4,164	-	-	-	-	-	-	544	-	-	-	(15)
-	-	-	-	-	-	-	-	-	-	-	-	(16)
x	x	x	x	x	x	x	x	x	x	x	x	(17)
-	-	-	-	72	118	-	91	-	-	-	-	(18)
x	x	x	x	x	x	x	x	x	x	x	x	(19)
-	-	-	-	-	-	-	-	-	271	-	-	(20)
-	-	-	-	139	-	-	-	353	-	-	-	(21)
-	-	-	-	-	-	-	-	-	118	-	-	(22)
-	-	-	-	-	-	-	-	316	-	-	-	(23)
-	-	-	-	-	-	-	-	-	569	141	1,214	(24)
-	-	-	-	-	-	-	-	-	-	-	289	(25)
-	-	-	-	-	11	-	363	-	-	-	-	(26)
-	-	-	-	-	-	-	-	-	-	-	-	(27)
-	-	-	-	-	-	-	-	-	-	-	-	(28)
-	-	-	-	-	-	-	-	-	-	-	-	(29)
x	x	x	x	x	x	x	x	x	x	x	x	(30)
x	x	x	x	x	x	x	x	x	x	x	x	(31)
x	x	x	x	x	x	x	x	x	x	x	x	(32)
-	-	-	-	-	-	-	-	-	-	-	-	(33)
-	-	-	-	-	-	-	-	-	-	-	-	(34)
-	-	-	-	-	-	-	-	-	-	-	-	(35)
x	x	x	x	x	x	x	x	x	x	x	x	(36)
x	x	x	x	x	x	x	x	x	x	x	x	(37)
x	x	x	x	x	x	x	x	x	x	x	x	(38)
x	x	x	x	x	x	x	x	x	x	x	x	(39)
x	x	x	x	x	x	x	x	x	x	x	x	(40)
-	-	-	-	-	-	-	-	-	-	-	-	(41)
x	x	x	x	x	x	x	x	x	x	x	x	(42)
x	x	x	x	x	x	x	x	x	x	x	x	(43)
-	-	-	-	-	-	-	-	-	-	-	-	(44)
-	-	-	-	-	-	-	-	-	-	-	-	(45)
-	-	-	-	-	-	-	-	-	-	-	-	(46)
-	-	-	-	-	-	-	-	-	-	-	-	(47)
-	-	-	-	-	-	-	-	-	-	-	-	(48)

5 生乳移出入量（都道府県別）（月別）（続き）

(2) 1月分（続き）

移入＼移出	愛知	三重	滋賀	京都	大阪	兵庫	奈良	和歌山	鳥取	島根	岡山	広島
全 国 (1)	2,353	2,147	604	770	88	654	2,053	347	–	4,821	2,954	997
北 海 道 (2)	–	–	–	–	–	–	–	–	–	–	–	–
青 森 (3)	x	x	x	x	x	x	x	x	x	x	x	x
岩 手 (4)	–	–	–	–	–	–	–	–	–	–	–	–
宮 城 (5)	–	–	–	–	–	–	–	–	–	–	–	–
秋 田 (6)	x	x	x	x	x	x	x	x	x	x	x	x
山 形 (7)	–	–	–	–	–	–	–	–	–	–	–	–
福 島 (8)	–	–	–	–	–	–	–	–	–	–	–	–
茨 城 (9)	94	34	–	–	–	–	–	–	–	–	–	–
栃 木 (10)	–	–	–	–	–	–	–	–	–	–	–	–
群 馬 (11)	–	–	–	–	–	–	–	–	–	–	–	–
埼 玉 (12)	–	–	–	–	–	–	–	–	–	–	–	–
千 葉 (13)	–	–	–	–	–	–	–	–	–	–	–	–
東 京 (14)	–	–	–	–	–	–	–	–	–	–	–	–
神 奈 川 (15)	–	–	–	–	–	–	–	–	–	–	–	–
新 潟 (16)	–	–	–	–	–	–	–	–	–	–	–	–
富 山 (17)	x	x	x	x	x	x	x	x	x	x	x	x
石 川 (18)	–	–	–	–	–	–	–	–	–	–	–	–
福 井 (19)	x	x	x	x	x	x	x	x	x	x	x	x
山 梨 (20)	–	–	–	–	–	–	–	–	–	–	–	–
長 野 (21)	1,331	213	–	–	–	–	–	–	–	–	–	–
岐 阜 (22)	339	140	–	–	–	–	–	–	–	–	422	–
静 岡 (23)	166	–	–	–	–	–	–	–	–	–	–	–
愛 知 (24)	–	1,149	–	–	–	–	–	–	–	–	–	–
三 重 (25)	–	–	–	–	–	–	–	–	–	–	–	–
滋 賀 (26)	–	118	–	–	4	–	–	–	–	–	–	–
京 都 (27)	280	420	104	–	59	303	273	–	–	311	159	–
大 阪 (28)	45	73	315	–	–	351	494	347	–	96	767	–
兵 庫 (29)	29	–	185	770	25	–	1,286	–	–	288	1,123	132
奈 良 (30)	x	x	x	x	x	x	x	x	x	x	x	x
和 歌 山 (31)	x	x	x	x	x	x	x	x	x	x	x	x
鳥 取 (32)	x	x	x	x	x	x	x	x	x	x	x	x
島 根 (33)	–	–	–	–	–	–	–	–	–	–	–	–
岡 山 (34)	–	–	–	–	–	–	–	–	–	1,433	–	540
広 島 (35)	–	–	–	–	–	–	–	–	–	2,103	465	–
山 口 (36)	x	x	x	x	x	x	x	x	x	x	x	x
徳 島 (37)	x	x	x	x	x	x	x	x	x	x	x	x
香 川 (38)	x	x	x	x	x	x	x	x	x	x	x	x
愛 媛 (39)	x	x	x	x	x	x	x	x	x	x	x	x
高 知 (40)	x	x	x	x	x	x	x	x	x	x	x	x
福 岡 (41)	–	–	–	–	–	–	–	–	–	–	–	–
佐 賀 (42)	x	x	x	x	x	x	x	x	x	x	x	x
長 崎 (43)	x	x	x	x	x	x	x	x	x	x	x	x
熊 本 (44)	69	–	–	–	–	–	–	–	–	12	–	–
大 分 (45)	–	–	–	–	–	–	–	–	–	–	–	–
宮 崎 (46)	–	–	–	–	–	–	–	–	–	–	–	–
鹿 児 島 (47)	–	–	–	–	–	–	–	–	–	–	–	–
沖 縄 (48)	–	–	–	–	–	–	–	–	–	–	–	–

山口	徳島	香川	愛媛	高知	福岡	佐賀	長崎	熊本	大分	宮崎	鹿児島	沖縄	
-	1,596	1,544	414	970	1,069	411	2,869	8,350	1,690	3,347	5,137	-	(1)
-	-	-	-	-	-	-	-	-	-	-	-	-	(2)
x	x	x	x	x	x	x	x	x	x	x	x	x	(3)
x	-	-	-	-	-	-	-	-	-	-	-	-	(4)
-	-	-	-	-	-	-	-	-	-	-	-	-	(5)
x	x	x	x	x	x	x	x	x	x	x	x	x	(6)
-	-	-	-	-	-	-	-	-	-	-	-	-	(7)
-	-	-	-	-	-	-	-	-	-	-	-	-	(8)
-	-	-	-	-	-	-	-	-	-	-	-	-	(9)
-	-	-	-	-	-	-	-	-	-	-	-	-	(10)
-	-	-	-	-	-	-	-	-	-	-	-	-	(11)
-	-	-	-	-	-	-	-	-	-	-	-	-	(12)
-	-	-	-	-	-	-	-	-	-	-	-	-	(13)
-	-	-	-	-	-	-	-	-	-	-	-	-	(14)
-	-	-	-	-	-	-	-	-	-	-	-	-	(15)
-	-	-	-	-	-	-	-	-	-	-	-	-	(16)
x	x	x	x	x	x	x	x	x	x	x	x	x	(17)
-	-	-	-	-	-	-	-	-	-	-	-	-	(18)
x	x	x	x	x	x	x	x	x	x	x	x	x	(19)
-	-	-	-	-	-	-	-	-	-	-	-	-	(20)
-	-	-	-	-	-	-	-	-	-	-	-	-	(21)
-	-	-	-	-	-	-	-	-	-	188	-	-	(22)
-	-	-	-	-	-	-	-	-	-	-	-	-	(23)
-	-	-	-	-	-	-	41	-	-	34	-	-	(24)
-	-	-	-	-	-	-	-	-	-	-	-	-	(25)
-	14	-	-	-	-	-	-	-	-	-	-	-	(26)
-	42	46	-	14	136	-	-	451	68	234	-	-	(27)
-	784	254	-	82	-	-	55	1,170	17	753	34	-	(28)
-	166	217	-	13	68	-	60	591	17	198	1,297	-	(29)
x	x	x	x	x	x	x	x	x	x	x	x	x	(30)
x	x	x	x	x	x	x	x	x	x	x	x	x	(31)
x	x	x	x	x	x	x	x	x	x	x	x	x	(32)
-	-	-	-	-	-	-	-	-	-	-	-	-	(33)
-	-	-	320	-	-	-	-	164	34	264	-	-	(34)
-	247	-	-	-	-	-	47	51	51	167	-	-	(35)
x	x	x	x	x	x	x	x	x	x	x	x	x	(36)
x	x	x	x	x	x	x	x	x	x	x	x	x	(37)
x	x	x	x	x	x	x	x	x	x	x	x	x	(38)
x	x	x	x	x	x	x	x	x	x	x	x	x	(39)
x	x	x	x	x	x	x	x	x	x	x	x	x	(40)
-	-	-	-	-	-	-	2,135	4,816	1,402	1,193	48	-	(41)
x	x	x	x	x	x	x	x	x	x	x	x	x	(42)
x	x	x	x	x	x	x	x	x	x	x	x	x	(43)
-	-	-	-	-	549	411	531	-	101	210	217	-	(44)
-	-	-	-	-	-	-	-	165	-	-	-	-	(45)
-	-	-	-	-	-	-	-	-	-	-	3,541	-	(46)
-	-	-	-	-	-	-	-	-	-	-	-	-	(47)
-	-	-	-	-	-	-	-	136	-	-	-	-	(48)

5 生乳移出入量（都道府県別）（月別）（続き）

(3) 2月分

移入＼移出	全国	北海道	青森	岩手	宮城	秋田	山形	福島	茨城	栃木	群馬
全　国　(1)	133,944	33,503	4,741	8,028	3,828	1,196	3,063	1,801	2,197	13,019	7,903
北　海　道　(2)	-	-	-	-	-	-	-	-	-	-	-
青　森　(3)	x	x	x	x	x	x	x	x	x	x	x
岩　手　(4)	1,316	-	750	-	15	551	-	-	-	-	-
宮　城　(5)	2,378	-	1,377	921	-	-	80	-	-	-	-
秋　田　(6)	x	x	x	x	x	x	x	x	x	x	x
山　形　(7)	-	-	-	-	-	-	-	-	-	-	-
福　島　(8)	2,566	-	-	78	757	40	-	-	-	1,691	-
茨　城　(9)	12,093	5,202	1,029	1,820	285	315	297	855	-	1,014	417
栃　木　(10)	547	-	-	547	-	-	-	-	-	-	-
群　馬　(11)	6,223	1,061	536	254	492	40	339	212	-	2,617	-
埼　玉　(12)	5,454	1,882	77	1,083	390	125	95	90	-	1,476	236
千　葉　(13)	5,827	1,384	34	691	179	30	-	30	1,738	1,577	143
東　京　(14)	6,573	289	17	277	185	60	-	-	459	1,311	2,519
神　奈　川　(15)	22,937	9,042	921	746	1,099	35	1,670	614	-	2,142	2,189
新　潟　(16)	1,435	387	-	693	-	-	281	-	-	-	74
富　山　(17)	x	x	x	x	x	x	x	x	x	x	x
石　川　(18)	764	351	-	-	-	-	-	-	-	-	73
福　井　(19)	x	x	x	x	x	x	x	x	x	x	x
山　梨　(20)	276	-	-	-	-	-	-	-	-	-	-
長　野　(21)	4,141	396	-	-	41	-	20	-	-	-	1,853
岐　阜　(22)	4,351	2,066	-	109	-	-	126	-	-	725	248
静　岡　(23)	2,305	546	-	273	225	-	100	-	-	466	151
愛　知　(24)	4,922	1,116	-	536	160	-	55	-	-	-	-
三　重　(25)	235	-	-	-	-	-	-	-	-	-	-
滋　賀　(26)	1,105	624	-	-	-	-	-	-	-	-	-
京　都　(27)	7,381	3,849	-	-	-	-	-	-	-	-	-
大　阪　(28)	8,940	2,758	-	-	-	-	-	-	-	-	-
兵　庫　(29)	8,102	1,896	-	-	-	-	-	-	-	-	-
奈　良　(30)	x	x	x	x	x	x	x	x	x	x	x
和　歌　山　(31)	x	x	x	x	x	x	x	x	x	x	x
鳥　取　(32)	x	x	x	x	x	x	x	x	x	x	x
島　根　(33)	-	-	-	-	-	-	-	-	-	-	-
岡　山　(34)	3,561	654	-	-	-	-	-	-	-	-	-
広　島　(35)	2,813	-	-	-	-	-	-	-	-	-	-
山　口　(36)	x	x	x	x	x	x	x	x	x	x	x
徳　島　(37)	x	x	x	x	x	x	x	x	x	x	x
香　川　(38)	x	x	x	x	x	x	x	x	x	x	x
愛　媛　(39)	x	x	x	x	x	x	x	x	x	x	x
高　知　(40)	x	x	x	x	x	x	x	x	x	x	x
福　岡　(41)	9,023	-	-	-	-	-	-	-	-	-	-
佐　賀　(42)	x	x	x	x	x	x	x	x	x	x	x
長　崎　(43)	x	x	x	x	x	x	x	x	x	x	x
熊　本　(44)	963	-	-	-	-	-	-	-	-	-	-
大　分　(45)	75	-	-	-	-	-	-	-	-	-	-
宮　崎　(46)	3,337	-	-	-	-	-	-	-	-	-	-
鹿　児　島　(47)	-	-	-	-	-	-	-	-	-	-	-
沖　縄　(48)	119	-	-	-	-	-	-	-	-	-	-

埼 玉	千 葉	東 京	神奈川	新 潟	富 山	石 川	福 井	山 梨	長 野	岐 阜	静 岡	
457	5,302	-	-	537	160	-	442	1,465	1,199	89	1,539	(1)
-	-	-	-	-	-	-	-	-	-	-	-	(2)
x	x	x	x	x	x	x	x	x	x	x	x	(3)
-	-	-	-	-	-	-	-	-	-	-	-	(4)
-	-	-	-	-	-	-	-	-	-	-	-	(5)
x	x	x	x	x	x	x	x	x	x	x	x	(6)
-	-	-	-	-	-	-	-	-	-	-	-	(7)
-	-	-	-	-	-	-	-	-	-	-	-	(8)
-	859	-	-	-	-	-	-	-	-	-	-	(9)
-	-	-	-	-	-	-	-	-	-	-	-	(10)
231	-	-	-	333	-	-	-	10	98	-	-	(11)
-	-	-	-	-	-	-	-	-	-	-	-	(12)
-	-	-	-	21	-	-	-	-	-	-	-	(13)
195	535	-	-	-	-	-	-	298	288	-	140	(14)
31	3,908	-	-	-	-	-	-	520	-	-	20	(15)
-	-	-	-	-	-	-	-	-	-	-	-	(16)
x	x	x	x	x	x	x	x	x	x	x	x	(17)
-	-	-	-	101	160	-	79	-	-	-	-	(18)
x	x	x	x	x	x	x	x	x	x	x	x	(19)
-	-	-	-	-	-	-	-	-	276	-	-	(20)
-	-	-	-	82	-	-	-	324	-	-	-	(21)
-	-	-	-	-	-	-	-	-	109	-	-	(22)
-	-	-	-	-	-	-	-	313	-	-	-	(23)
-	-	-	-	-	-	-	-	-	428	89	1,144	(24)
-	-	-	-	-	-	-	-	-	-	-	235	(25)
-	-	-	-	-	-	-	363	-	-	-	-	(26)
-	-	-	-	-	-	-	-	-	-	-	-	(27)
-	-	-	-	-	-	-	-	-	-	-	-	(28)
-	-	-	-	-	-	-	-	-	-	-	-	(29)
x	x	x	x	x	x	x	x	x	x	x	x	(30)
x	x	x	x	x	x	x	x	x	x	x	x	(31)
x	x	x	x	x	x	x	x	x	x	x	x	(32)
-	-	-	-	-	-	-	-	-	-	-	-	(33)
-	-	-	-	-	-	-	-	-	-	-	-	(34)
-	-	-	-	-	-	-	-	-	-	-	-	(35)
x	x	x	x	x	x	x	x	x	x	x	x	(36)
x	x	x	x	x	x	x	x	x	x	x	x	(37)
x	x	x	x	x	x	x	x	x	x	x	x	(38)
x	x	x	x	x	x	x	x	x	x	x	x	(39)
x	x	x	x	x	x	x	x	x	x	x	x	(40)
-	-	-	-	-	-	-	-	-	-	-	-	(41)
x	x	x	x	x	x	x	x	x	x	x	x	(42)
x	x	x	x	x	x	x	x	x	x	x	x	(43)
-	-	-	-	-	-	-	-	-	-	-	-	(44)
-	-	-	-	-	-	-	-	-	-	-	-	(45)
-	-	-	-	-	-	-	-	-	-	-	-	(46)
-	-	-	-	-	-	-	-	-	-	-	-	(47)
-	-	-	-	-	-	-	-	-	-	-	-	(48)

5 生乳移出入量（都道府県別）（月別）（続き）

(3) 2月分（続き）

移入＼移出		愛 知	三 重	滋 賀	京 都	大 阪	兵 庫	奈 良	和歌山	鳥 取	島 根	岡 山	広 島
全 国	(1)	2,026	2,221	538	719	70	637	1,892	361	-	4,487	2,711	878
北 海 道	(2)	-	-	-	-	-	-	-	-	-	-	-	-
青 森	(3)	x	x	x	x	x	x	x	x	x	x	x	x
岩 手	(4)	-	-	-	-	-	-	-	-	-	-	-	-
宮 城	(5)	-	-	-	-	-	-	-	-	-	-	-	-
秋 田	(6)	x	x	x	x	x	x	x	x	x	x	x	x
山 形	(7)	-	-	-	-	-	-	-	-	-	-	-	-
福 島	(8)	-	-	-	-	-	-	-	-	-	-	-	-
茨 城	(9)	-	-	-	-	-	-	-	-	-	-	-	-
栃 木	(10)	-	-	-	-	-	-	-	-	-	-	-	-
群 馬	(11)	-	-	-	-	-	-	-	-	-	-	-	-
埼 玉	(12)	-	-	-	-	-	-	-	-	-	-	-	-
千 葉	(13)	-	-	-	-	-	-	-	-	-	-	-	-
東 京	(14)	-	-	-	-	-	-	-	-	-	-	-	-
神 奈 川	(15)	-	-	-	-	-	-	-	-	-	-	-	-
新 潟	(16)	-	-	-	-	-	-	-	-	-	-	-	-
富 山	(17)	x	x	x	x	x	x	x	x	x	x	x	x
石 川	(18)	-	-	-	-	-	-	-	-	-	-	-	-
福 井	(19)	x	x	x	x	x	x	x	x	x	x	x	x
山 梨	(20)	-	-	-	-	-	-	-	-	-	-	-	-
長 野	(21)	1,229	196										
岐 阜	(22)	299	103	-	-	-	-	-	-	-	-	381	-
静 岡	(23)	231	-										
愛 知	(24)	-	1,292										
三 重	(25)	-	-										
滋 賀	(26)	-	108	-			-				-	-	
京 都	(27)	237	422	101	-	51	272	250	-	-	-	140	-
大 阪	(28)	30	100	278	-	-	365	484	361	-	236	783	-
兵 庫	(29)	-	-	159	719	19	-	1,158	-	-	74	1,015	-
奈 良	(30)	x	x	x	x	x	x	x	x	x	x	x	x
和 歌 山	(31)	x	x	x	x	x	x	x	x	x	x	x	x
鳥 取	(32)	x	x	x	x	x	x	x	x	x	x	x	x
島 根	(33)	-	-	-	-	-	-	-	-	-	-	-	-
岡 山	(34)	-	-	-	-	-	-	-	-	-	1,538	-	564
広 島	(35)	-	-	-	-	-	-	-	-	-	2,042	378	-
山 口	(36)	x	x	x	x	x	x	x	x	x	x	x	x
徳 島	(37)	x	x	x	x	x	x	x	x	x	x	x	x
香 川	(38)	x	x	x	x	x	x	x	x	x	x	x	x
愛 媛	(39)	x	x	x	x	x	x	x	x	x	x	x	x
高 知	(40)	x	x	x	x	x	x	x	x	x	x	x	x
福 岡	(41)	-	-	-	-	-	-	-	-	-	-	-	-
佐 賀	(42)	x	x	x	x	x	x	x	x	x	x	x	x
長 崎	(43)	x	x	x	x	x	x	x	x	x	x	x	x
熊 本	(44)	-	-	-	-	-	-	-	-	-	-	-	-
大 分	(45)	-	-	-	-	-	-	-	-	-	-	-	-
宮 崎	(46)	-	-	-	-	-	-	-	-	-	-	-	-
鹿 児 島	(47)	-	-	-	-	-	-	-	-	-	-	-	-
沖 縄	(48)	-	-	-	-	-	-	-	-	-	-	-	-

単位：t

山口	徳島	香川	愛媛	高知	福岡	佐賀	長崎	熊本	大分	宮崎	鹿児島	沖縄	
-	1,440	1,436	377	860	1,580	376	2,677	8,146	1,485	3,607	4,951	-	(1)
-	-	-	-	-	-	-	-	-	-	-	-	-	(2)
x	x	x	x	x	x	x	x	x	x	x	x	x	(3)
-	-	-	-	-	-	-	-	-	-	-	-	-	(4)
-	-	-	-	-	-	-	-	-	-	-	-	-	(5)
x	x	x	x	x	x	x	x	x	x	x	x	x	(6)
-	-	-	-	-	-	-	-	-	-	-	-	-	(7)
-	-	-	-	-	-	-	-	-	-	-	-	-	(8)
-	-	-	-	-	-	-	-	-	-	-	-	-	(9)
-	-	-	-	-	-	-	-	-	-	-	-	-	(10)
-	-	-	-	-	-	-	-	-	-	-	-	-	(11)
-	-	-	-	-	-	-	-	-	-	-	-	-	(12)
-	-	-	-	-	-	-	-	-	-	-	-	-	(13)
-	-	-	-	-	-	-	-	-	-	-	-	-	(14)
-	-	-	-	-	-	-	-	-	-	-	-	-	(15)
-	-	-	-	-	-	-	-	-	-	-	-	-	(16)
x	x	x	x	x	x	x	x	x	x	x	x	x	(17)
-	-	-	-	-	-	-	-	-	-	-	-	-	(18)
x	x	x	x	x	x	x	x	x	x	x	x	x	(19)
-	-	-	-	-	-	-	-	-	-	-	-	-	(20)
-	-	-	-	-	-	-	-	-	-	-	-	-	(21)
-	-	-	-	-	-	-	-	-	-	185	-	-	(22)
-	-	-	-	-	-	-	-	-	-	-	-	-	(23)
-	-	-	-	-	-	-	68	-	-	34	-	-	(24)
-	-	-	-	-	-	-	-	-	-	-	-	-	(25)
-	10	-	-	-	-	-	-	-	-	-	-	-	(26)
-	-	-	-	-	868	-	-	889	102	200	-	-	(27)
-	943	383	-	42	-	-	80	1,079	68	933	17	-	(28)
-	55	314	-	-	341	-	105	662	34	286	1,265	-	(29)
x	x	x	x	x	x	x	x	x	x	x	x	x	(30)
x	x	x	x	x	x	x	x	x	x	x	x	x	(31)
x	x	x	x	x	x	x	x	x	x	x	x	x	(32)
-	-	-	-	-	-	-	-	-	-	-	-	-	(33)
-	-	-	323	-	-	-	-	183	34	265	-	-	(34)
-	139	-	-	-	-	-	31	34	51	138	-	-	(35)
x	x	x	x	x	x	x	x	x	x	x	x	x	(36)
x	x	x	x	x	x	x	x	x	x	x	x	x	(37)
x	x	x	x	x	x	x	x	x	x	x	x	x	(38)
x	x	x	x	x	x	x	x	x	x	x	x	x	(39)
x	x	x	x	x	x	x	x	x	x	x	x	x	(40)
-	-	-	-	-	-	-	2,283	4,355	1,196	1,125	64	-	(41)
x	x	x	x	x	x	x	x	x	x	x	x	x	(42)
x	x	x	x	x	x	x	x	x	x	x	x	x	(43)
-	-	-	-	-	58	376	110	-	-	151	268	-	(44)
-	-	-	-	-	-	-	-	75	-	-	-	-	(45)
-	-	-	-	-	-	-	-	-	-	-	3,337	-	(46)
-	-	-	-	-	-	-	-	-	-	-	-	-	(47)
-	-	-	-	-	-	-	-	119	-	-	-	-	(48)

5 生乳移出入量（都道府県別）（月別）（続き）

(4) 3月分

移入 ＼ 移出	全国	北海道	青森	岩手	宮城	秋田	山形	福島	茨城	栃木	群馬
全　国 (1)	147,381	30,784	5,286	8,413	4,757	1,509	3,763	1,821	1,821	15,608	8,678
北 海 道 (2)	-	-	-	-	-	-	-	-	-	-	-
青　森 (3)	x	x	x	x	x	x	x	x	x	x	x
岩　手 (4)	2,464	-	1,133	-	365	799	167	-	-	-	-
宮　城 (5)	2,508	-	1,392	1,036	-	-	80	-	-	-	-
秋　田 (6)	x	x	x	x	x	x	x	x	x	x	x
山　形 (7)	-	-	-	-	-	-	-	-	-	-	-
福　島 (8)	5,538	-	-	443	1,233	40	40	-	-	3,661	121
茨　城 (9)	15,647	4,171	1,760	1,489	730	210	1,110	822	-	1,854	958
栃　木 (10)	585	-	-	585	-	-	-	-	-	-	-
群　馬 (11)	6,481	1,077	168	859	558	180	-	166	-	2,511	-
埼　玉 (12)	5,014	1,300	71	1,164	185	140	100	218	-	1,568	268
千　葉 (13)	5,837	1,109	102	533	266	40	-	15	1,791	1,822	144
東　京 (14)	6,446	205	91	188	402	100	-	-	-	1,034	2,745
神 奈 川 (15)	23,139	9,497	569	852	717	-	1,736	600	-	1,914	1,900
新　潟 (16)	1,600	436	-	781	-	-	302	-	-	-	81
富　山 (17)	x	x	x	x	x	x	x	x	x	x	x
石　川 (18)	845	453	-	-	-	-	40	-	-	-	58
福　井 (19)	x	x	x	x	x	x	x	x	x	x	x
山　梨 (20)	344	-	-	-	-	-	-	-	-	-	-
長　野 (21)	4,574	271	-	-	26	-	20	-	30	-	2,042
岐　阜 (22)	4,707	2,257	-	52	-	-	36	-	-	829	301
静　岡 (23)	1,812	392	-	91	180	-	100	-	-	415	60
愛　知 (24)	5,277	952	-	340	95	-	32	-	-	-	-
三　重 (25)	354	-	-	-	-	-	-	-	-	-	-
滋　賀 (26)	961	380	-	-	-	-	-	-	-	-	-
京　都 (27)	7,851	3,741	-	-	-	-	-	-	-	-	-
大　阪 (28)	9,041	2,838	-	-	-	-	-	-	-	-	-
兵　庫 (29)	8,220	1,029	-	-	-	-	-	-	-	-	-
奈　良 (30)	x	x	x	x	x	x	x	x	x	x	x
和 歌 山 (31)	x	x	x	x	x	x	x	x	x	x	x
鳥　取 (32)	x	x	x	x	x	x	x	x	x	x	x
島　根 (33)	-	-	-	-	-	-	-	-	-	-	-
岡　山 (34)	4,131	676	-	-	-	-	-	-	-	-	-
広　島 (35)	3,066	-	-	-	-	-	-	-	-	-	-
山　口 (36)	x	x	x	x	x	x	x	x	x	x	x
徳　島 (37)	x	x	x	x	x	x	x	x	x	x	x
香　川 (38)	x	x	x	x	x	x	x	x	x	x	x
愛　媛 (39)	x	x	x	x	x	x	x	x	x	x	x
高　知 (40)	x	x	x	x	x	x	x	x	x	x	x
福　岡 (41)	8,717	-	-	-	-	-	-	-	-	-	-
佐　賀 (42)	x	x	x	x	x	x	x	x	x	x	x
長　崎 (43)	x	x	x	x	x	x	x	x	x	x	x
熊　本 (44)	3,507	-	-	-	-	-	-	-	-	-	-
大　分 (45)	-	-	-	-	-	-	-	-	-	-	-
宮　崎 (46)	4,026	-	-	-	-	-	-	-	-	-	-
鹿 児 島 (47)	-	-	-	-	-	-	-	-	-	-	-
沖　縄 (48)	17	-	-	-	-	-	-	-	-	-	-

埼 玉	千 葉	東 京	神奈川	新 潟	富 山	石 川	福 井	山 梨	長 野	岐 阜	静 岡	
687	7,067	-	-	840	358	-	504	1,628	1,620	169	1,925	(1)
-	-	-	-	-	-	-	-	-	-	-	-	(2)
x	x	x	x	x	x	x	x	x	x	x	x	(3)
-	-	-	-	-	-	-	-	-	-	-	-	(4)
-	-	-	-	-	-	-	-	-	-	-	-	(5)
x	x	x	x	x	x	x	x	x	x	x	x	(6)
-	-	-	-	-	-	-	-	-	-	-	-	(7)
-	-	-	-	-	-	-	-	-	-	-	-	(8)
91	1,874	-	-	251	75	-	-	-	100	-	-	(9)
-	-	-	-	-	-	-	-	-	-	-	-	(10)
242	85	-	-	394	120	-	-	12	109	-	-	(11)
-	-	-	-	-	-	-	-	-	-	-	-	(12)
-	-	-	-	15	-	-	-	-	-	-	-	(13)
236	456	-	-	-	-	-	-	383	260	-	331	(14)
118	4,652	-	-	-	-	-	-	554	-	-	30	(15)
-	-	-	-	-	-	-	-	-	-	-	-	(16)
x	x	x	x	x	x	x	x	x	x	x	x	(17)
-	-	-	-	43	163	-	88	-	-	-	-	(18)
x	x	x	x	x	x	x	x	x	x	x	x	(19)
-	-	-	-	-	-	-	-	-	344	-	-	(20)
-	-	-	-	137	-	-	-	355	-	-	-	(21)
-	-	-	-	-	-	-	-	-	118	-	-	(22)
-	-	-	-	-	-	-	-	324	-	-	-	(23)
-	-	-	-	-	-	-	-	-	689	86	1,210	(24)
-	-	-	-	-	-	-	-	-	-	-	354	(25)
-	-	-	-	-	-	-	416	-	-	-	-	(26)
-	-	-	-	-	-	-	-	-	-	-	-	(27)
-	-	-	-	-	-	-	-	-	-	-	-	(28)
-	-	-	-	-	-	-	-	-	-	-	-	(29)
x	x	x	x	x	x	x	x	x	x	x	x	(30)
x	x	x	x	x	x	x	x	x	x	x	x	(31)
x	x	x	x	x	x	x	x	x	x	x	x	(32)
-	-	-	-	-	-	-	-	-	-	-	-	(33)
-	-	-	-	-	-	-	-	-	-	-	-	(34)
-	-	-	-	-	-	-	-	-	-	-	-	(35)
x	x	x	x	x	x	x	x	x	x	x	x	(36)
x	x	x	x	x	x	x	x	x	x	x	x	(37)
x	x	x	x	x	x	x	x	x	x	x	x	(38)
x	x	x	x	x	x	x	x	x	x	x	x	(39)
x	x	x	x	x	x	x	x	x	x	x	x	(40)
-	-	-	-	-	-	-	-	-	-	-	-	(41)
x	x	x	x	x	x	x	x	x	x	x	x	(42)
x	x	x	x	x	x	x	x	x	x	x	x	(43)
-	-	-	-	-	-	-	-	-	-	83	-	(44)
-	-	-	-	-	-	-	-	-	-	-	-	(45)
-	-	-	-	-	-	-	-	-	-	-	-	(46)
-	-	-	-	-	-	-	-	-	-	-	-	(47)
-	-	-	-	-	-	-	-	-	-	-	-	(48)

5　生乳移出入量（都道府県別）（月別）（続き）

(4)　3月分（続き）

移入 ＼ 移出		愛知	三重	滋賀	京都	大阪	兵庫	奈良	和歌山	鳥取	島根	岡山	広島
全　　国	(1)	2,638	2,717	659	815	93	836	2,160	373	-	5,296	3,209	1,263
北　海　道	(2)	-	-	-	-	-	-	-	-	-	-	-	-
青　　森	(3)	x	x	x	x	x	x	x	x	x	x	x	x
岩　　手	(4)	-	-	-	-	-	-	-	-	-	-	-	-
宮　　城	(5)	-	-	-	-	-	-	-	-	-	-	-	-
秋　　田	(6)	x	x	x	x	x	x	x	x	x	x	x	x
山　　形	(7)	-	-	-	-	-	-	-	-	-	-	-	-
福　　島	(8)	-	-	-	-	-	-	-	-	-	-	-	-
茨　　城	(9)	137	15	-	-	-	-	-	-	-	-	-	-
栃　　木	(10)	-	-	-	-	-	-	-	-	-	-	-	-
群　　馬	(11)	-	-	-	-	-	-	-	-	-	-	-	-
埼　　玉	(12)	-	-	-	-	-	-	-	-	-	-	-	-
千　　葉	(13)	-	-	-	-	-	-	-	-	-	-	-	-
東　　京	(14)	15	-	-	-	-	-	-	-	-	-	-	-
神　奈　川	(15)	-	-	-	-	-	-	-	-	-	-	-	-
新　　潟	(16)	-	-	-	-	-	-	-	-	-	-	-	-
富　　山	(17)	x	x	x	x	x	x	x	x	x	x	x	x
石　　川	(18)	-	-	-	-	-	-	-	-	-	-	-	-
福　　井	(19)	x	x	x	x	x	x	x	x	x	x	x	x
山　　梨	(20)	-	-	-	-	-	-	-	-	-	-	-	-
長　　野	(21)	1,452	241	-	-	-	-	-	-	-	-	-	-
岐　　阜	(22)	337	176	-	-	-	-	-	-	-	-	367	-
静　　岡	(23)	250	-	-	-	-	-	-	-	-	-	-	-
愛　　知	(24)	-	1,603	-	-	-	-	-	-	-	-	-	-
三　　重	(25)	-	-	-	-	-	-	-	-	-	-	-	-
滋　　賀	(26)	-	127	-	-	9	-	-	-	-	-	-	-
京　　都	(27)	306	483	65	-	56	465	313	-	-	97	332	-
大　　阪	(28)	30	72	394	-	-	371	522	373	-	235	865	-
兵　　庫	(29)	59	-	200	815	28	-	1,325	-	-	273	1,203	20
奈　　良	(30)	x	x	x	x	x	x	x	x	x	x	x	x
和　歌　山	(31)	x	x	x	x	x	x	x	x	x	x	x	x
鳥　　取	(32)	x	x	x	x	x	x	x	x	x	x	x	x
島　　根	(33)	-	-	-	-	-	-	-	-	-	-	-	-
岡　　山	(34)	-	-	-	-	-	-	-	-	-	1,764	-	832
広　　島	(35)	-	-	-	-	-	-	-	-	-	2,222	389	-
山　　口	(36)	x	x	x	x	x	x	x	x	x	x	x	x
徳　　島	(37)	x	x	x	x	x	x	x	x	x	x	x	x
香　　川	(38)	x	x	x	x	x	x	x	x	x	x	x	x
愛　　媛	(39)	x	x	x	x	x	x	x	x	x	x	x	x
高　　知	(40)	x	x	x	x	x	x	x	x	x	x	x	x
福　　岡	(41)	-	-	-	-	-	-	-	-	-	-	-	-
佐　　賀	(42)	x	x	x	x	x	x	x	x	x	x	x	x
長　　崎	(43)	x	x	x	x	x	x	x	x	x	x	x	x
熊　　本	(44)	52	-	-	-	-	-	-	-	-	53	-	40
大　　分	(45)	-	-	-	-	-	-	-	-	-	-	-	-
宮　　崎	(46)	-	-	-	-	-	-	-	-	-	-	-	-
鹿　児　島	(47)	-	-	-	-	-	-	-	-	-	-	-	-
沖　　縄	(48)	-	-	-	-	-	-	-	-	-	-	-	-

単位：t

山口	徳島	香川	愛媛	高知	福岡	佐賀	長崎	熊本	大分	宮崎	鹿児島	沖縄	
-	1,712	1,732	413	1,042	1,853	472	3,214	8,227	1,910	3,775	5,700	34	(1)
-	-	-	-	-	-	-	-	-	-	-	-	-	(2)
x	x	x	x	x	x	x	x	x	x	x	x	x	(3)
-	-	-	-	-	-	-	-	-	-	-	-	-	(4)
-	-	-	-	-	-	-	-	-	-	-	-	-	(5)
x	x	x	x	x	x	x	x	x	x	x	x	x	(6)
-	-	-	-	-	-	-	-	-	-	-	-	-	(7)
-	-	-	-	-	-	-	-	-	-	-	-	-	(8)
-	-	-	-	-	-	-	-	-	-	-	-	-	(9)
-	-	-	-	-	-	-	-	-	-	-	-	-	(10)
-	-	-	-	-	-	-	-	-	-	-	-	-	(11)
-	-	-	-	-	-	-	-	-	-	-	-	-	(12)
-	-	-	-	-	-	-	-	-	-	-	-	-	(13)
-	-	-	-	-	-	-	-	-	-	-	-	-	(14)
-	-	-	-	-	-	-	-	-	-	-	-	-	(15)
-	-	-	-	-	-	-	-	-	-	-	-	-	(16)
x	x	x	x	x	x	x	x	x	x	x	x	x	(17)
-	-	-	-	-	-	-	-	-	-	-	-	-	(18)
x	x	x	x	x	x	x	x	x	x	x	x	x	(19)
-	-	-	-	-	-	-	-	-	-	-	-	-	(20)
-	-	-	-	-	-	-	-	-	-	-	-	-	(21)
-	-	-	-	-	-	-	-	-	-	234	-	-	(22)
-	-	-	-	-	-	-	-	-	-	-	-	-	(23)
-	-	-	-	-	-	-	51	-	-	219	-	-	(24)
-	-	-	-	-	-	-	-	-	-	-	-	-	(25)
-	14	-	-	-	-	-	-	-	-	15	-	-	(26)
-	69	46	-	-	256	-	-	1,124	119	379	-	-	(27)
-	905	462	-	226	-	-	45	1,127	-	559	17	-	(28)
-	152	417	-	-	34	-	120	930	68	148	1,399	-	(29)
x	x	x	x	x	x	x	x	x	x	x	x	x	(30)
x	x	x	x	x	x	x	x	x	x	x	x	x	(31)
x	x	x	x	x	x	x	x	x	x	x	x	x	(32)
-	-	-	-	-	-	-	-	-	-	-	-	-	(33)
-	-	-	333	-	-	-	-	178	34	314	-	-	(34)
-	235	-	-	-	-	-	31	17	34	138	-	-	(35)
x	x	x	x	x	x	x	x	x	x	x	x	x	(36)
x	x	x	x	x	x	x	x	x	x	x	x	x	(37)
x	x	x	x	x	x	x	x	x	x	x	x	x	(38)
x	x	x	x	x	x	x	x	x	x	x	x	x	(39)
x	x	x	x	x	x	x	x	x	x	x	x	x	(40)
-	-	-	-	-	-	-	2,186	4,196	1,162	1,141	32	-	(41)
x	x	x	x	x	x	x	x	x	x	x	x	x	(42)
x	x	x	x	x	x	x	x	x	x	x	x	x	(43)
-	-	-	-	-	1,102	472	781	-	493	171	226	34	(44)
-	-	-	-	-	-	-	-	-	-	-	-	-	(45)
-	-	-	-	-	-	-	-	-	-	-	4,026	-	(46)
-	-	-	-	-	-	-	-	-	-	-	-	-	(47)
-	-	-	-	-	-	-	-	17	-	-	-	-	(48)

5 生乳移出入量（都道府県別）（月別）（続き）

(5) 4月分

移入　＼　移出	全国	北海道	青森	岩手	宮城	秋田	山形	福島	茨城	栃木	群馬
全　国　(1)	146,291	31,289	5,262	7,715	4,885	1,408	3,853	1,665	1,881	15,863	8,824
北　海　道　(2)	-	-	-	-	-	-	-	-	-	-	-
青　森　(3)	x	x	x	x	x	x	x	x	x	x	x
岩　手　(4)	2,480	-	1,127	-	347	749	257	-	-	-	-
宮　城　(5)	3,066	-	1,999	1,007	-	-	60	-	-	-	-
秋　田　(6)	x	x	x	x	x	x	x	x	x	x	x
山　形　(7)	-	-	-	-	-	-	-	-	-	-	-
福　島　(8)	4,600	-	-	353	1,053	20	40	-	-	3,104	30
茨　城　(9)	14,009	3,513	1,078	1,762	229	139	947	585	-	2,402	989
栃　木　(10)	581	-	-	581	-	-	-	-	-	-	-
群　馬　(11)	5,862	1,182	60	626	1,296	185	-	165	-	1,465	-
埼　玉　(12)	5,407	1,030	57	988	358	270	117	264	-	1,946	377
千　葉　(13)	5,477	1,071	200	213	75	30	-	136	1,534	2,001	202
東　京　(14)	6,991	324	741	172	181	15	-	-	-	1,255	2,732
神　奈　川　(15)	23,304	9,561	-	832	960	-	1,801	515	-	2,612	1,706
新　潟　(16)	1,596	478	-	759	-	-	300	-	-	-	59
富　山　(17)	x	x	x	x	x	x	x	x	x	x	x
石　川　(18)	763	338	-	-	-	-	120	-	-	-	74
福　井　(19)	x	x	x	x	x	x	x	x	x	x	x
山　梨　(20)	332	-	-	-	-	-	-	-	-	-	-
長　野　(21)	4,975	261	-	-	26	-	20	-	347	-	2,367
岐　阜　(22)	5,034	2,621	-	52	-	-	71	-	-	876	288
静　岡　(23)	1,958	680	-	40	235	-	100	-	-	202	-
愛　知　(24)	5,726	1,336	-	330	125	-	20	-	-	-	-
三　重　(25)	379	243	-	-	-	-	-	-	-	-	-
滋　賀　(26)	873	278	-	-	-	-	-	-	-	-	-
京　都　(27)	7,724	3,480	-	-	-	-	-	-	-	-	-
大　阪　(28)	9,194	2,946	-	-	-	-	-	-	-	-	-
兵　庫　(29)	8,467	1,575	-	-	-	-	-	-	-	-	-
奈　良　(30)	x	x	x	x	x	x	x	x	x	x	x
和　歌　山　(31)	x	x	x	x	x	x	x	x	x	x	x
鳥　取　(32)	x	x	x	x	x	x	x	x	x	x	x
島　根　(33)	-	-	-	-	-	-	-	-	-	-	-
岡　山　(34)	3,804	372	-	-	-	-	-	-	-	-	-
広　島　(35)	2,777	-	-	-	-	-	-	-	-	-	-
山　口　(36)	x	x	x	x	x	x	x	x	x	x	x
徳　島　(37)	x	x	x	x	x	x	x	x	x	x	x
香　川　(38)	x	x	x	x	x	x	x	x	x	x	x
愛　媛　(39)	x	x	x	x	x	x	x	x	x	x	x
高　知　(40)	x	x	x	x	x	x	x	x	x	x	x
福　岡　(41)	8,705	-	-	-	-	-	-	-	-	-	-
佐　賀　(42)	x	x	x	x	x	x	x	x	x	x	x
長　崎　(43)	x	x	x	x	x	x	x	x	x	x	x
熊　本　(44)	3,314	-	-	-	-	-	-	-	-	-	-
大　分　(45)	-	-	-	-	-	-	-	-	-	-	-
宮　崎　(46)	3,230	-	-	-	-	-	-	-	-	-	-
鹿　児　島　(47)	-	-	-	-	-	-	-	-	-	-	-
沖　縄　(48)	51	-	-	-	-	-	-	-	-	-	-

埼玉	千葉	東京	神奈川	新潟	富山	石川	福井	山梨	長野	岐阜	静岡	
1,099	6,527	-	-	767	327	34	502	1,678	1,702	155	1,537	(1)
-	-	-	-	-	-	-	-	-	-	-	-	(2)
x	x	x	x	x	x	x	x	x	x	x	x	(3)
-	-	-	-	-	-	-	-	-	-	-	-	(4)
-	-	-	-	-	-	-	-	-	-	-	-	(5)
x	x	x	x	x	x	x	x	x	x	x	x	(6)
-	-	-	-	-	-	-	-	-	-	-	-	(7)
-	-	-	-	-	-	-	-	-	-	-	-	(8)
120	1,319	-	-	318	45	34	-	-	229	34	-	(9)
-	-	-	-	-	-	-	-	-	-	-	-	(10)
228	-	-	-	377	156	-	-	11	111	-	-	(11)
-	-	-	-	-	-	-	-	-	-	-	-	(12)
-	-	-	-	15	-	-	-	-	-	-	-	(13)
395	631	-	-	-	-	-	-	348	97	-	100	(14)
61	4,577	-	-	-	-	-	-	639	-	-	40	(15)
-	-	-	-	-	-	-	-	-	-	-	-	(16)
x	x	x	x	x	x	x	x	x	x	x	x	(17)
-	-	-	-	14	126	-	91	-	-	-	-	(18)
x	x	x	x	x	x	x	x	x	x	x	x	(19)
-	-	-	-	-	-	-	-	-	332	-	-	(20)
-	-	-	-	43	-	-	-	349	-	-	-	(21)
295	-	-	-	-	-	-	-	-	136	-	-	(22)
-	-	-	-	-	-	-	-	331	-	-	-	(23)
-	-	-	-	-	-	-	-	-	797	88	1,357	(24)
-	-	-	-	-	-	-	-	-	-	-	40	(25)
-	-	-	-	-	-	-	411	-	-	-	-	(26)
-	-	-	-	-	-	-	-	-	-	-	-	(27)
-	-	-	-	-	-	-	-	-	-	-	-	(28)
-	-	-	-	-	-	-	-	-	-	-	-	(29)
x	x	x	x	x	x	x	x	x	x	x	x	(30)
x	x	x	x	x	x	x	x	x	x	x	x	(31)
x	x	x	x	x	x	x	x	x	x	x	x	(32)
-	-	-	-	-	-	-	-	-	-	-	-	(33)
-	-	-	-	-	-	-	-	-	-	-	-	(34)
-	-	-	-	-	-	-	-	-	-	-	-	(35)
x	x	x	x	x	x	x	x	x	x	x	x	(36)
x	x	x	x	x	x	x	x	x	x	x	x	(37)
x	x	x	x	x	x	x	x	x	x	x	x	(38)
x	x	x	x	x	x	x	x	x	x	x	x	(39)
x	x	x	x	x	x	x	x	x	x	x	x	(40)
-	-	-	-	-	-	-	-	-	-	-	-	(41)
x	x	x	x	x	x	x	x	x	x	x	x	(42)
x	x	x	x	x	x	x	x	x	x	x	x	(43)
-	-	-	-	-	-	-	-	-	-	33	-	(44)
-	-	-	-	-	-	-	-	-	-	-	-	(45)
-	-	-	-	-	-	-	-	-	-	-	-	(46)
-	-	-	-	-	-	-	-	-	-	-	-	(47)
-	-	-	-	-	-	-	-	-	-	-	-	(48)

5 生乳移出入量（都道府県別）（月別）（続き）

(5) 4月分（続き）

移入＼移出	愛知	三重	滋賀	京都	大阪	兵庫	奈良	和歌山	鳥取	島根	岡山	広島
全　　国 (1)	2,694	2,547	568	793	95	776	2,153	397	－	5,086	3,019	1,210
北　海　道 (2)	－	－	－	－	－	－	－	－	－	－	－	－
青　　森 (3)	x	x	x	x	x	x	x	x	x	x	x	x
岩　　手 (4)	－	－	－	－	－	－	－	－	－	－	－	－
宮　　城 (5)	－	－	－	－	－	－	－	－	－	－	－	－
秋　　田 (6)	x	x	x	x	x	x	x	x	x	x	x	x
山　　形 (7)	－	－	－	－	－	－	－	－	－	－	－	－
福　　島 (8)	－	－	－	－	－	－	－	－	－	－	－	－
茨　　城 (9)	215	51	－	－	－	－	－	－	－	－	－	－
栃　　木 (10)	－	－	－	－	－	－	－	－	－	－	－	－
群　　馬 (11)	－	－	－	－	－	－	－	－	－	－	－	－
埼　　玉 (12)	－	－	－	－	－	－	－	－	－	－	－	－
千　　葉 (13)	－	－	－	－	－	－	－	－	－	－	－	－
東　　京 (14)	－	－	－	－	－	－	－	－	－	－	－	－
神　奈　川 (15)	－	－	－	－	－	－	－	－	－	－	－	－
新　　潟 (16)	－	－	－	－	－	－	－	－	－	－	－	－
富　　山 (17)	x	x	x	x	x	x	x	x	x	x	x	x
石　　川 (18)	－	－	－	－	－	－	－	－	－	－	－	－
福　　井 (19)	x	x	x	x	x	x	x	x	x	x	x	x
山　　梨 (20)	－	－	－	－	－	－	－	－	－	－	－	－
長　　野 (21)	1,351	211	－	－	－	－	－	－	－	－	－	－
岐　　阜 (22)	395	151	－	－	－	－	－	－	－	－	－	－
静　　岡 (23)	370	－	－	－	－	－	－	－	－	－	－	－
愛　　知 (24)	－	1,521	－	－	－	－	－	－	－	－	－	－
三　　重 (25)	－	－	－	－	－	－	－	－	－	－	－	96
滋　　賀 (26)	－	129	－	－	11	－	－	－	－	－	－	－
京　　都 (27)	329	398	67	－	57	426	270	－	－	108	365	－
大　　阪 (28)	－	86	418	－	－	350	541	397	－	258	906	－
兵　　庫 (29)	－	－	83	793	27	－	1,342	－	－	179	1,264	81
奈　　良 (30)	x	x	x	x	x	x	x	x	x	x	x	x
和　歌　山 (31)	x	x	x	x	x	x	x	x	x	x	x	x
鳥　　取 (32)	x	x	x	x	x	x	x	x	x	x	x	x
島　　根 (33)	－	－	－	－	－	－	－	－	－	－	－	－
岡　　山 (34)	－	－	－	－	－	－	－	－	－	1,559	－	696
広　　島 (35)	－	－	－	－	－	－	－	－	－	2,061	390	－
山　　口 (36)	x	x	x	x	x	x	x	x	x	x	x	x
徳　　島 (37)	x	x	x	x	x	x	x	x	x	x	x	x
香　　川 (38)	x	x	x	x	x	x	x	x	x	x	x	x
愛　　媛 (39)	x	x	x	x	x	x	x	x	x	x	x	x
高　　知 (40)	x	x	x	x	x	x	x	x	x	x	x	x
福　　岡 (41)	－	－	－	－	－	－	－	－	－	－	－	－
佐　　賀 (42)	x	x	x	x	x	x	x	x	x	x	x	x
長　　崎 (43)	x	x	x	x	x	x	x	x	x	x	x	x
熊　　本 (44)	34	－	－	－	－	－	－	－	－	63	－	－
大　　分 (45)	－	－	－	－	－	－	－	－	－	－	－	－
宮　　崎 (46)	－	－	－	－	－	－	－	－	－	－	－	－
鹿　児　島 (47)	－	－	－	－	－	－	－	－	－	－	－	－
沖　　縄 (48)	－	－	－	－	－	－	－	－	－	－	－	－

山 口	徳 島	香 川	愛 媛	高 知	福 岡	佐 賀	長 崎	熊 本	大 分	宮 崎	鹿児島	沖 縄	
209	1,657	1,664	789	1,024	1,647	569	3,095	7,562	1,772	4,762	5,230	-	(1)
-	-	-	-	-	-	-	-	-	-	-	-	-	(2)
x	x	x	x	x	x	x	x	x	x	x	x	x	(3)
-	-	-	-	-	-	-	-	-	-	-	-	-	(4)
-	-	-	-	-	-	-	-	-	-	-	-	-	(5)
x	x	x	x	x	x	x	x	x	x	x	x	x	(6)
-	-	-	-	-	-	-	-	-	-	-	-	-	(7)
-	-	-	-	-	-	-	-	-	-	-	-	-	(8)
-	-	-	-	-	-	-	-	-	-	-	-	-	(9)
-	-	-	-	-	-	-	-	-	-	-	-	-	(10)
-	-	-	-	-	-	-	-	-	-	-	-	-	(11)
-	-	-	-	-	-	-	-	-	-	-	-	-	(12)
-	-	-	-	-	-	-	-	-	-	-	-	-	(13)
-	-	-	-	-	-	-	-	-	-	-	-	-	(14)
-	-	-	-	-	-	-	-	-	-	-	-	-	(15)
-	-	-	-	-	-	-	-	-	-	-	-	-	(16)
x	x	x	x	x	x	x	x	x	x	x	x	x	(17)
-	-	-	-	-	-	-	-	-	-	-	-	-	(18)
x	x	x	x	x	x	x	x	x	x	x	x	x	(19)
-	-	-	-	-	-	-	-	-	-	-	-	-	(20)
-	-	-	-	-	-	-	-	-	-	-	-	-	(21)
-	-	-	-	-	-	-	-	-	-	149	-	-	(22)
-	-	-	-	-	-	-	-	-	-	-	-	-	(23)
-	-	-	-	-	-	-	51	-	-	101	-	-	(24)
-	-	-	-	-	-	-	-	-	-	-	-	-	(25)
-	14	-	-	-	-	-	-	-	-	30	-	-	(26)
-	28	-	388	-	410	-	30	775	68	525	-	-	(27)
-	879	342	-	99	-	-	95	1,148	-	712	17	-	(28)
-	61	282	-	-	222	-	105	482	17	436	1,518	-	(29)
x	x	x	x	x	x	x	x	x	x	x	x	x	(30)
x	x	x	x	x	x	x	x	x	x	x	x	x	(31)
x	x	x	x	x	x	x	x	x	x	x	x	x	(32)
-	-	-	-	-	-	-	-	-	-	-	-	-	(33)
-	-	-	347	-	-	-	-	197	34	561	38	-	(34)
-	-	103	-	-	-	-	31	17	68	107	-	-	(35)
x	x	x	x	x	x	x	x	x	x	x	x	x	(36)
x	x	x	x	x	x	x	x	x	x	x	x	x	(37)
x	x	x	x	x	x	x	x	x	x	x	x	x	(38)
x	x	x	x	x	x	x	x	x	x	x	x	x	(39)
x	x	x	x	x	x	x	x	x	x	x	x	x	(40)
-	-	-	-	-	-	-	1,842	4,126	1,401	1,288	48	-	(41)
x	x	x	x	x	x	x	x	x	x	x	x	x	(42)
x	x	x	x	x	x	x	x	x	x	x	x	x	(43)
209	-	-	-	-	662	569	941	-	184	240	379	-	(44)
-	-	-	-	-	-	-	-	-	-	-	-	-	(45)
-	-	-	-	-	-	-	-	-	-	-	3,230	-	(46)
-	-	-	-	-	-	-	-	-	-	-	-	-	(47)
-	-	-	-	-	-	-	-	51	-	-	-	-	(48)

5 生乳移出入量（都道府県別）（月別）（続き）

(6) 5月分

移入 ＼ 移出	全国	北海道	青森	岩手	宮城	秋田	山形	福島	茨城	栃木	群馬
全 国 (1)	152,467	36,886	5,536	8,256	5,086	1,489	3,804	1,854	1,928	15,425	9,247
北 海 道 (2)	-	-	-	-	-	-	-	-	-	-	-
青 森 (3)	x	x	x	x	x	x	x	x	x	x	x
岩 手 (4)	2,169	-	1,103	-	247	689	130	-	-	-	-
宮 城 (5)	3,253	-	2,074	1,059	-	-	120	-	-	-	-
秋 田 (6)	x	x	x	x	x	x	x	x	x	x	x
山 形 (7)	-	-	-	-	-	-	-	-	-	-	-
福 島 (8)	4,144	-	-	363	768	-	-	-	-	3,013	-
茨 城 (9)	13,531	4,438	1,273	2,021	426	156	719	854	-	1,094	431
栃 木 (10)	611	-	-	611	-	-	-	-	-	-	-
群 馬 (11)	6,159	1,241	157	241	1,075	329	20	86	-	2,140	-
埼 玉 (12)	6,190	974	34	1,099	712	240	376	229	-	2,137	389
千 葉 (13)	6,106	1,431	34	343	229	-	-	106	1,598	2,103	247
東 京 (14)	7,668	358	824	385	246	30	-	-	-	1,472	2,505
神 奈 川 (15)	25,159	10,092	37	932	987	45	1,966	579	-	2,507	2,763
新 潟 (16)	1,715	510	-	783	-	-	333	-	-	-	89
富 山 (17)	x	x	x	x	x	x	x	x	x	x	x
石 川 (18)	944	491	-	-	-	-	20	-	-	-	74
福 井 (19)	x	x	x	x	x	x	x	x	x	x	x
山 梨 (20)	375										
長 野 (21)	5,254	498	-	-	26	-	20	-	330	-	2,456
岐 阜 (22)	5,145	3,004	-	31	-	-	-	-	-	858	293
静 岡 (23)	2,113	798	-	111	235	-	100	-	-	101	-
愛 知 (24)	5,645	1,618	-	277	135	-	-	-	-	-	-
三 重 (25)	425	293									
滋 賀 (26)	1,174	602	-	-	-	-	-	-	-	-	-
京 都 (27)	8,233	4,458	-	-	-	-	-	-	-	-	-
大 阪 (28)	10,230	4,034	-	-	-	-	-	-	-	-	-
兵 庫 (29)	8,674	1,606	-	-	-	-	-	-	-	-	-
奈 良 (30)	x	x	x	x	x	x	x	x	x	x	x
和 歌 山 (31)	x	x	x	x	x	x	x	x	x	x	x
鳥 取 (32)	x	x	x	x	x	x	x	x	x	x	x
島 根 (33)	-	-	-	-	-	-	-	-	-	-	-
岡 山 (34)	4,263	440	-	-	-	-	-	-	-	-	-
広 島 (35)	3,123	-	-	-	-	-	-	-	-	-	-
山 口 (36)	x	x	x	x	x	x	x	x	x	x	x
徳 島 (37)	x	x	x	x	x	x	x	x	x	x	x
香 川 (38)	x	x	x	x	x	x	x	x	x	x	x
愛 媛 (39)	x	x	x	x	x	x	x	x	x	x	x
高 知 (40)	x	x	x	x	x	x	x	x	x	x	x
福 岡 (41)	9,109	-	-	-	-	-	-	-	-	-	-
佐 賀 (42)	x	x	x	x	x	x	x	x	x	x	x
長 崎 (43)	x	x	x	x	x	x	x	x	x	x	x
熊 本 (44)	2,048	-	-	-	-	-	-	-	-	-	-
大 分 (45)	195	-	-	-	-	-	-	-	-	-	-
宮 崎 (46)	3,060	-	-	-	-	-	-	-	-	-	-
鹿 児 島 (47)	-	-	-	-	-	-	-	-	-	-	-
沖 縄 (48)	68										

単位：t

埼玉	千葉	東京	神奈川	新潟	富山	石川	福井	山梨	長野	岐阜	静岡	
1,104	6,051	-	-	660	290	-	509	1,745	1,769	195	1,479	(1)
-	-	-	-	-	-	-	-	-	-	-	-	(2)
x	x	x	x	x	x	x	x	x	x	x	x	(3)
-	-	-	-	-	-	-	-	-	-	-	-	(4)
-	-	-	-	-	-	-	-	-	-	-	-	(5)
x	x	x	x	x	x	x	x	x	x	x	x	(6)
-	-	-	-	-	-	-	-	-	-	-	-	(7)
-	-	-	-	-	-	-	-	-	-	-	-	(8)
75	687	-	-	124	45	-	-	-	412	49	-	(9)
-	-	-	-	-	-	-	-	-	-	-	-	(10)
300	-	-	-	388	56	-	-	14	112	-	-	(11)
-	-	-	-	-	-	-	-	-	-	-	-	(12)
-	-	-	-	15	-	-	-	-	-	-	-	(13)
350	894	-	-	-	-	-	-	361	143	-	100	(14)
60	4,470	-	-	-	-	-	-	681	-	-	40	(15)
-	-	-	-	-	-	-	-	-	-	-	-	(16)
x	x	x	x	x	x	x	x	x	x	x	x	(17)
-	-	-	-	75	189	-	95	-	-	-	-	(18)
x	x	x	x	x	x	x	x	x	x	x	x	(19)
-	-	-	-	-	-	-	-	-	375	-	-	(20)
-	-	-	-	58	-	-	-	358	-	-	-	(21)
319	-	-	-	-	-	-	-	-	127	-	-	(22)
-	-	-	-	-	-	-	-	331	-	-	-	(23)
-	-	-	-	-	-	-	-	-	600	80	1,326	(24)
-	-	-	-	-	-	-	-	-	-	-	13	(25)
-	-	-	-	-	-	-	414	-	-	-	-	(26)
-	-	-	-	-	-	-	-	-	-	-	-	(27)
-	-	-	-	-	-	-	-	-	-	-	-	(28)
-	-	-	-	-	-	-	-	-	-	-	-	(29)
x	x	x	x	x	x	x	x	x	x	x	x	(30)
x	x	x	x	x	x	x	x	x	x	x	x	(31)
x	x	x	x	x	x	x	x	x	x	x	x	(32)
-	-	-	-	-	-	-	-	-	-	-	-	(33)
-	-	-	-	-	-	-	-	-	-	-	-	(34)
-	-	-	-	-	-	-	-	-	-	-	-	(35)
x	x	x	x	x	x	x	x	x	x	x	x	(36)
x	x	x	x	x	x	x	x	x	x	x	x	(37)
x	x	x	x	x	x	x	x	x	x	x	x	(38)
x	x	x	x	x	x	x	x	x	x	x	x	(39)
x	x	x	x	x	x	x	x	x	x	x	x	(40)
-	-	-	-	-	-	-	-	-	-	-	-	(41)
x	x	x	x	x	x	x	x	x	x	x	x	(42)
x	x	x	x	x	x	x	x	x	x	x	x	(43)
-	-	-	-	-	-	-	-	-	-	66	-	(44)
-	-	-	-	-	-	-	-	-	-	-	-	(45)
-	-	-	-	-	-	-	-	-	-	-	-	(46)
-	-	-	-	-	-	-	-	-	-	-	-	(47)
-	-	-	-	-	-	-	-	-	-	-	-	(48)

5 生乳移出入量（都道府県別）（月別）（続き）

(6) 5月分（続き）

移入＼移出		愛知	三重	滋賀	京都	大阪	兵庫	奈良	和歌山	鳥取	島根	岡山	広島
全　国	(1)	2,884	2,542	510	814	92	672	2,225	410	-	5,144	2,798	1,264
北 海 道	(2)	-	-	-	-	-	-	-	-	-	-	-	-
青　　森	(3)	x	x	x	x	x	x	x	x	x	x	x	x
岩　　手	(4)	-	-	-	-	-	-	-	-	-	-	-	-
宮　　城	(5)	-	-	-	-	-	-	-	-	-	-	-	-
秋　　田	(6)	x	x	x	x	x	x	x	x	x	x	x	x
山　　形	(7)	-	-	-	-	-	-	-	-	-	-	-	-
福　　島	(8)	-	-	-	-	-	-	-	-	-	-	-	-
茨　　城	(9)	609	118	-	-	-	-	-	-	-	-	-	-
栃　　木	(10)	-	-	-	-	-	-	-	-	-	-	-	-
群　　馬	(11)	-	-	-	-	-	-	-	-	-	-	-	-
埼　　玉	(12)	-	-	-	-	-	-	-	-	-	-	-	-
千　　葉	(13)	-	-	-	-	-	-	-	-	-	-	-	-
東　　京	(14)	-	-	-	-	-	-	-	-	-	-	-	-
神 奈 川	(15)	-	-	-	-	-	-	-	-	-	-	-	-
新　　潟	(16)	-	-	-	-	-	-	-	-	-	-	-	-
富　　山	(17)	x	x	x	x	x	x	x	x	x	x	x	x
石　　川	(18)	-	-	-	-	-	-	-	-	-	-	-	-
福　　井	(19)	x	x	x	x	x	x	x	x	x	x	x	x
山　　梨	(20)	-	-	-	-	-	-	-	-	-	-	-	-
長　　野	(21)	1,282	226	-	-	-	-	-	-	-	-	-	-
岐　　阜	(22)	223	150	-	-	-	-	-	-	-	-	-	-
静　　岡	(23)	437	-	-	-	-	-	-	-	-	-	-	-
愛　　知	(24)	-	1,407	-	-	-	-	-	-	-	-	-	-
三　　重	(25)	-	-	-	-	-	-	-	-	-	-	-	119
滋　　賀	(26)	-	140	-		4	-	-	-	-	-	-	-
京　　都	(27)	252	399	69	-	64	345	325	-	-	56	241	
大　　阪	(28)	30	102	359	-	-	327	491	410	-	151	945	
兵　　庫	(29)	-	-	82	814	24	-	1,409	-	-	57	1,156	47
奈　　良	(30)	x	x	x	x	x	x	x	x	x	x	x	x
和 歌 山	(31)	x	x	x	x	x	x	x	x	x	x	x	x
鳥　　取	(32)	x	x	x	x	x	x	x	x	x	x	x	x
島　　根	(33)	-	-	-	-	-	-	-	-	-	-	-	-
岡　　山	(34)	-	-	-	-	-	-	-	-	-	1,854	-	731
広　　島	(35)	-	-	-	-	-	-	-	-	-	2,301	388	-
山　　口	(36)	x	x	x	x	x	x	x	x	x	x	x	x
徳　　島	(37)	x	x	x	x	x	x	x	x	x	x	x	x
香　　川	(38)	x	x	x	x	x	x	x	x	x	x	x	x
愛　　媛	(39)	x	x	x	x	x	x	x	x	x	x	x	x
高　　知	(40)	x	x	x	x	x	x	x	x	x	x	x	x
福　　岡	(41)	-	-	-	-	-	-	-	-	-	-	-	-
佐　　賀	(42)	x	x	x	x	x	x	x	x	x	x	x	x
長　　崎	(43)	x	x	x	x	x	x	x	x	x	x	x	x
熊　　本	(44)	51	-	-	-	-	-	-	-	-	212	-	20
大　　分	(45)	-	-	-	-	-	-	-	-	-	-	-	-
宮　　崎	(46)	-	-	-	-	-	-	-	-	-	-	-	-
鹿 児 島	(47)	-	-	-	-	-	-	-	-	-	-	-	-
沖　　縄	(48)	-	-	-	-	-	-	-	-	-	-	-	-

単位：t

山口	徳島	香川	愛媛	高知	福岡	佐賀	長崎	熊本	大分	宮崎	鹿児島	沖縄	
-	1,674	1,795	595	1,009	1,241	398	3,061	9,175	1,536	4,278	5,037	-	(1)
-	-	-	-	-	-	-	-	-	-	-	-	-	(2)
x	x	x	x	x	x	x	x	x	x	x	x	x	(3)
-	-	-	-	-	-	-	-	-	-	-	-	-	(4)
-	-	-	-	-	-	-	-	-	-	-	-	-	(5)
x	x	x	x	x	x	x	x	x	x	x	x	x	(6)
-	-	-	-	-	-	-	-	-	-	-	-	-	(7)
-	-	-	-	-	-	-	-	-	-	-	-	-	(8)
-	-	-	-	-	-	-	-	-	-	-	-	-	(9)
-	-	-	-	-	-	-	-	-	-	-	-	-	(10)
-	-	-	-	-	-	-	-	-	-	-	-	-	(11)
-	-	-	-	-	-	-	-	-	-	-	-	-	(12)
-	-	-	-	-	-	-	-	-	-	-	-	-	(13)
-	-	-	-	-	-	-	-	-	-	-	-	-	(14)
-	-	-	-	-	-	-	-	-	-	-	-	-	(15)
-	-	-	-	-	-	-	-	-	-	-	-	-	(16)
x	x	x	x	x	x	x	x	x	x	x	x	x	(17)
-	-	-	-	-	-	-	-	-	-	-	-	-	(18)
x	x	x	x	x	x	x	x	x	x	x	x	x	(19)
-	-	-	-	-	-	-	-	-	-	-	-	-	(20)
-	-	-	-	-	-	-	-	-	-	-	-	-	(21)
-	-	-	-	-	-	-	-	-	-	140	-	-	(22)
-	-	-	-	-	-	-	-	-	-	-	-	-	(23)
-	-	-	-	-	-	-	68	-	-	134	-	-	(24)
-	-	-	-	-	-	-	-	-	-	-	-	-	(25)
-	14	-	-	-	-	-	-	-	-	-	-	-	(26)
-	54	12	179	-	324	-	75	786	136	458	-	-	(27)
-	924	291	-	-	-	-	50	1,404	-	695	17	-	(28)
-	118	264	-	-	119	-	225	914	-	251	1,588	-	(29)
x	x	x	x	x	x	x	x	x	x	x	x	x	(30)
x	x	x	x	x	x	x	x	x	x	x	x	x	(31)
x	x	x	x	x	x	x	x	x	x	x	x	x	(32)
-	-	-	-	-	-	-	-	-	-	-	-	-	(33)
-	-	-	362	-	-	-	-	198	17	602	59	-	(34)
-	-	82	-	-	-	-	63	68	68	153	-	-	(35)
x	x	x	x	x	x	x	x	x	x	x	x	x	(36)
x	x	x	x	x	x	x	x	x	x	x	x	x	(37)
x	x	x	x	x	x	x	x	x	x	x	x	x	(38)
x	x	x	x	x	x	x	x	x	x	x	x	x	(39)
x	x	x	x	x	x	x	x	x	x	x	x	x	(40)
-	-	-	-	-	-	-	2,049	4,627	1,161	1,224	48	-	(41)
x	x	x	x	x	x	x	x	x	x	x	x	x	(42)
x	x	x	x	x	x	x	x	x	x	x	x	x	(43)
-	-	-	-	-	321	398	531	-	154	30	265	-	(44)
-	-	-	-	-	30	-	-	165	-	-	-	-	(45)
-	-	-	-	-	-	-	-	-	-	-	3,060	-	(46)
-	-	-	-	-	-	-	-	-	-	-	-	-	(47)
-	-	-	-	-	-	-	-	68	-	-	-	-	(48)

（7）　6月分

移入 ＼ 移出	全国	北海道	青森	岩手	宮城	秋田	山形	福島	茨城	栃木	群馬
全　国 (1)	152,187	47,271	5,183	8,985	4,402	1,328	3,308	1,732	2,057	13,821	8,211
北 海 道 (2)	-	-	-	-	-	-	-	-	-	-	-
青　森 (3)	x	x	x	x	x	x	x	x	x	x	x
岩　手 (4)	1,145	-	545	-	-	600	-				
宮　城 (5)	3,183	-	2,049	1,034	-	-	100				
秋　田 (6)	x	x	x	x	x	x	x	x	x	x	x
山　形 (7)	-						-				
福　島 (8)	2,749	-	-	205	525	80	60	-	-	1,879	-
茨　城 (9)	12,155	6,168	1,289	1,344	230	179	402	718	-	808	81
栃　木 (10)	637	-	-	637	-						
群　馬 (11)	6,999	1,460	220	686	1,069	289	40	120	-	2,391	-
埼　玉 (12)	6,618	1,666	51	1,357	525	125	341	287	-	1,964	302
千　葉 (13)	6,837	1,958	67	393	415	20	-	76	1,727	1,993	188
東　京 (14)	7,593	715	685	339	166	20	-	-	-	1,897	2,235
神 奈 川 (15)	24,860	11,220	277	1,487	889	15	1,804	531	-	1,607	2,349
新　潟 (16)	1,736	496	-	787	-	-	305	-	-	-	148
富　山 (17)	x	x	x	x	x	x	x	x	x	x	x
石　川 (18)	1,089	679	-	-	-	-	-	-	-	-	73
福　井 (19)	x	x	x	x	x	x	x	x	x	x	x
山　梨 (20)	400	-					-				
長　野 (21)	5,219	650	-		13	-	20	-	330	-	2,476
岐　阜 (22)	5,288	2,861	-	126	-	-	80	-	-	842	329
静　岡 (23)	2,400	715	-	80	415	-	100	-	-	440	30
愛　知 (24)	5,921	1,682	-	510	155	-	56	-	-	-	-
三　重 (25)	440	294	-								-
滋　賀 (26)	1,355	823									
京　都 (27)	8,286	6,071	-	-	-	-	-	-	-	-	-
大　阪 (28)	10,853	5,501	-	-	-	-	-	-	-	-	-
兵　庫 (29)	9,253	2,982	-	-	-	-	-	-	-	-	-
奈　良 (30)	x	x	x	x	x	x	x	x	x	x	x
和 歌 山 (31)	x	x	x	x	x	x	x	x	x	x	x
鳥　取 (32)	x	x	x	x	x	x	x	x	x	x	x
島　根 (33)	-	-	-	-	-	-	-	-	-	-	-
岡　山 (34)	5,089	1,330	-	-	-	-	-	-	-	-	-
広　島 (35)	3,294	-	-	-	-	-	-	-	-	-	-
山　口 (36)	x	x	x	x	x	x	x	x	x	x	x
徳　島 (37)	x	x	x	x	x	x	x	x	x	x	x
香　川 (38)	x	x	x	x	x	x	x	x	x	x	x
愛　媛 (39)	x	x	x	x	x	x	x	x	x	x	x
高　知 (40)	x	x	x	x	x	x	x	x	x	x	x
福　岡 (41)	9,504	-	-	-	-	-	-	-	-	-	-
佐　賀 (42)	x	x	x	x	x	x	x	x	x	x	x
長　崎 (43)	x	x	x	x	x	x	x	x	x	x	x
熊　本 (44)	608	-	-	-	-	-	-	-	-	-	-
大　分 (45)	615	-	-	-	-	-	-	-	-	-	-
宮　崎 (46)	2,331	-	-	-	-	-	-	-	-	-	-
鹿 児 島 (47)	-										
沖　縄 (48)	51	-	-	-	-	-	-	-	-	-	-

単位：t

埼玉	千葉	東京	神奈川	新潟	富山	石川	福井	山梨	長野	岐阜	静岡	
967	5,511	–	–	486	205	–	478	1,631	1,333	68	1,436	(1)
–	–	–	–	–	–	–	–	–	–	–	–	(2)
x	x	x	x	x	x	x	x	x	x	x	x	(3)
–	–	–	–	–	–	–	–	–	–	–	–	(4)
–	–	–	–	–	–	–	–	–	–	–	–	(5)
x	x	x	x	x	x	x	x	x	x	x	x	(6)
–	–	–	–	–	–	–	–	–	–	–	–	(7)
–	–	–	–	–	–	–	–	–	–	–	–	(8)
75	626	–	–	25	–	–	–	–	77	–	–	(9)
–	–	–	–	–	–	–	–	–	–	–	–	(10)
269	–	–	–	333	–	–	–	18	104	–	–	(11)
–	–	–	–	–	–	–	–	–	–	–	–	(12)
–	–	–	–	–	–	–	–	–	–	–	–	(13)
206	986	–	–	–	–	–	–	285	19	–	40	(14)
119	3,899	–	–	–	–	–	–	653	–	–	10	(15)
–	–	–	–	–	–	–	–	–	–	–	–	(16)
x	x	x	x	x	x	x	x	x	x	x	x	(17)
–	–	–	–	54	194	–	89	–	–	–	–	(18)
x	x	x	x	x	x	x	x	x	x	x	x	(19)
–	–	–	–	–	–	–	–	–	400	–	–	(20)
–	–	–	–	74	–	–	–	345	–	–	–	(21)
298	–	–	–	–	–	–	–	–	127	–	–	(22)
–	–	–	–	–	–	–	–	330	–	–	–	(23)
–	–	–	–	–	–	–	–	–	606	68	1,332	(24)
–	–	–	–	–	–	–	–	–	–	–	54	(25)
–	–	–	–	–	11	–	389	–	–	–	–	(26)
–	–	–	–	–	–	–	–	–	–	–	–	(27)
–	–	–	–	–	–	–	–	–	–	–	–	(28)
–	–	–	–	–	–	–	–	–	–	–	–	(29)
x	x	x	x	x	x	x	x	x	x	x	x	(30)
x	x	x	x	x	x	x	x	x	x	x	x	(31)
x	x	x	x	x	x	x	x	x	x	x	x	(32)
–	–	–	–	–	–	–	–	–	–	–	–	(33)
–	–	–	–	–	–	–	–	–	–	–	–	(34)
–	–	–	–	–	–	–	–	–	–	–	–	(35)
x	x	x	x	x	x	x	x	x	x	x	x	(36)
x	x	x	x	x	x	x	x	x	x	x	x	(37)
x	x	x	x	x	x	x	x	x	x	x	x	(38)
x	x	x	x	x	x	x	x	x	x	x	x	(39)
x	x	x	x	x	x	x	x	x	x	x	x	(40)
–	–	–	–	–	–	–	–	–	–	–	–	(41)
x	x	x	x	x	x	x	x	x	x	x	x	(42)
x	x	x	x	x	x	x	x	x	x	x	x	(43)
–	–	–	–	–	–	–	–	–	–	–	–	(44)
–	–	–	–	–	–	–	–	–	–	–	–	(45)
–	–	–	–	–	–	–	–	–	–	–	–	(46)
–	–	–	–	–	–	–	–	–	–	–	–	(47)
–	–	–	–	–	–	–	–	–	–	–	–	(48)

5 生乳移出入量（都道府県別）（月別）（続き）

(7) 6月分（続き）

移入 ＼ 移出	愛知	三重	滋賀	京都	大阪	兵庫	奈良	和歌山	鳥取	島根	岡山	広島
全国 (1)	2,090	2,329	491	761	75	469	2,132	370	–	4,670	2,504	1,061
北海道 (2)	–	–	–	–	–	–	–	–	–	–	–	–
青森 (3)	x	x	x	x	x	x	x	x	x	x	x	x
岩手 (4)	–	–	–	–	–	–	–	–	–	–	–	–
宮城 (5)	–	–	–	–	–	–	–	–	–	–	–	–
秋田 (6)	x	x	x	x	x	x	x	x	x	x	x	x
山形 (7)	–	–	–	–	–	–	–	–	–	–	–	–
福島 (8)	–	–	–	–	–	–	–	–	–	–	–	–
茨城 (9)	133	–	–	–	–	–	–	–	–	–	–	–
栃木 (10)	–	–	–	–	–	–	–	–	–	–	–	–
群馬 (11)	–	–	–	–	–	–	–	–	–	–	–	–
埼玉 (12)	–	–	–	–	–	–	–	–	–	–	–	–
千葉 (13)	–	–	–	–	–	–	–	–	–	–	–	–
東京 (14)	–	–	–	–	–	–	–	–	–	–	–	–
神奈川 (15)	–	–	–	–	–	–	–	–	–	–	–	–
新潟 (16)	–	–	–	–	–	–	–	–	–	–	–	–
富山 (17)	x	x	x	x	x	x	x	x	x	x	x	x
石川 (18)	–	–	–	–	–	–	–	–	–	–	–	–
福井 (19)	x	x	x	x	x	x	x	x	x	x	x	x
山梨 (20)	–	–	–	–	–	–	–	–	–	–	–	–
長野 (21)	1,085	226	–	–	–	–	–	–	–	–	–	–
岐阜 (22)	354	160	–	–	–	–	–	–	–	–	–	–
静岡 (23)	290	–	–	–	–	–	–	–	–	–	–	–
愛知 (24)	–	1,377	–	–	–	–	–	–	–	–	–	–
三重 (25)	–	–	–	–	–	–	–	–	–	–	–	92
滋賀 (26)	–	118	–	–	–	–	–	–	–	–	–	–
京都 (27)	137	361	69	–	52	166	291	–	–	–	135	–
大阪 (28)	91	87	342	–	–	303	468	370	–	10	865	–
兵庫 (29)	–	–	80	761	23	–	1,373	–	–	24	1,074	–
奈良 (30)	x	x	x	x	x	x	x	x	x	x	x	x
和歌山 (31)	x	x	x	x	x	x	x	x	x	x	x	x
鳥取 (32)	x	x	x	x	x	x	x	x	x	x	x	x
島根 (33)	–	–	–	–	–	–	–	–	–	–	–	–
岡山 (34)	–	–	–	–	–	–	–	–	–	1,867	–	629
広島 (35)	–	–	–	–	–	–	–	–	–	2,190	416	–
山口 (36)	x	x	x	x	x	x	x	x	x	x	x	x
徳島 (37)	x	x	x	x	x	x	x	x	x	x	x	x
香川 (38)	x	x	x	x	x	x	x	x	x	x	x	x
愛媛 (39)	x	x	x	x	x	x	x	x	x	x	x	x
高知 (40)	x	x	x	x	x	x	x	x	x	x	x	x
福岡 (41)	–	–	–	–	–	–	–	–	–	–	–	–
佐賀 (42)	x	x	x	x	x	x	x	x	x	x	x	x
長崎 (43)	x	x	x	x	x	x	x	x	x	x	x	x
熊本 (44)	–	–	–	–	–	–	–	–	–	–	–	–
大分 (45)	–	–	–	–	–	–	–	–	–	–	–	–
宮崎 (46)	–	–	–	–	–	–	–	–	–	–	–	–
鹿児島 (47)	–	–	–	–	–	–	–	–	–	–	–	–
沖縄 (48)	–	–	–	–	–	–	–	–	–	–	–	–

単位：t

山口	徳島	香川	愛媛	高知	福岡	佐賀	長崎	熊本	大分	宮崎	鹿児島	沖縄	
-	1,431	1,689	386	841	729	210	2,635	8,288	1,553	4,571	4,437	52	(1)
-	-	-	-	-	-	-	-	-	-	-	-	-	(2)
x	x	x	x	x	x	x	x	x	x	x	x	x	(3)
-	-	-	-	-	-	-	-	-	-	-	-	-	(4)
-	-	-	-	-	-	-	-	-	-	-	-	-	(5)
x	x	x	x	x	x	x	x	x	x	x	x	x	(6)
-	-	-	-	-	-	-	-	-	-	-	-	-	(7)
-	-	-	-	-	-	-	-	-	-	-	-	-	(8)
-	-	-	-	-	-	-	-	-	-	-	-	-	(9)
-	-	-	-	-	-	-	-	-	-	-	-	-	(10)
-	-	-	-	-	-	-	-	-	-	-	-	-	(11)
-	-	-	-	-	-	-	-	-	-	-	-	-	(12)
-	-	-	-	-	-	-	-	-	-	-	-	-	(13)
-	-	-	-	-	-	-	-	-	-	-	-	-	(14)
-	-	-	-	-	-	-	-	-	-	-	-	-	(15)
-	-	-	-	-	-	-	-	-	-	-	-	-	(16)
x	x	x	x	x	x	x	x	x	x	x	x	x	(17)
-	-	-	-	-	-	-	-	-	-	-	-	-	(18)
x	x	x	x	x	x	x	x	x	x	x	x	x	(19)
-	-	-	-	-	-	-	-	-	-	-	-	-	(20)
-	-	-	-	-	-	-	-	-	-	-	-	-	(21)
-	-	-	-	-	-	-	-	-	-	111	-	-	(22)
-	-	-	-	-	-	-	-	-	-	-	-	-	(23)
-	-	-	-	-	-	-	68	-	-	67	-	-	(24)
-	-	-	-	-	-	-	-	-	-	-	-	-	(25)
-	14	-	-	-	-	-	-	-	-	-	-	-	(26)
-	-	-	-	-	222	-	90	311	85	296	-	-	(27)
-	785	-	-	-	-	-	110	1,277	-	627	17	-	(28)
-	69	38	-	-	51	-	135	434	68	418	1,723	-	(29)
x	x	x	x	x	x	x	x	x	x	x	x	x	(30)
x	x	x	x	x	x	x	x	x	x	x	x	x	(31)
x	x	x	x	x	x	x	x	x	x	x	x	x	(32)
-	-	-	-	-	-	-	-	-	-	-	-	-	(33)
-	-	-	321	-	-	-	-	235	68	564	75	-	(34)
-	166	139	-	-	-	-	62	51	102	168	-	-	(35)
x	x	x	x	x	x	x	x	x	x	x	x	x	(36)
x	x	x	x	x	x	x	x	x	x	x	x	x	(37)
x	x	x	x	x	x	x	x	x	x	x	x	x	(38)
x	x	x	x	x	x	x	x	x	x	x	x	x	(39)
x	x	x	x	x	x	x	x	x	x	x	x	x	(40)
-	-	-	-	-	-	-	2,035	4,265	1,230	1,894	80	-	(41)
x	x	x	x	x	x	x	x	x	x	x	x	x	(42)
x	x	x	x	x	x	x	x	x	x	x	x	x	(43)
-	-	-	-	-	-	210	135	-	-	-	211	52	(44)
-	-	-	-	-	90	-	-	525	-	-	-	-	(45)
-	-	-	-	-	-	-	-	-	-	-	2,331	-	(46)
-	-	-	-	-	-	-	-	-	-	-	-	-	(47)
-	-	-	-	-	-	-	-	51	-	-	-	-	(48)

5 生乳移出入量（都道府県別）（月別）（続き）

(8) 7月分

移入 ＼ 移出		全　国	北海道	青　森	岩　手	宮　城	秋　田	山　形	福　島	茨　城	栃　木	群　馬
全　国	(1)	149,707	45,982	5,320	8,496	4,726	1,343	2,978	1,666	2,544	13,034	8,916
北　海　道	(2)	－	－	－	－	－	－	－	－	－	－	－
青　森	(3)	x	x	x	x	x	x	x	x	x	x	x
岩　手	(4)	1,587	－	601	－	359	614	13	－	－	－	－
宮　城	(5)	3,253	－	2,142	1,111	－	－	－	－	－	－	－
秋　田	(6)	x	x	x	x	x	x	x	x	x	x	x
山　形	(7)	－	－	－	－	－	－	－	－	－	－	－
福　島	(8)	2,855	－	－	108	587	40	20	－	－	2,100	－
茨　城	(9)	14,440	6,141	1,212	1,935	1,030	285	674	859	－	776	483
栃　木	(10)	683	－	－	683	－	－	－	－	－	－	－
群　馬	(11)	6,289	1,519	288	438	695	154	40	60	－	2,289	－
埼　玉	(12)	5,556	1,792	17	1,021	450	165	40	181	－	1,591	299
千　葉	(13)	6,320	1,604	－	266	110	－	－	61	2,182	1,902	195
東　京	(14)	7,304	577	193	454	392	85	－	－	－	1,551	2,222
神　奈　川	(15)	23,996	10,334	867	960	772	－	1,645	505	－	1,644	2,528
新　潟	(16)	1,693	522	－	727	30	－	310	－	－	－	104
富　山	(17)	x	x	x	x	x	x	x	x	x	x	x
石　川	(18)	857	624	－	－	－	－	－	－	－	－	59
福　井	(19)	x	x	x	x	x	x	x	x	x	x	x
山　梨	(20)	364	－	－	－	－	－	－	－	－	－	－
長　野	(21)	5,195	170	－	－	26	－	20	－	362	－	2,740
岐　阜	(22)	5,386	3,228	－	－	－	－	92	－	－	777	286
静　岡	(23)	2,542	1,058	－	246	155	－	20	－	－	404	－
愛　知	(24)	5,719	1,427	－	547	120	－	104	－	－	－	－
三　重	(25)	422	292	－	－	－	－	－	－	－	－	－
滋　賀	(26)	942	409	－	－	－	－	－	－	－	－	－
京　都	(27)	8,454	6,619	－	－	－	－	－	－	－	－	－
大　阪	(28)	9,722	4,765	－	－	－	－	－	－	－	－	－
兵　庫	(29)	8,204	3,144	－	－	－	－	－	－	－	－	－
奈　良	(30)	x	x	x	x	x	x	x	x	x	x	x
和　歌　山	(31)	x	x	x	x	x	x	x	x	x	x	x
鳥　取	(32)	x	x	x	x	x	x	x	x	x	x	x
島　根	(33)	－	－	－	－	－	－	－	－	－	－	－
岡　山	(34)	5,518	1,757	－	－	－	－	－	－	－	－	－
広　島	(35)	3,171	－	－	－	－	－	－	－	－	－	－
山　口	(36)	x	x	x	x	x	x	x	x	x	x	x
徳　島	(37)	x	x	x	x	x	x	x	x	x	x	x
香　川	(38)	x	x	x	x	x	x	x	x	x	x	x
愛　媛	(39)	x	x	x	x	x	x	x	x	x	x	x
高　知	(40)	x	x	x	x	x	x	x	x	x	x	x
福　岡	(41)	9,848	－	－	－	－	－	－	－	－	－	－
佐　賀	(42)	x	x	x	x	x	x	x	x	x	x	x
長　崎	(43)	x	x	x	x	x	x	x	x	x	x	x
熊　本	(44)	1,168	－	－	－	－	－	－	－	－	－	－
大　分	(45)	826	－	－	－	－	－	－	－	－	－	－
宮　崎	(46)	2,208	－	－	－	－	－	－	－	－	－	－
鹿　児　島	(47)	－	－	－	－	－	－	－	－	－	－	－
沖　縄	(48)	152	－	－	－	－	－	－	－	－	－	－

単位：t

埼玉	千葉	東京	神奈川	新潟	富山	石川	福井	山梨	長野	岐阜	静岡	
851	5,844	-	-	479	220	-	469	1,610	1,389	158	1,477	(1)
-	-	-	-	-	-	-	-	-	-	-	-	(2)
x	x	x	x	x	x	x	x	x	x	x	x	(3)
-	-	-	-	-	-	-	-	-	-	-	-	(4)
-	-	-	-	-	-	-	-	-	-	-	-	(5)
x	x	x	x	x	x	x	x	x	x	x	x	(6)
-	-	-	-	-	-	-	-	-	-	-	-	(7)
-	-	-	-	-	-	-	-	-	-	-	-	(8)
-	739	-	-	-	53	-	-	-	203	50	-	(9)
-	-	-	-	-	-	-	-	-	-	-	-	(10)
261	-	-	-	365	51	-	-	21	108	-	-	(11)
-	-	-	-	-	-	-	-	-	-	-	-	(12)
-	-	-	-	-	-	-	-	-	-	-	-	(13)
194	1,127	-	-	-	-	-	-	280	129	-	100	(14)
105	3,978	-	-	-	-	-	-	618	-	-	40	(15)
-	-	-	-	-	-	-	-	-	-	-	-	(16)
x	x	x	x	x	x	x	x	x	x	x	x	(17)
-	-	-	-	-	90	-	84	-	-	-	-	(18)
x	x	x	x	x	x	x	x	x	x	x	x	(19)
-	-	-	-	-	-	-	-	-	364	-	-	(20)
-	-	-	-	114	-	-	-	326	-	-	-	(21)
291	-	-	-	-	-	-	-	-	109	-	-	(22)
-	-	-	-	-	-	-	-	365	-	-	-	(23)
-	-	-	-	-	-	-	-	-	476	108	1,257	(24)
-	-	-	-	-	-	-	-	-	-	-	80	(25)
-	-	-	-	-	26	-	385	-	-	-	-	(26)
-	-	-	-	-	-	-	-	-	-	-	-	(27)
-	-	-	-	-	-	-	-	-	-	-	-	(28)
-	-	-	-	-	-	-	-	-	-	-	-	(29)
x	x	x	x	x	x	x	x	x	x	x	x	(30)
x	x	x	x	x	x	x	x	x	x	x	x	(31)
x	x	x	x	x	x	x	x	x	x	x	x	(32)
-	-	-	-	-	-	-	-	-	-	-	-	(33)
-	-	-	-	-	-	-	-	-	-	-	-	(34)
-	-	-	-	-	-	-	-	-	-	-	-	(35)
x	x	x	x	x	x	x	x	x	x	x	x	(36)
x	x	x	x	x	x	x	x	x	x	x	x	(37)
x	x	x	x	x	x	x	x	x	x	x	x	(38)
x	x	x	x	x	x	x	x	x	x	x	x	(39)
x	x	x	x	x	x	x	x	x	x	x	x	(40)
-	-	-	-	-	-	-	-	-	-	-	-	(41)
x	x	x	x	x	x	x	x	x	x	x	x	(42)
x	x	x	x	x	x	x	x	x	x	x	x	(43)
-	-	-	-	-	-	-	-	-	-	-	-	(44)
-	-	-	-	-	-	-	-	-	-	-	-	(45)
-	-	-	-	-	-	-	-	-	-	-	-	(46)
-	-	-	-	-	-	-	-	-	-	-	-	(47)
-	-	-	-	-	-	-	-	-	-	-	-	(48)

5 生乳移出入量（都道府県別）（月別）（続き）

(8) 7月分（続き）

移入＼移出		愛知	三重	滋賀	京都	大阪	兵庫	奈良	和歌山	鳥取	島根	岡山	広島
全　国	(1)	1,917	2,238	498	744	94	460	2,010	333	-	4,663	2,411	1,314
北 海 道	(2)	-	-	-	-	-	-	-	-	-	-	-	-
青　森	(3)	x	x	x	x	x	x	x	x	x	x	x	x
岩　手	(4)	-	-	-	-	-	-	-	-	-	-	-	-
宮　城	(5)	-	-	-	-	-	-	-	-	-	-	-	-
秋　田	(6)	x	x	x	x	x	x	x	x	x	x	x	x
山　形	(7)	-	-	-	-	-	-	-	-	-	-	-	-
福　島	(8)	-	-	-	-	-	-	-	-	-	-	-	-
茨　城	(9)	-	-	-	-	-	-	-	-	-	-	-	-
栃　木	(10)	-	-	-	-	-	-	-	-	-	-	-	-
群　馬	(11)	-	-	-	-	-	-	-	-	-	-	-	-
埼　玉	(12)	-	-	-	-	-	-	-	-	-	-	-	-
千　葉	(13)	-	-	-	-	-	-	-	-	-	-	-	-
東　京	(14)	-	-	-	-	-	-	-	-	-	-	-	-
神 奈 川	(15)	-	-	-	-	-	-	-	-	-	-	-	-
新　潟	(16)	-	-	-	-	-	-	-	-	-	-	-	-
富　山	(17)	x	x	x	x	x	x	x	x	x	x	x	x
石　川	(18)	-	-	-	-	-	-	-	-	-	-	-	-
福　井	(19)	x	x	x	x	x	x	x	x	x	x	x	x
山　梨	(20)	-	-	-	-	-	-	-	-	-	-	-	-
長　野	(21)	1,240	197	-	-								
岐　阜	(22)	324	142	-									
静　岡	(23)	294	-										
愛　知	(24)	-	1,377	-									
三　重	(25)												50
滋　賀	(26)	-	103	-	-	9							
京　都	(27)	44	361	63	-	55	189	281	-	-	-	102	
大　阪	(28)	15	58	361	-	-	271	440	333	-	19		743
兵　庫	(29)	-	-	74	744	30	-	1,289	-	-	12		1,094
奈　良	(30)	x	x	x	x	x	x	x	x	x	x	x	x
和 歌 山	(31)	x	x	x	x	x	x	x	x	x	x	x	x
鳥　取	(32)	x	x	x	x	x	x	x	x	x	x	x	x
島　根	(33)	-	-	-	-	-	-	-	-	-	-	-	-
岡　山	(34)	-	-	-	-	-	-	-	-	-	1,659	-	959
広　島	(35)	-	-	-	-	-	-	-	-	-	2,254	472	-
山　口	(36)	x	x	x	x	x	x	x	x	x	x	x	x
徳　島	(37)	x	x	x	x	x	x	x	x	x	x	x	x
香　川	(38)	x	x	x	x	x	x	x	x	x	x	x	x
愛　媛	(39)	x	x	x	x	x	x	x	x	x	x	x	x
高　知	(40)	x	x	x	x	x	x	x	x	x	x	x	x
福　岡	(41)	-	-	-	-	-	-	-	-	-	-	-	-
佐　賀	(42)	x	x	x	x	x	x	x	x	x	x	x	x
長　崎	(43)	x	x	x	x	x	x	x	x	x	x	x	x
熊　本	(44)	-	-	-	-	-	-	-	-	-	-	-	-
大　分	(45)	-	-	-	-	-	-	-	-	-	-	-	-
宮　崎	(46)	-	-	-	-	-	-	-	-	-	-	-	-
鹿 児 島	(47)	-	-	-	-	-	-	-	-	-	-	-	-
沖　縄	(48)	-	-	-	-	-	-	-	-	-	-	-	-

単位：t

山口	徳島	香川	愛媛	高知	福岡	佐賀	長崎	熊本	大分	宮崎	鹿児島	沖縄	
-	1,407	1,703	374	794	1,048	255	2,596	7,904	1,587	3,849	4,006	-	(1)
-	-	-	-	-	-	-	-	-	-	-	-	-	(2)
x	x	x	x	x	x	x	x	x	x	x	x	x	(3)
-	-	-	-	-	-	-	-	-	-	-	-	-	(4)
-	-	-	-	-	-	-	-	-	-	-	-	-	(5)
x	x	x	x	x	x	x	x	x	x	x	x	x	(6)
-	-	-	-	-	-	-	-	-	-	-	-	-	(7)
-	-	-	-	-	-	-	-	-	-	-	-	-	(8)
-	-	-	-	-	-	-	-	-	-	-	-	-	(9)
-	-	-	-	-	-	-	-	-	-	-	-	-	(10)
-	-	-	-	-	-	-	-	-	-	-	-	-	(11)
-	-	-	-	-	-	-	-	-	-	-	-	-	(12)
-	-	-	-	-	-	-	-	-	-	-	-	-	(13)
-	-	-	-	-	-	-	-	-	-	-	-	-	(14)
-	-	-	-	-	-	-	-	-	-	-	-	-	(15)
-	-	-	-	-	-	-	-	-	-	-	-	-	(16)
x	x	x	x	x	x	x	x	x	x	x	x	x	(17)
-	-	-	-	-	-	-	-	-	-	-	-	-	(18)
x	x	x	x	x	x	x	x	x	x	x	x	x	(19)
-	-	-	-	-	-	-	-	-	-	-	-	-	(20)
-	-	-	-	-	-	-	-	-	-	-	-	-	(21)
-	-	-	-	-	-	-	-	-	-	137	-	-	(22)
-	-	-	-	-	-	-	-	-	-	-	-	-	(23)
-	-	-	-	-	-	51	-	-	-	252	-	-	(24)
-	-	-	-	-	-	-	-	-	-	-	-	-	(25)
-	10	-	-	-	-	-	-	-	-	-	-	-	(26)
-	-	-	-	-	85	-	75	280	85	215	-	-	(27)
-	847	93	-	-	-	-	80	1,138	-	542	17	-	(28)
-	78	135	-	-	85	-	75	45	51	133	1,215	-	(29)
x	x	x	x	x	x	x	x	x	x	x	x	x	(30)
x	x	x	x	x	x	x	x	x	x	x	x	x	(31)
x	x	x	x	x	x	x	x	x	x	x	x	x	(32)
-	-	-	-	-	-	-	-	-	-	-	-	-	(33)
-	-	-	338	-	-	-	-	145	34	557	69	-	(34)
-	54	139	-	-	-	-	47	17	51	137	-	-	(35)
x	x	x	x	x	x	x	x	x	x	x	x	x	(36)
x	x	x	x	x	x	x	x	x	x	x	x	x	(37)
x	x	x	x	x	x	x	x	x	x	x	x	x	(38)
x	x	x	x	x	x	x	x	x	x	x	x	x	(39)
x	x	x	x	x	x	x	x	x	x	x	x	x	(40)
-	-	-	-	-	-	-	1,938	4,796	1,366	1,700	48	-	(41)
x	x	x	x	x	x	x	x	x	x	x	x	x	(42)
x	x	x	x	x	x	x	x	x	x	x	x	x	(43)
-	-	-	-	-	134	255	330	-	-	-	449	-	(44)
-	-	-	-	-	466	-	-	360	-	-	-	-	(45)
-	-	-	-	-	-	-	-	-	-	-	2,208	-	(46)
-	-	-	-	-	-	-	-	-	-	-	-	-	(47)
-	-	-	-	-	-	-	-	152	-	-	-	-	(48)

5 生乳移出入量（都道府県別）（月別）（続き）

(9) 8月分

移入＼移出		全国	北海道	青森	岩手	宮城	秋田	山形	福島	茨城	栃木	群馬
全 国	(1)	149,201	45,160	5,299	8,098	4,802	1,341	3,005	1,704	2,234	12,811	8,726
北 海 道	(2)	-	-	-	-	-	-	-	-	-	-	-
青 森	(3)	x	x	x	x	x	x	x	x	x	x	x
岩 手	(4)	2,239	-	718	-	710	682	7	-	-	62	60
宮 城	(5)	3,402	-	2,026	1,376	-	-	-	-	-	-	-
秋 田	(6)	x	x	x	x	x	x	x	x	x	x	x
山 形	(7)	-	-	-	-	-	-	-	-	-	-	-
福 島	(8)	2,397	-	-	166	594	-	72	-	-	1,565	-
茨 城	(9)	17,037	7,194	1,184	2,023	790	380	888	980	-	958	878
栃 木	(10)	711	-	-	711	-	-	-	-	-	-	-
群 馬	(11)	6,092	1,818	376	212	804	169	-	91	-	1,833	-
埼 玉	(12)	4,683	1,803	-	816	169	95	-	75	50	1,528	147
千 葉	(13)	5,837	1,160	17	291	195	-	-	60	1,753	2,174	187
東 京	(14)	7,122	767	74	182	512	15	-	-	-	1,792	2,124
神 奈 川	(15)	23,833	10,247	904	868	702	-	1,596	498	-	1,694	2,354
新 潟	(16)	1,690	522	-	746	15	-	290	-	-	-	117
富 山	(17)	x	x	x	x	x	x	x	x	x	x	x
石 川	(18)	859	621	-	-	-	-	-	-	-	-	44
福 井	(19)	x	x	x	x	x	x	x	x	x	x	x
山 梨	(20)	365	-	-	-	-	-	-	-	-	-	-
長 野	(21)	5,193	289	-	-	26	-	20	-	392	92	2,483
岐 阜	(22)	4,910	2,788	-	-	-	-	56	-	-	754	257
静 岡	(23)	2,709	1,396	-	160	135	-	-	-	17	359	75
愛 知	(24)	5,799	1,479	-	547	150	-	76	-	22	-	-
三 重	(25)	359	250	-	-	-	-	-	-	-	-	-
滋 賀	(26)	648	102	-	-	-	-	-	-	-	-	-
京 都	(27)	8,442	6,586	-	-	-	-	-	-	-	-	-
大 阪	(28)	9,103	4,385	-	-	-	-	-	-	-	-	-
兵 庫	(29)	7,897	2,416	-	-	-	-	-	-	-	-	-
奈 良	(30)	x	x	x	x	x	x	x	x	x	x	x
和 歌 山	(31)	x	x	x	x	x	x	x	x	x	x	x
鳥 取	(32)	x	x	x	x	x	x	x	x	x	x	x
島 根	(33)	-	-	-	-	-	-	-	-	-	-	-
岡 山	(34)	5,228	1,337	-	-	-	-	-	-	-	-	-
広 島	(35)	2,841	-	-	-	-	-	-	-	-	-	-
山 口	(36)	x	x	x	x	x	x	x	x	x	x	x
徳 島	(37)	x	x	x	x	x	x	x	x	x	x	x
香 川	(38)	x	x	x	x	x	x	x	x	x	x	x
愛 媛	(39)	x	x	x	x	x	x	x	x	x	x	x
高 知	(40)	x	x	x	x	x	x	x	x	x	x	x
福 岡	(41)	9,736	-	-	-	-	-	-	-	-	-	-
佐 賀	(42)	x	x	x	x	x	x	x	x	x	x	x
長 崎	(43)	x	x	x	x	x	x	x	x	x	x	x
熊 本	(44)	1,892	-	-	-	-	-	-	-	-	-	-
大 分	(45)	526	-	-	-	-	-	-	-	-	-	-
宮 崎	(46)	2,686	-	-	-	-	-	-	-	-	-	-
鹿 児 島	(47)	-	-	-	-	-	-	-	-	-	-	-
沖 縄	(48)	16	-	-	-	-	-	-	-	-	-	-

埼 玉	千 葉	東 京	神奈川	新 潟	富 山	石 川	福 井	山 梨	長 野	岐 阜	静 岡	
931	6,158	-	-	613	290	-	470	1,563	1,193	181	1,551	(1)
-	-	-	-	-	-	-	-	-	-	-	-	(2)
x	x	x	x	x	x	x	x	x	x	x	x	(3)
-	-	-	-	-	-	-	-	-	-	-	-	(4)
-	-	-	-	-	-	-	-	-	-	-	-	(5)
x	x	x	x	x	x	x	x	x	x	x	x	(6)
-	-	-	-	-	-	-	-	-	-	-	-	(7)
-	-	-	-	-	-	-	-	-	-	-	-	(8)
45	1,128	-	-	160	117	-	-	-	26	115	-	(9)
-	-	-	-	-	-	-	-	-	-	-	-	(10)
273	-	-	-	358	29	-	-	19	110	-	-	(11)
-	-	-	-	-	-	-	-	-	-	-	-	(12)
-	-	-	-	-	-	-	-	-	-	-	-	(13)
249	835	-	-	-	-	-	-	324	68	-	180	(14)
75	4,195	-	-	-	-	-	-	640	-	-	60	(15)
-	-	-	-	-	-	-	-	-	-	-	-	(16)
x	x	x	x	x	x	x	x	x	x	x	x	(17)
-	-	-	-	-	114	-	80	-	-	-	-	(18)
x	x	x	x	x	x	x	x	x	x	x	x	(19)
-	-	-	-	-	-	-	-	-	365	-	-	(20)
-	-	-	-	95	-	-	-	313	-	-	-	(21)
289	-	-	-	-	-	-	-	-	99	-	-	(22)
-	-	-	-	-	-	-	-	267	-	-	-	(23)
-	-	-	-	-	-	-	-	-	525	66	1,217	(24)
-	-	-	-	-	-	-	-	-	-	-	94	(25)
-	-	-	-	-	30	-	390	-	-	-	-	(26)
-	-	-	-	-	-	-	-	-	-	-	-	(27)
-	-	-	-	-	-	-	-	-	-	-	-	(28)
-	-	-	-	-	-	-	-	-	-	-	-	(29)
x	x	x	x	x	x	x	x	x	x	x	x	(30)
x	x	x	x	x	x	x	x	x	x	x	x	(31)
x	x	x	x	x	x	x	x	x	x	x	x	(32)
-	-	-	-	-	-	-	-	-	-	-	-	(33)
-	-	-	-	-	-	-	-	-	-	-	-	(34)
-	-	-	-	-	-	-	-	-	-	-	-	(35)
x	x	x	x	x	x	x	x	x	x	x	x	(36)
x	x	x	x	x	x	x	x	x	x	x	x	(37)
x	x	x	x	x	x	x	x	x	x	x	x	(38)
x	x	x	x	x	x	x	x	x	x	x	x	(39)
x	x	x	x	x	x	x	x	x	x	x	x	(40)
-	-	-	-	-	-	-	-	-	-	-	-	(41)
x	x	x	x	x	x	x	x	x	x	x	x	(42)
x	x	x	x	x	x	x	x	x	x	x	x	(43)
-	-	-	-	-	-	-	-	-	-	-	-	(44)
-	-	-	-	-	-	-	-	-	-	-	-	(45)
-	-	-	-	-	-	-	-	-	-	-	-	(46)
-	-	-	-	-	-	-	-	-	-	-	-	(47)
-	-	-	-	-	-	-	-	-	-	-	-	(48)

5 生乳移出入量（都道府県別）（月別）（続き）

(9) 8月分（続き）

移入＼移出	愛知	三重	滋賀	京都	大阪	兵庫	奈良	和歌山	鳥取	島根	岡山	広島
全国 (1)	2,074	2,413	466	760	82	450	1,991	344	-	4,747	2,441	1,251
北海道 (2)	-	-	-	-	-	-	-	-	-	-	-	-
青森 (3)	x	x	x	x	x	x	x	x	x	x	x	x
岩手 (4)	-	-	-	-	-	-	-	-	-	-	-	-
宮城 (5)	-	-	-	-	-	-	-	-	-	-	-	-
秋田 (6)	x	x	x	x	x	x	x	x	x	x	x	x
山形 (7)	-	-	-	-	-	-	-	-	-	-	-	-
福島 (8)	-	-	-	-	-	-	-	-	-	-	-	-
茨城 (9)	54	117	-	-	-	-	-	-	-	-	-	-
栃木 (10)	-	-	-	-	-	-	-	-	-	-	-	-
群馬 (11)	-	-	-	-	-	-	-	-	-	-	-	-
埼玉 (12)	-	-	-	-	-	-	-	-	-	-	-	-
千葉 (13)	-	-	-	-	-	-	-	-	-	-	-	-
東京 (14)	-	-	-	-	-	-	-	-	-	-	-	-
神奈川 (15)	-	-	-	-	-	-	-	-	-	-	-	-
新潟 (16)	-	-	-	-	-	-	-	-	-	-	-	-
富山 (17)	x	x	x	x	x	x	x	x	x	x	x	x
石川 (18)	-	-	-	-	-	-	-	-	-	-	-	-
福井 (19)	x	x	x	x	x	x	x	x	x	x	x	x
山梨 (20)	-	-	-	-	-	-	-	-	-	-	-	-
長野 (21)	1,303	180	-	-	-	-	-	-	-	-	-	-
岐阜 (22)	334	142	-	-	-	-	-	-	-	-	-	-
静岡 (23)	300	-	-	-	-	-	-	-	-	-	-	-
愛知 (24)	-	1,498	-	-	-	-	-	-	-	-	-	-
三重 (25)	-	-	-	-	-	-	-	-	-	-	-	15
滋賀 (26)	-	99	-	-	13	-	-	-	-	-	-	-
京都 (27)	83	377	64	-	49	193	271	-	-	-	105	-
大阪 (28)	-	-	327	-	-	257	423	344	-	29	729	-
兵庫 (29)	-	-	75	760	20	-	1,297	-	-	17	1,109	-
奈良 (30)	x	x	x	x	x	x	x	x	x	x	x	x
和歌山 (31)	x	x	x	x	x	x	x	x	x	x	x	x
鳥取 (32)	x	x	x	x	x	x	x	x	x	x	x	x
島根 (33)	-	-	-	-	-	-	-	-	-	-	-	-
岡山 (34)	-	-	-	-	-	-	-	-	-	1,852	-	896
広島 (35)	-	-	-	-	-	-	-	-	-	1,943	484	-
山口 (36)	x	x	x	x	x	x	x	x	x	x	x	x
徳島 (37)	x	x	x	x	x	x	x	x	x	x	x	x
香川 (38)	x	x	x	x	x	x	x	x	x	x	x	x
愛媛 (39)	x	x	x	x	x	x	x	x	x	x	x	x
高知 (40)	x	x	x	x	x	x	x	x	x	x	x	x
福岡 (41)	-	-	-	-	-	-	-	-	-	-	-	-
佐賀 (42)	x	x	x	x	x	x	x	x	x	x	x	x
長崎 (43)	x	x	x	x	x	x	x	x	x	x	x	x
熊本 (44)	-	-	-	-	-	-	-	-	-	102	-	20
大分 (45)	-	-	-	-	-	-	-	-	-	-	-	-
宮崎 (46)	-	-	-	-	-	-	-	-	-	-	-	-
鹿児島 (47)	-	-	-	-	-	-	-	-	-	-	-	-
沖縄 (48)	-	-	-	-	-	-	-	-	-	-	-	-

単位：t

山　口	徳　島	香　川	愛　媛	高　知	福　岡	佐　賀	長　崎	熊　本	大　分	宮　崎	鹿児島	沖　縄	
−	1,449	1,720	360	788	1,523	338	2,789	7,109	1,262	4,466	4,214	34	(1)
−	−	−	−	−	−	−	−	−	−	−	−	−	(2)
x	x	x	x	x	x	x	x	x	x	x	x	x	(3)
−	−	−	−	−	−	−	−	−	−	−	−	−	(4)
−	−	−	−	−	−	−	−	−	−	−	−	−	(5)
x	x	x	x	x	x	x	x	x	x	x	x	x	(6)
−	−	−	−	−	−	−	−	−	−	−	−	−	(7)
−	−	−	−	−	−	−	−	−	−	−	−	−	(8)
−	−	−	−	−	−	−	−	−	−	−	−	−	(9)
−	−	−	−	−	−	−	−	−	−	−	−	−	(10)
−	−	−	−	−	−	−	−	−	−	−	−	−	(11)
−	−	−	−	−	−	−	−	−	−	−	−	−	(12)
−	−	−	−	−	−	−	−	−	−	−	−	−	(13)
−	−	−	−	−	−	−	−	−	−	−	−	−	(14)
−	−	−	−	−	−	−	−	−	−	−	−	−	(15)
−	−	−	−	−	−	−	−	−	−	−	−	−	(16)
x	x	x	x	x	x	x	x	x	x	x	x	x	(17)
−	−	−	−	−	−	−	−	−	−	−	−	−	(18)
x	x	x	x	x	x	x	x	x	x	x	x	x	(19)
−	−	−	−	−	−	−	−	−	−	−	−	−	(20)
−	−	−	−	−	−	−	−	−	−	−	−	−	(21)
−	−	−	−	−	−	−	−	−	−	191	−	−	(22)
−	−	−	−	−	−	−	−	−	−	−	−	−	(23)
−	−	−	−	−	−	−	51	−	−	168	−	−	(24)
−	−	−	−	−	−	−	−	−	−	−	−	−	(25)
−	14	−	−	−	−	−	−	−	−	−	−	−	(26)
−	−	−	−	−	136	−	60	286	85	147	−	−	(27)
−	793	308	−	14	−	−	55	965	−	457	17	−	(28)
−	168	245	−	−	119	−	120	120	17	233	1,181	−	(29)
x	x	x	x	x	x	x	x	x	x	x	x	x	(30)
x	x	x	x	x	x	x	x	x	x	x	x	x	(31)
x	x	x	x	x	x	x	x	x	x	x	x	x	(32)
−	−	−	−	−	−	−	−	−	−	−	−	−	(33)
−	−	−	313	−	−	−	−	136	68	543	83	−	(34)
−	69	125	−	−	−	−	47	17	34	122	−	−	(35)
x	x	x	x	x	x	x	x	x	x	x	x	x	(36)
x	x	x	x	x	x	x	x	x	x	x	x	x	(37)
x	x	x	x	x	x	x	x	x	x	x	x	x	(38)
x	x	x	x	x	x	x	x	x	x	x	x	x	(39)
x	x	x	x	x	x	x	x	x	x	x	x	x	(40)
−	−	−	−	−	−	−	2,055	4,477	1,024	2,132	48	−	(41)
x	x	x	x	x	x	x	x	x	x	x	x	x	(42)
x	x	x	x	x	x	x	x	x	x	x	x	x	(43)
−	−	−	−	−	567	338	401	−	34	197	199	34	(44)
−	−	−	−	−	376	−	−	150	−	−	−	−	(45)
−	−	−	−	−	−	−	−	−	−	−	2,686	−	(46)
−	−	−	−	−	−	−	−	−	−	−	−	−	(47)
−	−	−	−	−	−	−	−	16	−	−	−	−	(48)

5 生乳移出入量（都道府県別）（月別）（続き）

(10) 9月分

移入＼移出		全国	北海道	青森	岩手	宮城	秋田	山形	福島	茨城	栃木	群馬
全　国	(1)	153,532	56,787	5,087	7,839	3,895	1,242	2,936	1,484	2,719	12,402	8,599
北 海 道	(2)	-	-	-	-	-	-	-	-	-	-	-
青　森	(3)	x	x	x	x	x	x	x	x	x	x	x
岩　手	(4)	2,189	-	649	-	658	668	-	-	-	92	122
宮　城	(5)	3,110	-	1,806	1,304	-	-	-	-	-	-	-
秋　田	(6)	x	x	x	x	x	x	x	x	x	x	x
山　形	(7)	-	-	-	-	-	-	-	-	-	-	-
福　島	(8)	1,627	-	20	141	690	75	188	-	-	513	-
茨　城	(9)	14,251	8,438	642	1,338	490	279	392	650	-	630	255
栃　木	(10)	693	-	-	693	-	-	-	-	-	-	-
群　馬	(11)	5,341	1,569	379	244	408	165	-	75	18	1,818	-
埼　玉	(12)	5,961	2,468	-	961	199	-	36	105	48	1,790	354
千　葉	(13)	6,880	1,968	57	366	234	15	-	121	2,146	1,785	188
東　京	(14)	7,557	408	633	432	201	40	-	-	62	2,452	2,149
神 奈 川	(15)	24,530	11,558	901	832	414	-	1,935	533	-	2,048	2,174
新　潟	(16)	1,768	502	-	799	44	-	277	-	13	-	133
富　山	(17)	x	x	x	x	x	x	x	x	x	x	x
石　川	(18)	1,179	988	-	-	-	-	-	-	-	-	44
福　井	(19)	x	x	x	x	x	x	x	x	x	x	x
山　梨	(20)	353	-	-	-	-	-	-	-	-	-	-
長　野	(21)	5,435	375	-	-	26	-	20	-	390	-	2,834
岐　阜	(22)	5,308	3,134	-	20	-	-	88	-	-	823	255
静　岡	(23)	2,736	1,412	-	111	315	-	-	-	-	451	91
愛　知	(24)	7,018	2,936	-	598	216	-	-	-	42	-	-
三　重	(25)	382	288	-	-	-	-	-	-	-	-	-
滋　賀	(26)	1,149	640	-	-	-	-	-	-	-	-	-
京　都	(27)	9,069	7,458	-	-	-	-	-	-	-	-	-
大　阪	(28)	10,625	6,800	-	-	-	-	-	-	-	-	-
兵　庫	(29)	8,959	3,514	-	-	-	-	-	-	-	-	-
奈　良	(30)	x	x	x	x	x	x	x	x	x	x	x
和 歌 山	(31)	x	x	x	x	x	x	x	x	x	x	x
鳥　取	(32)	x	x	x	x	x	x	x	x	x	x	x
島　根	(33)	-	-	-	-	-	-	-	-	-	-	-
岡　山	(34)	5,242	2,178	-	-	-	-	-	-	-	-	-
広　島	(35)	3,310	136	-	-	-	-	-	-	-	-	-
山　口	(36)	x	x	x	x	x	x	x	x	x	x	x
徳　島	(37)	x	x	x	x	x	x	x	x	x	x	x
香　川	(38)	x	x	x	x	x	x	x	x	x	x	x
愛　媛	(39)	x	x	x	x	x	x	x	x	x	x	x
高　知	(40)	x	x	x	x	x	x	x	x	x	x	x
福　岡	(41)	9,387	-	-	-	-	-	-	-	-	-	-
佐　賀	(42)	x	x	x	x	x	x	x	x	x	x	x
長　崎	(43)	x	x	x	x	x	x	x	x	x	x	x
熊　本	(44)	523	-	-	-	-	-	-	-	-	-	-
大　分	(45)	796	-	-	-	-	-	-	-	-	-	-
宮　崎	(46)	2,061	-	-	-	-	-	-	-	-	-	-
鹿 児 島	(47)	-	-	-	-	-	-	-	-	-	-	-
沖　縄	(48)	85	-	-	-	-	-	-	-	-	-	-

単位：t

埼 玉	千 葉	東 京	神奈川	新 潟	富 山	石 川	福 井	山 梨	長 野	岐 阜	静 岡	
661	5,191	-	-	380	74	-	458	1,503	1,143	106	1,277	(1)
											-	(2)
x	x	x	x	x	x	x	x	x	x	x	x	(3)
x	x	-	-	-	-	-	-	-	-	-	-	(4)
-	-	-	-	-	-	-	-	-	-	-	-	(5)
x	x	x	x	x	x	x	x	x	x	x	x	(6)
-	-	-	-	-	-	-	-	-	-	-	-	(7)
-	-	-	-	-	-	-	-	-	-	-	-	(8)
16	1,046	-	-	-	-	-	-	-	-	17	-	(9)
-	-	-	-	-	-	-	-	-	-	-	-	(10)
218	-	-	-	337	-	-	-	17	93	-	-	(11)
-	-	-	-	-	-	-	-	-	-	-	-	(12)
-	-	-	-	-	-	-	-	-	-	-	-	(13)
73	724	-	-	-	-	-	-	231	52	-	100	(14)
88	3,421	-	-	-	-	-	-	626	-	-	-	(15)
-	-	-	-	-	-	-	-	-	-	-	-	(16)
x	x	x	x	x	x	x	x	x	x	x	x	(17)
-	-	-	-	-	74	-	73	-	-	-	-	(18)
x	x	x	x	x	x	x	x	x	x	x	x	(19)
-	-	-	-	-	-	-	-	-	353	-	-	(20)
-	-	-	-	43	-	-	-	313	-	-	-	(21)
266	-	-	-	-	-	-	-	-	118	-	-	(22)
-	-	-	-	-	-	-	-	316	-	-	-	(23)
-	-	-	-	-	-	-	-	-	527	89	1,083	(24)
-	-	-	-	-	-	-	-	-	-	-	94	(25)
-	-	-	-	-	-	-	385	-	-	-	-	(26)
-	-	-	-	-	-	-	-	-	-	-	-	(27)
-	-	-	-	-	-	-	-	-	-	-	-	(28)
-	-	-	-	-	-	-	-	-	-	-	-	(29)
x	x	x	x	x	x	x	x	x	x	x	x	(30)
x	x	x	x	x	x	x	x	x	x	x	x	(31)
x	x	x	x	x	x	x	x	x	x	x	x	(32)
-	-	-	-	-	-	-	-	-	-	-	-	(33)
-	-	-	-	-	-	-	-	-	-	-	-	(34)
-	-	-	-	-	-	-	-	-	-	-	-	(35)
x	x	x	x	x	x	x	x	x	x	x	x	(36)
x	x	x	x	x	x	x	x	x	x	x	x	(37)
x	x	x	x	x	x	x	x	x	x	x	x	(38)
x	x	x	x	x	x	x	x	x	x	x	x	(39)
x	x	x	x	x	x	x	x	x	x	x	x	(40)
-	-	-	-	-	-	-	-	-	-	-	-	(41)
x	x	x	x	x	x	x	x	x	x	x	x	(42)
x	x	x	x	x	x	x	x	x	x	x	x	(43)
-	-	-	-	-	-	-	-	-	-	-	-	(44)
-	-	-	-	-	-	-	-	-	-	-	-	(45)
-	-	-	-	-	-	-	-	-	-	-	-	(46)
-	-	-	-	-	-	-	-	-	-	-	-	(47)
-	-	-	-	-	-	-	-	-	-	-	-	(48)

5 生乳移出入量（都道府県別）（月別）（続き）

(10) 9月分（続き）

移入 ＼ 移出		愛知	三重	滋賀	京都	大阪	兵庫	奈良	和歌山	鳥取	島根	岡山	広島
全　　国	(1)	1,660	2,198	482	786	62	453	1,992	342	－	4,489	2,319	942
北 海 道	(2)	－	－	－	－	－	－	－	－	－	－	－	－
青　　森	(3)	x	x	x	x	x	x	x	x	x	x	x	x
岩　　手	(4)	－	－	－	－	－	－	－	－	－	－	－	－
宮　　城	(5)	－	－	－	－	－	－	－	－	－	－	－	－
秋　　田	(6)	x	x	x	x	x	x	x	x	x	x	x	x
山　　形	(7)	－	－	－	－	－	－	－	－	－	－	－	－
福　　島	(8)	－	－	－	－	－	－	－	－	－	－	－	－
茨　　城	(9)	－	58	－	－	－	－	－	－	－	－	－	－
栃　　木	(10)	－	－	－	－	－	－	－	－	－	－	－	－
群　　馬	(11)	－	－	－	－	－	－	－	－	－	－	－	－
埼　　玉	(12)	－	－	－	－	－	－	－	－	－	－	－	－
千　　葉	(13)	－	－	－	－	－	－	－	－	－	－	－	－
東　　京	(14)	－	－	－	－	－	－	－	－	－	－	－	－
神 奈 川	(15)	－	－	－	－	－	－	－	－	－	－	－	－
新　　潟	(16)	－	－	－	－	－	－	－	－	－	－	－	－
富　　山	(17)	x	x	x	x	x	x	x	x	x	x	x	x
石　　川	(18)	－	－	－	－	－	－	－	－	－	－	－	－
福　　井	(19)	x	x	x	x	x	x	x	x	x	x	x	x
山　　梨	(20)	－	－	－	－	－	－	－	－	－	－	－	－
長　　野	(21)	1,254	180	－	－	－	－	－	－	－	－	－	－
岐　　阜	(22)	247	140	－	－	－	－	－	－	－	－	－	－
静　　岡	(23)	40	－	－	－	－	－	－	－	－	－	－	－
愛　　知	(24)	－	1,291	－	－	－	－	－	－	－	－	－	－
三　　重	(25)	－	－	－	－	－	－	－	－	－	－	－	－
滋　　賀	(26)	－	114	－	－	－	－	－	－	－	－	－	－
京　　都	(27)	74	345	66	－	48	186	257	－	－	－	65	－
大　　阪	(28)	45	70	337	－	－	267	417	342	－	10	716	－
兵　　庫	(29)	－	－	79	786	14	－	1,318	－	－	34	960	－
奈　　良	(30)	x	x	x	x	x	x	x	x	x	x	x	x
和 歌 山	(31)	x	x	x	x	x	x	x	x	x	x	x	x
鳥　　取	(32)	x	x	x	x	x	x	x	x	x	x	x	x
島　　根	(33)	－	－	－	－	－	－	－	－	－	－	－	－
岡　　山	(34)	－	－	－	－	－	－	－	－	－	1,287	－	642
広　　島	(35)	－	－	－	－	－	－	－	－	－	2,259	578	－
山　　口	(36)	x	x	x	x	x	x	x	x	x	x	x	x
徳　　島	(37)	x	x	x	x	x	x	x	x	x	x	x	x
香　　川	(38)	x	x	x	x	x	x	x	x	x	x	x	x
愛　　媛	(39)	x	x	x	x	x	x	x	x	x	x	x	x
高　　知	(40)	x	x	x	x	x	x	x	x	x	x	x	x
福　　岡	(41)	－	－	－	－	－	－	－	－	－	－	－	－
佐　　賀	(42)	x	x	x	x	x	x	x	x	x	x	x	x
長　　崎	(43)	x	x	x	x	x	x	x	x	x	x	x	x
熊　　本	(44)	－	－	－	－	－	－	－	－	－	－	－	－
大　　分	(45)	－	－	－	－	－	－	－	－	－	－	－	－
宮　　崎	(46)	－	－	－	－	－	－	－	－	－	－	－	－
鹿 児 島	(47)	－	－	－	－	－	－	－	－	－	－	－	－
沖　　縄	(48)	－	－	－	－	－	－	－	－	－	－	－	－

単位：t

山口	徳島	香川	愛媛	高知	福岡	佐賀	長崎	熊本	大分	宮崎	鹿児島	沖縄	
－	1,195	1,729	354	663	499	150	2,351	7,751	1,211	4,270	3,851	－	(1)
－	－	－	－	－	－	－	－	－	－	－	－	－	(2)
x	x	x	x	x	x	x	x	x	x	x	x	x	(3)
－	－	－	－	－	－	－	－	－	－	－	－	－	(4)
－	－	－	－	－	－	－	－	－	－	－	－	－	(5)
x	x	x	x	x	x	x	x	x	x	x	x	x	(6)
－	－	－	－	－	－	－	－	－	－	－	17	－	(7)
－	－	－	－	－	－	－	－	－	－	－	－	－	(8)
－	－	－	－	－	－	－	－	－	－	－	－	－	(9)
－	－	－	－	－	－	－	－	－	－	－	－	－	(10)
－	－	－	－	－	－	－	－	－	－	－	－	－	(11)
－	－	－	－	－	－	－	－	－	－	－	－	－	(12)
－	－	－	－	－	－	－	－	－	－	－	－	－	(13)
－	－	－	－	－	－	－	－	－	－	－	－	－	(14)
－	－	－	－	－	－	－	－	－	－	－	－	－	(15)
－	－	－	－	－	－	－	－	－	－	－	－	－	(16)
x	x	x	x	x	x	x	x	x	x	x	x	x	(17)
－	－	－	－	－	－	－	－	－	－	－	－	－	(18)
x	x	x	x	x	x	x	x	x	x	x	x	x	(19)
－	－	－	－	－	－	－	－	－	－	－	－	－	(20)
－	－	－	－	－	－	－	－	－	－	－	－	－	(21)
－	－	－	－	－	－	－	－	－	－	217	－	－	(22)
－	－	－	－	－	－	－	－	－	－	－	－	－	(23)
－	－	－	－	－	－	－	102	－	－	134	－	－	(24)
－	－	－	－	－	－	－	－	－	－	－	－	－	(25)
－	10	－	－	－	－	－	－	－	－	－	－	－	(26)
－	－	－	－	－	－	－	75	361	68	66	－	－	(27)
－	202	－	－	－	－	－	95	918	34	355	17	－	(28)
－	97	55	－	－	17	－	90	210	68	249	1,468	－	(29)
x	x	x	x	x	x	x	x	x	x	x	x	x	(30)
x	x	x	x	x	x	x	x	x	x	x	x	x	(31)
x	x	x	x	x	x	x	x	x	x	x	x	x	(32)
－	－	－	－	－	－	－	－	－	－	－	－	－	(33)
－	－	－	307	－	－	－	－	142	68	538	80	－	(34)
－	97	－	－	－	－	－	31	51	51	107	－	－	(35)
x	x	x	x	x	x	x	x	x	x	x	x	x	(36)
x	x	x	x	x	x	x	x	x	x	x	x	x	(37)
x	x	x	x	x	x	x	x	x	x	x	x	x	(38)
x	x	x	x	x	x	x	x	x	x	x	x	x	(39)
x	x	x	x	x	x	x	x	x	x	x	x	x	(40)
－	－	－	－	－	－	－	1,825	4,339	905	2,286	32	－	(41)
x	x	x	x	x	x	x	x	x	x	x	x	x	(42)
x	x	x	x	x	x	x	x	x	x	x	x	x	(43)
－	－	－	－	－	30	150	133	－	17	－	193	－	(44)
－	－	－	－	－	226	－	－	570	－	－	－	－	(45)
－	－	－	－	－	－	－	－	－	－	－	2,061	－	(46)
－	－	－	－	－	－	－	－	－	－	－	－	－	(47)
－	－	－	－	－	－	－	－	85	－	－	－	－	(48)

5 生乳移出入量（都道府県別）（月別）（続き）

（11） 10月分

移入＼移出		全国	北海道	青森	岩手	宮城	秋田	山形	福島	茨城	栃木	群馬
全　国	(1)	151,988	50,332	5,184	8,544	4,305	1,278	3,035	1,542	2,326	13,904	9,017
北　海　道	(2)	-	-	-	-	-	-	-	-	-	-	-
青　森	(3)	x	x	x	x	x	x	x	x	x	x	x
岩　手	(4)	2,235	-	988	-	422	695	10	-	-	81	39
宮　城	(5)	3,012	-	1,705	1,295	-	-	-	-	12	-	-
秋　田	(6)	x	x	x	x	x	x	x	x	x	x	x
山　形	(7)	-	-	-	-	-	-	-	-	-	-	-
福　島	(8)	1,906	-	-	301	632	80	87	-	-	806	-
茨　城	(9)	11,505	5,925	854	1,544	329	70	356	604	-	1,107	389
栃　木	(10)	683	-	-	683	-	-	-	-	-	-	-
群　馬	(11)	5,481	1,165	419	509	414	64	-	45	-	2,171	-
埼　玉	(12)	6,663	2,410	93	1,084	374	205	194	162	-	1,590	551
千　葉	(13)	6,815	2,110	34	222	105	30	-	151	1,965	2,014	184
東　京	(14)	7,846	477	487	519	195	134	-	-	-	2,270	2,259
神　奈　川	(15)	24,733	10,124	604	903	1,054	-	1,954	568	-	2,428	2,211
新　潟	(16)	1,775	528	-	844	-	-	275	-	-	-	128
富　山	(17)	x	x	x	x	x	x	x	x	x	x	x
石　川	(18)	1,037	730	-	-	20	-	47	-	-	-	70
福　井	(19)	x	x	x	x	x	x	x	x	x	x	x
山　梨	(20)	350	-	-	-	-	-	-	-	-	-	-
長　野	(21)	5,284	222	-	-	-	-	20	-	361	-	2,811
岐　阜	(22)	5,793	3,335	-	40	-	-	92	-	-	941	270
静　岡	(23)	2,641	818	-	15	605	-	-	-	-	496	105
愛　知	(24)	6,728	2,765	-	585	155	-	-	-	-	-	-
三　重	(25)	417	243	-	-	-	-	-	-	-	-	-
滋　賀	(26)	1,313	788	-	-	-	-	-	-	-	-	-
京　都	(27)	9,052	7,370	-	-	-	-	-	-	-	-	-
大　阪	(28)	10,924	6,306	-	-	-	-	-	-	-	-	-
兵　庫	(29)	9,073	3,441	-	-	-	-	-	-	-	-	-
奈　良	(30)	x	x	x	x	x	x	x	x	x	x	x
和　歌　山	(31)	x	x	x	x	x	x	x	x	x	x	x
鳥　取	(32)	x	x	x	x	x	x	x	x	x	x	x
島　根	(33)	-	-	-	-	-	-	-	-	-	-	-
岡　山	(34)	4,583	1,421	-	-	-	-	-	-	-	-	-
広　島	(35)	3,318	137	-	-	-	-	-	-	-	-	-
山　口	(36)	x	x	x	x	x	x	x	x	x	x	x
徳　島	(37)	x	x	x	x	x	x	x	x	x	x	x
香　川	(38)	x	x	x	x	x	x	x	x	x	x	x
愛　媛	(39)	x	x	x	x	x	x	x	x	x	x	x
高　知	(40)	x	x	x	x	x	x	x	x	x	x	x
福　岡	(41)	8,972	-	-	-	-	-	-	-	-	-	-
佐　賀	(42)	x	x	x	x	x	x	x	x	x	x	x
長　崎	(43)	x	x	x	x	x	x	x	x	x	x	x
熊　本	(44)	837	-	-	-	-	-	-	-	-	-	-
大　分	(45)	540	-	-	-	-	-	-	-	-	-	-
宮　崎	(46)	2,171	-	-	-	-	-	-	-	-	-	-
鹿　児　島	(47)	-	-	-	-	-	-	-	-	-	-	-
沖　縄	(48)	323	-	-	-	-	-	-	-	-	-	-

単位：t

埼 玉	千 葉	東 京	神奈川	新 潟	富 山	石 川	福 井	山 梨	長 野	岐 阜	静 岡	
773	5,321	-	-	381	82	-	473	1,591	1,097	69	1,513	(1)
-	-	-	-	-	-	-	-	-	-	-	-	(2)
x	x	x	x	x	x	x	x	x	x	x	x	(3)
-	-	-	-	-	-	-	-	-	-	-	-	(4)
-	-	-	-	-	-	-	-	-	-	-	-	(5)
x	x	x	x	x	x	x	x	x	x	x	x	(6)
-	-	-	-	-	-	-	-	-	-	-	-	(7)
-	-	-	-	-	-	-	-	-	-	-	-	(8)
-	259	-	-	29	-	-	-	-	-	-	-	(9)
-	-	-	-	-	-	-	-	-	-	-	-	(10)
255	-	-	-	342	-	-	-	15	82	-	-	(11)
-	-	-	-	-	-	-	-	-	-	-	-	(12)
-	-	-	-	-	-	-	-	-	-	-	-	(13)
178	887	-	-	-	-	-	-	230	110	-	100	(14)
90	4,175	-	-	-	-	-	-	602	-	-	20	(15)
-	-	-	-	-	-	-	-	-	-	-	-	(16)
x	x	x	x	x	x	x	x	x	x	x	x	(17)
-	-	-	-	10	82	-	78	-	-	-	-	(18)
x	x	x	x	x	x	x	x	x	x	x	x	(19)
-	-	-	-	-	-	-	-	-	350	-	-	(20)
-	-	-	-	-	-	-	-	336	-	-	-	(21)
250	-	-	-	-	-	-	-	-	100	-	-	(22)
-	-	-	-	-	-	-	-	348	-	-	-	(23)
-	-	-	-	-	-	-	-	60	455	69	1,219	(24)
-	-	-	-	-	-	-	-	-	-	-	174	(25)
-	-	-	-	-	-	-	395	-	-	-	-	(26)
-	-	-	-	-	-	-	-	-	-	-	-	(27)
-	-	-	-	-	-	-	-	-	-	-	-	(28)
-	-	-	-	-	-	-	-	-	-	-	-	(29)
x	x	x	x	x	x	x	x	x	x	x	x	(30)
x	x	x	x	x	x	x	x	x	x	x	x	(31)
x	x	x	x	x	x	x	x	x	x	x	x	(32)
-	-	-	-	-	-	-	-	-	-	-	-	(33)
-	-	-	-	-	-	-	-	-	-	-	-	(34)
-	-	-	-	-	-	-	-	-	-	-	-	(35)
x	x	x	x	x	x	x	x	x	x	x	x	(36)
x	x	x	x	x	x	x	x	x	x	x	x	(37)
x	x	x	x	x	x	x	x	x	x	x	x	(38)
x	x	x	x	x	x	x	x	x	x	x	x	(39)
x	x	x	x	x	x	x	x	x	x	x	x	(40)
-	-	-	-	-	-	-	-	-	-	-	-	(41)
x	x	x	x	x	x	x	x	x	x	x	x	(42)
x	x	x	x	x	x	x	x	x	x	x	x	(43)
-	-	-	-	-	-	-	-	-	-	-	-	(44)
-	-	-	-	-	-	-	-	-	-	-	-	(45)
-	-	-	-	-	-	-	-	-	-	-	-	(46)
-	-	-	-	-	-	-	-	-	-	-	-	(47)
-	-	-	-	-	-	-	-	-	-	-	-	(48)

5 生乳移出入量（都道府県別）（月別）（続き）

(11) 10月分（続き）

移入＼移出		愛知	三重	滋賀	京都	大阪	兵庫	奈良	和歌山	鳥取	島根	岡山	広島
全　国	(1)	2,137	2,178	495	816	71	493	2,092	326	-	4,649	2,367	897
北 海 道	(2)	-	-	-	-	-	-	-	-	-	-	-	-
青　森	(3)	x	x	x	x	x	x	x	x	x	x	x	x
岩　手	(4)	-	-	-	-	-	-	-	-	-	-	-	-
宮　城	(5)	-	-	-	-	-	-	-	-	-	-	-	-
秋　田	(6)	x	x	x	x	x	x	x	x	x	x	x	x
山　形	(7)	-	-	-	-	-	-	-	-	-	-	-	-
福　島	(8)	-	-	-	-	-	-	-	-	-	-	-	-
茨　城	(9)	39	-	-	-	-	-	-	-	-	-	-	-
栃　木	(10)	-	-	-	-	-	-	-	-	-	-	-	-
群　馬	(11)	-	-	-	-	-	-	-	-	-	-	-	-
埼　玉	(12)	-	-	-	-	-	-	-	-	-	-	-	-
千　葉	(13)	-	-	-	-	-	-	-	-	-	-	-	-
東　京	(14)	-	-	-	-	-	-	-	-	-	-	-	-
神 奈 川	(15)	-	-	-	-	-	-	-	-	-	-	-	-
新　潟	(16)	-	-	-	-	-	-	-	-	-	-	-	-
富　山	(17)	x	x	x	x	x	x	x	x	x	x	x	x
石　川	(18)	-	-	-	-	-	-	-	-	-	-	-	-
福　井	(19)	x	x	x	x	x	x	x	x	x	x	x	x
山　梨	(20)	-	-	-	-	-	-	-	-	-	-	-	-
長　野	(21)	1,340	194	-	-	-	-	-	-	-	-	-	-
岐　阜	(22)	382	141										
静　岡	(23)	254	-										
愛　知	(24)	-	1,251										
三　重	(25)												
滋　賀	(26)	-	116							-		-	
京　都	(27)	77	364	63	-	49	210	274	-	-	-	54	
大　阪	(28)	45	112	352	-	-	283	443	326	-	20	730	
兵　庫	(29)	-	-	80	816	22	-	1,375	-	-	10	1,141	
奈　良	(30)	x	x	x	x	x	x	x	x	x	x	x	x
和 歌 山	(31)	x	x	x	x	x	x	x	x	x	x	x	x
鳥　取	(32)	x	x	x	x	x	x	x	x	x	x	x	x
島　根	(33)	-	-	-	-	-	-	-	-	-	-	-	-
岡　山	(34)	-	-	-	-	-	-	-	-	-	1,446	-	557
広　島	(35)	-	-	-	-	-	-	-	-	-	2,272	442	-
山　口	(36)	x	x	x	x	x	x	x	x	x	x	x	x
徳　島	(37)	x	x	x	x	x	x	x	x	x	x	x	x
香　川	(38)	x	x	x	x	x	x	x	x	x	x	x	x
愛　媛	(39)	x	x	x	x	x	x	x	x	x	x	x	x
高　知	(40)	x	x	x	x	x	x	x	x	x	x	x	x
福　岡	(41)	-	-	-	-	-	-	-	-	-	-	-	-
佐　賀	(42)	x	x	x	x	x	x	x	x	x	x	x	x
長　崎	(43)	x	x	x	x	x	x	x	x	x	x	x	x
熊　本	(44)	-	-	-	-	-	-	-	-	-	-	-	-
大　分	(45)	-	-	-	-	-	-	-	-	-	-	-	-
宮　崎	(46)	-	-	-	-	-	-	-	-	-	-	-	-
鹿 児 島	(47)	-	-	-	-	-	-	-	-	-	-	-	-
沖　縄	(48)	-	-	-	-	-	-	-	-	-	-	-	-

山口	徳島	香川	愛媛	高知	福岡	佐賀	長崎	熊本	大分	宮崎	鹿児島	沖縄	
-	1,364	1,844	382	756	527	225	2,392	7,693	1,263	4,161	4,093	-	(1)
-	-	-	-	-	-	-	-	-	-	-	-	-	(2)
x	x	x	x	x	x	x	x	x	x	x	x	x	(3)
-	-	-	-	-	-	-	-	-	-	-	-	-	(4)
-	-	-	-	-	-	-	-	-	-	-	-	-	(5)
x	x	x	x	x	x	x	x	x	x	x	x	x	(6)
-	-	-	-	-	-	-	-	-	-	-	-	-	(7)
-	-	-	-	-	-	-	-	-	-	-	-	-	(8)
-	-	-	-	-	-	-	-	-	-	-	-	-	(9)
-	-	-	-	-	-	-	-	-	-	-	-	-	(10)
-	-	-	-	-	-	-	-	-	-	-	-	-	(11)
-	-	-	-	-	-	-	-	-	-	-	-	-	(12)
-	-	-	-	-	-	-	-	-	-	-	-	-	(13)
-	-	-	-	-	-	-	-	-	-	-	-	-	(14)
-	-	-	-	-	-	-	-	-	-	-	-	-	(15)
-	-	-	-	-	-	-	-	-	-	-	-	-	(16)
x	x	x	x	x	x	x	x	x	x	x	x	x	(17)
-	-	-	-	-	-	-	-	-	-	-	-	-	(18)
x	x	x	x	x	x	x	x	x	x	x	x	x	(19)
-	-	-	-	-	-	-	-	-	-	-	-	-	(20)
-	-	-	-	-	-	-	-	-	-	-	-	-	(21)
-	-	-	-	-	-	-	-	-	-	-	242	-	-	(22)
-	-	-	-	-	-	-	-	-	-	-	-	-	(23)
-	-	-	-	-	-	-	102	-	-	67	-	-	(24)
-	-	-	-	-	-	-	-	-	-	-	-	-	(25)
-	14	-	-	-	-	-	-	-	-	-	-	-	(26)
-	-	-	-	-	66	-	75	226	68	156	-	-	(27)
-	622	56	-	-	-	-	45	1,229	17	321	17	-	(28)
-	97	41	-	-	-	-	135	150	17	316	1,432	-	(29)
x	x	x	x	x	x	x	x	x	x	x	x	x	(30)
x	x	x	x	x	x	x	x	x	x	x	x	x	(31)
x	x	x	x	x	x	x	x	x	x	x	x	x	(32)
-	-	-	-	-	-	-	-	-	-	-	-	-	(33)
-	-	-	332	-	-	-	-	156	17	593	61	-	(34)
-	69	111	-	-	-	-	31	51	68	137	-	-	(35)
x	x	x	x	x	x	x	x	x	x	x	x	x	(36)
x	x	x	x	x	x	x	x	x	x	x	x	x	(37)
x	x	x	x	x	x	x	x	x	x	x	x	x	(38)
x	x	x	x	x	x	x	x	x	x	x	x	x	(39)
x	x	x	x	x	x	x	x	x	x	x	x	x	(40)
-	-	-	-	-	-	-	1,934	4,026	974	1,990	48	-	(41)
x	x	x	x	x	x	x	x	x	x	x	x	x	(42)
x	x	x	x	x	x	x	x	x	x	x	x	x	(43)
-	-	-	-	-	59	225	70	-	102	17	364	-	(44)
-	-	-	-	-	135	-	-	405	-	-	-	-	(45)
-	-	-	-	-	-	-	-	-	-	-	2,171	-	(46)
-	-	-	-	-	-	-	-	-	-	-	-	-	(47)
-	-	-	-	-	-	-	-	323	-	-	-	-	(48)

5 生乳移出入量（都道府県別）（月別）（続き）

(12) 11月分

移入 ＼ 移出		全国	北海道	青森	岩手	宮城	秋田	山形	福島	茨城	栃木	群馬
全 国	(1)	141,117	38,114	5,124	7,778	4,269	1,216	3,090	1,512	2,166	13,791	9,166
北 海 道	(2)	-	-	-	-	-	-	-	-	-	-	-
青 森	(3)	x	x	x	x	x	x	x	x	x	x	x
岩 手	(4)	2,657	-	1,310	-	603	631	78	-	-	15	20
宮 城	(5)	2,772	-	1,603	1,169	-	-	-	-	-	-	-
秋 田	(6)	x	x	x	x	x	x	x	x	x	x	x
山 形	(7)	-	-	-	-	-	-	-	-	-	-	-
福 島	(8)	2,352	-	-	222	920	15	40	-	-	1,155	-
茨 城	(9)	10,780	3,477	829	1,635	184	65	589	722	-	1,951	513
栃 木	(10)	637	-	-	637	-	-	-	-	-	-	-
群 馬	(11)	5,185	1,223	420	343	346	330	-	56	-	1,777	-
埼 玉	(12)	5,986	1,669	20	887	569	125	76	131	-	2,051	458
千 葉	(13)	5,987	1,457	17	323	140	35	-	121	1,818	1,906	170
東 京	(14)	6,981	344	532	337	215	15	-	-	-	1,613	1,957
神 奈 川	(15)	23,403	8,983	393	847	595	-	1,772	482	-	2,364	2,925
新 潟	(16)	1,616	510	-	761	-	-	264	-	-	-	81
富 山	(17)	x	x	x	x	x	x	x	x	x	x	x
石 川	(18)	985	799	-	-	-	-	-	-	-	-	73
福 井	(19)	x	x	x	x	x	x	x	x	x	x	x
山 梨	(20)	333	-	-	-	-	-	-	-	-	-	-
長 野	(21)	5,048	223	-	-	26	-	-	-	348	-	2,681
岐 阜	(22)	5,841	3,539	-	40	-	-	116	-	-	827	258
静 岡	(23)	2,020	598	-	31	500	-	-	-	-	132	30
愛 知	(24)	6,241	2,256	-	546	171	-	155	-	-	-	-
三 重	(25)	417	270	-	-	-	-	-	-	-	-	-
滋 賀	(26)	1,101	592	-	-	-	-	-	-	-	-	-
京 都	(27)	7,672	5,030	-	-	-	-	-	-	-	-	-
大 阪	(28)	9,825	4,657	-	-	-	-	-	-	-	-	-
兵 庫	(29)	7,682	1,764	-	-	-	-	-	-	-	-	-
奈 良	(30)	x	x	x	x	x	x	x	x	x	x	x
和 歌 山	(31)	x	x	x	x	x	x	x	x	x	x	x
鳥 取	(32)	x	x	x	x	x	x	x	x	x	x	x
島 根	(33)	-	-	-	-	-	-	-	-	-	-	-
岡 山	(34)	3,777	723	-	-	-	-	-	-	-	-	-
広 島	(35)	2,927	-	-	-	-	-	-	-	-	-	-
山 口	(36)	x	x	x	x	x	x	x	x	x	x	x
徳 島	(37)	x	x	x	x	x	x	x	x	x	x	x
香 川	(38)	x	x	x	x	x	x	x	x	x	x	x
愛 媛	(39)	x	x	x	x	x	x	x	x	x	x	x
高 知	(40)	x	x	x	x	x	x	x	x	x	x	x
福 岡	(41)	8,578	-	-	-	-	-	-	-	-	-	-
佐 賀	(42)	x	x	x	x	x	x	x	x	x	x	x
長 崎	(43)	x	x	x	x	x	x	x	x	x	x	x
熊 本	(44)	2,117	-	-	-	-	-	-	-	-	-	-
大 分	(45)	60	-	-	-	-	-	-	-	-	-	-
宮 崎	(46)	2,451	-	-	-	-	-	-	-	-	-	-
鹿 児 島	(47)	-	-	-	-	-	-	-	-	-	-	-
沖 縄	(48)	255	-	-	-	-	-	-	-	-	-	-

単位：t

埼玉	千葉	東京	神奈川	新潟	富山	石川	福井	山梨	長野	岐阜	静岡	
829	5,834	-	-	382	105	-	463	1,510	1,188	208	1,447	(1)
-	-	-	-	-	-	-	-	-	-	-	-	(2)
x	x	x	x	x	x	x	x	x	x	x	x	(3)
-	-	-	-	-	-	-	-	-	-	-	-	(4)
-	-	-	-	-	-	-	-	-	-	-	-	(5)
x	x	x	x	x	x	x	x	x	x	x	x	(6)
-	-	-	-	-	-	-	-	-	-	-	-	(7)
-	-	-	-	-	-	-	-	-	-	-	-	(8)
30	302	-	-	69	41	-	-	-	52	148	-	(9)
-	-	-	-	-	-	-	-	-	-	-	-	(10)
262	-	-	-	302	30	-	-	11	85	-	-	(11)
-	-	-	-	-	-	-	-	-	-	-	-	(12)
-	-	-	-	-	-	-	-	-	-	-	-	(13)
223	1,024	-	-	-	-	-	-	278	152	-	291	(14)
42	4,508	-	-	-	-	-	-	492	-	-	-	(15)
-	-	-	-	-	-	-	-	-	-	-	-	(16)
x	x	x	x	x	x	x	x	x	x	x	x	(17)
-	-	-	-	-	34	-	79	-	-	-	-	(18)
x	x	x	x	x	x	x	x	x	x	x	x	(19)
-	-	-	-	-	-	-	-	-	333	-	-	(20)
-	-	-	-	11	-	-	-	327	-	-	-	(21)
272	-	-	-	-	-	-	-	-	127	-	-	(22)
-	-	-	-	-	-	-	-	354	-	-	-	(23)
-	-	-	-	-	-	-	-	48	439	60	1,009	(24)
-	-	-	-	-	-	-	-	-	-	-	147	(25)
-	-	-	-	-	-	-	384	-	-	-	-	(26)
-	-	-	-	-	-	-	-	-	-	-	-	(27)
-	-	-	-	-	-	-	-	-	-	-	-	(28)
-	-	-	-	-	-	-	-	-	-	-	-	(29)
x	x	x	x	x	x	x	x	x	x	x	x	(30)
x	x	x	x	x	x	x	x	x	x	x	x	(31)
x	x	x	x	x	x	x	x	x	x	x	x	(32)
-	-	-	-	-	-	-	-	-	-	-	-	(33)
-	-	-	-	-	-	-	-	-	-	-	-	(34)
-	-	-	-	-	-	-	-	-	-	-	-	(35)
x	x	x	x	x	x	x	x	x	x	x	x	(36)
x	x	x	x	x	x	x	x	x	x	x	x	(37)
x	x	x	x	x	x	x	x	x	x	x	x	(38)
x	x	x	x	x	x	x	x	x	x	x	x	(39)
x	x	x	x	x	x	x	x	x	x	x	x	(40)
-	-	-	-	-	-	-	-	-	-	-	-	(41)
x	x	x	x	x	x	x	x	x	x	x	x	(42)
x	x	x	x	x	x	x	x	x	x	x	x	(43)
-	-	-	-	-	-	-	-	-	-	-	-	(44)
-	-	-	-	-	-	-	-	-	-	-	-	(45)
-	-	-	-	-	-	-	-	-	-	-	-	(46)
-	-	-	-	-	-	-	-	-	-	-	-	(47)
-	-	-	-	-	-	-	-	-	-	-	-	(48)

5 生乳移出入量（都道府県別）（月別）（続き）

(12) 11月分（続き）

移入＼移出		愛知	三重	滋賀	京都	大阪	兵庫	奈良	和歌山	鳥取	島根	岡山	広島
全　国	(1)	2,279	2,268	486	816	72	529	2,039	339	–	4,600	2,338	967
北 海 道	(2)	–	–	–	–	–	–	–	–	–	–	–	–
青　森	(3)	x	x	x	x	x	x	x	x	x	x	x	x
岩　手	(4)	–	–	–	–	–	–	–	–	–	–	–	–
宮　城	(5)	–	–	–	–	–	–	–	–	–	–	–	–
秋　田	(6)	x	x	x	x	x	x	x	x	x	x	x	x
山　形	(7)	–	–	–	–	–	–	–	–	–	–	–	–
福　島	(8)	–	–	–	–	–	–	–	–	–	–	–	–
茨　城	(9)	139	34	–	–	–	–	–	–	–	–	–	–
栃　木	(10)	–	–	–	–	–	–	–	–	–	–	–	–
群　馬	(11)	–	–	–	–	–	–	–	–	–	–	–	–
埼　玉	(12)	–	–	–	–	–	–	–	–	–	–	–	–
千　葉	(13)	–	–	–	–	–	–	–	–	–	–	–	–
東　京	(14)	–	–	–	–	–	–	–	–	–	–	–	–
神 奈 川	(15)	–	–	–	–	–	–	–	–	–	–	–	–
新　潟	(16)	–	–	–	–	–	–	–	–	–	–	–	–
富　山	(17)	x	x	x	x	x	x	x	x	x	x	x	x
石　川	(18)	–	–	–	–	–	–	–	–	–	–	–	–
福　井	(19)	x	x	x	x	x	x	x	x	x	x	x	x
山　梨	(20)	–	–	–	–	–	–	–	–	–	–	–	–
長　野	(21)	1,238	194	–	–	–	–	–	–	–	–	–	–
岐　阜	(22)	269	142	–	–	–	–	–	–	–	–	–	–
静　岡	(23)	375	–	–	–	–	–	–	–	–	–	–	–
愛　知	(24)	–	1,338	–	–	–	–	–	–	–	–	–	–
三　重	(25)	–	–	–	–	–	–	–	–	–	–	–	–
滋　賀	(26)	–	111	–	–	–	–	–	–	–	–	–	–
京　都	(27)	168	393	66	–	53	242	263	–	–	–	–	81
大　阪	(28)	90	56	340	–	–	287	430	339	–	49	838	–
兵　庫	(29)	–	–	80	816	19	–	1,346	–	–	232	1,026	–
奈　良	(30)	x	x	x	x	x	x	x	x	x	x	x	x
和 歌 山	(31)	x	x	x	x	x	x	x	x	x	x	x	x
鳥　取	(32)	x	x	x	x	x	x	x	x	x	x	x	x
島　根	(33)	–	–	–	–	–	–	–	–	–	–	–	–
岡　山	(34)	–	–	–	–	–	–	–	–	–	1,347	–	587
広　島	(35)	–	–	–	–	–	–	–	–	–	2,141	379	–
山　口	(36)	x	x	x	x	x	x	x	x	x	x	x	x
徳　島	(37)	x	x	x	x	x	x	x	x	x	x	x	x
香　川	(38)	x	x	x	x	x	x	x	x	x	x	x	x
愛　媛	(39)	x	x	x	x	x	x	x	x	x	x	x	x
高　知	(40)	x	x	x	x	x	x	x	x	x	x	x	x
福　岡	(41)	–	–	–	–	–	–	–	–	–	–	–	–
佐　賀	(42)	x	x	x	x	x	x	x	x	x	x	x	x
長　崎	(43)	x	x	x	x	x	x	x	x	x	x	x	x
熊　本	(44)	–	–	–	–	–	–	–	–	–	36	–	–
大　分	(45)	–	–	–	–	–	–	–	–	–	–	–	–
宮　崎	(46)	–	–	–	–	–	–	–	–	–	–	–	–
鹿 児 島	(47)	–	–	–	–	–	–	–	–	–	–	–	–
沖　縄	(48)	–	–	–	–	–	–	–	–	–	–	–	–

単位：t

山口	徳島	香川	愛媛	高知	福岡	佐賀	長崎	熊本	大分	宮崎	鹿児島	沖縄	
-	1,424	1,765	366	826	1,148	360	2,514	7,859	1,315	4,254	4,361	-	(1)
-	-	-	-	-	-	-	-	-	-	-	-	-	(2)
x	x	x	x	x	x	x	x	x	x	x	x	x	(3)
-	-	-	-	-	-	-	-	-	-	-	-	-	(4)
-	-	-	-	-	-	-	-	-	-	-	-	-	(5)
x	x	x	x	x	x	x	x	x	x	x	x	x	(6)
-	-	-	-	-	-	-	-	-	-	-	-	-	(7)
-	-	-	-	-	-	-	-	-	-	-	-	-	(8)
-	-	-	-	-	-	-	-	-	-	-	-	-	(9)
-	-	-	-	-	-	-	-	-	-	-	-	-	(10)
-	-	-	-	-	-	-	-	-	-	-	-	-	(11)
-	-	-	-	-	-	-	-	-	-	-	-	-	(12)
-	-	-	-	-	-	-	-	-	-	-	-	-	(13)
-	-	-	-	-	-	-	-	-	-	-	-	-	(14)
-	-	-	-	-	-	-	-	-	-	-	-	-	(15)
-	-	-	-	-	-	-	-	-	-	-	-	-	(16)
x	x	x	x	x	x	x	x	x	x	x	x	x	(17)
-	-	-	-	-	-	-	-	-	-	-	-	-	(18)
x	x	x	x	x	x	x	x	x	x	x	x	x	(19)
-	-	-	-	-	-	-	-	-	-	-	-	-	(20)
-	-	-	-	-	-	-	-	-	-	-	-	-	(21)
-	-	-	-	-	-	-	-	-	-	251	-	-	(22)
-	-	-	-	-	-	-	-	-	-	-	-	-	(23)
-	-	-	-	-	-	-	68	-	-	151	-	-	(24)
-	-	-	-	-	-	-	-	-	-	-	-	-	(25)
-	14	-	-	-	-	-	-	-	-	-	-	-	(26)
-	-	-	-	-	187	-	90	531	68	500	-	-	(27)
-	886	264	-	-	-	-	40	1,109	-	423	17	-	(28)
-	69	125	-	-	102	-	150	323	17	317	1,296	-	(29)
x	x	x	x	x	x	x	x	x	x	x	x	x	(30)
x	x	x	x	x	x	x	x	x	x	x	x	x	(31)
x	x	x	x	x	x	x	x	x	x	x	x	x	(32)
-	-	-	-	-	-	-	-	-	-	-	-	-	(33)
-	-	-	317	-	-	-	-	144	34	563	62	-	(34)
-	13	110	-	-	-	-	47	51	34	152	-	-	(35)
x	x	x	x	x	x	x	x	x	x	x	x	x	(36)
x	x	x	x	x	x	x	x	x	x	x	x	x	(37)
x	x	x	x	x	x	x	x	x	x	x	x	x	(38)
x	x	x	x	x	x	x	x	x	x	x	x	x	(39)
x	x	x	x	x	x	x	x	x	x	x	x	x	(40)
-	-	-	-	-	-	-	1,673	4,360	1,128	1,369	48	-	(41)
x	x	x	x	x	x	x	x	x	x	x	x	x	(42)
x	x	x	x	x	x	x	x	x	x	x	x	x	(43)
-	-	-	-	-	589	360	446	-	34	165	487	-	(44)
-	-	-	-	-	30	-	-	30	-	-	-	-	(45)
-	-	-	-	-	-	-	-	-	-	-	2,451	-	(46)
-	-	-	-	-	-	-	-	-	-	-	-	-	(47)
-	-	-	-	-	-	-	-	255	-	-	-	-	(48)

5 生乳移出入量（都道府県別）（月別）（続き）

(13) 12月分

移入＼移出		全国	北海道	青森	岩手	宮城	秋田	山形	福島	茨城	栃木	群馬
全　　国	(1)	145,807	34,901	5,434	7,331	4,988	1,300	3,429	1,714	2,095	15,215	9,522
北 海 道	(2)	-	-	-	-	-	-	-	-	-	-	-
青　　森	(3)	x	x	x	x	x	x	x	x	x	x	x
岩　　手	(4)	3,773	-	2,063	-	817	775	72	-	-	31	15
宮　　城	(5)	3,111	-	1,777	1,334	-	-	-	-	-	-	-
秋　　田	(6)	x	x	x	x	x	x	x	x	x	x	x
山　　形	(7)	-	-	-	-	-	-	-	-	-	-	-
福　　島	(8)	5,259	-	20	503	1,199	-	71	-	-	3,149	317
茨　　城	(9)	14,036	3,867	890	1,331	794	240	1,068	1,028	-	2,557	986
栃　　木	(10)	583	-	-	583	-	-	-	-	-	-	-
群　　馬	(11)	4,731	1,080	174	110	565	220	-	15	-	1,842	-
埼　　玉	(12)	4,906	1,625	20	750	360	35	76	91	-	1,609	340
千　　葉	(13)	5,319	842	20	507	185	-	-	90	1,568	1,919	173
東　　京	(14)	6,996	341	337	420	176	30	-	-	196	1,343	2,143
神 奈 川	(15)	22,181	9,185	133	805	641	-	1,481	490	-	1,698	2,457
新　　潟	(16)	1,708	531	-	722	-	-	330	-	-	-	110
富　　山	(17)	x	x	x	x	x	x	x	x	x	x	x
石　　川	(18)	790	493	-	-	-	-	20	-	-	-	73
福　　井	(19)	x	x	x	x	x	x	x	x	x	x	x
山　　梨	(20)	375	-									
長　　野	(21)	4,881	170	-	-	26	-	-	-	331	-	2,615
岐　　阜	(22)	6,678	4,124	-	-	-	-	279	-	-	865	266
静　　岡	(23)	1,452	307	-	100	205	-	-	-	-	202	-
愛　　知	(24)	6,000	1,661	-	166	20	-	32	-	-	-	-
三　　重	(25)	490	383									
滋　　賀	(26)	877	326	-	-	-	-	-	-	-	-	-
京　　都	(27)	6,988	3,921	-	-	-	-	-	-	-	-	-
大　　阪	(28)	8,883	4,068	-	-	-	-	-	-	-	-	27
兵　　庫	(29)	7,483	1,392	-	-	-	-	-	-	-	-	-
奈　　良	(30)	x	x	x	x	x	x	x	x	x	x	x
和 歌 山	(31)	x	x	x	x	x	x	x	x	x	x	x
鳥　　取	(32)	x	x	x	x	x	x	x	x	x	x	x
島　　根	(33)	-	-	-	-	-	-	-	-	-	-	-
岡　　山	(34)	3,497	585	-	-	-	-	-	-	-	-	-
広　　島	(35)	2,840	-	-	-	-	-	-	-	-	-	-
山　　口	(36)	x	x	x	x	x	x	x	x	x	x	x
徳　　島	(37)	x	x	x	x	x	x	x	x	x	x	x
香　　川	(38)	x	x	x	x	x	x	x	x	x	x	x
愛　　媛	(39)	x	x	x	x	x	x	x	x	x	x	x
高　　知	(40)	x	x	x	x	x	x	x	x	x	x	x
福　　岡	(41)	8,928	-	-	-	-	-	-	-	-	-	-
佐　　賀	(42)	x	x	x	x	x	x	x	x	x	x	x
長　　崎	(43)	x	x	x	x	x	x	x	x	x	x	x
熊　　本	(44)	4,408	-	-	-	-	-	-	-	-	-	-
大　　分	(45)	-	-	-	-	-	-	-	-	-	-	-
宮　　崎	(46)	3,066	-	-	-	-	-	-	-	-	-	-
鹿 児 島	(47)	-	-	-	-	-	-	-	-	-	-	-
沖　　縄	(48)	153	-	-	-	-	-	-	-	-	-	-

埼　玉	千　葉	東　京	神奈川	新　潟	富　山	石　川	福　井	山　梨	長　野	岐　阜	静　岡	
947	6,589	-	-	513	205	34	484	1,655	1,522	142	1,606	(1)
-	-	-	-	-	-	-	-	-	-	-	-	(2)
x	x	x	x	x	x	x	x	x	x	x	x	(3)
-	-	-	-	-	-	-	-	-	-	-	-	(4)
-	-	-	-	-	-	-	-	-	-	-	-	(5)
x	x	x	x	x	x	x	x	x	x	x	x	(6)
-	-	-	-	-	-	-	-	-	-	-	-	(7)
-	-	-	-	-	-	-	-	-	-	-	-	(8)
45	727	-	-	152	98	34	-	-	124	17	-	(9)
-	-	-	-	-	-	-	-	-	-	-	-	(10)
302	-	-	-	322	-	-	-	9	92	-	-	(11)
-	-	-	-	-	-	-	-	-	-	-	-	(12)
-	-	-	-	15	-	-	-	-	-	-	-	(13)
237	1,267	-	-	-	-	-	-	263	113	-	130	(14)
61	4,595	-	-	-	-	-	-	575	-	-	60	(15)
-	-	-	-	-	15	-	-	-	-	-	-	(16)
x	x	x	x	x	x	x	x	x	x	x	x	(17)
-	-	-	-	24	78	-	102	-	-	-	-	(18)
x	x	x	x	x	x	x	x	x	x	x	x	(19)
-	-	-	-	-	-	-	-	-	375	-	-	(20)
-	-	-	-	-	-	-	-	350	-	-	-	(21)
302	-	-	-	-	-	-	-	-	109	-	-	(22)
-	-	-	-	-	-	-	-	398	-	-	-	(23)
-	-	-	-	-	-	-	-	60	709	60	1,309	(24)
-	-	-	-	-	-	-	-	-	-	-	107	(25)
-	-	-	-	-	14	-	382	-	-	-	-	(26)
-	-	-	-	-	-	-	-	-	-	-	-	(27)
-	-	-	-	-	-	-	-	-	-	-	-	(28)
-	-	-	-	-	-	-	-	-	-	-	-	(29)
x	x	x	x	x	x	x	x	x	x	x	x	(30)
x	x	x	x	x	x	x	x	x	x	x	x	(31)
x	x	x	x	x	x	x	x	x	x	x	x	(32)
-	-	-	-	-	-	-	-	-	-	-	-	(33)
-	-	-	-	-	-	-	-	-	-	-	-	(34)
-	-	-	-	-	-	-	-	-	-	-	-	(35)
x	x	x	x	x	x	x	x	x	x	x	x	(36)
x	x	x	x	x	x	x	x	x	x	x	x	(37)
x	x	x	x	x	x	x	x	x	x	x	x	(38)
x	x	x	x	x	x	x	x	x	x	x	x	(39)
x	x	x	x	x	x	x	x	x	x	x	x	(40)
-	-	-	-	-	-	-	-	-	-	-	-	(41)
x	x	x	x	x	x	x	x	x	x	x	x	(42)
x	x	x	x	x	x	x	x	x	x	x	x	(43)
-	-	-	-	-	-	-	-	-	-	65	-	(44)
-	-	-	-	-	-	-	-	-	-	-	-	(45)
-	-	-	-	-	-	-	-	-	-	-	-	(46)
-	-	-	-	-	-	-	-	-	-	-	-	(47)
												(48)

5 生乳移出入量（都道府県別）（月別）（続き）

(13) 12月分（続き）

移入 ＼ 移出		愛知	三重	滋賀	京都	大阪	兵庫	奈良	和歌山	鳥取	島根	岡山	広島
全　　国	(1)	2,512	2,606	642	864	79	988	2,075	366	−	4,813	2,917	1,201
北 海 道	(2)	−	−	−	−	−	−	−	−	−	−	−	−
青　　森	(3)	x	x	x	x	x	x	x	x	x	x	x	x
岩　　手	(4)	−	−	−	−	−	−	−	−	−	−	−	−
宮　　城	(5)	−	−	−	−	−	−	−	−	−	−	−	−
秋　　田	(6)	x	x	x	x	x	x	x	x	x	x	x	x
山　　形	(7)	−	−	−	−	−	−	−	−	−	−	−	−
福　　島	(8)	−	−	−	−	−	−	−	−	−	−	−	−
茨　　城	(9)	78	−	−	−	−	−	−	−	−	−	−	−
栃　　木	(10)	−	−	−	−	−	−	−	−	−	−	−	−
群　　馬	(11)	−	−	−	−	−	−	−	−	−	−	−	−
埼　　玉	(12)	−	−	−	−	−	−	−	−	−	−	−	−
千　　葉	(13)	−	−	−	−	−	−	−	−	−	−	−	−
東　　京	(14)	−	−	−	−	−	−	−	−	−	−	−	−
神 奈 川	(15)	−	−	−	−	−	−	−	−	−	−	−	−
新　　潟	(16)	−	−	−	−	−	−	−	−	−	−	−	−
富　　山	(17)	x	x	x	x	x	x	x	x	x	x	x	x
石　　川	(18)	−	−	−	−	−	−	−	−	−	−	−	−
福　　井	(19)	x	x	x	x	x	x	x	x	x	x	x	x
山　　梨	(20)	−	−	−	−	−	−	−	−	−	−	−	−
長　　野	(21)	1,237	152	−	−	−	−	−	−	−	−	−	−
岐　　阜	(22)	362	161	−	−	−	−	−	−	−	−	−	−
静　　岡	(23)	240	−	−	−	−	−	−	−	−	−	−	−
愛　　知	(24)	−	1,611	69	−	−	−	−	−	−	−	−	−
三　　重	(25)	−	−	−	−	−	−	−	−	−	−	−	−
滋　　賀	(26)	−	135	−	−	6	−	−	−	−	−	−	−
京　　都	(27)	193	409	67	−	57	643	269	−	−	125	286	−
大　　阪	(28)	59	56	426	−	−	311	444	366	−	217	811	−
兵　　庫	(29)	61	−	80	864	16	−	1,362	−	−	240	1,232	130
奈　　良	(30)	x	x	x	x	x	x	x	x	x	x	x	x
和 歌 山	(31)	x	x	x	x	x	x	x	x	x	x	x	x
鳥　　取	(32)	x	x	x	x	x	x	x	x	x	x	x	x
島　　根	(33)	−	−	−	−	−	−	−	−	−	−	−	−
岡　　山	(34)	−	−	−	−	−	−	−	−	−	1,181	−	547
広　　島	(35)	−	−	−	−	−	−	−	−	−	1,936	433	−
山　　口	(36)	x	x	x	x	x	x	x	x	x	x	x	x
徳　　島	(37)	x	x	x	x	x	x	x	x	x	x	x	x
香　　川	(38)	x	x	x	x	x	x	x	x	x	x	x	x
愛　　媛	(39)	x	x	x	x	x	x	x	x	x	x	x	x
高　　知	(40)	x	x	x	x	x	x	x	x	x	x	x	x
福　　岡	(41)	−	−	−	−	−	−	−	−	−	−	−	−
佐　　賀	(42)	x	x	x	x	x	x	x	x	x	x	x	x
長　　崎	(43)	x	x	x	x	x	x	x	x	x	x	x	x
熊　　本	(44)	282	82	−	−	−	34	−	−	−	276	95	170
大　　分	(45)	−	−	−	−	−	−	−	−	−	−	−	−
宮　　崎	(46)	−	−	−	−	−	−	−	−	−	−	−	−
鹿 児 島	(47)	−	−	−	−	−	−	−	−	−	−	−	−
沖　　縄	(48)	−	−	−	−	−	−	−	−	−	−	−	−

山口	徳島	香川	愛媛	高知	福岡	佐賀	長崎	熊本	大分	宮崎	鹿児島	沖縄	
121	1,515	1,793	630	904	1,826	391	2,771	7,172	1,589	3,595	4,811	-	(1)
-	-	-	-	-	-	-	-	-	-	-	-	-	(2)
x	x	x	x	x	x	x	x	x	x	x	x	x	(3)
-	-	-	-	-	-	-	-	-	-	-	-	-	(4)
-	-	-	-	-	-	-	-	-	-	-	-	-	(5)
x	x	x	x	x	x	x	x	x	x	x	x	x	(6)
-	-	-	-	-	-	-	-	-	-	-	-	-	(7)
-	-	-	-	-	-	-	-	-	-	-	-	-	(8)
													(9)
													(10)
													(11)
													(12)
													(13)
													(14)
													(15)
-												-	(16)
x	x	x	x	x	x	x	x	x	x	x	x	x	(17)
-												-	(18)
x	x	x	x	x	x	x	x	x	x	x	x	x	(19)
-	-	-	-	-	-	-	-	-	-	-	-	-	(20)
-	-	-	-	-	-	-	-	-	-	-	-	-	(21)
										210		-	(22)
													(23)
-	-	-	-	-	-	-	51	-	-	252	-	-	(24)
-	-	-	-	-	-	-	-	-	-	-	-	-	(25)
-	14	-	-	-	-	-	-	-	-	-	-	-	(26)
-	24	13	248	44	85	-	90	382	68	64	-	-	(27)
-	731	268	-	-	-	-	70	691	-	321	17	-	(28)
-	92	150	-	-	51	-	75	342	-	144	1,252	-	(29)
x	x	x	x	x	x	x	x	x	x	x	x	x	(30)
x	x	x	x	x	x	x	x	x	x	x	x	x	(31)
x	x	x	x	x	x	x	x	x	x	x	x	x	(32)
-	-	-	-	-	-	-	-	-	-	-	-	-	(33)
-	-	-	281	-	-	-	-	147	17	613	126	-	(34)
-	55	193	-	-	-	-	16	34	51	122	-	-	(35)
x	x	x	x	x	x	x	x	x	x	x	x	x	(36)
x	x	x	x	x	x	x	x	x	x	x	x	x	(37)
x	x	x	x	x	x	x	x	x	x	x	x	x	(38)
x	x	x	x	x	x	x	x	x	x	x	x	x	(39)
x	x	x	x	x	x	x	x	x	x	x	x	x	(40)
-	-	-	-	-	-	-	1,914	4,472	1,316	1,178	48	-	(41)
x	x	x	x	x	x	x	x	x	x	x	x	x	(42)
x	x	x	x	x	x	x	x	x	x	x	x	x	(43)
121	-	-	-	-	1,400	391	555	-	137	498	302	-	(44)
-	-	-	-	-	-	-	-	-	-	-	-	-	(45)
-	-	-	-	-	-	-	-	-	-	-	3,066	-	(46)
													(47)
-	-	-	-	-	-	-	-	153	-	-	-	-	(48)

6 生乳処理量（用途別 都道府県別）（月別）

(1) 処理量計

都道府県	年 計 実　数	年 計 対前年比	1 月	2	3	4	5
	t	%	t	t	t	t	t
全　国 (1)	7,592,061	102.1	628,127	582,916	655,239	643,807	670,200
北　海　道 (2)	3,775,485	104.3	311,347	289,616	327,980	320,126	333,410
青　森 (3)	x	x	x	x	x	x	x
岩　手 (4)	139,449	101.6	10,995	9,749	12,666	12,914	12,671
宮　城 (5)	90,588	87.7	7,817	7,015	7,433	7,607	7,865
秋　田 (6)	x	x	x	x	x	x	x
山　形 (7)	23,629	92.6	2,053	1,917	1,956	1,963	2,023
福　島 (8)	86,911	101.3	7,630	5,981	9,576	8,675	8,192
茨　城 (9)	310,040	103.2	24,211	23,539	29,527	27,852	27,703
栃　木 (10)	187,130	107.9	15,004	13,614	15,091	15,087	16,372
群　馬 (11)	175,257	90.8	15,935	14,467	16,213	14,921	15,577
埼　玉 (12)	107,595	100.8	8,829	8,737	8,578	9,006	9,800
千　葉 (13)	196,554	102.2	17,118	15,426	15,842	16,038	17,779
東　京 (14)	94,625	101.7	7,594	7,295	7,270	7,780	8,471
神　奈　川 (15)	315,097	99.1	26,522	25,304	25,821	25,925	27,847
新　潟 (16)	52,621	103.0	4,144	4,007	4,297	4,245	4,610
富　山 (17)	x	x	x	x	x	x	x
石　川 (18)	28,749	105.0	2,284	2,140	2,423	2,294	2,574
福　井 (19)	x	x	x	x	x	x	x
山　梨 (20)	4,365	109.0	290	294	366	349	394
長　野 (21)	135,101	103.7	10,801	9,996	10,901	11,041	11,624
岐　阜 (22)	94,579	105.5	7,238	6,884	7,485	7,809	7,976
静　岡 (23)	97,240	98.3	8,375	7,790	8,134	8,146	8,430
愛　知 (24)	196,944	97.4	16,035	15,247	16,816	16,893	16,974
三　重 (25)	32,984	104.0	2,635	2,478	2,623	2,766	2,922
滋　賀 (26)	24,901	103.0	2,048	1,945	1,997	1,990	2,320
京　都 (27)	116,378	98.6	9,828	8,925	9,599	9,439	9,983
大　阪 (28)	124,934	104.4	9,944	9,615	9,798	9,939	11,005
兵　庫 (29)	171,810	95.2	15,293	13,697	14,491	14,559	15,061
奈　良 (30)	x	x	x	x	x	x	x
和　歌　山 (31)	x	x	x	x	x	x	x
鳥　取 (32)	x	x	x	x	x	x	x
島　根 (33)	18,726	105.5	1,447	1,403	1,475	1,538	1,632
岡　山 (34)	134,717	99.7	10,176	9,832	10,986	10,718	11,755
広　島 (35)	73,761	103.6	6,235	5,812	6,207	6,008	6,496
山　口 (36)	x	x	x	x	x	x	x
徳　島 (37)	x	x	x	x	x	x	x
香　川 (38)	x	x	x	x	x	x	x
愛　媛 (39)	x	x	x	x	x	x	x
高　知 (40)	x	x	x	x	x	x	x
福　岡 (41)	168,771	95.4	14,711	13,265	13,493	13,543	14,499
佐　賀 (42)	x	x	x	x	x	x	x
長　崎 (43)	x	x	x	x	x	x	x
熊　本 (44)	195,422	101.7	16,072	13,903	19,439	19,438	16,889
大　分 (45)	58,034	100.9	4,679	4,360	4,748	4,624	5,144
宮　崎 (46)	68,077	96.8	7,046	6,155	7,648	5,852	6,247
鹿　児　島 (47)	22,152	100.5	1,808	1,642	1,789	1,867	1,938
沖　縄 (48)	24,150	102.3	2,144	2,031	2,121	2,075	2,088

6	7	8	9	10	11	12	
t	t	t	t	t	t	t	
640, 625	639, 247	628, 217	613, 296	630, 651	614, 100	645, 636	(1)
313, 499	320, 460	315, 561	295, 045	308, 316	308, 866	331, 259	(2)
x	x	x	x	x	x	x	(3)
9, 991	10, 814	11, 687	11, 408	11, 123	11, 597	13, 834	(4)
7, 977	7, 570	7, 576	7, 827	7, 575	7, 104	7, 222	(5)
x	x	x	x	x	x	x	(6)
2, 069	2, 063	1, 945	1, 986	1, 986	1, 851	1, 817	(7)
6, 719	6, 805	6, 308	5, 570	5, 964	6, 314	9, 177	(8)
25, 463	26, 096	28, 420	24, 955	23, 295	22, 553	26, 426	(9)
16, 103	16, 687	16, 212	16, 340	15, 708	15, 530	15, 382	(10)
16, 351	14, 873	14, 382	13, 278	13, 605	13, 000	12, 655	(11)
9, 896	8, 980	7, 958	9, 008	9, 727	8, 945	8, 131	(12)
17, 715	16, 410	15, 008	16, 805	17, 249	15, 828	15, 336	(13)
8, 316	7, 983	7, 774	8, 191	8, 543	7, 672	7, 736	(14)
27, 310	26, 354	26, 097	26, 687	27, 027	25, 665	24, 538	(15)
4, 631	4, 599	4, 227	4, 496	4, 628	4, 363	4, 374	(16)
x	x	x	x	x	x	x	(17)
2, 604	2, 321	2, 277	2, 620	2, 516	2, 437	2, 259	(18)
x	x	x	x	x	x	x	(19)
419	381	384	372	370	353	393	(20)
11, 593	11, 518	11, 790	11, 815	11, 816	11, 264	10, 942	(21)
8, 010	7, 989	7, 454	7, 844	8, 430	8, 224	9, 236	(22)
8, 261	8, 315	8, 286	8, 219	8, 293	7, 640	7, 351	(23)
16, 904	16, 080	15, 509	17, 042	17, 001	16, 214	16, 229	(24)
2, 959	2, 778	2, 495	2, 718	3, 028	2, 809	2, 773	(25)
2, 354	1, 992	1, 865	2, 120	2, 313	2, 059	1, 898	(26)
9, 897	10, 017	9, 924	10, 500	10, 553	9, 164	8, 549	(27)
11, 583	10, 359	9, 735	11, 272	11, 602	10, 491	9, 591	(28)
15, 279	14, 035	13, 586	14, 505	14, 892	13, 415	12, 997	(29)
x	x	x	x	x	x	x	(30)
x	x	x	x	x	x	x	(31)
x	x	x	x	x	x	x	(32)
1, 676	1, 591	1, 475	1, 667	1, 687	1, 586	1, 549	(33)
12, 152	12, 405	11, 962	12, 036	11, 776	10, 643	10, 276	(34)
6, 603	6, 140	5, 794	6, 430	6, 495	5, 866	5, 675	(35)
x	x	x	x	x	x	x	(36)
x	x	x	x	x	x	x	(37)
x	x	x	x	x	x	x	(38)
x	x	x	x	x	x	x	(39)
x	x	x	x	x	x	x	(40)
14, 877	14, 732	14, 041	14, 597	14, 464	13, 329	13, 220	(41)
x	x	x	x	x	x	x	(42)
x	x	x	x	x	x	x	(43)
14, 484	14, 913	16, 140	13, 646	15, 040	15, 747	19, 711	(44)
5, 042	5, 020	4, 964	5, 149	5, 150	4, 577	4, 577	(45)
4, 600	5, 003	4, 932	4, 313	4, 838	4, 872	6, 571	(46)
1, 954	2, 003	1, 845	1, 909	1, 914	1, 739	1, 744	(47)
1, 797	2, 050	1, 748	1, 793	2, 160	2, 077	2, 066	(48)

(2) 牛乳等向け処理量

都道府県		年 計		1 月	2	3	4	5
		実 数	対前年比					
		t	%	t	t	t	t	t
全 国	(1)	4,000,979	99.5	328,455	307,769	329,096	327,608	349,001
北 海 道	(2)	570,092	99.9	44,473	41,896	47,663	46,349	48,375
青 森	(3)	x	x	x	x	x	x	x
岩 手	(4)	94,807	98.6	7,734	7,370	7,951	7,675	8,032
宮 城	(5)	87,812	88.0	7,593	6,825	7,184	7,385	7,632
秋 田	(6)	x	x	x	x	x	x	x
山 形	(7)	23,196	92.7	2,016	1,881	1,916	1,923	1,984
福 島	(8)	43,085	105.6	3,297	2,837	3,757	3,660	3,504
茨 城	(9)	231,350	96.8	19,692	18,696	19,965	19,154	20,361
栃 木	(10)	184,349	107.8	14,804	13,420	14,878	14,861	16,144
群 馬	(11)	161,696	90.5	14,530	13,490	14,766	13,561	14,267
埼 玉	(12)	106,004	100.6	8,715	8,636	8,436	8,851	9,667
千 葉	(13)	194,376	102.2	16,928	15,256	15,659	15,858	17,593
東 京	(14)	89,803	103.8	7,205	6,683	6,628	7,462	8,111
神 奈 川	(15)	297,399	99.1	25,067	24,041	24,373	24,526	26,387
新 潟	(16)	50,164	103.0	3,916	3,854	4,075	4,005	4,393
富 山	(17)	x	x	x	x	x	x	x
石 川	(18)	28,465	105.6	2,258	2,120	2,399	2,267	2,556
福 井	(19)	x	x	x	x	x	x	x
山 梨	(20)	2,479	112.5	184	182	213	202	227
長 野	(21)	131,492	103.7	10,496	9,750	10,622	10,728	11,337
岐 阜	(22)	93,498	105.8	7,147	6,799	7,385	7,698	7,887
静 岡	(23)	85,509	97.9	7,254	6,768	6,928	6,832	7,487
愛 知	(24)	186,299	97.2	15,147	14,373	15,255	15,371	16,161
三 重	(25)	30,927	104.0	2,402	2,335	2,443	2,546	2,759
滋 賀	(26)	24,656	103.0	2,031	1,930	1,978	1,968	2,297
京 都	(27)	116,239	98.6	9,819	8,916	9,589	9,423	9,973
大 阪	(28)	124,273	104.7	9,891	9,567	9,740	9,878	10,938
兵 庫	(29)	170,791	94.9	15,271	13,668	14,448	14,533	15,030
奈 良	(30)	x	x	x	x	x	x	x
和 歌 山	(31)	x	x	x	x	x	x	x
鳥 取	(32)	x	x	x	x	x	x	x
島 根	(33)	17,350	107.0	1,324	1,283	1,349	1,409	1,507
岡 山	(34)	127,604	99.5	9,735	9,311	10,315	10,111	11,056
広 島	(35)	72,843	103.7	6,133	5,742	6,121	5,933	6,417
山 口	(36)	x	x	x	x	x	x	x
徳 島	(37)	x	x	x	x	x	x	x
香 川	(38)	x	x	x	x	x	x	x
愛 媛	(39)	x	x	x	x	x	x	x
高 知	(40)	x	x	x	x	x	x	x
福 岡	(41)	162,063	95.0	14,178	12,731	12,898	12,974	13,935
佐 賀	(42)	x	x	x	x	x	x	x
長 崎	(43)	x	x	x	x	x	x	x
熊 本	(44)	128,827	102.3	9,891	9,664	10,378	10,364	10,972
大 分	(45)	56,620	100.8	4,560	4,251	4,624	4,511	5,027
宮 崎	(46)	41,700	96.1	3,345	3,192	3,323	3,544	3,609
鹿 児 島	(47)	15,484	100.5	1,184	1,115	1,215	1,286	1,391
沖 縄	(48)	23,917	101.7	2,135	2,022	2,112	2,050	2,064

6	7	8	9	10	11	12	
t	t	t	t	t	t	t	
351,762	340,889	329,636	345,291	350,611	324,951	315,910	(1)
47,967	49,206	49,784	50,573	50,270	46,885	46,651	(2)
x	x	x	x	x	x	x	(3)
7,965	8,249	8,260	7,894	8,386	7,490	7,801	(4)
7,729	7,335	7,334	7,598	7,352	6,871	6,974	(5)
x	x	x	x	x	x	x	(6)
2,033	2,029	1,911	1,952	1,950	1,818	1,783	(7)
3,694	3,571	3,567	4,039	3,997	3,750	3,412	(8)
21,086	19,592	19,144	18,414	19,546	18,479	17,221	(9)
15,874	16,439	15,968	16,097	15,458	15,284	15,122	(10)
14,780	13,767	13,395	12,595	12,904	12,049	11,592	(11)
9,742	8,820	7,803	8,879	9,615	8,813	8,027	(12)
17,534	16,223	14,828	16,613	17,068	15,653	15,163	(13)
7,993	7,668	7,470	7,873	8,153	7,366	7,191	(14)
25,841	24,853	24,522	25,153	25,472	24,180	22,984	(15)
4,468	4,420	4,040	4,318	4,457	4,170	4,048	(16)
x	x	x	x	x	x	x	(17)
2,584	2,295	2,254	2,598	2,490	2,411	2,233	(18)
x	x	x	x	x	x	x	(19)
215	210	203	203	194	193	253	(20)
11,295	11,189	11,471	11,510	11,484	10,961	10,649	(21)
7,916	7,906	7,366	7,763	8,346	8,143	9,142	(22)
7,556	7,274	7,243	7,410	7,631	6,848	6,278	(23)
16,531	15,340	14,254	16,613	16,621	15,615	15,018	(24)
2,821	2,634	2,330	2,538	2,874	2,655	2,590	(25)
2,332	1,972	1,835	2,100	2,294	2,039	1,880	(26)
9,886	10,005	9,909	10,491	10,540	9,148	8,540	(27)
11,506	10,292	9,676	11,225	11,559	10,452	9,549	(28)
15,234	13,983	13,526	14,422	14,613	13,216	12,847	(29)
x	x	x	x	x	x	x	(30)
x	x	x	x	x	x	x	(31)
x	x	x	x	x	x	x	(32)
1,558	1,510	1,411	1,540	1,558	1,475	1,426	(33)
11,357	11,676	11,338	11,513	11,249	10,110	9,833	(34)
6,539	6,076	5,720	6,369	6,426	5,783	5,584	(35)
x	x	x	x	x	x	x	(36)
x	x	x	x	x	x	x	(37)
x	x	x	x	x	x	x	(38)
x	x	x	x	x	x	x	(39)
x	x	x	x	x	x	x	(40)
14,330	14,189	13,505	14,063	13,905	12,745	12,610	(41)
x	x	x	x	x	x	x	(42)
x	x	x	x	x	x	x	(43)
11,334	11,381	10,959	11,240	11,510	10,594	10,540	(44)
4,925	4,902	4,845	5,026	5,024	4,462	4,463	(45)
3,729	3,680	3,276	3,553	3,770	3,322	3,357	(46)
1,381	1,416	1,256	1,446	1,434	1,217	1,143	(47)
1,774	2,027	1,726	1,772	2,137	2,055	2,043	(48)

6 生乳処理量（用途別 都道府県別）（月別）（続き）

(3) 牛乳等向け うち業務用向け処理量

都道府県		年　計 実　数	対前年比	1　月	2	3	4	5
		t	%	t	t	t	t	t
全　国	(1)	323,820	107.7	24,471	24,233	28,211	26,699	26,311
北　海　道	(2)	63,727	101.8	4,721	4,930	5,868	5,218	5,109
青　森	(3)	x	x	x	x	x	x	x
岩　手	(4)	5,617	92.9	490	517	451	447	369
宮　城	(5)	2,964	153.1	194	153	197	296	301
秋　田	(6)	x	x	x	x	x	x	x
山　形	(7)	1,394	98.7	101	115	119	96	99
福　島	(8)	9,991	101.3	759	473	1,089	977	549
茨　城	(9)	6,509	100.2	557	564	581	474	478
栃　木	(10)	7,525	96.2	563	546	629	565	586
群　馬	(11)	16,370	109.1	1,338	1,495	1,342	1,241	1,211
埼　玉	(12)	15,567	95.8	1,155	1,325	1,060	1,359	1,346
千　葉	(13)	6,740	101.2	536	558	538	541	577
東　京	(14)	10,383	111.9	768	766	894	710	1,358
神　奈　川	(15)	26,876	96.2	2,265	2,524	2,260	2,170	2,549
新　潟	(16)	1,130	123.0	69	55	111	69	93
富　山	(17)	x	x	x	x	x	x	x
石　川	(18)	5,191	107.5	332	279	544	372	445
福　井	(19)	x	x	x	x	x	x	x
山　梨	(20)	2,300	111.2	174	171	200	189	212
長　野	(21)	3,450	98.6	304	252	473	337	348
岐　阜	(22)	558	237.4	21	18	22	29	37
静　岡	(23)	12,956	115.0	1,112	1,077	1,088	1,042	1,055
愛　知	(24)	31,802	184.3	1,955	2,334	2,846	2,630	2,228
三　重	(25)	57	103.6	5	6	4	5	6
滋　賀	(26)	380	97.7	33	30	39	34	37
京　都	(27)	20,659	113.2	1,472	1,168	1,668	1,528	1,614
大　阪	(28)	4,696	134.2	309	340	438	298	272
兵　庫	(29)	15,536	107.9	1,326	1,072	1,256	1,385	1,158
奈　良	(30)	x	x	x	x	x	x	x
和　歌　山	(31)	x	x	x	x	x	x	x
鳥　取	(32)	x	x	x	x	x	x	x
島　根	(33)	797	100.3	71	55	71	69	57
岡　山	(34)	2,839	88.0	256	243	292	208	193
広　島	(35)	2,341	145.9	200	179	303	197	239
山　口	(36)	x	x	x	x	x	x	x
徳　島	(37)	x	x	x	x	x	x	x
香　川	(38)	x	x	x	x	x	x	x
愛　媛	(39)	x	x	x	x	x	x	x
高　知	(40)	x	x	x	x	x	x	x
福　岡	(41)	9,392	85.3	824	609	869	813	711
佐　賀	(42)	x	x	x	x	x	x	x
長　崎	(43)	x	x	x	x	x	x	x
熊　本	(44)	12,675	102.0	952	899	920	1,042	970
大　分	(45)	2,475	102.1	198	160	173	261	175
宮　崎	(46)	1,673	62.3	191	145	87	232	72
鹿　児　島	(47)	-	nc	-	-	-	-	-
沖　縄	(48)	1,351	105.5	143	116	114	103	86

6	7	8	9	10	11	12	
t	t	t	t	t	t	t	
25, 316	26, 275	28, 503	28, 166	30, 244	28, 937	26, 454	(1)
5, 120	5, 327	5, 352	5, 530	5, 300	5, 583	5, 669	(2)
x	x	x	x	x	x	x	(3)
486	479	515	449	548	459	407	(4)
270	242	252	273	292	271	223	(5)
x	x	x	x	x	x	x	(6)
119	149	132	137	124	105	98	(7)
620	708	837	1, 097	1, 089	985	808	(8)
720	525	423	445	539	718	485	(9)
626	718	721	723	757	616	475	(10)
1, 459	1, 336	1, 461	1, 396	1, 511	1, 275	1, 305	(11)
1, 232	1, 500	1, 353	1, 195	1, 529	1, 362	1, 151	(12)
578	480	487	609	678	593	565	(13)
751	738	879	739	898	880	1, 002	(14)
2, 102	2, 226	2, 605	2, 214	2, 013	2, 218	1, 730	(15)
123	122	75	100	145	82	86	(16)
x	x	x	x	x	x	x	(17)
507	396	518	535	411	449	403	(18)
x	x	x	x	x	x	x	(19)
200	193	183	185	177	177	239	(20)
241	281	242	250	246	227	249	(21)
34	62	81	60	64	74	56	(22)
956	1, 137	1, 394	1, 061	1, 180	1, 039	815	(23)
2, 320	2, 474	2, 736	2, 733	3, 096	3, 421	3, 029	(24)
6	3	1	4	6	6	5	(25)
29	29	33	27	30	28	31	(26)
1, 403	1, 774	2, 008	2, 190	2, 473	1, 943	1, 418	(27)
251	257	459	458	614	509	491	(28)
1, 177	1, 150	1, 217	1, 367	1, 614	1, 466	1, 348	(29)
x	x	x	x	x	x	x	(30)
x	x	x	x	x	x	x	(31)
x	x	x	x	x	x	x	(32)
56	68	62	52	73	75	88	(33)
222	230	218	228	246	247	256	(34)
88	184	134	108	193	227	289	(35)
x	x	x	x	x	x	x	(36)
x	x	x	x	x	x	x	(37)
x	x	x	x	x	x	x	(38)
x	x	x	x	x	x	x	(39)
x	x	x	x	x	x	x	(40)
622	875	894	682	970	786	737	(41)
x	x	x	x	x	x	x	(42)
x	x	x	x	x	x	x	(43)
981	1, 067	1, 187	1, 240	1, 267	1, 050	1, 100	(44)
160	168	334	192	223	195	236	(45)
164	137	93	73	222	129	128	(46)
-	-	-	-	-	-	-	(47)
88	101	81	92	133	156	138	(48)

6 生乳処理量（用途別 都道府県別）（月別）（続き）

(4) 乳製品向け処理量

都道府県	年 計 実 数	年 計 対前年比	1 月	2	3	4	5
	t	%	t	t	t	t	t
全 国 (1)	3,542,626	105.0	295,934	271,529	322,411	312,107	317,062
北 海 道 (2)	3,182,137	105.1	264,971	245,814	278,399	271,867	283,123
青 森 (3)	x	x	x	x	x	x	x
岩 手 (4)	43,605	109.3	3,171	2,291	4,627	5,150	4,549
宮 城 (5)	2,310	78.5	184	150	209	182	193
秋 田 (6)	x	x	x	x	x	x	x
山 形 (7)	−	nc	−	−	−	−	−
福 島 (8)	43,533	97.4	4,308	3,119	5,794	4,990	4,663
茨 城 (9)	71,950	123.7	4,232	4,586	9,284	8,070	6,672
栃 木 (10)	809	145.2	39	33	51	64	69
群 馬 (11)	12,344	93.7	1,300	879	1,353	1,267	1,202
埼 玉 (12)	518	114.3	17	16	48	60	41
千 葉 (13)	742	99.3	58	64	63	62	63
東 京 (14)	4,754	72.9	381	604	636	311	354
神 奈 川 (15)	17,257	98.9	1,421	1,233	1,404	1,361	1,431
新 潟 (16)	2,310	102.0	215	143	207	229	205
富 山 (17)	x	x	x	x	x	x	x
石 川 (18)	52	96.3	4	4	5	5	4
福 井 (19)	x	x	x	x	x	x	x
山 梨 (20)	1,459	97.5	84	79	118	115	132
長 野 (21)	2,433	101.5	193	162	205	221	202
岐 阜 (22)	380	77.2	40	37	41	43	29
静 岡 (23)	11,336	100.7	1,091	992	1,176	1,284	913
愛 知 (24)	9,984	102.7	836	822	1,508	1,470	761
三 重 (25)	1,327	102.9	172	84	119	163	98
滋 賀 (26)	174	121.7	11	10	12	16	17
京 都 (27)	71	98.6	5	5	6	6	6
大 阪 (28)	−	−	−	−	−	−	−
兵 庫 (29)	837	217.4	5	12	21	8	15
奈 良 (30)	x	x	x	x	x	x	x
和 歌 山 (31)	x	x	x	x	x	x	x
鳥 取 (32)	x	x	x	x	x	x	x
島 根 (33)	1,102	89.7	99	96	102	105	101
岡 山 (34)	6,725	103.9	405	485	635	572	664
広 島 (35)	149	73.8	33	12	15	11	9
山 口 (36)	x	x	x	x	x	x	x
徳 島 (37)	x	x	x	x	x	x	x
香 川 (38)	x	x	x	x	x	x	x
愛 媛 (39)	x	x	x	x	x	x	x
高 知 (40)	x	x	x	x	x	x	x
福 岡 (41)	6,482	105.7	516	514	577	550	544
佐 賀 (42)	x	x	x	x	x	x	x
長 崎 (43)	x	x	x	x	x	x	x
熊 本 (44)	65,824	100.7	6,119	4,174	8,997	9,012	5,854
大 分 (45)	1,311	100.8	111	101	116	105	109
宮 崎 (46)	26,250	97.9	3,691	2,953	4,315	2,298	2,628
鹿 児 島 (47)	6,553	100.4	615	518	565	572	538
沖 縄 (48)	9	nc	−	−	−	1	1

6	7	8	9	10	11	12	
t	t	t	t	t	t	t	
284,627	294,081	294,395	263,848	275,994	284,999	325,639	(1)
263,578	269,282	263,812	242,519	256,083	260,033	282,656	(2)
x	x	x	x	x	x	x	(3)
1,942	2,483	3,347	3,430	2,650	4,020	5,945	(4)
210	197	204	191	185	195	210	(5)
x	x	x	x	x	x	x	(6)
–	–	–	–	–	–	–	(7)
3,001	3,210	2,717	1,507	1,943	2,540	5,741	(8)
3,679	5,750	8,596	5,856	3,215	3,415	8,595	(9)
61	85	77	74	82	79	95	(10)
1,459	991	891	585	603	845	969	(11)
53	73	69	34	27	55	25	(12)
61	67	63	70	61	56	54	(13)
318	310	299	313	385	302	541	(14)
1,429	1,473	1,533	1,494	1,508	1,443	1,527	(15)
151	167	173	167	157	182	314	(16)
x	x	x	x	x	x	x	(17)
4	6	5	4	4	4	3	(18)
x	x	x	x	x	x	x	(19)
167	129	139	132	139	120	105	(20)
203	222	203	202	234	198	188	(21)
32	29	28	27	24	23	27	(22)
670	1,006	1,008	774	627	757	1,038	(23)
316	683	1,198	372	323	542	1,153	(24)
78	85	116	126	81	86	119	(25)
16	16	17	14	15	16	14	(26)
5	8	7	5	6	7	5	(27)
–	–	–	–	–	–	–	(28)
31	39	46	71	266	186	137	(29)
x	x	x	x	x	x	x	(30)
x	x	x	x	x	x	x	(31)
x	x	x	x	x	x	x	(32)
96	59	42	105	107	89	101	(33)
765	699	594	493	497	503	413	(34)
–	2	13	–	7	19	28	(35)
x	x	x	x	x	x	x	(36)
x	x	x	x	x	x	x	(37)
x	x	x	x	x	x	x	(38)
x	x	x	x	x	x	x	(39)
x	x	x	x	x	x	x	(40)
529	523	520	514	537	567	591	(41)
x	x	x	x	x	x	x	(42)
x	x	x	x	x	x	x	(43)
3,086	3,467	5,118	2,342	3,466	5,088	9,101	(44)
108	109	110	114	117	106	105	(45)
860	1,312	1,645	749	1,057	1,539	3,203	(46)
563	577	579	453	470	512	591	(47)
1	1	1	1	1	1	1	(48)

6 生乳処理量（用途別　都道府県別）（月別）（続き）

(5) 乳製品向け　うちチーズ向け処理量

都道府県	年　　計 実　数	年　　計 対前年比	1　月	2	3	4	5
	t	%	t	t	t	t	t
全　　国　(1)	454,145	105.1	36,570	36,181	40,414	40,188	38,940
北　海　道　(2)	448,848	105.1	36,192	35,845	39,995	39,729	38,476
青　　森　(3)	x	x	x	x	x	x	x
岩　　手　(4)	319	59.4	22	19	20	22	43
宮　　城　(5)	834	95.6	66	55	77	68	66
秋　　田　(6)	x	x	x	x	x	x	x
山　　形　(7)	-	nc	-	-	-	-	-
福　　島　(8)	-	nc	-	-	-	-	-
茨　　城　(9)	23	104.5	2	2	2	3	2
栃　　木　(10)	353	309.6	7	8	19	28	33
群　　馬　(11)	373	130.0	26	24	25	32	32
埼　　玉　(12)	13	108.3	1	1	1	1	1
千　　葉　(13)	54	75.0	4	2	4	6	7
東　　京　(14)	9	75.0	1	-	1	1	-
神　奈　川　(15)	-	nc	-	-	-	-	-
新　　潟　(16)	70	102.9	6	4	6	6	5
富　　山　(17)	x	x	x	x	x	x	x
石　　川　(18)	-	nc	-	-	-	-	-
福　　井　(19)	x	x	x	x	x	x	x
山　　梨　(20)	56	101.8	4	3	6	4	5
長　　野　(21)	855	102.5	56	35	66	91	73
岐　　阜　(22)	227	108.1	16	17	17	16	14
静　　岡　(23)	67	103.1	5	6	6	7	7
愛　　知　(24)	-	nc	-	-	-	-	-
三　　重　(25)	-	nc	-	-	-	-	-
滋　　賀　(26)	36	105.9	2	2	2	2	3
京　　都　(27)	25	96.2	2	2	3	2	2
大　　阪　(28)	-	nc	-	-	-	-	-
兵　　庫　(29)	81	111.0	4	5	8	7	8
奈　　良　(30)	x	x	x	x	x	x	x
和　歌　山　(31)	x	x	x	x	x	x	x
鳥　　取　(32)	x	x	x	x	x	x	x
島　　根　(33)	206	95.8	19	17	17	17	16
岡　　山　(34)	339	100.0	25	25	32	30	30
広　　島　(35)	-	nc	-	-	-	-	-
山　　口　(36)	x	x	x	x	x	x	x
徳　　島　(37)	x	x	x	x	x	x	x
香　　川　(38)	x	x	x	x	x	x	x
愛　　媛　(39)	x	x	x	x	x	x	x
高　　知　(40)	x	x	x	x	x	x	x
福　　岡　(41)	999	101.0	87	84	77	83	85
佐　　賀　(42)	x	x	x	x	x	x	x
長　　崎　(43)	x	x	x	x	x	x	x
熊　　本　(44)	100	112.4	7	7	8	10	9
大　　分　(45)	1	nc	-	-	1	-	-
宮　　崎　(46)	69	130.2	6	4	7	6	5
鹿　児　島　(47)	31	114.8	3	3	3	4	2
沖　　縄　(48)	9	nc	-	-	-	1	1

6	7	8	9	10	11	12	
t	t	t	t	t	t	t	
37,608	38,729	37,404	35,625	37,599	34,448	40,439	(1)
37,175	38,251	36,927	35,190	37,123	33,977	39,968	(2)
x	x	x	x	x	x	x	(3)
20	25	44	18	20	42	24	(4)
71	79	73	56	65	76	82	(5)
x	x	x	x	x	x	x	(6)
-	-	-	-	-	-	-	(7)
-	-	-	-	-	-	-	(8)
2	2	1	1	2	2	2	(9)
20	39	34	35	41	38	51	(10)
34	31	35	32	35	32	35	(11)
1	1	1	1	1	1	2	(12)
5	6	5	6	4	2	3	(13)
1	1	1	-	1	1	1	(14)
-	-	-	-	-	-	-	(15)
5	7	6	4	5	6	10	(16)
x	x	x	x	x	x	x	(17)
-	-	-	-	-	-	-	(18)
x	x	x	x	x	x	x	(19)
5	4	4	5	5	6	5	(20)
73	83	75	74	97	66	66	(21)
19	21	20	21	21	21	24	(22)
5	6	5	5	4	5	6	(23)
-	-	-	-	-	-	-	(24)
-	-	-	-	-	-	-	(25)
3	3	3	3	4	5	4	(26)
2	2	2	2	2	2	2	(27)
-	-	-	-	-	-	-	(28)
6	7	7	8	8	7	6	(29)
x	x	x	x	x	x	x	(30)
x	x	x	x	x	x	x	(31)
x	x	x	x	x	x	x	(32)
17	17	17	17	17	17	18	(33)
28	28	28	26	28	29	30	(34)
-	-	-	-	-	-	-	(35)
x	x	x	x	x	x	x	(36)
x	x	x	x	x	x	x	(37)
x	x	x	x	x	x	x	(38)
x	x	x	x	x	x	x	(39)
x	x	x	x	x	x	x	(40)
87	83	82	87	84	83	77	(41)
x	x	x	x	x	x	x	(42)
x	x	x	x	x	x	x	(43)
8	8	9	8	9	10	7	(44)
-	-	-	-	-	-	-	(45)
3	6	6	6	7	6	7	(46)
1	2	2	1	3	4	3	(47)
1	1	1	1	1	1	1	(48)

6 生乳処理量（用途別　都道府県別）（月別）（続き）

(6)　乳製品向け　うちクリーム向け処理量

都道府県	年計 実数	年計 対前年比	1月	2	3	4	5
	t	%	t	t	t	t	t
全　国 (1)	721,727	106.9	52,801	52,742	63,362	57,187	58,434
北 海 道 (2)	652,336	108.0	47,132	47,488	57,227	51,657	52,695
青　森 (3)	x	x	x	x	x	x	x
岩　手 (4)	5,181	86.3	336	360	502	388	422
宮　城 (5)	166	20.0	10	5	9	16	17
秋　田 (6)	x	x	x	x	x	x	x
山　形 (7)	-	nc	-	-	-	-	-
福　島 (8)	182	76.5	-	-	-	-	-
茨　城 (9)	1,754	89.1	194	145	157	148	152
栃　木 (10)	206	88.8	14	12	14	16	14
群　馬 (11)	3,367	98.7	294	260	288	276	303
埼　玉 (12)	-	nc	-	-	-	-	-
千　葉 (13)	-	nc	-	-	-	-	-
東　京 (14)	3,127	80.9	230	347	450	210	242
神 奈 川 (15)	17,121	99.1	1,415	1,229	1,391	1,338	1,420
新　潟 (16)	1,492	101.6	109	113	128	116	127
富　山 (17)	x	x	x	x	x	x	x
石　川 (18)	-	nc	-	-	-	-	-
福　井 (19)	x	x	x	x	x	x	x
山　梨 (20)	12	100.0	1	1	1	1	1
長　野 (21)	1,474	101.0	123	112	131	121	121
岐　阜 (22)	114	46.2	21	18	21	22	12
静　岡 (23)	585	97.8	49	47	57	56	50
愛　知 (24)	150	111.9	11	11	13	13	12
三　重 (25)	271	136.9	93	18	17	9	9
滋　賀 (26)	22	nc	-	-	-	3	3
京　都 (27)	45	97.8	3	3	3	3	4
大　阪 (28)	-	-	-	-	-	-	-
兵　庫 (29)	737	251.5	-	6	11	-	6
奈　良 (30)	x	x	x	x	x	x	x
和 歌 山 (31)	x	x	x	x	x	x	x
鳥　取 (32)	x	x	x	x	x	x	x
島　根 (33)	151	95.0	13	12	14	13	12
岡　山 (34)	1,133	102.7	99	85	101	86	90
広　島 (35)	145	73.2	33	12	15	10	9
山　口 (36)	x	x	x	x	x	x	x
徳　島 (37)	x	x	x	x	x	x	x
香　川 (38)	x	x	x	x	x	x	x
愛　媛 (39)	x	x	x	x	x	x	x
高　知 (40)	x	x	x	x	x	x	x
福　岡 (41)	5,027	102.5	405	393	465	431	417
佐　賀 (42)	x	x	x	x	x	x	x
長　崎 (43)	x	x	x	x	x	x	x
熊　本 (44)	13,184	100.9	1,145	970	1,075	1,109	1,148
大　分 (45)	-	nc	-	-	-	-	-
宮　崎 (46)	4,127	96.3	245	257	398	324	352
鹿 児 島 (47)	4,984	104.4	404	447	433	393	399
沖　縄 (48)	-	nc	-	-	-	-	-

6	7	8	9	10	11	12	
t	t	t	t	t	t	t	
58,096	63,190	57,802	59,038	62,358	68,352	68,365	(1)
52,639	57,598	52,200	53,518	56,462	62,163	61,557	(2)
x	x	x	x	x	x	x	(3)
352	386	455	457	346	577	600	(4)
15	17	13	15	17	24	8	(5)
x	x	x	x	x	x	x	(6)
−	−	−	−	−	−	−	(7)
−	−	−	−	−	−	182	(8)
135	150	141	150	125	126	131	(9)
17	21	17	17	21	22	21	(10)
288	291	269	247	306	278	267	(11)
−	−	−	−	−	−	−	(12)
−	−	−	−	−	−	−	(13)
216	229	220	206	226	196	355	(14)
1,421	1,458	1,521	1,484	1,501	1,430	1,513	(15)
121	129	118	131	124	121	155	(16)
x	x	x	x	x	x	x	(17)
−	−	−	−	−	−	−	(18)
x	x	x	x	x	x	x	(19)
1	1	1	1	1	1	1	(20)
122	129	123	122	128	125	117	(21)
10	4	3	3	−	−	−	(22)
43	47	52	43	43	43	55	(23)
14	14	13	12	12	12	13	(24)
9	12	9	29	18	30	18	(25)
3	3	2	2	2	2	2	(26)
3	6	5	3	4	5	3	(27)
−	−	−	−	−	−	−	(28)
23	30	37	61	256	177	130	(29)
x	x	x	x	x	x	x	(30)
x	x	x	x	x	x	x	(31)
x	x	x	x	x	x	x	(32)
12	12	10	13	13	13	14	(33)
91	97	90	90	95	94	115	(34)
−	1	12	−	7	19	27	(35)
x	x	x	x	x	x	x	(36)
x	x	x	x	x	x	x	(37)
x	x	x	x	x	x	x	(38)
x	x	x	x	x	x	x	(39)
x	x	x	x	x	x	x	(40)
407	388	409	383	424	439	466	(41)
x	x	x	x	x	x	x	(42)
x	x	x	x	x	x	x	(43)
1,019	1,107	1,097	991	1,113	1,200	1,210	(44)
−	−	−	−	−	−	−	(45)
460	348	273	319	367	406	378	(46)
396	423	351	399	419	433	487	(47)
−	−	−	−	−	−	−	(48)

6 生乳処理量（用途別　都道府県別）（月別）（続き）

(7) 乳製品向け　うち脱脂濃縮乳向け処理量

都道府県	年計 実数	年計 対前年比	1 月	2	3	4	5
	t	%	t	t	t	t	t
全　　国　(1)	518,992	97.6	41,654	38,576	45,196	42,973	45,641
北　海　道　(2)	514,656	97.6	41,326	38,331	44,770	42,395	45,238
青　　森　(3)	x	x	x	x	x	x	x
岩　　手　(4)	181	88.7	14	7	14	20	22
宮　　城　(5)	-	nc	-	-	-	-	-
秋　　田　(6)	x	x	x	x	x	x	x
山　　形　(7)	-	nc	-	-	-	-	-
福　　島　(8)	190	70.6	16	32	14	14	5
茨　　城　(9)	-	nc	-	-	-	-	-
栃　　木　(10)	-	nc	-	-	-	-	-
群　　馬　(11)	-	nc	-	-	-	-	-
埼　　玉　(12)	-	nc	-	-	-	-	-
千　　葉　(13)	-	nc	-	-	-	-	-
東　　京　(14)	-	nc	-	-	-	-	-
神　奈　川　(15)	-	nc	-	-	-	-	-
新　　潟　(16)	47	61.0	16	-	-	14	-
富　　山　(17)	x	x	x	x	x	x	x
石　　川　(18)	-	nc	-	-	-	-	-
福　　井　(19)	x	x	x	x	x	x	x
山　　梨　(20)	-	nc	-	-	-	-	-
長　　野　(21)	-	nc	-	-	-	-	-
岐　　阜　(22)	-	nc	-	-	-	-	-
静　　岡　(23)	-	nc	-	-	-	-	-
愛　　知　(24)	-	nc	-	-	-	-	-
三　　重　(25)	-	nc	-	-	-	-	-
滋　　賀　(26)	-	nc	-	-	-	-	-
京　　都　(27)	-	nc	-	-	-	-	-
大　　阪　(28)	-	nc	-	-	-	-	-
兵　　庫　(29)	-	nc	-	-	-	-	-
奈　　良　(30)	x	x	x	x	x	x	x
和　歌　山　(31)	x	x	x	x	x	x	x
鳥　　取　(32)	x	x	x	x	x	x	x
島　　根　(33)	-	nc	-	-	-	-	-
岡　　山　(34)	-	nc	-	-	-	-	-
広　　島　(35)	-	nc	-	-	-	-	-
山　　口　(36)	x	x	x	x	x	x	x
徳　　島　(37)	x	x	x	x	x	x	x
香　　川　(38)	x	x	x	x	x	x	x
愛　　媛　(39)	x	x	x	x	x	x	x
高　　知　(40)	x	x	x	x	x	x	x
福　　岡　(41)	-	nc	-	-	-	-	-
佐　　賀　(42)	x	x	x	x	x	x	x
長　　崎　(43)	x	x	x	x	x	x	x
熊　　本　(44)	3,892	101.6	280	204	395	528	374
大　　分　(45)	-	nc	-	-	-	-	-
宮　　崎　(46)	26	100.0	2	2	3	2	2
鹿　児　島　(47)	-	nc	-	-	-	-	-
沖　　縄　(48)	-	nc	-	-	-	-	-

6	7	8	9	10	11	12	
t	t	t	t	t	t	t	
44,129	**45,171**	**46,053**	**42,988**	**44,010**	**42,291**	**40,310**	(1)
43,817	44,928	45,656	42,713	43,644	41,867	39,971	(2)
x	x	x	x	x	x	x	(3)
14	20	7	14	13	20	16	(4)
–	–	–	–	–	–	–	(5)
x	x	x	x	x	x	x	(6)
–	–	–	–	–	–	–	(7)
14	14	18	–	17	32	14	(8)
–	–	–	–	–	–	–	(9)
–	–	–	–	–	–	–	(10)
–	–	–	–	–	–	–	(11)
–	–	–	–	–	–	–	(12)
–	–	–	–	–	–	–	(13)
–	–	–	–	–	–	–	(14)
–	–	–	–	–	–	–	(15)
–	–	1	2	–	7	7	(16)
x	x	x	x	x	x	x	(17)
–	–	–	–	–	–	–	(18)
x	x	x	x	x	x	x	(19)
–	–	–	–	–	–	–	(20)
–	–	–	–	–	–	–	(21)
–	–	–	–	–	–	–	(22)
–	–	–	–	–	–	–	(23)
–	–	–	–	–	–	–	(24)
–	–	–	–	–	–	–	(25)
–	–	–	–	–	–	–	(26)
–	–	–	–	–	–	–	(27)
–	–	–	–	–	–	–	(28)
–	–	–	–	–	–	–	(29)
x	x	x	x	x	x	x	(30)
x	x	x	x	x	x	x	(31)
x	x	x	x	x	x	x	(32)
–	–	–	–	–	–	–	(33)
–	–	–	–	–	–	–	(34)
–	–	–	–	–	–	–	(35)
x	x	x	x	x	x	x	(36)
x	x	x	x	x	x	x	(37)
x	x	x	x	x	x	x	(38)
x	x	x	x	x	x	x	(39)
x	x	x	x	x	x	x	(40)
–	–	–	–	–	–	–	(41)
x	x	x	x	x	x	x	(42)
x	x	x	x	x	x	x	(43)
282	207	369	257	334	363	299	(44)
–	–	–	–	–	–	–	(45)
2	2	2	2	2	2	3	(46)
–	–	–	–	–	–	–	(47)
–	–	–	–	–	–	–	(48)

6 生乳処理量（用途別　都道府県別）（月別）（続き）

(8) 乳製品向け　うち濃縮乳向け処理量

都道府県		年　　計 実　数	年　　計 対前年比	1　月	2	3	4	5
		t	%	t	t	t	t	t
全　国	(1)	6,438	107.5	416	443	522	568	603
北　海　道	(2)	6,053	107.8	382	412	490	536	571
青　森	(3)	x	x	x	x	x	x	x
岩　手	(4)	-	nc	-	-	-	-	-
宮　城	(5)	-	nc	-	-	-	-	-
秋　田	(6)	x	x	x	x	x	x	x
山　形	(7)	-	nc	-	-	-	-	-
福　島	(8)	-	nc	-	-	-	-	-
茨　城	(9)	-	nc	-	-	-	-	-
栃　木	(10)	-	nc	-	-	-	-	-
群　馬	(11)	-	nc	-	-	-	-	-
埼　玉	(12)	-	nc	-	-	-	-	-
千　葉	(13)	-	nc	-	-	-	-	-
東　京	(14)	-	nc	-	-	-	-	-
神　奈　川	(15)	-	nc	-	-	-	-	-
新　潟	(16)	25	147.1	4	1	2	2	2
富　山	(17)	x	x	x	x	x	x	x
石　川	(18)	-	nc	-	-	-	-	-
福　井	(19)	x	x	x	x	x	x	x
山　梨	(20)	-	nc	-	-	-	-	-
長　野	(21)	-	nc	-	-	-	-	-
岐　阜	(22)	-	nc	-	-	-	-	-
静　岡	(23)	360	100.0	30	30	30	30	30
愛　知	(24)	-	nc	-	-	-	-	-
三　重	(25)	-	nc	-	-	-	-	-
滋　賀	(26)	-	nc	-	-	-	-	-
京　都	(27)	-	nc	-	-	-	-	-
大　阪	(28)	-	nc	-	-	-	-	-
兵　庫	(29)	-	nc	-	-	-	-	-
奈　良	(30)	x	x	x	x	x	x	x
和　歌　山	(31)	x	x	x	x	x	x	x
鳥　取	(32)	x	x	x	x	x	x	x
島　根	(33)	-	nc	-	-	-	-	-
岡　山	(34)	-	nc	-	-	-	-	-
広　島	(35)	-	nc	-	-	-	-	-
山　口	(36)	x	x	x	x	x	x	x
徳　島	(37)	x	x	x	x	x	x	x
香　川	(38)	x	x	x	x	x	x	x
愛　媛	(39)	x	x	x	x	x	x	x
高　知	(40)	x	x	x	x	x	x	x
福　岡	(41)	-	nc	-	-	-	-	-
佐　賀	(42)	x	x	x	x	x	x	x
長　崎	(43)	x	x	x	x	x	x	x
熊　本	(44)	-	nc	-	-	-	-	-
大　分	(45)	-	nc	-	-	-	-	-
宮　崎	(46)	-	nc	-	-	-	-	-
鹿　児　島	(47)	-	nc	-	-	-	-	-
沖　縄	(48)	-	nc	-	-	-	-	-

6	7	8	9	10	11	12	
t	t	t	t	t	t	t	
482	665	547	591	522	569	510	(1)
449	633	515	559	491	537	478	(2)
x	x	x	x	x	x	x	(3)
-	-	-	-	-	-	-	(4)
-	-	-	-	-	-	-	(5)
x	x	x	x	x	x	x	(6)
-	-	-	-	-	-	-	(7)
-	-	-	-	-	-	-	(8)
-	-	-	-	-	-	-	(9)
-	-	-	-	-	-	-	(10)
-	-	-	-	-	-	-	(11)
-	-	-	-	-	-	-	(12)
-	-	-	-	-	-	-	(13)
-	-	-	-	-	-	-	(14)
-	-	-	-	-	-	-	(15)
3	2	2	2	1	2	2	(16)
x	x	x	x	x	x	x	(17)
-	-	-	-	-	-	-	(18)
x	x	x	x	x	x	x	(19)
-	-	-	-	-	-	-	(20)
-	-	-	-	-	-	-	(21)
-	-	-	-	-	-	-	(22)
30	30	30	30	30	30	30	(23)
-	-	-	-	-	-	-	(24)
-	-	-	-	-	-	-	(25)
-	-	-	-	-	-	-	(26)
-	-	-	-	-	-	-	(27)
-	-	-	-	-	-	-	(28)
-	-	-	-	-	-	-	(29)
x	x	x	x	x	x	x	(30)
x	x	x	x	x	x	x	(31)
x	x	x	x	x	x	x	(32)
-	-	-	-	-	-	-	(33)
-	-	-	-	-	-	-	(34)
-	-	-	-	-	-	-	(35)
x	x	x	x	x	x	x	(36)
x	x	x	x	x	x	x	(37)
x	x	x	x	x	x	x	(38)
x	x	x	x	x	x	x	(39)
x	x	x	x	x	x	x	(40)
-	-	-	-	-	-	-	(41)
x	x	x	x	x	x	x	(42)
x	x	x	x	x	x	x	(43)
-	-	-	-	-	-	-	(44)
-	-	-	-	-	-	-	(45)
-	-	-	-	-	-	-	(46)
-	-	-	-	-	-	-	(47)
-	-	-	-	-	-	-	(48)

6 生乳処理量（用途別 都道府県別）（月別）（続き）

(9) その他

都道府県	年　　計 実　数	年　　計 対前年比	1　月	2	3	4	5
	t	%	t	t	t	t	t
全　　国　(1)	48,456	108.8	3,738	3,618	3,732	4,092	4,137
北　海　道　(2)	23,256	100.8	1,903	1,906	1,918	1,910	1,912
青　　森　(3)	x	x	x	x	x	x	x
岩　　手　(4)	1,037	94.1	90	88	88	89	90
宮　　城　(5)	466	88.6	40	40	40	40	40
秋　　田　(6)	x	x	x	x	x	x	x
山　　形　(7)	433	87.1	37	36	40	40	39
福　　島　(8)	293	93.0	25	25	25	25	25
茨　　城　(9)	6,740	211.4	287	257	278	628	670
栃　　木　(10)	1,972	108.4	161	161	162	162	159
群　　馬　(11)	1,217	106.6	105	98	94	93	108
埼　　玉　(12)	1,073	118.4	97	85	94	95	92
千　　葉　(13)	1,436	104.9	132	106	120	118	123
東　　京　(14)	68	88.3	8	8	6	7	6
神　奈　川　(15)	441	108.9	34	30	44	38	29
新　　潟　(16)	147	89.1	13	10	15	11	12
富　　山　(17)	x	x	x	x	x	x	x
石　　川　(18)	232	64.4	22	16	19	22	14
福　　井　(19)	x	x	x	x	x	x	x
山　　梨　(20)	427	139.5	22	33	35	32	35
長　　野　(21)	1,176	103.3	112	84	74	92	85
岐　　阜　(22)	701	91.8	51	48	59	68	60
静　　岡　(23)	395	114.5	30	30	30	30	30
愛　　知　(24)	661	90.5	52	52	53	52	52
三　　重　(25)	730	106.3	61	59	61	57	65
滋　　賀　(26)	71	89.9	6	5	7	6	6
京　　都　(27)	68	95.8	4	4	4	10	4
大　　阪　(28)	661	86.9	53	48	58	61	67
兵　　庫　(29)	182	88.8	17	17	22	18	16
奈　　良　(30)	x	x	x	x	x	x	x
和　歌　山　(31)	x	x	x	x	x	x	x
鳥　　取　(32)	x	x	x	x	x	x	x
島　　根　(33)	274	91.9	24	24	24	24	24
岡　　山　(34)	388	89.4	36	36	36	35	35
広　　島　(35)	769	101.7	69	58	71	64	70
山　　口　(36)	x	x	x	x	x	x	x
徳　　島　(37)	x	x	x	x	x	x	x
香　　川　(38)	x	x	x	x	x	x	x
愛　　媛　(39)	x	x	x	x	x	x	x
高　　知　(40)	x	x	x	x	x	x	x
福　　岡　(41)	226	93.0	17	20	18	19	20
佐　　賀　(42)	x	x	x	x	x	x	x
長　　崎　(43)	x	x	x	x	x	x	x
熊　　本　(44)	771	101.0	62	65	64	62	63
大　　分　(45)	103	107.3	8	8	8	8	8
宮　　崎　(46)	127	96.2	10	10	10	10	10
鹿　児　島　(47)	115	106.5	9	9	9	9	9
沖　　縄　(48)	224	243.5	9	9	9	24	23

6	7	8	9	10	11	12	
t	t	t	t	t	t	t	
4,236	4,277	4,186	4,157	4,046	4,150	4,087	(1)
1,954	1,972	1,965	1,953	1,963	1,948	1,952	(2)
x	x	x	x	x	x	x	(3)
84	82	80	84	87	87	88	(4)
38	38	38	38	38	38	38	(5)
x	x	x	x	x	x	x	(6)
36	34	34	34	36	33	34	(7)
24	24	24	24	24	24	24	(8)
698	754	680	685	534	659	610	(9)
168	163	167	169	168	167	165	(10)
112	115	96	98	98	106	94	(11)
101	87	86	95	85	77	79	(12)
120	120	117	122	120	119	119	(13)
5	5	5	5	5	4	4	(14)
40	28	42	40	47	42	27	(15)
12	12	14	11	14	11	12	(16)
x	x	x	x	x	x	x	(17)
16	20	18	18	22	22	23	(18)
x	x	x	x	x	x	-x	(19)
37	42	42	37	37	40	35	(20)
95	107	116	103	98	105	105	(21)
62	54	60	54	60	58	67	(22)
35	35	35	35	35	35	35	(23)
57	57	57	57	57	57	58	(24)
60	59	49	54	73	68	64	(25)
6	4	13	6	4	4	4	(26)
6	4	8	4	7	9	4	(27)
77	67	59	47	43	39	42	(28)
14	13	14	12	13	13	13	(29)
x	x	x	x	x	x	x	(30)
x	x	x	x	x	x	x	(31)
x	x	x	x	x	x	x	(32)
22	22	22	22	22	22	22	(33)
30	30	30	30	30	30	30	(34)
64	62	61	61	62	64	63	(35)
x	x	x	x	x	x	x	(36)
x	x	x	x	x	x	x	(37)
x	x	x	x	x	x	x	(38)
x	x	x	x	x	x	x	(39)
x	x	x	x	x	x	x	(40)
18	20	16	20	22	17	19	(41)
x	x	x	x	x	x	x	(42)
x	x	x	x	x	x	x	(43)
64	65	63	64	64	65	70	(44)
9	9	9	9	9	9	9	(45)
11	11	11	11	11	11	11	(46)
10	10	10	10	10	10	10	(47)
22	22	21	20	22	21	22	(48)

6 生乳処理量（用途別　都道府県別）（月別）（続き）

(10) その他　うち欠減量

都道府県	年計 実数	年計 対前年比	1 月	2	3	4	5
	t	%	t	t	t	t	t
全　　国 (1)	13,520	133.6	857	736	836	1,199	1,249
北　海　道 (2)	542	94.9	44	46	44	39	46
青　　森 (3)	x	x	x	x	x	x	x
岩　　手 (4)	141	95.3	13	11	11	12	13
宮　　城 (5)	12	31.6	1	1	1	1	1
秋　　田 (6)	x	x	x	x	x	x	x
山　　形 (7)	130	77.4	10	9	13	13	12
福　　島 (8)	-	nc	-	-	-	-	-
茨　　城 (9)	5,883	246.2	215	185	206	556	598
栃　　木 (10)	176	82.2	16	16	17	17	14
群　　馬 (11)	135	87.7	16	9	5	4	19
埼　　玉 (12)	809	123.1	75	63	72	73	70
千　　葉 (13)	464	101.5	51	25	39	37	42
東　　京 (14)	20	58.8	4	4	2	3	2
神　奈　川 (15)	261	111.1	19	15	29	23	14
新　　潟 (16)	46	97.9	4	1	6	2	3
富　　山 (17)	x	x	x	x	x	x	x
石　　川 (18)	184	59.9	18	12	15	18	10
福　　井 (19)	x	x	x	x	x	x	x
山　　梨 (20)	319	153.4	13	24	26	23	26
長　　野 (21)	701	99.4	73	45	35	53	46
岐　　阜 (22)	562	88.2	40	37	48	57	49
静　　岡 (23)	-	nc	-	-	-	-	-
愛　　知 (24)	14	10.1	1	1	2	1	1
三　　重 (25)	524	102.7	45	43	45	41	49
滋　　賀 (26)	42	97.7	3	2	4	3	3
京　　都 (27)	20	111.1	-	-	-	6	-
大　　阪 (28)	644	87.4	51	46	56	59	65
兵　　庫 (29)	35	159.1	3	3	8	4	2
奈　　良 (30)	x	x	x	x	x	x	x
和　歌　山 (31)	x	x	-x	x	x	x	x
鳥　　取 (32)	x	x	x	x	x	x	x
島　　根 (33)	24	100.0	2	2	2	2	2
岡　　山 (34)	3	33.3	1	1	1	-	-
広　　島 (35)	586	107.1	52	41	54	47	53
山　　口 (36)	x	x	x	x	x	x	x
徳　　島 (37)	x	x	x	x	x	x	x
香　　川 (38)	x	x	x	x	x	x	x
愛　　媛 (39)	x	x	x	x	x	x	x
高　　知 (40)	x	x	x	x	x	x	x
福　　岡 (41)	130	88.4	9	12	10	11	12
佐　　賀 (42)	x	x	x	x	x	x	x
長　　崎 (43)	x	x	x	x	x	x	x
熊　　本 (44)	421	96.3	34	37	36	34	35
大　　分 (45)	12	100.0	1	1	1	1	1
宮　　崎 (46)	12	50.0	1	1	1	1	1
鹿　児　島 (47)	-	nc	-	-	-	-	-
沖　　縄 (48)	188	335.7	6	6	6	21	20

6	7	8	9	10	11	12	
t	t	t	t	t	t	t	
1,307	1,344	1,253	1,234	1,119	1,228	1,158	(1)
41	55	48	46	52	42	39	(2)
x	x	x	x	x	x	x	(3)
11	9	7	11	14	14	15	(4)
1	1	1	1	1	1	1	(5)
x	x	x	x	x	x	x	(6)
12	10	10	10	12	9	10	(7)
–	–	–	–	–	–	–	(8)
627	683	609	614	463	588	539	(9)
15	10	14	16	15	14	12	(10)
21	24	5	7	7	15	3	(11)
79	65	64	73	63	55	57	(12)
39	39	36	41	39	38	38	(13)
1	1	1	1	1	–	–	(14)
25	13	27	25	32	27	12	(15)
4	4	6	3	6	3	4	(16)
x	x	x	x	x	x	x	(17)
12	16	14	14	18	18	19	(18)
x	x	x	x	x	x	x	(19)
28	33	33	28	28	31	26	(20)
55	67	76	63	58	65	65	(21)
50	42	48	42	48	46	55	(22)
–	–	–	–	–	–	–	(23)
1	1	1	1	1	1	2	(24)
42	41	31	36	55	50	46	(25)
4	2	11	4	2	2	2	(26)
2	–	4	–	3	5	–	(27)
76	66	58	46	42	38	41	(28)
3	2	3	1	2	2	2	(29)
x	x	x	x	x	x	x	(30)
x	x	x	x	x	x	x	(31)
x	x	x	x	x	x	x	(32)
2	2	2	2	2	2	2	(33)
–	–	–	–	–	–	–	(34)
50	48	47	47	48	50	49	(35)
x	x	x	x	x	x	x	(36)
x	x	x	x	x	x	x	(37)
x	x	x	x	x	x	x	(38)
x	x	x	x	x	x	x	(39)
x	x	x	x	x	x	x	(40)
10	12	8	12	14	9	11	(41)
x	x	x	x	x	x	x	(42)
x	x	x	x	x	x	x	(43)
34	35	33	34	34	35	40	(44)
1	1	1	1	1	1	1	(45)
1	1	1	1	1	1	1	(46)
–	–	–	–	–	–	–	(47)
19	19	18	17	19	18	19	(48)

7 牛乳等生産量（全国農業地域別・牛乳等内訳）（月別）

全国農業地域・牛乳等内訳		年　　　計			1　月	2	3
		実　数	地域別割合	対前年比			
		kl	%	%	kl	kl	kl
全国							
飲用牛乳等	(1)	3,575,929	100.0	100.1	291,355	275,030	292,735
牛乳	(2)	3,193,854	100.0	100.4	259,561	245,325	260,786
うち業務用	(3)	299,665	100.0	106.7	22,441	22,332	26,135
学校給食用	(4)	354,360	100.0	115.9	29,647	33,161	26,357
加工乳・成分調整牛乳	(5)	382,075	100.0	96.9	31,794	29,705	31,949
うち業務用	(6)	43,682	100.0	102.5	3,663	4,125	4,020
成分調整牛乳	(7)	264,289	100.0	93.6	22,187	20,680	22,050
乳飲料	(8)	1,058,886	100.0	95.6	79,854	76,606	87,882
はっ酵乳	(9)	1,033,721	100.0	97.5	84,654	80,538	91,445
乳酸菌飲料	(10)	113,009	100.0	96.4	8,159	8,176	10,511
北海道							
飲用牛乳等	(11)	560,252	15.7	100.6	43,712	41,486	46,911
牛乳	(12)	464,993	14.6	100.9	35,664	33,933	38,821
うち業務用	(13)	59,561	19.9	101.4	4,393	4,583	5,486
学校給食用	(14)	15,548	4.4	116.1	998	1,362	1,077
加工乳・成分調整牛乳	(15)	95,259	24.9	99.4	8,048	7,553	8,090
うち業務用	(16)	1,625	3.7	90.9	139	241	156
成分調整牛乳	(17)	90,507	34.2	99.0	7,746	7,169	7,705
乳飲料	(18)	24,000	2.3	98.8	1,938	1,827	2,011
はっ酵乳	(19)	23,061	2.2	84.5	1,980	1,802	2,012
乳酸菌飲料	(20)	4,679	4.1	100.6	401	369	383
東北							
飲用牛乳等	(21)	217,549	6.1	95.2	17,951	16,810	17,860
牛乳	(22)	203,115	6.4	94.7	16,772	15,752	16,713
うち業務用	(23)	18,230	6.1	96.9	1,473	1,191	1,725
学校給食用	(24)	25,283	7.1	108.5	1,931	2,350	1,766
加工乳・成分調整牛乳	(25)	14,434	3.8	102.6	1,179	1,058	1,147
うち業務用	(26)	1,489	3.4	1,220.5	52	45	64
成分調整牛乳	(27)	10,177	3.9	89.5	864	784	844
乳飲料	(28)	57,046	5.4	88.5	4,454	4,029	4,688
はっ酵乳	(29)	49,072	4.7	102.0	3,811	3,577	4,103
乳酸菌飲料	(30)	3,770	3.3	96.8	407	315	316
北陸							
飲用牛乳等	(31)	76,351	2.1	103.7	5,972	5,740	6,271
牛乳	(32)	74,511	2.3	104.2	5,821	5,547	6,107
うち業務用	(33)	6,120	2.0	109.5	384	319	635
学校給食用	(34)	12,877	3.6	111.5	976	1,190	973
加工乳・成分調整牛乳	(35)	1,840	0.5	87.3	151	193	164
うち業務用	(36)	-	-	nc	-	-	-
成分調整牛乳	(37)	1,049	0.4	96.7	80	80	90
乳飲料	(38)	5,509	0.5	97.8	417	397	445
はっ酵乳	(39)	14,316	1.4	98.0	1,061	1,086	1,442
乳酸菌飲料	(40)	-	-	-	-	-	-
関東							
飲用牛乳等	(41)	1,100,183	30.8	100.3	92,395	87,100	90,009
牛乳	(42)	977,152	30.6	101.3	81,989	77,178	79,545
うち業務用	(43)	84,752	28.3	100.8	6,699	7,320	6,820
学校給食用	(44)	110,101	31.1	120.4	9,421	10,331	8,291
加工乳・成分調整牛乳	(45)	123,031	32.2	92.9	10,406	9,922	10,464
うち業務用	(46)	14,059	32.2	84.7	1,154	1,700	1,485
成分調整牛乳	(47)	61,168	23.1	85.2	5,334	5,134	5,075
乳飲料	(48)	425,390	40.2	94.9	31,475	30,782	34,986
はっ酵乳	(49)	594,349	57.5	99.2	49,307	46,729	52,202
乳酸菌飲料	(50)	67,873	60.1	96.7	4,630	4,726	6,773
東山							
飲用牛乳等	(51)	120,775	3.4	103.4	9,437	8,924	9,711
牛乳	(52)	120,775	3.8	103.4	9,437	8,924	9,711
うち業務用	(53)	5,619	1.9	103.2	466	407	657
学校給食用	(54)	7,759	2.2	111.6	665	707	464
加工乳・成分調整牛乳	(55)	-	-	nc	-	-	-
うち業務用	(56)	-	-	nc	-	-	-
成分調整牛乳	(57)	-	-	nc	-	-	-
乳飲料	(58)	13,094	1.2	98.1	1,023	949	1,043
はっ酵乳	(59)	25,317	2.4	89.2	2,314	·2,161	2,497
乳酸菌飲料	(60)	-	-	nc	-	-	-

4	5	6	7	8	9	10	11	12	
kl	kl	kl	kl	kl	kl	kl	kl	kl	.
290,476	310,726	312,864	304,052	291,964	309,910	313,296	295,326	288,195	(1)
259,500	278,370	281,030	271,207	259,422	277,816	280,928	263,847	256,062	(2)
24,661	24,371	23,435	24,380	26,542	26,150	27,856	27,141	24,221	(3)
27,599	34,412	39,738	23,199	5,623	33,065	36,802	35,487	29,270	(4)
30,976	32,356	31,834	32,845	32,542	32,094	32,368	31,479	32,133	(5)
3,343	3,127	3,143	3,198	2,897	3,160	3,669	4,316	5,021	(6)
21,805	22,948	22,518	23,150	23,415	22,507	21,989	20,436	20,604	(7)
88,841	92,138	93,160	97,655	96,287	93,248	91,248	82,267	79,700	(8)
90,355	90,409	88,948	89,221	86,551	85,685	86,647	81,670	77,598	(9)
10,262	11,541	12,809	10,692	9,806	7,208	7,746	7,457	8,642	(10)
45,602	47,467	47,250	48,198	48,760	49,638	49,340	45,829	46,059	(11)
37,444	39,232	39,222	40,098	40,672	41,658	41,466	38,346	38,437	(12)
4,814	4,776	4,839	5,009	5,064	5,156	4,960	5,226	5,255	(13)
1,271	1,502	1,661	1,036	848	1,462	1,559	1,542	1,230	(14)
8,158	8,235	8,028	8,100	8,088	7,980	7,874	7,483	7,622	(15)
248	112	90	78	40	107	126	70	218	(16)
7,706	7,857	7,671	7,706	7,728	7,541	7,422	7,079	7,177	(17)
2,111	1,861	1,987	2,045	2,002	2,040	1,933	2,046	2,199	(18)
2,073	2,004	1,978	1,928	1,819	1,852	1,892	1,775	1,946	(19)
374	416	378	417	430	441	367	365	338	(20)
18,080	18,632	18,841	18,197	17,926	18,937	18,916	17,859	17,540	(21)
16,884	17,374	17,623	16,933	16,653	17,689	17,716	16,623	16,383	(22)
1,656	1,138	1,331	1,399	1,568	1,764	1,873	1,688	1,424	(23)
1,970	2,328	2,715	1,763	858	2,492	2,459	2,505	2,146	(24)
1,196	1,258	1,218	1,264	1,273	1,248	1,200	1,236	1,157	(25)
153	177	150	156	144	150	154	150	94	(26)
854	882	870	885	938	884	800	801	771	(27)
4,975	5,118	4,982	5,210	5,261	4,927	4,914	4,288	4,200	(28)
4,198	4,215	4,176	4,349	4,280	4,064	4,144	4,093	4,062	(29)
316	315	305	335	300	297	299	278	287	(30)
6,115	6,732	6,996	6,399	5,860	6,843	6,865	6,414	6,144	(31)
5,955	6,566	6,835	6,251	5,719	6,699	6,720	6,281	6,010	(32)
428	517	617	507	570	607	539	511	486	(33)
997	1,149	1,405	953	188	1,282	1,310	1,303	1,151	(34)
160	166	161	148	141	144	145	133	134	(35)
-	-	-	-	-	-	-	-	-	(36)
89	94	92	91	87	90	90	82	84	(37)
446	476	474	514	512	484	483	431	430	(38)
1,263	1,216	1,131	1,268	1,223	1,138	1,119	1,149	1,220	(39)
-	-	-	-	-	-	-	-	-	(40)
89,461	97,605	97,092	93,318	88,104	92,713	94,732	90,434	87,220	(41)
79,882	87,369	87,201	83,011	77,960	82,542	84,223	79,924	76,328	(42)
6,656	7,714	7,033	7,156	7,483	6,963	7,373	7,402	6,133	(43)
8,884	10,953	12,622	7,065	1,103	9,581	11,680	11,145	9,025	(44)
9,579	10,236	9,891	10,307	10,144	10,171	10,509	10,510	10,892	(45)
977	895	940	871	785	935	1,128	1,395	1,794	(46)
4,745	5,243	5,075	5,386	5,456	5,256	5,177	4,646	4,641	(47)
35,598	37,595	37,511	38,841	38,718	37,286	35,723	34,127	32,748	(48)
51,529	51,831	50,653	50,765	49,795	49,463	50,009	47,422	44,644	(49)
6,527	7,442	8,510	6,351	5,691	3,553	4,286	4,136	5,248	(50)
9,841	10,495	10,361	10,284	10,439	10,511	10,529	10,134	10,109	(51)
9,841	10,495	10,361	10,284	10,439	10,511	10,529	10,134	10,109	(52)
514	548	433	464	417	421	413	399	480	(53)
643	738	821	512	354	706	763	747	639	(54)
-	-	-	-	-	-	-	-	-	(55)
-	-	-	-	-	-	-	-	-	(56)
-	-	-	-	-	-	-	-	-	(57)
1,062	1,124	1,132	1,201	1,199	1,183	1,125	1,033	1,020	(58)
2,098	2,083	2,131	2,111	2,119	2,002	2,089	1,914	1,798	(59)
-	-	-	-	-	-	-	-	-	(60)

7 牛乳等生産量（全国農業地域別・牛乳等内訳）（月別）（続き）

全国農業地域・牛乳等内訳		年 計 実 数	地域別割合	対前年比	1 月	2	3
		kl	%	%	kl	kl	kl
東海							
飲用牛乳等	(61)	363,355	10.2	100.1	28,863	27,614	29,213
牛乳	(62)	322,705	10.1	100.5	25,570	24,619	25,934
うち業務用	(63)	40,479	13.5	150.8	2,706	3,054	3,561
学校給食用	(64)	46,274	13.1	115.0	4,086	4,374	3,316
加工乳・成分調整牛乳	(65)	40,650	10.6	97.0	3,293	2,995	3,279
うち業務用	(66)	6,925	15.9	123.1	602	566	570
成分調整牛乳	(67)	22,086	8.4	91.3	1,848	1,662	1,829
乳飲料	(68)	140,498	13.3	92.2	11,411	10,734	12,114
はっ酵乳	(69)	79,299	7.7	89.7	6,516	6,204	7,129
乳酸菌飲料	(70)	16,772	14.8	108.2	1,580	1,337	1,515
近畿							
飲用牛乳等	(71)	383,340	10.7	98.9	31,999	29,801	31,539
牛乳	(72)	358,384	11.2	99.6	29,959	27,930	29,487
うち業務用	(73)	40,051	13.4	112.8	2,999	2,519	3,355
学校給食用	(74)	54,489	15.4	118.8	4,766	5,136	4,043
加工乳・成分調整牛乳	(75)	24,956	6.5	89.5	2,040	1,871	2,052
うち業務用	(76)	-	-	-	-	-	-
成分調整牛乳	(77)	17,323	6.6	88.4	1,429	1,308	1,451
乳飲料	(78)	171,723	16.2	100.8	12,382	11,970	14,020
はっ酵乳	(79)	122,030	11.8	100.6	9,743	9,449	11,196
乳酸菌飲料	(80)	1,488	1.3	609.8	20	14	106
中国							
飲用牛乳等	(81)	249,221	7.0	102.5	19,817	18,841	20,441
牛乳	(82)	224,725	7.0	102.0	17,836	17,067	18,516
うち業務用	(83)	13,698	4.6	103.7	885	1,011	1,557
学校給食用	(84)	22,447	6.3	112.9	1,862	2,111	1,857
加工乳・成分調整牛乳	(85)	24,496	6.4	106.9	1,981	1,774	1,925
うち業務用	(86)	10,865	24.9	111.9	1,022	879	937
成分調整牛乳	(87)	13,478	5.1	103.4	945	883	975
乳飲料	(88)	79,048	7.5	93.1	6,004	5,815	6,627
はっ酵乳	(89)	68,459	6.6	97.0	5,390	5,203	5,771
乳酸菌飲料	(90)	8,137	7.2	108.0	386	766	624
四国							
飲用牛乳等	(91)	87,576	2.4	102.6	7,061	6,468	6,940
牛乳	(92)	85,134	2.7	102.8	6,867	6,281	6,732
うち業務用	(93)	9,073	3.0	108.4	625	431	663
学校給食用	(94)	10,265	2.9	111.1	856	975	809
加工乳・成分調整牛乳	(95)	2,442	0.6	94.0	194	187	208
うち業務用	(96)	-	-	nc	-	-	-
成分調整牛乳	(97)	2,199	0.8	94.7	173	168	188
乳飲料	(98)	21,895	2.1	90.7	2,055	1,855	1,834
はっ酵乳	(99)	5,518	0.5	88.1	467	463	521
乳酸菌飲料	(100)	2,321	2.1	92.5	179	175	202
九州							
飲用牛乳等	(101)	392,325	11.0	98.9	31,956	30,144	31,718
牛乳	(102)	341,871	10.7	98.5	27,821	26,327	27,480
うち業務用	(103)	20,827	7.0	90.2	1,679	1,386	1,569
学校給食用	(104)	43,577	12.3	113.0	3,470	4,046	4,335
加工乳・成分調整牛乳	(105)	50,454	13.2	101.6	4,135	3,817	4,238
うち業務用	(106)	8,511	19.5	99.4	678	678	789
成分調整牛乳	(107)	46,302	17.5	97.5	3,768	3,492	3,893
乳飲料	(108)	110,161	10.4	100.3	7,840	7,458	9,261
はっ酵乳	(109)	50,885	4.9	93.4	3,953	3,757	4,442
乳酸菌飲料	(110)	5,648	5.0	90.0	385	308	401
沖縄							
飲用牛乳等	(111)	25,002	0.7	100.6	2,192	2,102	2,122
牛乳	(112)	20,489	0.6	102.2	1,825	1,767	1,740
うち業務用	(113)	1,255	0.4	103.5	132	111	107
学校給食用	(114)	5,740	1.6	106.6	616	579	426
加工乳・成分調整牛乳	(115)	4,513	1.2	94.0	367	335	382
うち業務用	(116)	208	0.5	108.9	16	16	19
成分調整牛乳	(117)	-	-	nc	-	-	-
乳飲料	(118)	10,522	1.0	98.0	855	790	853
はっ酵乳	(119)	1,415	0.1	91.3	112	107	130
乳酸菌飲料	(120)	2,321	2.1	100.3	171	166	191

4	5	6	7	8	9	10	11	12	
kl	kl	kl	kl	kl	kl	kl	kl	kl	
29,241	31,170	32,043	30,847	28,895	31,526	32,200	31,003	30,740	(61)
26,037	27,838	28,555	27,229	25,270	27,985	28,747	27,638	27,283	(62)
3,321	2,978	2,940	3,270	3,822	3,457	3,847	4,095	3,428	(63)
3,584	4,565	5,297	3,020	470	4,263	4,921	4,648	3,730	(64)
3,204	3,332	3,488	3,618	3,625	3,541	3,453	3,365	3,457	(65)
504	469	504	530	481	490	640	751	818	(66)
1,798	1,906	1,921	2,002	2,001	1,908	1,771	1,718	1,722	(67)
11,850	12,069	12,367	12,604	11,962	11,601	12,071	11,070	10,645	(68)
7,029	7,070	6,998	6,989	6,579	6,523	6,377	6,045	5,840	(69)
1,439	1,399	1,409	1,441	1,432	1,414	1,388	1,230	1,188	(70)
31,096	33,623	34,178	32,119	30,340	33,802	34,512	31,433	28,898	(71)
28,913	31,333	31,891	29,872	28,155	31,554	32,463	29,653	27,174	(72)
3,112	2,987	2,771	3,142	3,602	3,901	4,563	3,881	3,219	(73)
3,976	5,435	6,193	3,204	900	5,356	5,741	5,425	4,314	(74)
2,183	2,290	2,287	2,247	2,185	2,248	2,049	1,780	1,724	(75)
-	-	-	-	-	-	-	-	-	(76)
1,502	1,617	1,611	1,530	1,463	1,573	1,438	1,210	1,191	(77)
14,239	14,446	14,940	16,284	16,337	15,880	16,057	12,770	12,398	(78)
11,019	10,886	10,651	10,437	10,134	10,066	10,307	9,331	8,811	(79)
115	126	149	145	132	164	179	163	175	(80)
20,109	21,836	21,727	21,258	20,633	21,859	21,815	20,607	20,278	(81)
18,267	19,858	19,720	19,159	18,658	19,831	19,606	18,276	17,931	(82)
1,387	1,436	969	849	1,115	1,018	1,035	1,222	1,214	(83)
1,686	2,033	2,527	1,462	172	2,253	2,325	2,218	1,941	(84)
1,842	1,978	2,007	2,099	1,975	2,028	2,209	2,331	2,347	(85)
732	761	780	851	713	818	912	1,218	1,242	(86)
1,097	1,204	1,214	1,235	1,249	1,198	1,284	1,101	1,093	(87)
6,591	6,962	7,103	7,620	7,215	7,011	6,652	5,869	5,579	(88)
5,955	6,088	6,045	6,036	5,659	5,788	5,998	5,468	5,058	(89)
710	972	1,069	780	734	537	399	560	600	(90)
7,063	7,648	7,978	7,319	6,897	7,938	7,901	7,342	7,021	(91)
6,866	7,439	7,769	7,108	6,676	7,729	7,692	7,147	6,828	(92)
754	737	908	668	759	1,001	934	844	749	(93)
757	993	1,154	687	41	1,033	1,065	1,012	883	(94)
197	209	209	211	221	209	209	195	193	(95)
-	-	-	-	-	-	-	-	-	(96)
177	188	188	190	200	189	189	176	173	(97)
1,686	1,838	1,840	1,923	1,913	1,836	1,820	1,653	1,642	(98)
451	482	479	460	455	460	455	417	408	(99)
201	205	202	202	204	204	196	174	177	(100)
31,673	33,328	34,478	34,007	32,464	34,147	34,249	32,059	32,102	(101)
27,563	29,096	30,271	29,527	27,915	29,980	30,057	27,988	27,846	(102)
1,917	1,459	1,509	1,818	2,070	1,774	2,206	1,726	1,714	(103)
3,328	4,149	4,940	3,024	643	4,162	4,458	4,321	3,701	(104)
4,110	4,232	4,207	4,480	4,549	4,167	4,192	4,071	4,256	(105)
711	697	664	694	719	645	691	712	833	(106)
3,837	3,957	3,876	4,125	4,293	3,868	3,818	3,623	3,752	(107)
9,456	9,745	9,922	10,467	10,254	10,052	9,541	8,164	8,001	(108)
4,625	4,407	4,579	4,742	4,373	4,210	4,139	3,949	3,709	(109)
394	454	574	787	656	385	446	390	468	(110)
2,195	2,190	1,920	2,106	1,646	1,996	2,237	2,212	2,084	(111)
1,848	1,770	1,582	1,735	1,305	1,638	1,709	1,837	1,733	(112)
102	81	85	98	72	88	113	147	119	(113)
503	567	403	473	46	475	521	621	510	(114)
347	420	338	371	341	358	528	375	351	(115)
18	16	15	18	15	15	18	20	22	(116)
-	-	-	-	-	-	-	-	-	(117)
827	904	902	946	914	948	929	816	838	(118)
115	127	127	136	115	119	118	107	102	(119)
186	212	213	234	227	213	186	161	161	(120)

8 飲用牛乳等生産量（都道府県別）（月別）

(1) 飲用牛乳等計

都道府県		年　計　実　数	年　計　対前年比	1 月	2	3	4	5
		kl	%	kl	kl	kl	kl	kl
全　国	(1)	3,575,929	100.1	291,355	275,030	292,735	290,476	310,726
北　海　道	(2)	560,252	100.6	43,712	41,486	46,911	45,602	47,467
青　森	(3)	x	x	x	x	x	x	x
岩　手	(4)	74,376	97.1	6,199	5,886	6,164	6,123	6,410
宮　城	(5)	70,465	85.8	5,921	5,658	5,688	5,921	6,194
秋　田	(6)	x	x	x	x	x	x	x
山　形	(7)	23,076	95.3	1,957	1,852	1,855	1,853	1,959
福　島	(8)	35,434	110.9	2,806	2,259	3,008	3,030	2,852
茨　城	(9)	193,660	98.9	16,335	15,517	16,391	15,943	17,150
栃　木	(10)	178,183	106.3	14,519	13,164	14,492	14,303	15,540
群　馬	(11)	114,568	91.2	10,644	9,958	10,361	9,290	9,806
埼　玉	(12)	85,325	100.0	6,942	7,044	6,705	6,918	7,560
千　葉	(13)	175,734	103.9	14,849	13,341	13,760	14,495	16,058
東　京	(14)	73,372	102.4	5,666	5,577	5,484	5,989	6,756
神　奈　川	(15)	279,341	99.1	23,440	22,499	22,816	22,523	24,735
新　潟	(16)	40,888	102.5	3,217	3,087	3,289	3,297	3,586
富　山	(17)	x	x	x	x	x	x	x
石　川	(18)	26,481	105.8	2,078	1,941	2,233	2,088	2,363
福　井	(19)	x	x	x	x	x	x	x
山　梨	(20)	2,326	111.5	182	166	206	190	212
長　野	(21)	118,449	103.3	9,255	8,758	9,505	9,651	10,283
岐　阜	(22)	83,605	106.8	6,418	5,850	6,501	6,460	7,124
静　岡	(23)	83,360	98.8	6,946	6,585	6,611	6,764	7,153
愛　知	(24)	169,370	96.9	13,445	13,127	13,956	13,781	14,529
三　重	(25)	27,020	105.1	2,054	2,052	2,145	2,236	2,364
滋　賀	(26)	22,745	102.8	1,854	1,799	1,829	1,819	2,060
京　都	(27)	91,093	96.2	7,762	6,860	7,630	7,118	7,747
大　阪	(28)	115,092	104.9	9,050	8,893	9,012	9,155	10,247
兵　庫	(29)	154,008	95.9	13,299	12,216	13,033	12,970	13,535
奈　良	(30)	x	x	x	x	x	x	x
和　歌　山	(31)	x	x	x	x	x	x	x
鳥　取	(32)	x	x	x	x	x	x	x
島　根	(33)	15,173	106.4	1,120	1,144	1,233	1,226	1,287
岡　山	(34)	119,742	101.5	9,491	8,748	9,347	9,420	10,261
広　島	(35)	55,486	105.9	4,678	4,390	4,710	4,449	4,910
山　口	(36)	x	x	x	x	x	x	x
徳　島	(37)	x	x	x	x	x	x	x
香　川	(38)	x	x	x	x	x	x	x
愛　媛	(39)	x	x	x	x	x	x	x
高　知	(40)	x	x	x	x	x	x	x
福　岡	(41)	147,116	95.7	12,570	11,434	11,829	11,758	12,528
佐　賀	(42)	x	x	x	x	x	x	x
長　崎	(43)	x	x	x	x	x	x	x
熊　本	(44)	128,728	103.1	10,016	9,763	10,484	10,298	10,687
大　分	(45)	49,034	100.2	3,954	3,683	4,002	3,970	4,277
宮　崎	(46)	36,138	97.4	2,946	2,809	2,912	3,105	3,025
鹿　児　島	(47)	9,121	99.3	700	675	709	748	824
沖　縄	(48)	25,002	100.6	2,192	2,102	2,122	2,195	2,190

6	7	8	9	10	11	12	
kl	kl	kl	kl	kl	kl	kl	
312,864	304,052	291,964	309,910	313,296	295,326	288,195	(1)
47,250	48,198	48,760	49,638	49,340	45,829	46,059	(2)
x	x	x	x	x	x	x	(3)
6,437	6,356	6,326	6,316	6,294	5,989	5,876	(4)
6,137	5,798	5,818	6,048	5,998	5,557	5,727	(5)
x	x	x	x	x	x	x	(6)
1,982	2,022	1,874	1,943	1,940	1,926	1,913	(7)
2,994	2,863	2,914	3,361	3,356	3,142	2,849	(8)
17,342	16,321	16,133	15,597	16,540	15,696	14,695	(9)
15,298	15,869	15,387	15,502	14,750	14,784	14,575	(10)
9,894	9,638	9,209	9,070	9,232	8,746	8,720	(11)
7,627	6,948	5,956	7,252	7,858	7,546	6,969	(12)
16,163	14,737	12,972	15,363	15,570	14,558	13,868	(13)
6,711	6,256	5,646	6,125	6,706	6,184	6,272	(14)
24,057	23,549	22,801	23,804	24,076	22,920	22,121	(15)
3,708	3,525	3,216	3,643	3,684	3,383	3,253	(16)
x	x	x	x	x	x	x	(17)
2,461	2,158	2,071	2,385	2,354	2,227	2,122	(18)
x	x	x	x	x	x	x	(19)
203	195	188	185	179	182	238	(20)
10,158	10,089	10,251	10,326	10,350	9,952	9,871	(21)
7,299	7,304	6,805	7,063	7,386	7,250	8,145	(22)
7,318	7,177	6,904	7,305	7,359	6,817	6,421	(23)
14,911	14,112	13,132	14,929	14,993	14,573	13,882	(24)
2,515	2,254	2,054	2,229	2,462	2,363	2,292	(25)
2,206	1,881	1,622	2,016	2,044	1,879	1,736	(26)
7,698	7,876	7,859	8,387	8,408	7,382	6,366	(27)
10,505	9,653	8,696	10,561	10,543	9,776	9,001	(28)
13,736	12,676	12,129	12,805	13,484	12,363	11,762	(29)
x	x	x	x	x	x	x	(30)
x	x	x	x	x	x	x	(31)
x	x	x	x	x	x	x	(32)
1,365	1,304	1,227	1,350	1,329	1,328	1,260	(33)
10,342	10,674	10,417	10,681	10,600	9,857	9,904	(34)
4,903	4,619	4,206	4,840	4,884	4,510	4,387	(35)
x	x	x	x	x	x	x	(36)
x	x	x	x	x	x	x	(37)
x	x	x	x	x	x	x	(38)
x	x	x	x	x	x	x	(39)
x	x	x	x	x	x	x	(40)
12,930	12,752	12,158	12,949	12,548	11,779	11,881	(41)
x	x	x	x	x	x	x	(42)
x	x	x	x	x	x	x	(43)
11,152	11,394	11,088	10,980	11,258	10,791	10,817	(44)
4,233	4,188	4,303	4,244	4,303	3,911	3,966	(45)
3,238	3,026	2,845	3,135	3,243	2,945	2,909	(46)
835	795	641	872	865	736	721	(47)
1,920	2,106	1,646	1,996	2,237	2,212	2,084	(48)

8 飲用牛乳等生産量（都道府県別）（月別）（続き）

(2) 牛乳生産量

都道府県		年　計 実　数	年　計 対前年比	1 月	2	3	4	5
		kl	%	kl	kl	kl	kl	kl
全　　国	(1)	3,193,854	100.4	259,561	245,325	260,786	259,500	278,370
北　海　道	(2)	464,993	100.9	35,664	33,933	38,821	37,444	39,232
青　　森	(3)	x	x	x	x	x	x	x
岩　　手	(4)	68,027	97.7	5,657	5,397	5,636	5,600	5,857
宮　　城	(5)	66,280	84.1	5,635	5,401	5,410	5,539	5,781
秋　　田	(6)	x	x	x	x	x	x	x
山　　形	(7)	20,705	93.5	1,737	1,661	1,657	1,694	1,794
福　　島	(8)	35,360	111.0	2,799	2,253	3,001	3,023	2,845
茨　　城	(9)	189,450	99.3	15,944	15,198	16,015	15,564	16,768
栃　　木	(10)	166,261	107.4	13,511	12,223	13,450	13,270	14,480
群　　馬	(11)	100,860	88.4	9,413	8,921	9,202	8,305	8,742
埼　　玉	(12)	76,030	99.4	6,210	6,320	5,898	6,223	6,904
千　　葉	(13)	173,623	103.9	14,685	13,180	13,576	14,332	15,873
東　　京	(14)	56,773	121.7	3,993	3,734	3,970	4,766	5,442
神　奈　川	(15)	214,155	99.7	18,233	17,602	17,434	17,422	19,160
新　　潟	(16)	39,148	103.2	3,075	2,903	3,135	3,145	3,428
富　　山	(17)	x	x	x	x	x	x	x
石　　川	(18)	26,481	105.8	2,078	1,941	2,233	2,088	2,363
福　　井	(19)	x	x	x	x	x	x	x
山　　梨	(20)	2,326	111.5	182	166	206	190	212
長　　野	(21)	118,449	103.3	9,255	8,758	9,505	9,651	10,283
岐　　阜	(22)	83,511	106.9	6,406	5,839	6,489	6,448	7,112
静　　岡	(23)	77,497	99.9	6,396	6,111	6,129	6,347	6,749
愛　　知	(24)	137,864	96.2	11,026	10,875	11,457	11,249	11,860
三　　重	(25)	23,833	107.0	1,742	1,794	1,859	1,993	2,117
滋　　賀	(26)	22,745	102.8	1,854	1,799	1,829	1,819	2,060
京　　都	(27)	91,018	96.2	7,755	6,855	7,624	7,112	7,741
大　　阪	(28)	107,534	105.9	8,446	8,335	8,417	8,480	9,580
兵　　庫	(29)	136,685	96.9	11,870	10,908	11,582	11,468	11,918
奈　　良	(30)	x	x	x	x	x	x	x
和　歌　山	(31)	x	x	x	x	x	x	x
鳥　　取	(32)	x	x	x	x	x	x	x
島　　根	(33)	15,041	106.5	1,111	1,134	1,222	1,216	1,276
岡　　山	(34)	101,748	100.1	8,026	7,464	7,969	8,101	8,844
広　　島	(35)	52,916	106.2	4,478	4,200	4,497	4,242	4,689
山　　口	(36)	x	x	x	x	x	x	x
徳　　島	(37)	x	x	x	x	x	x	x
香　　川	(38)	x	x	x	x	x	x	x
愛　　媛	(39)	x	x	x	x	x	x	x
高　　知	(40)	x	x	x	x	x	x	x
福　　岡	(41)	138,605	95.5	11,892	10,756	11,040	11,047	11,831
佐　　賀	(42)	x	x	x	x	x	x	x
長　　崎	(43)	x	x	x	x	x	x	x
熊　　本	(44)	101,653	102.4	7,722	7,698	8,243	8,130	8,409
大　　分	(45)	44,415	100.8	3,597	3,347	3,625	3,606	3,872
宮　　崎	(46)	25,975	97.8	2,147	2,078	2,089	2,245	2,180
鹿　児　島	(47)	9,035	99.5	693	668	701	741	817
沖　　縄	(48)	20,489	102.2	1,825	1,767	1,740	1,848	1,770

6	7	8	9	10	11	12	
kl	kl	kl	kl	kl	kl	kl	
281,030	271,207	259,422	277,816	280,928	263,847	256,062	(1)
39,222	40,098	40,672	41,658	41,466	38,346	38,437	(2)
x	x	x	x	x	x	x	(3)
5,887	5,817	5,722	5,760	5,815	5,481	5,398	(4)
5,760	5,400	5,434	5,665	5,614	5,201	5,440	(5)
x	x	x	x	x	x	x	(6)
1,818	1,830	1,724	1,760	1,719	1,664	1,647	(7)
2,987	2,856	2,907	3,354	3,353	3,138	2,844	(8)
16,983	15,908	15,766	15,255	16,230	15,399	14,420	(9)
14,355	14,828	14,308	14,555	13,814	13,822	13,645	(10)
8,883	8,623	8,224	7,990	7,960	7,287	7,310	(11)
6,941	6,301	5,341	6,516	6,993	6,513	5,870	(12)
15,979	14,559	12,807	15,185	15,379	14,374	13,694	(13)
5,480	4,990	4,319	4,827	5,403	5,039	4,810	(14)
18,580	17,802	17,195	18,214	18,444	17,490	16,579	(15)
3,555	3,385	3,083	3,507	3,547	3,258	3,127	(16)
x	x	x	x	x	x	x	(17)
2,461	2,158	2,071	2,385	2,354	2,227	2,122	(18)
x	x	x	x	x	x	x	(19)
203	195	188	185	179	182	238	(20)
10,158	10,089	10,251	10,326	10,350	9,952	9,871	(21)
7,288	7,300	6,801	7,059	7,382	7,246	8,141	(22)
6,881	6,743	6,519	6,881	6,816	6,190	5,735	(23)
12,123	11,193	10,162	12,076	12,341	12,117	11,385	(24)
2,263	1,993	1,788	1,969	2,208	2,085	2,022	(25)
2,206	1,881	1,622	2,016	2,044	1,879	1,736	(26)
7,692	7,869	7,852	8,380	8,402	7,376	6,360	(27)
9,835	8,943	7,981	9,893	9,938	9,212	8,474	(28)
12,125	11,146	10,666	11,232	12,046	11,153	10,571	(29)
x	x	x	x	x	x	x	(30)
x	x	x	x	x	x	x	(31)
x	x	x	x	x	x	x	(32)
1,353	1,292	1,215	1,338	1,318	1,317	1,249	(33)
8,893	9,143	9,023	9,206	8,952	8,054	8,073	(34)
4,682	4,394	3,974	4,619	4,660	4,300	4,181	(35)
x	x	x	x	x	x	x	(36)
x	x	x	x	x	x	x	(37)
x	x	x	x	x	x	x	(38)
x	x	x	x	x	x	x	(39)
x	x	x	x	x	x	x	(40)
12,266	12,058	11,439	12,304	11,857	11,067	11,048	(41)
x	x	x	x	x	x	x	(42)
x	x	x	x	x	x	x	(43)
8,899	8,953	8,637	8,793	9,014	8,600	8,555	(44)
3,821	3,772	3,866	3,821	3,919	3,554	3,615	(45)
2,367	2,104	1,911	2,230	2,377	2,141	2,106	(46)
828	788	633	865	858	729	714	(47)
1,582	1,735	1,305	1,638	1,709	1,837	1,733	(48)

8 飲用牛乳等生産量（都道府県別）（月別）（続き）

(3) 牛乳　うち業務用生産量

都道府県		年　計		1 月	2	3	4	5
		実　数	対前年比					
		kl	%	kl	kl	kl	kl	kl
全　　国	(1)	299,665	106.7	22,441	22,332	26,135	24,661	24,371
北　海　道	(2)	59,561	101.4	4,393	4,583	5,486	4,814	4,776
青　　森	(3)	x	x	x	x	x	x	x
岩　　手	(4)	5,340	93.7	471	489	406	433	354
宮　　城	(5)	1,526	81.5	140	116	139	147	131
秋　　田	(6)	x	x	x	x	x	x	x
山　　形	(7)	1,361	99.5	97	112	116	91	97
福　　島	(8)	9,994	101.2	765	474	1,064	984	555
茨　　城	(9)	5,767	108.5	468	493	506	415	421
栃　　木	(10)	7,240	96.2	538	525	606	549	561
群　　馬	(11)	15,862	109.1	1,283	1,453	1,274	1,223	1,170
埼　　玉	(12)	14,562	95.1	1,056	1,240	984	1,279	1,261
千　　葉	(13)	6,652	101.6	517	545	531	529	562
東　　京	(14)	9,669	108.0	731	718	818	657	1,343
神　奈　川	(15)	25,000	96.4	2,106	2,346	2,101	2,004	2,396
新　　潟	(16)	1,097	122.3	66	53	107	68	90
富　　山	(17)	x	x	x	x	x	x	x
石　　川	(18)	5,023	107.1	318	266	528	360	427
福　　井	(19)	x	x	x	x	x	x	x
山　　梨	(20)	2,299	111.4	180	164	204	188	210
長　　野	(21)	3,320	98.2	286	243	453	326	338
岐　　阜	(22)	545	232.9	21	17	21	27	37
静　　岡	(23)	11,443	117.4	957	963	970	946	951
愛　　知	(24)	28,434	169.1	1,723	2,068	2,566	2,343	1,984
三　　重	(25)	57	103.6	5	6	4	5	6
滋　　賀	(26)	379	97.7	33	30	39	35	36
京　　都	(27)	20,023	113.1	1,411	1,122	1,659	1,450	1,557
大　　阪	(28)	4,578	133.7	297	329	431	291	269
兵　　庫	(29)	15,059	107.6	1,257	1,037	1,225	1,335	1,124
奈　　良	(30)	x	x	x	x	x	x	x
和　歌　山	(31)	x	x	x	x	x	x	x
鳥　　取	(32)	x	x	x	x	x	x	x
島　　根	(33)	768	99.6	66	53	70	66	54
岡　　山	(34)	2,521	87.5	234	217	256	181	169
広　　島	(35)	2,339	146.6	197	177	303	196	239
山　　口	(36)	x	x	x	x	x	x	x
徳　　島	(37)	x	x	x	x	x	x	x
香　　川	(38)	x	x	x	x	x	x	x
愛　　媛	(39)	x	x	x	x	x	x	x
高　　知	(40)	x	x	x	x	x	x	x
福　　岡	(41)	4,268	73.5	381	207	390	394	279
佐　　賀	(42)	x	x	x	x	x	x	x
長　　崎	(43)	x	x	x	x	x	x	x
熊　　本	(44)	12,279	101.8	907	871	903	1,011	928
大　　分	(45)	2,480	102.1	195	158	172	268	172
宮　　崎	(46)	1,627	62.4	185	139	85	230	69
鹿　児　島	(47)	-	nc	-	-	-	-	-
沖　　縄	(48)	1,255	103.5	132	111	107	102	81

6	7	8	9	10	11	12	
kl	kl	kl	kl	kl	kl	kl	
23,435	24,380	26,542	26,150	27,856	27,141	24,221	(1)
4,839	5,009	5,064	5,156	4,960	5,226	5,255	(2)
x	x	x	x	x	x	x	(3)
472	456	483	434	513	452	377	(4)
123	90	111	110	144	138	137	(5)
x	x	x	x	x	x	x	(6)
115	145	128	132	124	105	99	(7)
620	707	845	1,087	1,091	992	810	(8)
662	464	366	389	482	662	439	(9)
600	694	690	700	718	603	456	(10)
1,401	1,312	1,386	1,374	1,456	1,239	1,291	(11)
1,142	1,411	1,268	1,133	1,410	1,323	1,055	(12)
566	481	473	611	673	597	567	(13)
720	710	866	709	799	826	772	(14)
1,942	2,084	2,434	2,047	1,835	2,152	1,553	(15)
120	118	73	98	140	79	85	(16)
x	x	x	x	x	x	x	(17)
497	389	497	509	399	432	401	(18)
x	x	x	x	x	x	x	(19)
201	193	185	182	176	180	236	(20)
232	271	232	239	237	219	244	(21)
35	63	82	58	61	71	52	(22)
853	1,020	1,280	951	1,020	887	645	(23)
2,046	2,184	2,459	2,444	2,760	3,131	2,726	(24)
6	3	1	4	6	6	5	(25)
29	29	32	28	29	28	31	(26)
1,361	1,730	1,954	2,109	2,374	1,907	1,389	(27)
243	256	437	451	590	499	485	(28)
1,137	1,126	1,178	1,312	1,569	1,446	1,313	(29)
x	x	x	x	x	x	x	(30)
x	x	x	x	x	x	x	(31)
x	x	x	x	x	x	x	(32)
52	65	60	52	70	73	87	(33)
188	200	194	206	221	221	234	(34)
86	186	132	107	192	231	293	(35)
x	x	x	x	x	x	x	(36)
x	x	x	x	x	x	x	(37)
x	x	x	x	x	x	x	(38)
x	x	x	x	x	x	x	(39)
x	x	x	x	x	x	x	(40)
225	457	467	306	550	355	257	(41)
x	x	x	x	x	x	x	(42)
x.	x	x	x	x	x	x	(43)
950	1,045	1,154	1,194	1,211	1,029	1,076	(44)
159	168	342	189	221	196	240	(45)
162	132	90	71	212	127	125	(46)
-	-	-	-	-	-	-	(47)
85	98	72	88	113	147	119	(48)

8 飲用牛乳等生産量（都道府県別）（月別）（続き）

(4) 牛乳 うち学校給食用生産量

都道府県	年計 実数	年計 対前年比	1月	2	3	4	5
	kl	%	kl	kl	kl	kl	kl
全　国　(1)	354,360	115.9	29,647	33,161	26,357	27,599	34,412
北　海　道　(2)	15,548	116.1	998	1,362	1,077	1,271	1,502
青　森　(3)	x	x	x	x	x	x	x
岩　手　(4)	5,259	102.5	342	499	335	417	485
宮　城　(5)	6,887	115.1	586	629	459	505	670
秋　田　(6)	x	x	x	x	x	x	x
山　形　(7)	3,289	105.5	286	299	238	245	291
福　島　(8)	5,500	108.2	447	516	405	449	498
茨　城　(9)	13,594	117.7	1,168	1,363	1,131	1,167	1,378
栃　木　(10)	5,951	110.0	510	558	456	463	569
群　馬　(11)	5,939	120.5	487	525	454	485	593
埼　玉　(12)	21,326	119.6	1,713	1,989	1,757	1,636	2,026
千　葉　(13)	31,802	123.9	2,710	2,948	2,413	2,592	3,088
東　京　(14)	7,071	124.8	596	650	522	558	721
神　奈　川　(15)	24,418	119.7	2,237	2,298	1,558	1,983	2,578
新　潟　(16)	6,723	108.7	507	626	474	522	596
富　山　(17)	x	x	x	x	x	x	x
石　川　(18)	4,505	115.8	357	421	362	343	408
福　井　(19)	x	x	x	x	x	x	x
山　梨　(20)	-	nc	-	-	-	-	-
長　野　(21)	7,759	111.6	665	707	464	643	738
岐　阜　(22)	7,025	117.8	669	653	566	563	665
静　岡　(23)	10,714	111.7	900	980	728	849	997
愛　知　(24)	24,300	118.0	2,159	2,298	1,673	1,826	2,484
三　重　(25)	4,235	103.1	358	443	349	346	419
滋　賀　(26)	8,100	114.8	671	700	623	669	831
京　都　(27)	4,711	123.3	411	433	313	334	467
大　阪　(28)	24,612	119.3	2,121	2,337	1,816	1,777	2,397
兵　庫　(29)	17,054	118.8	1,562	1,665	1,290	1,195	1,739
奈　良　(30)	x	x	x	x	x	x	x
和　歌　山　(31)	x	x	x	x	x	x	x
鳥　取　(32)	x	x	x	x	x	x	x
島　根　(33)	2,202	107.4	171	207	172	165	203
岡　山　(34)	4,595	115.7	382	434	366	341	425
広　島　(35)	9,720	116.1	831	901	819	751	866
山　口　(36)	x	x	x	x	x	x	x
徳　島　(37)	x	x	x	x	x	x	x
香　川　(38)	x	x	x	x	x	x	x
愛　媛　(39)	x	x	x	x	x	x	x
高　知　(40)	x	x	x	x	x	x	x
福　岡　(41)	17,129	117.7	1,379	1,597	1,219	1,243	1,694
佐　賀　(42)	x	x	x	x	x	x	x
長　崎　(43)	x	x	x	x	x	.x	x
熊　本　(44)	7,989	116.0	642	757	622	585	736
大　分　(45)	3,742	107.3	300	345	328	273	342
宮　崎　(46)	6,553	108.2	500	583	571	548	591
鹿　児　島　(47)	1,791	108.3	142	164	136	155	169
沖　縄　(48)	5,740	106.6	616	579	426	503	567

6	7	8	9	10	11	12	
kl	kl	kl	kl	kl	kl	kl	
39,738	23,199	5,623	33,065	36,802	35,487	29,270	(1)
1,661	1,036	848	1,462	1,559	1,542	1,230	(2)
x	x	x	x	x	x	x	(3)
574	365	215	525	530	535	437	(4)
765	450	201	701	653	699	569	(5)
x	x	x	x	x	x	x	(6)
326	262	157	293	305	303	284	(7)
577	370	163	536	531	537	471	(8)
1,647	969	1	650	1,499	1,448	1,173	(9)
659	418	108	578	587	572	473	(10)
652	380	171	572	583	575	462	(11)
2,382	1,437	369	1,938	2,205	2,080	1,794	(12)
3,577	2,062	275	3,003	3,294	3,216	2,624	(13)
822	425	64	677	758	712	566	(14)
2,883	1,374	115	2,163	2,754	2,542	1,933	(15)
729	518	124	669	682	681	595	(16)
x	x	x	x	x	x	x	(17)
509	316	21	447	458	456	407	(18)
x	x	x	x	x	x	x	(19)
–	–	–	–	–	–	–	(20)
821	512	354	706	763	747	639	(21)
777	457	85	609	702	696	583	(22)
1,197	780	195	1,037	1,090	1,043	918	(23)
2,810	1,505	170	2,403	2,644	2,459	1,869	(24)
513	278	20	214	485	450	360	(25)
893	543	256	734	783	764	633	(26)
535	289	127	463	513	465	361	(27)
2,787	1,481	375	2,466	2,564	2,474	2,017	(28)
1,977	890	141	1,692	1,880	1,721	1,302	(29)
x	x	x	x	x	x	x	(30)
x	x	x	x	x	x	x	(31)
x	x	x	x	x	x	x	(32)
237	137	53	215	226	218	198	(33)
530	273	11	476	493	468	396	(34)
1,099	661	41	982	997	950	822	(35)
x	x	x	x	x	x	x	(36)
x	x	x	x	x	x	x	(37)
x	x	x	x	x	x	x	(38)
x	x	x	x	x	x	x	(39)
x	x	x	x	x	x	x	(40)
2,001	1,141	258	1,680	1,790	1,741	1,386	(41)
x	x	x	x	x	x	x	(42)
x	x	x	x	x	x	x	(43)
915	572	104	726	821	803	706	(44)
396	273	78	336	377	358	336	(45)
692	488	155	628	617	615	565	(46)
206	119	6	181	184	178	151	(47)
403	473	46	475	521	621	510	(48)

8 飲用牛乳等生産量（都道府県別）（月別）（続き）

(5) 加工乳・成分調整牛乳生産量

都道府県	年計 実数	年計 対前年比	1 月	2	3	4	5
	kl	%	kl	kl	kl	kl	kl
全 国 (1)	382,075	96.9	31,794	29,705	31,949	30,976	32,356
北 海 道 (2)	95,259	99.4	8,048	7,553	8,090	8,158	8,235
青 森 (3)	x	x	x	x	x	x	x
岩 手 (4)	6,349	90.8	542	489	528	523	553
宮 城 (5)	4,185	129.5	286	257	278	382	413
秋 田 (6)	x	x	x	x	x	x	x
山 形 (7)	2,371	113.7	220	191	198	159	165
福 島 (8)	74	82.2	7	6	7	7	7
茨 城 (9)	4,210	84.4	391	319	376	379	382
栃 木 (10)	11,922	93.1	1,008	941	1,042	1,033	1,060
群 馬 (11)	13,708	118.6	1,231	1,037	1,159	985	1,064
埼 玉 (12)	9,295	105.5	732	724	807	695	656
千 葉 (13)	2,111	102.9	164	161	184	163	185
東 京 (14)	16,599	66.3	1,673	1,843	1,514	1,223	1,314
神 奈 川 (15)	65,186	97.1	5,207	4,897	5,382	5,101	5,575
新 潟 (16)	1,740	88.1	142	184	154	152	158
富 山 (17)	x	x	x	x	x	x	x
石 川 (18)	−	nc	−	−	−	−	−
福 井 (19)	x	x	x	x	x	x	x
山 梨 (20)	−	nc	−	−	−	−	−
長 野 (21)	−	nc	−	−	−	−	−
岐 阜 (22)	94	63.5	12	11	12	12	12
静 岡 (23)	5,863	86.2	550	474	482	417	404
愛 知 (24)	31,506	100.0	2,419	2,252	2,499	2,532	2,669
三 重 (25)	3,187	92.7	312	258	286	243	247
滋 賀 (26)	−	nc	−	−	−	−	−
京 都 (27)	75	90.4	7	5	6	6	6
大 阪 (28)	7,558	92.2	604	558	595	675	667
兵 庫 (29)	17,323	88.4	1,429	1,308	1,451	1,502	1,617
奈 良 (30)	x	x	x	x	x	x	x
和 歌 山 (31)	x	x	x	x	x	x	x
鳥 取 (32)	x	x	x	x	x	x	x
島 根 (33)	132	97.8	9	10	11	10	11
岡 山 (34)	17,994	110.2	1,465	1,284	1,378	1,319	1,417
広 島 (35)	2,570	101.1	200	190	213	207	221
山 口 (36)	x	x	x	x	x	x	x
徳 島 (37)	x	x	x	x	x	x	x
香 川 (38)	x	x	x	x	x	x	x
愛 媛 (39)	x	x	x	x	x	x	x
高 知 (40)	x	x	x	x	x	x	x
福 岡 (41)	8,511	99.4	678	678	789	711	697
佐 賀 (42)	x	x	x	x	x	x	x
長 崎 (43)	x	x	x	x	x	x	x
熊 本 (44)	27,075	105.9	2,294	2,065	2,241	2,168	2,278
大 分 (45)	4,619	94.6	357	336	377	364	405
宮 崎 (46)	10,163	96.4	799	731	823	860	845
鹿 児 島 (47)	86	84.3	7	7	8	7	7
沖 縄 (48)	4,513	94.0	367	335	382	347	420

6	7	8	9	10	11	12	
kl	kl	kl	kl	kl	kl	kl	
31, 834	32, 845	32, 542	32, 094	32, 368	31, 479	32, 133	(1)
8, 028	8, 100	8, 088	7, 980	7, 874	7, 483	7, 622	(2)
x	x	x	x	x	x	x	(3)
550	539	604	556	479	508	478	(4)
377	398	384	383	384	356	287	(5)
x	x	x	x	x	x	x	(6)
164	192	150	183	221	262	266	(7)
7	7	7	7	3	4	5	(8)
359	413	367	342	310	297	275	(9)
943	1, 041	1, 079	947	936	962	930	(10)
1, 011	1, 015	985	1, 080	1, 272	1, 459	1, 410	(11)
686	647	615	736	865	1, 033	1, 099	(12)
184	178	165	178	191	184	174	(13)
1, 231	1, 266	1, 327	1, 298	1, 303	1, 145	1, 462	(14)
5, 477	5, 747	5, 606	5, 590	5, 632	5, 430	5, 542	(15)
153	140	133	136	137	125	126	(16)
x	x	x	x	x	x	x	(17)
–	–	–	–	–	–	–	(18)
x	x	x	x	x	x	x	(19)
–	–	–	–	–	–	–	(20)
–	–	–	–	–	–	–	(21)
11	4	4	4	4	4	4	(22)
437	434	385	424	543	627	686	(23)
2, 788	2, 919	2, 970	2, 853	2, 652	2, 456	2, 497	(24)
252	261	266	260	254	278	270	(25)
–	–	–	–	–	–	–	(26)
6	7	7	7	6	6	6	(27)
670	710	715	668	605	564	527	(28)
1, 611	1, 530	1, 463	1, 573	1, 438	1, 210	1, 191	(29)
x	x	x	x	x	x	x	(30)
x	x	x	x	x	x	x	(31)
x	x	x	x	x	x	x	(32)
12	12	12	12	11	11	11	(33)
1, 449	1, 531	1, 394	1, 475	1, 648	1, 803	1, 831	(34)
221	225	232	221	224	210	206	(35)
x	x	x	x	x	x	x	(36)
x	x	x	x	x	x	x	(37)
x	x	x	x	x	x	x	(38)
x	x	x	x	x	x	x	(39)
x	x	x	x	x	x	x	(40)
664	694	719	645	691	712	833	(41)
x	x	x	x	x	x	x	(42)
x	x	x	x	x	x	x	(43)
2, 253	2, 441	2, 451	2, 187	2, 244	2, 191	2, 262	(44)
412	416	437	423	384	357	351	(45)
871	922	934	905	866	804	803	(46)
7	7	8	7	7	7	7	(47)
338	371	341	358	528	375	351	(48)

8 飲用牛乳等生産量（都道府県別）（月別）（続き）

（6） 加工乳・成分調整牛乳　うち業務用生産量

都道府県	年計 実数	年計 対前年比	1 月	2	3	4	5
	kl	%	kl	kl	kl	kl	kl
全　　国　(1)	43,682	102.5	3,663	4,125	4,020	3,343	3,127
北　海　道　(2)	1,625	90.9	139	241	156	248	112
青　　森　(3)	x	x	x	x	x	x	x
岩　　手　(4)	102	83.6	10	9	10	8	9
宮　　城　(5)	1,387	nc	42	36	54	145	168
秋　　田　(6)	x	x	x	x	x	x	x
山　　形　(7)	-	nc	-	-	-	-	-
福　　島　(8)	-	nc	-	-	-	-	-
茨　　城　(9)	-	nc	-	-	-	-	-
栃　　木　(10)	-	nc	-	-	-	-	-
群　　馬　(11)	-	nc	-	-	-	-	-
埼　　玉　(12)	7,100	106.7	556	558	617	529	461
千　　葉　(13)	-	nc	-	-	-	-	-
東　　京　(14)	1,991	41.4	256	738	388	46	60
神　奈　川　(15)	4,968	96.7	342	404	480	402	374
新　　潟　(16)	-	nc	-	-	-	-	-
富　　山　(17)	x	x	x	x	x	x	x
石　　川　(18)	-	nc	-	-	-	-	-
福　　井　(19)	x	x	x	x	x	x	x
山　　梨　(20)	-	nc	-	-	-	-	-
長　　野　(21)	-	nc	-	-	-	-	-
岐　　阜　(22)	-	nc	-	-	-	-	-
静　　岡　(23)	4,919	87.5	480	404	389	331	327
愛　　知　(24)	2,006	nc	122	162	181	173	142
三　　重　(25)	-	nc	-	-	-	-	-
滋　　賀　(26)	-	nc	-	-	-	-	-
京　　都　(27)	-	nc	-	-	-	-	-
大　　阪　(28)	-	-	-	-	-	-	-
兵　　庫　(29)	-	nc	-	-	-	-	-
奈　　良　(30)	x	x	x	x	x	x	x
和　歌　山　(31)	x	x	x	x	x	x	x
鳥　　取　(32)	x	x	x	x	x	x	x
島　　根　(33)	-	nc	-	-	-	-	-
岡　　山　(34)	10,865	111.9	1,022	879	937	732	761
広　　島　(35)	-	nc	-	-	-	-	-
山　　口　(36)	x	x	x	x	x	x	x
徳　　島　(37)	x	x	x	x	x	x	x
香　　川　(38)	x	x	x	x	x	x	x
愛　　媛　(39)	x	x	x	x	x	x	x
高　　知　(40)	x	x	x	x	x	x	x
福　　岡　(41)	8,511	99.4	678	678	789	711	697
佐　　賀　(42)	x	x	x	x	x	x	x
長　　崎　(43)	x	x	x	x	x	x	x
熊　　本　(44)	-	nc	-	-	-	-	-
大　　分　(45)	-	nc	-	-	-	-	-
宮　　崎　(46)	-	nc	-	-	-	-	-
鹿　児　島　(47)	-	nc	-	-	-	-	-
沖　　縄　(48)	208	108.9	16	16	19	18	16

6	7	8	9	10	11	12	
kl	kl	kl	kl	kl	kl	kl	
3,143	3,198	2,897	3,160	3,669	4,316	5,021	(1)
90	78	40	107	126	70	218	(2)
x	x	x	x	x	x	x	(3)
8	8	8	8	8	8	8	(4)
142	148	136	142	146	142	86	(5)
x	x	x	x	x	x	x	(6)
−	−	−	−	−	−	−	(7)
−	−	−	−	−	−	−	(8)
−	−	−	−	−	−	−	(9)
−	−	−	−	−	−	−	(10)
−	−	−	−	−	−	−	(11)
494	467	420	550	674	844	930	(12)
−	−	−	−	−	−	−	(13)
45	−	−	−	15	73	370	(14)
401	404	365	385	439	478	494	(15)
−	−	−	−	−	−	−	(16)
x	x	x	x	x	x	x	(17)
−	−	−	−	−	−	−	(18)
x	x	x	x	x	x	x	(19)
−	−	−	−	−	−	−	(20)
−	−	−	−	−	−	−	(21)
−	−	−	−	−	−	−	(22)
351	358	308	347	468	550	606	(23)
153	172	173	143	172	201	212	(24)
−	−	−	−	−	−	−	(25)
−	−	−	−	−	−	−	(26)
−	−	−	−	−	−	−	(27)
−	−	−	−	−	−	−	(28)
−	−	−	−	−	−	−	(29)
x	x	x	x	x	x	x	(30)
x	x	x	x	x	x	x	(31)
x	x	x	x	x	x	x	(32)
−	−	−	−	−	−	−	(33)
780	851	713	818	912	1,218	1,242	(34)
−	−	−	−	−	−	−	(35)
x	x	x	x	x	x	x	(36)
x	x	x	x	x	x	x	(37)
x	x	x	x	x	x	x	(38)
x	x	x	x	x	x	x	(39)
x	x	x	x	x	x	x	(40)
664	694	719	645	691	712	833	(41)
x	x	x	x	x	x	x	(42)
x	x	x	x	x	x	x	(43)
−	−	−	−	−	−	−	(44)
−	−	−	−	−	−	−	(45)
−	−	−	−	−	−	−	(46)
−	−	−	−	−	−	−	(47)
15	18	15	15	18	20	22	(48)

8 飲用牛乳等生産量（都道府県別）（月別）（続き）

(7) 加工乳・成分調整牛乳　うち成分調整牛乳生産量

都道府県	年　計 実　数	対前年比	1 月	2	3	4	5
	kl	%	kl	kl	kl	kl	kl
全　　国　(1)	264,289	93.6	22,187	20,680	22,050	21,805	22,948
北 海 道　(2)	90,507	99.0	7,746	7,169	7,705	7,706	7,857
青　　森　(3)	x	x	x	x	x	x	x
岩　　手　(4)	5,886	91.6	493	445	481	489	514
宮　　城　(5)	2,797	86.5	244	221	224	237	245
秋　　田　(6)	x	x	x	x	x	x	x
山　　形　(7)	-	nc	-	-	-	-	-
福　　島　(8)	39	92.9	3	3	3	3	3
茨　　城　(9)	4,210	84.4	391	319	376	379	382
栃　　木　(10)	1,065	99.3	81	75	93	94	94
群　　馬　(11)	3,742	116.3	293	278	311	300	322
埼　　玉　(12)	2,034	102.0	165	153	173	153	182
千　　葉　(13)	1,942	104.0	150	148	169	149	171
東　　京　(14)	15,864	63.4	1,673	1,812	1,419	1,177	1,254
神 奈 川　(15)	32,311	96.0	2,581	2,349	2,534	2,493	2,838
新　　潟　(16)	1,049	96.7	80	80	90	89	94
富　　山　(17)	x	x	x	x	x	x	x
石　　川　(18)	-	nc	-	-	-	-	-
福　　井　(19)	x	x	x	x	x	x	x
山　　梨　(20)	-	nc	-	-	-	-	-
長　　野　(21)	-	nc	-	-	-	-	-
岐　　阜　(22)	-	nc	-	-	-	-	-
静　　岡　(23)	670	104.0	47	48	68	52	55
愛　　知　(24)	18,243	90.7	1,490	1,357	1,477	1,504	1,606
三　　重　(25)	3,173	92.6	311	257	284	242	245
滋　　賀　(26)	-	nc	-	-	-	-	-
京　　都　(27)	-	nc	-	-	-	-	-
大　　阪　(28)	-	nc	-	-	-	-	-
兵　　庫　(29)	17,323	88.4	1,429	1,308	1,451	1,502	1,617
奈　　良　(30)	x	x	x	x	x	x	x
和 歌 山　(31)	x	x	x	x	x	x	x
鳥　　取　(32)	x	x	x	x	x	x	x
島　　根　(33)	132	97.8	9	10	11	10	11
岡　　山　(34)	7,129	107.9	443	405	441	587	656
広　　島　(35)	2,570	101.1	200	190	213	207	221
山　　口　(36)	x	x	x	x	x	x	x
徳　　島　(37)	x	x	x	x	x	x	x
香　　川　(38)	x	x	x	x	x	x	x
愛　　媛　(39)	x	x	x	x	x	x	x
高　　知　(40)	x	x	x	x	x	x	x
福　　岡　(41)	8,511	101.1	678	678	789	711	697
佐　　賀　(42)	x	x	x	x	x	x	x
長　　崎　(43)	x	x	x	x	x	x	x
熊　　本　(44)	23,009	97.3	1,934	1,747	1,904	1,902	2,010
大　　分　(45)	4,619	94.6	357	336	377	364	405
宮　　崎　(46)	10,163	96.4	799	731	823	860	845
鹿 児 島　(47)	-	nc	-	-	-	-	-
沖　　縄　(48)	-	nc	-	-	-	-	-

6	7	8	9	10	11	12	
kl	kl	kl	kl	kl	kl	kl	
22,518	23,150	23,415	22,507	21,989	20,436	20,604	(1)
7,671	7,706	7,728	7,541	7,422	7,079	7,177	(2)
x	x	x	x	x	x	x	(3)
512	504	559	522	446	477	444	(4)
235	250	248	240	238	214	201	(5)
x	x	x	x	x	x	x	(6)
–	–	–	–	–	–	–	(7)
3	3	3	3	3	4	5	(8)
359	413	367	342	310	297	275	(9)
93	95	98	88	87	82	85	(10)
323	327	337	322	328	308	293	(11)
180	167	182	173	178	172	156	(12)
170	163	151	164	177	170	160	(13)
1,186	1,266	1,327	1,298	1,288	1,072	1,092	(14)
2,764	2,955	2,994	2,869	2,809	2,545	2,580	(15)
92	91	87	90	90	82	84	(16)
x	x	x	x	x	x	x	(17)
–	–	–	–	–	–	–	(18)
x	x	x	x	x	x	x	(19)
–	–	–	–	–	–	–	(20)
–	–	–	–	–	–	–	(21)
–	–	–	–	–	–	–	(22)
65	55	56	56	53	56	59	(23)
1,605	1,687	1,680	1,593	1,465	1,385	1,394	(24)
251	260	265	259	253	277	269	(25)
–	–	–	–	–	–	–	(26)
–	–	–	–	–	–	–	(27)
–	–	–	–	–	–	–	(28)
1,611	1,530	1,463	1,573	1,438	1,210	1,191	(29)
x	x	x	x	x	x	x	(30)
x	x	x	x	x	x	x	(31)
x	x	x	x	x	x	x	(32)
12	12	12	12	11	11	11	(33)
669	680	681	657	736	585	589	(34)
221	225	232	221	224	210	206	(35)
x	x	x	x	x	x	x	(36)
x	x	x	x	x	x	x	(37)
x	x	x	x	x	x	x	(38)
x	x	x	x	x	x	x	(39)
x	x	x	x	x	x	x	(40)
664	694	719	645	691	712	833	(41)
x	x	x	x	x	x	x	(42)
x	x	x	x	x	x	x	(43)
1,929	2,093	2,203	1,895	1,877	1,750	1,765	(44)
412	416	437	423	384	357	351	(45)
871	922	934	905	866	804	803	(46)
–	–	–	–	–	–	–	(47)
–	–	–	–	–	–	–	(48)

9 乳飲料生産量（都道府県別）（月別）

都道府県	年 計 実 数	年 計 対前年比	1 月	2	3	4	5
	kl	%	kl	kl	kl	kl	kl
全 国 (1)	1,058,886	95.6	79,854	76,606	87,882	88,841	92,138
北 海 道 (2)	24,000	98.8	1,938	1,827	2,011	2,111	1,861
青 森 (3)	x	x	x	x	x	x	x
岩 手 (4)	3,558	83.8	311	278	333	275	312
宮 城 (5)	29,157	78.4	2,342	2,153	2,394	2,560	2,573
秋 田 (6)	x	x	x	x	x	x	x
山 形 (7)	72	100.0	6	6	6	6	6
福 島 (8)	14,359	115.6	969	841	1,120	1,301	1,361
茨 城 (9)	62,413	90.5	4,630	4,474	5,233	5,266	5,522
栃 木 (10)	4,361	121.8	228	228	398	399	405
群 馬 (11)	19,982	67.2	1,973	1,829	1,877	1,582	1,601
埼 玉 (12)	46,935	104.6	3,500	3,521	4,170	4,138	4,292
千 葉 (13)	91,880	96.0	7,097	6,686	7,426	7,661	8,196
東 京 (14)	100,916	103.9	7,091	7,173	8,016	8,707	8,885
神 奈 川 (15)	98,903	91.4	6,956	6,871	7,866	7,845	8,694
新 潟 (16)	3,517	102.4	258	249	281	281	300
富 山 (17)	x	x	x	x	x	x	x
石 川 (18)	1,755	89.7	142	131	144	147	156
福 井 (19)	x	x	x	x	x	x	x
山 梨 (20)	-	nc	-	-	-	-	-
長 野 (21)	13,094	98.1	1,023	949	1,043	1,062	1,124
岐 阜 (22)	35,450	94.5	2,498	2,298	2,759	3,013	2,886
静 岡 (23)	18,754	61.0	2,428	2,138	1,969	1,442	1,453
愛 知 (24)	84,141	102.6	6,325	6,140	7,204	7,213	7,551
三 重 (25)	2,153	97.4	160	158	182	182	179
滋 賀 (26)	72	83.7	7	6	8	7	7
京 都 (27)	42,411	119.5	3,025	2,880	3,410	3,840	3,777
大 阪 (28)	34,357	90.1	2,656	2,585	2,858	2,895	2,879
兵 庫 (29)	94,871	98.2	6,693	6,498	7,743	7,496	7,782
奈 良 (30)	x	x	x	x	x	x	x
和 歌 山 (31)	x	x	x	x	x	x	x
鳥 取 (32)	x	x	x	x	x	x	x
島 根 (33)	942	86.8	85	80	90	75	78
岡 山 (34)	37,191	86.5	2,796	2,664	3,137	3,103	3,293
広 島 (35)	20,678	101.1	1,543	1,512	1,668	1,691	1,800
山 口 (36)	x	x	x	x	x	x	x
徳 島 (37)	x	x	x	x	x	x	x
香 川 (38)	x	x	x	x	x	x	x
愛 媛 (39)	x	x	x	x	x	x	x
高 知 (40)	x	x	x	x	x	x	x
福 岡 (41)	31,952	123.0	2,047	1,874	2,671	2,939	2,896
佐 賀 (42)	x	x	x	x	x	x	x
長 崎 (43)	x	x	x	x	x	x	x
熊 本 (44)	18,178	92.2	1,324	1,316	1,524	1,476	1,619
大 分 (45)	15,262	98.5	1,185	1,084	1,382	1,232	1,316
宮 崎 (46)	5,862	84.8	439	395	495	502	538
鹿 児 島 (47)	9,169	98.8	690	642	749	792	792
沖 縄 (48)	10,522	98.0	855	790	853	827	904

6	7	8	9	10	11	12	
kl	kl	kl	kl	kl	kl	kl	
93,160	97,655	96,287	93,248	91,248	82,267	79,700	(1)
1,987	2,045	2,002	2,040	1,933	2,046	2,199	(2)
x	x	x	x	x	x	x	(3)
289	315	298	304	308	272	263	(4)
2,495	2,604	2,619	2,450	2,465	2,294	2,208	(5)
x	x	x	x	x	x	x	(6)
6	6	6	6	6	6	6	(7)
1,354	1,390	1,481	1,320	1,321	960	941	(8)
5,519	5,768	5,707	5,407	5,359	4,855	4,673	(9)
381	404	413	377	373	377	378	(10)
1,625	1,691	1,652	1,700	1,720	1,427	1,305	(11)
4,066	4,128	4,053	3,981	4,227	3,632	3,227	(12)
8,076	8,510	8,304	8,119	7,780	7,219	6,806	(13)
8,881	9,560	9,295	9,265	8,487	7,754	7,802	(14)
8,963	8,780	9,294	8,437	7,777	8,863	8,557	(15)
300	327	332	313	313	285	278	(16)
x	x	x	x	x	x	x	(17)
154	165	159	150	148	126	133	(18)
x	x	x	x	x	x	x	(19)
-	-	-	-	-	-	-	(20)
1,132	1,201	1,199	1,183	1,125	1,033	1,020	(21)
3,322	3,448	3,202	3,075	3,120	3,195	2,634	(22)
1,360	1,344	1,332	1,276	1,337	1,291	1,384	(23)
7,501	7,623	7,229	7,064	7,430	6,410	6,451	(24)
184	189	199	186	184	174	176	(25)
5	5	6	5	5	5	6	(26)
3,818	4,019	3,961	3,822	3,645	3,174	3,040	(27)
3,012	3,286	3,159	3,020	2,991	2,609	2,407	(28)
8,104	8,973	9,210	9,032	9,415	6,981	6,944	(29)
x	x	x	x	x	x	x	(30)
x	x	x	x	x	x	x	(31)
x	x	x	x	x	x	x	(32)
77	80	78	75	77	74	73	(33)
3,377	3,718	3,415	3,355	3,102	2,684	2,547	(34)
1,842	1,974	1,919	1,848	1,755	1,611	1,515	(35)
x	x	x	x	x	x	x	(36)
x	x	x	x	x	x	x	(37)
x	x	x	x	x	x	x	(38)
x	x	x	x	x	x	x	(39)
x	x	x	x	x	x	x	(40)
3,007	3,169	3,075	2,967	2,733	2,322	2,252	(41)
x	x	x	x	x	x	x	(42)
x	x	x	x	x	x	x	(43)
1,598	1,631	1,622	1,656	1,678	1,367	1,367	(44)
1,319	1,414	1,382	1,376	1,317	1,140	1,115	(45)
558	489	489	559	487	453	458	(46)
793	858	873	825	802	711	642	(47)
902	946	914	948	929	816	838	(48)

10 はっ酵乳生産量（都道府県別）（月別）

都道府県	年 計 実数	年 計 対前年比	1 月	2	3	4	5
	kl	%	kl	kl	kl	kl	kl
全 国 (1)	1,033,721	97.5	84,654	80,538	91,445	90,355	90,409
北 海 道 (2)	23,061	84.5	1,980	1,802	2,012	2,073	2,004
青 森 (3)	x	x	x	x	x	x	x
岩 手 (4)	17,514	101.7	1,417	1,278	1,317	1,384	1,476
宮 城 (5)	27,481	103.0	2,067	2,003	2,413	2,470	2,397
秋 田 (6)	x	x	x	x	x	x	x
山 形 (7)	738	107.3	61	55	64	62	65
福 島 (8)	2,839	94.0	225	200	267	242	234
茨 城 (9)	116,265	97.7	9,485	9,303	10,310	10,080	10,019
栃 木 (10)	17,774	100.8	1,417	1,309	1,586	1,546	1,599
群 馬 (11)	146,091	101.4	11,956	11,128	12,287	12,025	12,338
埼 玉 (12)	84,068	94.8	7,453	6,986	7,573	7,558	7,399
千 葉 (13)	15,949	95.0	1,333	1,349	1,416	1,405	1,465
東 京 (14)	78,699	96.7	6,280	5,984	6,735	6,926	7,212
神 奈 川 (15)	135,503	103.1	11,383	10,670	12,295	11,989	11,799
新 潟 (16)	10,428	104.2	762	780	1,022	878	897
富 山 (17)	x	x	x	x	x	x	x
石 川 (18)	3,783	89.5	284	297	411	376	310
福 井 (19)	x	x	x	x	x	x	x
山 梨 (20)	6,786	74.3	817	726	860	459	499
長 野 (21)	18,531	96.3	1,497	1,435	1,637	1,639	1,584
岐 阜 (22)	24,203	92.8	1,794	1,878	2,188	2,269	2,264
静 岡 (23)	7,047	122.2	485	443	582	638	624
愛 知 (24)	45,481	84.3	4,031	3,691	4,139	3,905	3,958
三 重 (25)	2,568	97.2	206	192	220	217	224
滋 賀 (26)	5,016	113.5	334	348	397	431	465
京 都 (27)	65,955	97.9	5,485	5,408	6,189	6,065	5,818
大 阪 (28)	15,167	112.2	1,077	1,050	1,375	1,355	1,341
兵 庫 (29)	35,880	99.6	2,846	2,642	3,234	3,167	3,261
奈 良 (30)	x	x	x	x	x	x	x
和 歌 山 (31)	x	x	x	x	x	x	x
鳥 取 (32)	x	x	x	x	x	x	x
島 根 (33)	821	94.5	65	66	69	71	71
岡 山 (34)	9,704	96.1	741	693	842	849	889
広 島 (35)	45,466	98.3	3,584	3,467	3,773	3,966	3,989
山 口 (36)	x	x	x	x	x	x	x
徳 島 (37)	x	x	x	x	x	x	x
香 川 (38)	x	x	x	x	x	x	x
愛 媛 (39)	x	x	x	x	x	x	x
高 知 (40)	x	x	x	x	x	x	x
福 岡 (41)	29,521	92.7	2,333	2,216	2,604	2,709	2,448
佐 賀 (42)	x	x	x	x	x	x	x
長 崎 (43)	x	x	x	x	x	x	x
熊 本 (44)	6,230	98.4	472	465	544	556	556
大 分 (45)	1,334	92.8	106	102	115	115	119
宮 崎 (46)	6,845	105.9	508	462	533	599	597
鹿 児 島 (47)	92	91.1	7	7	8	8	7
沖 縄 (48)	1,415	91.3	112	107	130	115	127

6	7	8	9	10	11	12	
kl	kl	kl	kl	kl	kl	kl	
88, 948	89, 221	86, 551	85, 685	86, 647	81, 670	77, 598	(1)
1, 978	1, 928	1, 819	1, 852	1, 892	1, 775	1, 946	(2)
x	x	x	x	x	x	x	(3)
1, 410	1, 561	1, 558	1, 445	1, 586	1, 540	1, 542	(4)
2, 416	2, 406	2, 377	2, 309	2, 221	2, 231	2, 171	(5)
x	x	x	x	x	x	x	(6)
65	65	61	57	59	61	63	(7)
242	273	245	214	231	221	245	(8)
9, 364	9, 825	9, 839	9, 841	9, 657	9, 345	9, 197	(9)
1, 507	1, 483	1, 450	1, 428	1, 472	1, 457	1, 520	(10)
12, 301	12, 436	12, 086	12, 488	13, 073	12, 579	11, 394	(11)
7, 463	6, 923	6, 567	6, 814	6, 870	6, 400	6, 062	(12)
1, 396	1, 410	1, 263	1, 332	1, 235	1, 229	1, 116	(13)
6, 947	6, 843	6, 808	6, 516	6, 528	6, 455	5, 465	(14)
11, 675	11, 845	11, 782	11, 044	11, 174	9, 957	9, 890	(15)
878	920	897	841	849	823	881	(16)
x	x	x	x	x	x	x	(17)
246	339	320	288	264	317	331	(18)
x	x	x	x	x	x	x	(19)
488	501	518	483	481	482	472	(20)
1, 643	1, 610	1, 601	1, 519	1, 608	1, 432	1, 326	(21)
2, 244	2, 126	1, 975	1, 955	1, 944	1, 771	1, 795	(22)
621	628	593	632	618	624	559	(23)
3, 912	4, 014	3, 794	3, 725	3, 597	3, 435	3, 280	(24)
221	221	217	211	218	215	206	(25)
457	435	441	458	429	421	400	(26)
5, 737	5, 604	5, 432	5, 263	5, 282	4, 906	4, 766	(27)
1, 412	1, 408	1, 280	1, 397	1, 268	1, 139	1, 065	(28)
3, 044	2, 989	2, 980	2, 947	3, 327	2, 864	2, 579	(29)
x	x	x	x	x	x	x	(30)
x	x	x	x	x	x	x	(31)
x	x	x	x	x	x	x	(32)
71	72	69	67	69	64	67	(33)
839	888	870	843	833	757	660	(34)
4, 018	3, 982	3, 777	3, 868	3, 995	3, 630	3, 417	(35)
x	x	x	x	x	x	x	(36)
x	x	x	x	x	x	x	(37)
x	x	x	x	x	x	x	(38)
x	x	x	x	x	x	x	(39)
x	x	x	x	x	x	x	(40)
2, 614	2, 693	2, 577	2, 391	2, 355	2, 322	2, 259	(41)
x	x	x	x	x	x	x	(42)
x	x	x	x	x	x	x	(43)
564	582	510	521	519	507	434	(44)
116	121	111	117	111	103	98	(45)
619	699	598	591	598	514	527	(46)
8	8	8	7	8	8	8	(47)
127	136	115	119	118	107	102	(48)

11 乳酸菌飲料生産量（都道府県別）（月別）

都道府県	年　　　計		1　月	2	3	4	5
	実　数	対前年比					
	kl	%	kl	kl	kl	kl	kl
全　　国　(1)	113,009	96.4	8,159	8,176	10,511	10,262	11,541
北　海　道　(2)	4,679	100.6	401	369	383	374	416
青　　森　(3)	x	x	x	x	x	x	x
岩　　手　(4)	-	nc	-	-	-	-	-
宮　　城　(5)	1,480	99.5	180	123	118	113	117
秋　　田　(6)	x	x	x	x	x	x	x
山　　形　(7)	-	nc	-	-	-	-	-
福　　島　(8)	-	nc	-	-	-	-	-
茨　　城　(9)	-	nc	-	-	-	-	-
栃　　木　(10)	827	181.4	51	46	56	77	80
群　　馬　(11)	48,347	92.9	3,031	3,249	5,117	4,927	5,722
埼　　玉　(12)	626	128.3	57	52	60	58	59
千　　葉　(13)	36	90.0	3	3	3	3	3
東　　京　(14)	7,448	90.7	530	548	654	631	642
神　奈　川　(15)	10,589	118.5	958	828	883	831	936
新　　潟　(16)	-	nc	-	-	-	-	-
富　　山　(17)	x	x	x	x	x	x	x
石　　川　(18)	-	nc	-	-	-	-	-
福　　井　(19)	x	x	x	x	x	x	x
山　　梨　(20)	-	nc	-	-	-	-	-
長　　野　(21)	-	nc	-	-	-	-	-
岐　　阜　(22)	-	nc	-	-	-	-	-
静　　岡　(23)	207	23.2	76	64	67	-	-
愛　　知　(24)	16,565	113.4	1,504	1,273	1,448	1,439	1,399
三　　重　(25)	-	nc	-	-	-	-	-
滋　　賀　(26)	-	nc	-	-	-	-	-
京　　都　(27)	1,290	4,961.5	3	2	87	96	112
大　　阪　(28)	198	90.8	17	12	19	19	14
兵　　庫　(29)	-	nc	-	-	-	-	-
奈　　良　(30)	x	x	x	x	x	x	x
和　歌　山　(31)	x	x	x	x	x	x	x
鳥　　取　(32)	x	x	x	x	x	x	x
島　　根　(33)	-	nc	-	-	-	-	-
岡　　山　(34)	8,137	108.0	386	766	624	710	972
広　　島　(35)	-	nc	-	-	-	-	-
山　　口　(36)	x	x	x	x	x	x	x
徳　　島　(37)	x	x	x	x	x	x	x
香　　川　(38)	x	x	x	x	x	x	x
愛　　媛　(39)	x	x	x	x	x	x	x
高　　知　(40)	x	x	x	x	x	x	x
福　　岡　(41)	-	nc	-	-	-	-	-
佐　　賀　(42)	x	x	x	x	x	x	x
長　　崎　(43)	x	x	x	x	x	x	x
熊　　本　(44)	1,170	92.1	103	92	102	96	100
大　　分　(45)	77	100.0	6	5	6	7	6
宮　　崎　(46)	4,182	89.4	258	195	275	272	330
鹿　児　島　(47)	96	89.7	8	7	8	9	8
沖　　縄　(48)	2,321	100.3	171	166	191	186	212

6	7	8	9	10	11	12	
kl	kl	kl	kl	kl	kl	kl	
12,809	10,692	9,806	7,208	7,746	7,457	8,642	(1)
378	417	430	441	367	365	338	(2)
x	x	x	x	x	x	x	(3)
−	−	−	−	−	−	−	(4)
115	143	117	112	111	111	120	(5)
x	x	x	x	x	x	x	(6)
−	−	−	−	−	−	−	(7)
−	−	−	−	−	−	−	(8)
−	−	−	−		−	−	(9)
75	74	73	71	74	73	77	(10)
6,836	4,683	3,974	1,910	2,654	2,544	3,700	(11)
52	50	48	46	48	47	49	(12)
3	3	3	3	3	3	3	(13)
630	636	650	620	623	664	620	(14)
914	905	943	903	884	805	799	(15)
−	−	−	−	−	−	−	(16)
x	x	x	x	x	x	x	(17)
−	−	−	−	−	−	−	(18)
x	x	x	x	x	x	x	(19)
−	−	−	−	−	−	−	(20)
−	−	−	−	−	−	−	(21)
−	−	−	−	−	−	−	(22)
−	−	−	−	−	−	−	(23)
1,409	1,441	1,432	1,414	1,388	1,230	1,188	(24)
−	−	−	−	−	−	−	(25)
−	−	−	−	−	−	−	(26)
131	126	118	146	162	149	158	(27)
18	19	14	18	17	14	17	(28)
−	−	−	−	−	−	−	(29)
x	x	x	x	x	x	x	(30)
x	x	x	x	x	x	x	(31)
x	x	x	x	x	x	x	(32)
−	−	−	−	−	−	−	(33)
1,069	780	734	537	399	560	600	(34)
−	−	−	−	−	−	−	(35)
x	x	x	x	x	x	x	(36)
x	x	x	x	x	x	x	(37)
x	x	x	x	x	x	x	(38)
x	x	x	x	x	x	x	(39)
x	x	x	x	x	x	x	(40)
−	−	−	−	−	−	−	(41)
x	x	x	x	x	x	x	(42)
x	x	x	x	x	x	x	(43)
98	99	101	97	96	96	90	(44)
6	7	7	6	7	7	7	(45)
451	661	529	264	324	269	354	(46)
8	8	8	7	9	8	8	(47)
213	234	227	213	186	161	161	(48)

12 飲用牛乳等出荷量（都道府県別）（月別）

都道府県		年　　計		1　月	2	3	4	5
		実　数	飲用牛乳等生産量に対する割合					
		kl	%	kl	kl	kl	kl	kl
全　　国	(1)	1,751,361	49.0	141,326	132,258	145,175	142,615	148,940
北　海　道	(2)	399,304	71.3	30,622	29,165	33,571	32,580	33,439
青　　森	(3)	x	x	x	x	x	x	x
岩　　手	(4)	48,797	65.6	4,070	3,846	4,070	4,036	4,226
宮　　城	(5)	27,192	38.6	2,224	2,169	2,192	2,318	2,317
秋　　田	(6)	x	x	x	x	x	x	x
山　　形	(7)	3,011	13.0	259	233	255	248	266
福　　島	(8)	10,956	30.9	826	524	1,157	1,093	623
茨　　城	(9)	151,143	78.0	12,588	11,972	12,916	12,353	13,309
栃　　木	(10)	122,891	69.0	9,891	9,031	9,981	9,767	10,643
群　　馬	(11)	85,400	74.5	8,215	7,454	7,828	7,081	7,202
埼　　玉	(12)	58,989	69.1	4,897	4,539	4,375	4,863	4,831
千　　葉	(13)	87,920	50.0	7,454	6,727	7,082	7,415	8,160
東　　京	(14)	42,795	58.3	3,000	2,918	3,034	3,605	3,936
神　奈　川	(15)	78,809	28.2	6,522	6,302	6,272	6,491	6,884
新　　潟	(16)	11,211	27.4	791	702	854	807	965
富　　山	(17)	x	x	x	x	x	x	x
石　　川	(18)	10,538	39.8	761	694	963	813	919
福　　井	(19)	x	x	x	x	x	x	x
山　　梨	(20)	-	-	-	-	-	-	-
長　　野	(21)	55,965	47.2	4,247	4,029	4,412	4,476	4,940
岐　　阜	(22)	58,531	70.0	4,414	3,975	4,347	4,478	4,896
静　　岡	(23)	27,851	33.4	2,497	2,290	2,383	2,196	2,251
愛　　知	(24)	49,644	29.3	3,637	3,834	4,338	4,068	3,955
三　　重	(25)	8,000	29.6	531	611	610	671	664
滋　　賀	(26)	10,717	47.1	867	721	832	876	1,003
京　　都	(27)	35,293	38.7	2,807	2,373	2,922	2,485	3,055
大　　阪	(28)	23,107	20.1	1,854	1,778	2,056	1,869	1,920
兵　　庫	(29)	45,379	29.5	4,063	3,711	4,139	4,157	3,952
奈　　良	(30)	x	x	x	x	x	x	x
和　歌　山	(31)	x	x	x	x	x	x	x
鳥　　取	(32)	x	x	x	x	x	x	x
島　　根	(33)	3,393	22.4	272	257	289	287	274
岡　　山	(34)	21,812	18.2	1,760	1,558	1,608	1,613	1,727
広　　島	(35)	10,740	19.4	831	800	832	753	912
山　　口	(36)	x	x	x	x	x	x	x
徳　　島	(37)	x	x	x	x	x	x	x
香　　川	(38)	x	x	x	x	x	x	x
愛　　媛	(39)	x	x	x	x	x	x	x
高　　知	(40)	x	x	x	x	x	x	x
福　　岡	(41)	91,901	62.5	7,963	6,913	7,700	7,363	7,429
佐　　賀	(42)	x	x	x	x	x	x	x
長　　崎	(43)	x	x	x	x	x	x	x
熊　　本	(44)	75,381	58.6	5,610	5,612	6,097	5,878	6,073
大　　分	(45)	950	1.9	74	72	85	76	84
宮　　崎	(46)	18,981	52.5	1,456	1,474	1,526	1,581	1,626
鹿　児　島	(47)	244	2.7	20	19	22	21	20
沖　　縄	(48)	-	-	-	-	-	-	-

	6	7	8	9	10	11	12	
	kl	kl	kl	kl	kl	kl	kl	
	148,892	151,672	151,039	150,182	151,788	143,381	144,093	(1)
	33,421	34,718	35,074	35,600	35,665	32,429	33,020	(2)
	x	x	x	x	x	x	x	(3)
	4,183	4,202	4,137	4,069	4,100	3,966	3,892	(4)
	2,247	2,301	2,489	2,241	2,320	2,100	2,274	(5)
	x	x	x	x	x	x	x	(6)
	261	255	266	253	244	230	241	(7)
	714	811	949	1,179	1,165	1,057	858	(8)
	13,346	12,640	13,099	12,625	12,737	12,156	11,402	(9)
	10,354	10,980	10,805	10,623	10,073	10,410	10,333	(10)
	7,145	7,195	7,070	6,515	6,741	6,457	6,497	(11)
	4,936	5,069	4,786	4,965	5,349	5,247	5,132	(12)
	8,163	7,578	6,776	7,355	7,548	6,998	6,664	(13)
	3,809	3,726	3,567	3,670	3,934	3,649	3,947	(14)
	6,516	6,866	7,129	6,662	6,445	6,472	6,248	(15)
	892	1,045	1,015	1,053	1,062	957	1,068	(16)
	x	x	x	x	x	x	x	(17)
	962	861	893	1,008	907	897	860	(18)
	x	x	x	x	x	x	x	(19)
	–	–	–	–	–	–	–	(20)
	4,824	4,897	5,046	4,829	4,978	4,645	4,642	(21)
	5,035	5,278	5,055	4,874	5,119	5,034	6,026	(22)
	2,348	2,414	2,303	2,474	2,459	2,075	2,161	(23)
	4,080	4,377	4,373	4,189	4,244	4,130	4,419	(24)
	681	665	729	749	720	699	670	(25)
	1,087	901	705	949	995	925	856	(26)
	2,807	3,265	3,497	3,281	3,538	2,964	2,299	(27)
	2,139	1,887	1,614	2,020	2,094	1,983	1,893	(28)
	3,799	3,837	4,171	3,471	3,519	3,208	3,352	(29)
	x	x	x	x	x	x	x	(30)
	x	x	x	x	x	x	x	(31)
	x	x	x	x	x	x	x	(32)
	278	295	288	280	285	288	300	(33)
	1,770	1,919	1,844	1,880	1,978	2,059	2,096	(34)
	939	885	944	1,027	1,005	905	907	(35)
	x	x	x	x	x	x	x	(36)
	x	x	x	x	x	x	x	(37)
	x	x	x	x	x	x	x	(38)
	x	x	x	x	x	x	x	(39)
	x	x	x	x	x	x	x	(40)
	7,674	8,144	8,122	7,954	7,723	7,256	7,660	(41)
	x	x	x	x	x	x	x	(42)
	x	x	x	x	x	x	x	(43)
	6,284	6,822	6,729	6,381	6,739	6,483	6,673	(44)
	88	83	78	76	84	78	72	(45)
	1,718	1,581	1,519	1,698	1,712	1,545	1,545	(46)
	20	21	21	19	20	20	21	(47)
	–	–	–	–	–	–	–	(48)

13 飲用牛乳等入荷量（都道府県別）（月別）

都道府県	年　計 実　数	年　計 飲用牛乳等生産量に対する割合	1　月	2	3	4	5
	kl	%	kl	kl	kl	kl	kl
全　　国　(1)	1,751,361	49.0	141,326	132,258	145,175	142,615	148,940
北　海　道　(2)	774	0.1	59	58	68	64	63
青　　森　(3)	9,050	x	763	715	834	771	797
岩　　手　(4)	5,046	6.8	513	461	446	492	443
宮　　城　(5)	33,675	47.8	2,744	1,728	2,850	2,840	2,855
秋　　田　(6)	10,275	x	803	781	813	831	918
山　　形　(7)	2,387	10.3	203	195	217	194	196
福　　島　(8)	7,088	20.0	468	497	603	527	605
茨　　城　(9)	90,202	46.6	7,610	6,593	7,209	7,347	7,778
栃　　木　(10)	12,703	7.1	1,010	1,004	1,081	985	1,104
群　　馬　(11)	43,864	38.3	3,229	3,364	3,250	3,631	4,027
埼　　玉　(12)	279,382	327.4	22,828	21,553	22,827	22,713	24,273
千　　葉　(13)	54,964	31.3	4,864	4,961	5,110	4,750	4,467
東　　京　(14)	280,424	382.2	23,744	22,128	23,924	23,916	23,594
神　奈　川　(15)	153,859	55.1	12,227	11,625	12,578	11,830	13,268
新　　潟　(16)	14,131	34.6	1,219	1,179	1,123	1,155	1,163
富　　山　(17)	11,264	x	763	655	1,116	733	907
石　　川　(18)	4,658	17.6	532	490	565	376	362
福　　井　(19)	21,514	x	1,623	1,587	2,005	1,743	1,895
山　　梨　(20)	14,430	620.4	1,117	1,090	1,137	1,156	1,253
長　　野　(21)	4,740	4.0	426	463	481	387	393
岐　　阜　(22)	8,516	10.2	488	453	539	787	797
静　　岡　(23)	30,251	36.3	2,214	2,312	2,337	2,539	2,670
愛　　知　(24)	117,119	69.1	8,881	8,133	8,951	9,221	9,967
三　　重　(25)	6,609	24.5	439	428	496	566	659
滋　　賀　(26)	2,966	13.0	185	255	355	248	213
京　　都　(27)	55,730	61.2	4,622	4,325	4,877	4,402	4,511
大　　阪　(28)	219,669	190.9	17,397	16,164	18,424	17,779	18,239
兵　　庫　(29)	38,182	24.8	3,026	2,727	3,147	2,911	3,223
奈　　良　(30)	9,831	x	811	787	807	771	852
和　歌　山　(31)	6,571	x	494	469	517	533	583
鳥　　取　(32)	1,802	x	119	118	130	131	165
島　　根　(33)	1,292	8.5	100	99	109	106	110
岡　　山　(34)	29,579	24.7	2,373	2,199	2,482	2,353	2,510
広　　島　(35)	29,382	53.0	2,257	2,126	2,324	2,494	2,526
山　　口　(36)	3,783	x	326	317	340	249	261
徳　　島　(37)	6,538	x	451	409	437	532	616
香　　川　(38)	6,106	x	833	757	840	516	385
愛　　媛　(39)	5,106	x	315	310	325	414	482
高　　知　(40)	3,990	x	235	226	227	323	393
福　　岡　(41)	42,669	29.0	3,248	3,170	3,416	3,384	3,400
佐　　賀　(42)	10,453	x	970	679	895	919	790
長　　崎　(43)	12,574	x	1,015	962	999	1,029	1,076
熊　　本　(44)	9,287	7.2	744	740	880	803	782
大　　分　(45)	5,050	10.3	396	398	412	416	427
宮　　崎　(46)	2,671	7.4	182	177	180	180	192
鹿　児　島　(47)	29,085	318.9	2,322	2,263	2,330	2,400	2,549
沖　　縄　(48)	2,120	8.5	138	128	162	168	201

6	7	8	9	10	11	12	
kl	kl	kl	kl	kl	kl	kl	
148,892	151,672	151,039	150,182	151,788	143,381	144,093	(1)
64	66	63	63	67	69	70	(2)
773	768	671	705	744	749	760	(3)
410	378	367	359	376	347	454	(4)
2,757	2,998	2,840	2,842	3,171	3,037	3,013	(5)
914	866	818	905	912	842	872	(6)
207	210	204	191	189	188	193	(7)
591	564	573	597	523	585	955	(8)
7,800	7,813	7,497	7,695	7,726	7,469	7,665	(9)
1,077	1,088	1,183	1,101	1,056	1,055	959	(10)
3,603	4,127	4,108	3,740	3,799	3,495	3,491	(11)
23,742	24,268	24,506	24,250	23,829	22,470	22,123	(12)
4,341	4,318	4,377	4,285	4,611	4,535	4,345	(13)
23,843	23,446	22,447	23,259	24,471	23,118	22,534	(14)
13,118	13,411	13,781	13,279	13,361	12,582	12,799	(15)
1,153	1,290	1,253	1,215	1,203	1,091	1,087	(16)
1,158	963	1,004	1,263	953	889	860	(17)
321	339	338	348	332	322	333	(18)
1,897	1,858	1,747	1,903	1,859	1,696	1,701	(19)
1,261	1,193	1,091	1,201	1,200	1,359	1,372	(20)
376	395	402	365	367	345	340	(21)
764	800	815	777	779	756	761	(22)
2,330	2,624	3,090	2,599	2,278	2,806	2,452	(23)
10,234	10,569	10,279	10,057	10,519	9,812	10,496	(24)
572	672	535	545	586	553	558	(25)
206	231	250	300	272	226	225	(26)
4,669	4,757	5,173	4,764	4,712	4,396	4,522	(27)
18,690	19,289	19,520	19,286	19,112	17,539	18,230	(28)
3,135	3,423	3,654	3,181	3,336	3,239	3,180	(29)
868	823	774	852	921	842	723	(30)
619	560	444	639	626	575	512	(31)
165	175	171	165	162	150	151	(32)
108	113	114	108	113	102	110	(33)
2,545	2,544	2,594	2,621	2,597	2,379	2,382	(34)
2,581	2,657	2,616	2,506	2,490	2,379	2,426	(35)
282	406	425	275	413	250	239	(36)
620	593	574	630	601	549	526	(37)
373	430	410	378	398	340	446	(38)
499	472	426	505	481	455	422	(39)
404	373	334	410	381	356	328	(40)
3,721	3,765	3,650	3,770	3,896	3,626	3,623	(41)
823	902	843	948	1,051	816	817	(42)
1,109	1,099	1,097	1,124	1,078	1,001	985	(43)
694	714	752	711	771	795	901	(44)
441	432	424	432	426	423	423	(45)
203	192	185	311	307	283	279	(46)
2,641	2,525	2,446	2,542	2,528	2,285	2,254	(47)
190	173	174	180	205	205	196	(48)

14 飲用牛乳等入出荷量（都道府県別）（月別）

(1) 年計

入荷 ＼ 出荷	全国	北海道	青森	岩手	宮城	秋田	山形	福島	茨城	栃木	群馬
全国 (1)	1,751,361	399,304	x	48,797	27,192	x	3,011	10,956	151,143	122,891	85,400
北海道 (2)	774	-	x	-	145	x	-	-	-	-	-
青森 (3)	9,050	3,797	x	4,080	-	x	-	-	-	-	-
岩手 (4)	5,046	2,972	x	-	574	x	-	47	-	-	-
宮城 (5)	33,675	7,894	x	4,195	-	x	2,082	256	673	3,179	10,853
秋田 (6)	10,275	4,576	x	4,494	254	x	258	-	-	-	-
山形 (7)	2,387	200	x	75	1,500	x	-	36	-	58	-
福島 (8)	7,088	476	x	-	2,892	x	653	-	427	820	11
茨城 (9)	90,202	24,518	x	119	4,040	x	-	-	-	25,604	10,844
栃木 (10)	12,703	1,019	x	201	163	x	-	39	9,067	-	825
群馬 (11)	43,864	5,400	x	812	15	x	-	-	2,000	8,321	-
埼玉 (12)	279,382	67,423	x	14,265	9,644	x	-	84	57,114	49,449	17,446
千葉 (13)	54,964	17,512	x	64	889	x	-	-	23,941	579	440
東京 (14)	280,424	65,375	x	1,054	6,018	x	-	10,493	29,317	781	34,900
神奈川 (15)	153,859	52,918	x	19,318	53	x	-	1	26,717	15,364	8,074
新潟 (16)	14,131	5,149	x	-	1,005	x	18	-	93	-	607
富山 (17)	11,264	2,242	x	-	-	x	-	-	-	-	-
石川 (18)	4,658	1,579	x	-	-	x	-	-	-	-	-
福井 (19)	21,514	287	x	-	-	x	-	-	-	-	-
山梨 (20)	14,430	465	x	-	-	x	-	-	-	173	36
長野 (21)	4,740	130	x	-	-	x	-	-	-	47	578
岐阜 (22)	8,516	242	x	-	-	x	-	-	-	-	643
静岡 (23)	30,251	899	x	120	-	x	-	-	1,794	5,201	90
愛知 (24)	117,119	20,547	x	-	-	x	-	-	-	12,332	12
三重 (25)	6,609	208	x	-	-	x	-	-	-	-	-
滋賀 (26)	2,966	740	x	-	-	x	-	-	-	-	-
京都 (27)	55,730	1,748	x	-	-	x	-	-	-	17	-
大阪 (28)	219,669	107,957	x	-	-	x	-	-	-	-	41
兵庫 (29)	38,182	1,900	x	-	-	x	-	-	-	966	-
奈良 (30)	9,831	-	x	-	-	x	-	-	-	-	-
和歌山 (31)	6,571	111	x	-	-	x	-	-	-	-	-
鳥取 (32)	1,802	-	x	-	-	x	-	-	-	-	-
島根 (33)	1,292	-	x	-	-	x	-	-	-	-	-
岡山 (34)	29,579	484	x	-	-	x	-	-	-	-	-
広島 (35)	29,382	9	x	-	-	x	-	-	-	-	-
山口 (36)	3,783	65	x	-	-	x	-	-	-	-	-
徳島 (37)	6,538	-	x	-	-	x	-	-	-	-	-
香川 (38)	6,106	-	x	-	-	x	-	-	-	-	-
愛媛 (39)	5,106	-	x	-	-	x	-	-	-	-	-
高知 (40)	3,990	-	x	-	-	x	-	-	-	-	-
福岡 (41)	42,669	343	x	-	-	x	-	-	-	-	-
佐賀 (42)	10,453	-	x	-	-	x	-	-	-	-	-
長崎 (43)	12,574	-	x	-	-	x	-	-	-	-	-
熊本 (44)	9,287	-	x	-	-	x	-	-	-	-	-
大分 (45)	5,050	-	x	-	-	x	-	-	-	-	-
宮崎 (46)	2,671	-	x	-	-	x	-	-	-	-	-
鹿児島 (47)	29,085		x	-	-	x	-	-	-	-	-
沖縄 (48)	2,120	119	x	-	-	x	-	-	-	-	-

単位：kl

埼玉	千葉	東京	神奈川	新潟	富山	石川	福井	山梨	長野	岐阜	静岡	
58,989	87,920	42,795	78,809	11,211	x	10,538	x	-	55,965	58,531	27,851	(1)
-	327	2	-	-	x	-	x				-	(2)
-	19	-	-	-	x	-	x				-	(3)
-	-	23	-	780	x	-	x				-	(4)
-	165	813	66	3,026	x	-	x				-	(5)
-	-	91	-	465	x	-	x				-	(6)
-	-	-	-	503	x	-	x				-	(7)
-	36	994	-	703	x	-	x				-	(8)
3,758	12,592	3,758	3,732	35	x	-	x				-	(9)
-	33	1,118	-	-	x	-	x				-	(10)
16,343	4,099	2,344	153	3,181	x	-	x		486	-		(11)
-	17,416	9,716	30,468	-	x	-	x		2,385		-	(12)
-	-	2,414	7,698	738	x	-	x		-	68	-	(13)
32,235	46,599	-	21,446	-	x	-	x		16,313	264	1,013	(14)
-	5,198	7,634	-	-	x	-	x		13,637	132	794	(15)
-	1,083	814	1,234		x	-	x		4,016	-	-	(16)
-	-	-	-	981	x	6,317	x		1,252	370	-	(17)
-	-	-	-		x	-	x		-	167	-	(18)
-	-	177	-	-	x	3,317	x		-	62	-	(19)
2,189	177	1,383	688	-	x	-	x		6,473	-	2,678	(20)
1,913	-	1,158	41	632	x	-	x		-	-	-	(21)
-		-	-	-	x	-	x		2,975	-	-	(22)
-	27	1,166	13,187	-	x	-	x		1,791	116	-	(23)
-	-	7,963	36	167	x	96	x		5,436	30,697	15,168	(24)
-	-	-	-	-	x	-	x		-	2,779	265	(25)
-	-		-	-	x	-	x		-	303	-	(26)
-	26	53	-	-	x	127	x		-	2,808	5,093	(27)
2,551	34	-	41	-	x	645	x		1,201	20,341	2,840	(28)
-	46	1,174	19	-	x	36	x		-	274	-	(29)
-	-	-	-	-	x	-	x		-	59	-	(30)
-	-	-	-	-	x	-	x		-	91	-	(31)
-	-	-	-	-	x	-	x		-	-	-	(32)
-	-	-	-	-	x	-	x		-	-	-	(33)
-	24	-	-	-	x	-	x		-	-	-	(34)
-	19	-	-	-	x	-	x		-	-	-	(35)
-	-	-	-	-	x	-	x		-	-	-	(36)
-	-	-	-	-	x	-	x		-	-	-	(37)
-	-	-	-	-	x	-	x		-	-	-	(38)
-	-	-	-	-	x	-	x		-	-	-	(39)
-	-	-	-	-	x	-	x		-	-	-	(40)
-	-	-	-	-	x	-	x		-	-	-	(41)
-	-	-	-	-	x	-	x		-	-	-	(42)
-	-	-	-	-	x	-	x		-	-	-	(43)
-	-	-	-	-	x	-	x		-	-	-	(44)
-	-	-	-	-	x	-	x		-	-	-	(45)
-	-	-	-	-	x	-	x		-	-	-	(46)
-	-	-	-	-	x	-	x		-	-	-	(47)
-	-	-	-	-	x	-	x		-	-	-	(48)

14 飲用牛乳等入出荷量（都道府県別）（月別）（続き）

(1) 年計（続き）

入荷＼出荷	愛知	三重	滋賀	京都	大阪	兵庫	奈良	和歌山	鳥取	島根	岡山	広島
全　国 (1)	49,644	8,000	10,717	35,293	23,107	45,379	x	x	x	3,393	21,812	10,740
北 海 道 (2)	291	-	-	-	-	-	x	x	x	-	-	-
青　森 (3)	-	-	-	-	-	-	x	x	x	-	-	-
岩　手 (4)	64	-	-	-	-	-	x	x	x	-	-	-
宮　城 (5)	460	-	-	-	-	-	x	x	x	-	-	-
秋　田 (6)	-	-	-	-	-	-	x	x	x	-	-	-
山　形 (7)	-	-	-	-	-	-	x	x	x	-	-	-
福　島 (8)	64	-	-	-	-	-	x	x	x	-	-	-
茨　城 (9)	1,190	-	-	-	-	-	x	x	x	-	-	-
栃　木 (10)	224	-	-	-	-	-	x	x	x	-	-	-
群　馬 (11)	199	-	-	-	-	-	x	x	x	-	499	-
埼　玉 (12)	1,321	-	-	-	-	-	x	x	x	-	1,773	-
千　葉 (13)	491	-	-	-	-	-	x	x	x	-	-	-
東　京 (14)	3,617	333	-	-	-	95	x	x	x	280	37	-
神 奈 川 (15)	1,111	252	-	-	-	-	x	x	x	-	2,335	-
新　潟 (16)	97	-	-	-	-	-	x	x	x	-	-	-
富　山 (17)	91	-	-	-	-	-	x	x	x	-	-	-
石　川 (18)	2,039	-	2	132	166	166	x	x	x	-	250	-
福　井 (19)	9,281	-	4,053	-	506	3,782	x	x	x	-	-	-
山　梨 (20)	157	-	-	-	-	-	x	x	x	-	-	-
長　野 (21)	222	-	-	-	-	-	x	x	x	-	-	-
岐　阜 (22)	3,656	-	-	37	-	-	x	x	x	506	-	-
静　岡 (23)	5,753	-	-	30	-	-	x	x	x	-	-	-
愛　知 (24)	-	313	703	7,050	3,009	10,035	x	x	x	-	1,249	-
三　重 (25)	1,418	-	599	683	639		x	x	x	-	-	-
滋　賀 (26)	172	-	-	650	872	197	x	x	x	-	-	-
京　都 (27)	2,311	-	574	-	974	6,955	x	x	x	108	377	-
大　阪 (28)	10,609	4,810	4,786	14,707	-	8,123	x	x	x	1,122	12,029	-
兵　庫 (29)	2,092	-	-	7,578	4,991	-	x	x	x	321	475	-
奈　良 (30)	89	2,292	-	2,430	4,903	33	x	x	x	-	-	-
和 歌 山 (31)	148	-	-	774	4,030	1,391	x	x	x	-	-	-
鳥　取 (32)	-	-	-	-	-	-	x	x	x	390	90	1,243
島　根 (33)	-	-	-	-	-	-	x	x	x	-	-	133
岡　山 (34)	391	-	-	210	386	4,788	x	x	x	134	-	7,654
広　島 (35)	343	-	-	1,003	408	3,562	x	x	x	230	1,101	-
山　口 (36)	106	-	-	-	-	-	x	x	x	48	-	1,687
徳　島 (37)	-	-	-	-	1,682	1,547	x	x	x	-	-	-
香　川 (38)	193	-	-	-	249	3,719	x	x	x	-	98	12
愛　媛 (39)	132	-	-	-	-	-	x	x	x	48	250	11
高　知 (40)	33	-	-	-	-	-	x	x	x	-	-	-
福　岡 (41)	662	-	-	9	292	685	x	x	x	206	1,249	-
佐　賀 (42)	66	-	-	-	-	-	x	x	x	-	-	-
長　崎 (43)	105	-	-	-	-	-	x	x	x	-	-	-
熊　本 (44)	152	-	-	-	-	176	x	x	x	-	-	-
大　分 (45)	57	-	-	-	-	-	x	x	x	-	-	-
宮　崎 (46)	-	-	-	-	-	-	x	x	x	-	-	-
鹿 児 島 (47)	189	-	-	-	-	125	x	x	x	-	-	-
沖　縄 (48)	48	-	-	-	-	-	x	x	x	-	-	-

単位：kl

山口	徳島	香川	愛媛	高知	福岡	佐賀	長崎	熊本	大分	宮崎	鹿児島	沖縄	
x	x	x	x	x	91,901	x	x	75,381	950	18,981	244	−	(1)
x	x	x	x	x	−	x	x	9	−	−	−	−	(2)
x	x	x	x	x	−	x	x	−	−	−	−	−	(3)
x	x	x	x	x	−	x	x	10	−	−	−	−	(4)
x	x	x	x	x	−	x	x	13	−	−	−	−	(5)
x	x	x	x	x	−	x	x	−	−	−	−	−	(6)
x	x	x	x	x	−	x	x	15	−	−	−	−	(7)
x	x	x	x	x	−	x	x	12	−	−	−	−	(8)
x	x	x	x	x	−	x	x	12	−	−	−	−	(9)
x	x	x	x	x	−	x	x	14	−	−	−	−	(10)
x	x	x	x	x	−	x	x	12	−	−	−	−	(11)
x	x	x	x	x	−	x	x	373	−	−	−	−	(12)
x	x	x	x	x	−	x	x	130	−	−	−	−	(13)
x	x	x	x	x	−	x	x	10,149	−	105	−	−	(14)
x	x	x	x	x	−	x	x	321	−	−	−	−	(15)
x	x	x	x	x	−	x	x	15	−	−	−	−	(16)
x	x	x	x	x	−	x	x	11	−	−	−	−	(17)
x	x	x	x	x	−	x	x	30	−	−	−	−	(18)
x	x	x	x	x	−	x	x	13	−	−	−	−	(19)
x	x	x	x	x	−	x	x	11	−	−	−	−	(20)
x	x	x	x	x	−	x	x	19	−	−	−	−	(21)
x	x	x	x	x	−	x	x	17	−	−	−	−	(22)
x	x	x	x	x	−	x	x	77	−	−	−	−	(23)
x	x	x	x	x	−	x	x	2,306	−	−	−	−	(24)
x	x	x	x	x	−	x	x	18	−	−	−	−	(25)
x	x	x	x	x	−	x	x	32	−	−	−	−	(26)
x	x	x	x	x	22,854	x	x	77	−	−	−	−	(27)
x	x	x	x	x	17,872	x	x	2,350	−	487	−	−	(28)
x	x	x	x	x	918	x	x	14,603	−	−	−	−	(29)
x	x	x	x	x	−	x	x	25	−	−	−	−	(30)
x	x	x	x	x	−	x	x	26	−	−	−	−	(31)
x	x	x	x	x	−	x	x	79	−	−	−	−	(32)
x	x	x	x	x	−	x	x	47	−	−	−	−	(33)
x	x	x	x	x	5,936	x	x	159	−	−	−	−	(34)
x	x	x	x	x	10,859	x	x	5,962	−	−	−	−	(35)
x	x	x	x	x	1,632	x	x	144	−	−	−	−	(36)
x	x	x	x	x	−	x	x	12	−	−	−	−	(37)
x	x	x	x	x	1,805	x	x	30	−	−	−	−	(38)
x	x	x	x	x	−	x	x	291	−	−	−	−	(39)
x	x	x	x	x	−	x	x	38	−	−	−	−	(40)
x	x	x	x	x	−	x	x	21,691	950	2,404	63	−	(41)
x	x	x	x	x	9,216	x	x	269	−	−	−	−	(42)
x	x	x	x	x	5,870	x	x	4,993	−	195	−	−	(43)
x	x	x	x	x	6,809	x	x	−	−	143	−	−	(44)
x	x	x	x	x	2,053	x	x	1,923	−	−	−	−	(45)
x	x	x	x	x	1,711	x	x	128	−	−	181	−	(46)
x	x	x	x	x	3,401	x	x	8,108	−	15,492	−	−	(47)
x	x	x	x	x	965	x	x	807	−	155	−	−	(48)

(2) 1月分

入荷＼出荷	全国	北海道	青森	岩手	宮城	秋田	山形	福島	茨城	栃木	群馬
全　国 (1)	141,326	30,622	x	4,070	2,224	x	259	826	12,588	9,891	8,215
北 海 道 (2)	59	–	x	–	12	x	–	–	–	–	–
青　森 (3)	763	343	x	328	–	x	–	–	–	–	–
岩　手 (4)	513	335	x	–	56	x	–	6	–	–	–
宮　城 (5)	2,744	474	x	489	–	x	175	20	124	209	962
秋　田 (6)	803	348	x	353	22	x	22	–	–	–	–
山　形 (7)	203	13	x	7	126	x	–	–	–	19	–
福　島 (8)	468	29	x	–	236	x	61	–	26	64	3
茨　城 (9)	7,610	1,850	x	1	296	x	–	–	–	2,190	1,200
栃　木 (10)	1,010	79	x	15	13	x	–	4	691	–	98
群　馬 (11)	3,229	192	x	41	1	x	–	–	164	668	–
埼　玉 (12)	22,828	5,586	x	1,215	813	x	–	6	4,815	3,605	1,662
千　葉 (13)	4,864	1,637	x	1	–	x	–	–	1,899	81	33
東　京 (14)	23,744	5,759	x	78	559	x	–	790	2,459	185	2,905
神 奈 川 (15)	12,227	3,367	x	1,531	–	x	–	–	2,256	1,301	1,136
新　潟 (16)	1,219	497	x	–	90	x	1	–	8	–	50
富　山 (17)	763	96	x	–	–	x	–	–	–	–	–
石　川 (18)	532	105	x	–	–	x	–	–	–	–	–
福　井 (19)	1,623	48	x	–	–	x	–	–	–	–	–
山　梨 (20)	1,117	–	x	–	–	x	–	–	–	15	2
長　野 (21)	426	24	x	–	–	x	–	–	–	13	66
岐　阜 (22)	488	25	x	–	–	x	–	–	–	–	86
静　岡 (23)	2,214	51	x	11	–	x	–	–	146	430	8
愛　知 (24)	8,881	1,124	x	–	–	x	–	–	–	998	1
三　重 (25)	439	10	x	–	–	x	–	–	–	–	–
滋　賀 (26)	185	38	x	–	–	x	–	–	–	–	–
京　都 (27)	4,622	68	x	–	–	x	–	–	–	3	–
大　阪 (28)	17,397	8,359	x	–	–	x	–	–	–	–	3
兵　庫 (29)	3,026	128	x	–	–	x	–	–	–	110	–
奈　良 (30)	811	–	x	–	–	x	–	–	–	–	–
和 歌 山 (31)	494	3	x	–	–	x	–	–	–	–	–
鳥　取 (32)	119	–	x	–	–	x	–	–	–	–	–
島　根 (33)	100	–	x	–	–	x	–	–	–	–	–
岡　山 (34)	2,373	18	x	–	–	x	–	–	–	–	–
広　島 (35)	2,257	–	x	–	–	x	–	–	–	–	–
山　口 (36)	326	3	x	–	–	x	–	–	–	–	–
徳　島 (37)	451	–	x	–	–	x	–	–	–	–	–
香　川 (38)	833	–	x	–	–	x	–	–	–	–	–
愛　媛 (39)	315	–	x	–	–	x	–	–	–	–	–
高　知 (40)	235	–	x	–	–	x	–	–	–	–	–
福　岡 (41)	3,248	7	x	–	–	x	–	–	–	–	–
佐　賀 (42)	970	–	x	–	–	x	–	–	–	–	–
長　崎 (43)	1,015	–	x	–	–	x	–	–	–	–	–
熊　本 (44)	744	–	x	–	–	x	–	–	–	–	–
大　分 (45)	396	–	x	–	–	x	–	–	–	–	–
宮　崎 (46)	182	–	x	–	–	x	–	–	–	–	–
鹿 児 島 (47)	2,322	–	x	–	–	x	–	–	–	–	–
沖　縄 (48)	138	6	x	–	–	x	–	–	–	–	–

単位：kl

埼玉	千葉	東京	神奈川	新潟	富山	石川	福井	山梨	長野	岐阜	静岡	
4,897	7,454	3,000	6,522	791	x	761	x	−	4,247	4,414	2,497	(1)
−	28	−	−	−	x	−	x		−	−	−	(2)
−	2	−	−	−	x	−	x		−	−	−	(3)
−	−	1	−	64	x	−	x		−	−	−	(4)
−	14	62	8	175	x	−	x		−	−	−	(5)
−	−	8	−	38	x	−	x		−	−	−	(6)
−	−	−	−	37	x	−	x		−	−	−	(7)
−	3	20	−	22	x	−	x		−	−	−	(8)
672	1,060	105	185	3	x	−	x		−	−	−	(9)
−	3	97	−	−	x	−	x		−	−	−	(10)
1,245	361	179	12	274	x	−	x		41	−	−	(11)
−	1,377	724	2,586	−	x	−	x		142	−	−	(12)
−	−	410	704	64	x	−	x		−	5	−	(13)
2,476	4,031	−	1,890	−	x	−	x		1,313	21	100	(14)
−	452	744	−	−	x	−	x	−	1,122	10	30	(15)
−	94	59	83	−	x	−	x	−	332	−	−	(16)
−	−	−	−	58	x	435	x	−	137	29	−	(17)
−	−	−	−	−	x	−	x	−	−	14	−	(18)
−	−	−	−	−	x	275	x	−	−	5	−	(19)
186	13	96	59	−	x	−	x	−	537	−	204	(20)
162	−	107	−	43	x	−	x	−	−	−	−	(21)
−	−	−	−	−	x	−	x	−	−	−	−	(22)
−	3	52	987	−	x	−	x	−	139	10	−	(23)
−	−	303	2	13	x	4	x	−	403	2,373	1,454	(24)
−	−	−	−	−	x	−	x	−	−	206	9	(25)
−	−	−	−	−	x	−	x	−	−	19	−	(26)
−	2	−	−	−	x	−	x	−	−	190	463	(27)
156	3	−	4	−	x	44	x	−	81	1,498	237	(28)
−	4	33	2	−	x	3	x	−	−	22	−	(29)
−	−	−	−	−	x	−	x	−	−	5	−	(30)
−	−	−	−	−	x	−	x	−	−	7	−	(31)
−	−	−	−	−	x	−	x	−	−	−	−	(32)
−	−	−	−	−	x	−	x	−	−	−	−	(33)
−	2	−	−	−	x	−	x	−	−	−	−	(34)
−	2	−	−	−	x	−	x	−	−	−	−	(35)
−	−	−	−	−	x	−	x	−	−	−	−	(36)
−	−	−	−	−	x	−	x		−	−	−	(37)
−	−	−	−	−	x	−	x		−	−	−	(38)
−	−	−	−	−	x	−	x		−	−	−	(39)
−	−	−	−	−	x	−	x		−	−	−	(40)
−	−	−	−	−	x	−	x		−	−	−	(41)
−	−	−	−	−	x	−	x		−	−	−	(42)
−	−	−	−	−	x	−	x		−	−	−	(43)
−	−	−	−	−	x	−	x		−	−	−	(44)
−	−	−	−	−	x	−	x		−	−	−	(45)
−	−	−	−	−	x	−	x		−	−	−	(46)
−	−	−	−	−	x	−	x		−	−	−	(47)
−	−	−	−	−	x	−	x	−	−	−	−	(48)

14 飲用牛乳等入出荷量（都道府県別）（月別）（続き）

(2) 1月分（続き）

入荷＼出荷	愛知	三重	滋賀	京都	大阪	兵庫	奈良	和歌山	鳥取	島根	岡山	広島
全 国 (1)	3,637	531	867	2,807	1,854	4,063	x	x	x	272	1,760	831
北 海 道 (2)	19	-	-	-	-	-	x	x	x	-	-	-
青 森 (3)	-	-	-	-	-	-	x	x	x	-	-	-
岩 手 (4)	5	-	-	-	-	-	x	x	x	-	-	-
宮 城 (5)	32	-	-	-	-	-	x	x	x	-	-	-
秋 田 (6)	-	-	-	-	-	-	x	x	x	-	-	-
山 形 (7)	-	-	-	-	-	-	x	x	x	-	-	-
福 島 (8)	3	-	-	-	-	-	x	x	x	-	-	-
茨 城 (9)	47	-	-	-	-	-	x	x	x	-	-	-
栃 木 (10)	10	-	-	-	-	-	x	x	x	-	-	-
群 馬 (11)	10	-	-	-	-	-	x	x	x	-	40	-
埼 玉 (12)	102	-	-	-	-	-	x	x	x	-	143	-
千 葉 (13)	23	-	-	-	-	-	x	x	x	-	-	-
東 京 (14)	247	27	-	-	-	1	x	x	x	22	3	-
神 奈 川 (15)	52	20	-	-	-	-	x	x	x	-	186	-
新 潟 (16)	4	-	-	-	-	-	x	x	x	-	-	-
富 山 (17)	8	-	-	-	-	-	x	x	x	-	-	-
石 川 (18)	343	-	2	7	14	15	x	x	x	-	20	-
福 井 (19)	657	-	319	-	31	284	x	x	x	-	-	-
山 梨 (20)	4	-	-	-	-	-	x	x	x	-	-	-
長 野 (21)	9	-	-	-	-	-	x	x	x	-	-	-
岐 阜 (22)	302	-	-	2	-	-	x	x	x	39	-	-
静 岡 (23)	373	-	-	2	-	-	x	x	x	-	-	-
愛 知 (24)	-	22	60	538	259	1,137	x	x	x	-	100	-
三 重 (25)	111	-	32	54	16		x	x	x	-	-	-
滋 賀 (26)	10	-	-	13	86	18	x	x	x	-	-	-
京 都 (27)	189	-	72	-	77	588	x	x	x	8	29	-
大 阪 (28)	750	294	382	1,254	-	719	x	x	x	90	969	-
兵 庫 (29)	170	-	-	610	379	-	x	x	x	25	41	-
奈 良 (30)	5	168	-	194	436	2	x	x	x	-	-	-
和 歌 山 (31)	8	-	-	62	300	112	x	x	x	-	-	-
鳥 取 (32)	-	-	-	-	-	-	x	x	x	27	7	82
島 根 (33)	-	-	-	-	-	-	x	x	x	-	-	11
岡 山 (34)	23	-	-	10	33	416	x	x	x	16	-	528
広 島 (35)	18	-	-	61	40	290	x	x	x	19	93	-
山 口 (36)	6	-	-	-	-	-	x	x	x	4	-	208
徳 島 (37)	-	-	-	-	137	132	x	x	x	-	-	-
香 川 (38)	12	-	-	-	22	286	x	x	x	-	9	1
愛 媛 (39)	8	-	-	-	-	-	x	x	x	4	20	1
高 知 (40)	2	-	-	-	-	-	x	x	x	-	-	-
福 岡 (41)	45	-	-	-	24	37	x	x	x	18	100	-
佐 賀 (42)	5	-	-	-	-	-	x	x	x	-	-	-
長 崎 (43)	4	-	-	-	-	-	x	x	x	-	-	-
熊 本 (44)	7	-	-	-	-	14	x	x	x	-	-	-
大 分 (45)	2	-	-	-	-	-	x	x	x	-	-	-
宮 崎 (46)	-	-	-	-	-	-	x	x	x	-	-	-
鹿 児 島 (47)	12	-	-	-	-	12	x	x	x	-	-	-
沖 縄 (48)	-	-	-	-	-	-	x	x	x	-	-	-

山口	徳島	香川	愛媛	高知	福岡	佐賀	長崎	熊本	大分	宮崎	鹿児島	沖縄	
x	x	x	x	x	7,963	x	x	5,610	74	1,456	20	-	(1)
x	x	x	x	x	-	x	x	-	-	-	-	-	(2)
x	x	x	x	x		x	x		-	-	-	-	(3)
x	x	x	x	x	-	x	x	1	-	-	-	-	(4)
x	x	x	x	x	-	x	x	-	-	-	-	-	(5)
x	x	x	x	x	-	x	x		-	-	-	-	(6)
x	x	x	x	x	-	x	x	1	-	-	-	-	(7)
x	x	x	x	x	-	x	x	1	-	-	-	-	(8)
x	x	x	x	x		x	x	1	-	-	-	-	(9)
x	x	x	x	x	-	x	x	-	-	-	-	-	(10)
x	x	x	x	x	-	x	x	1	-	-	-	-	(11)
x	x	x	x	x	-	x	x	22	-	-	-	-	(12)
x	x	x	x	x	-	x	x	7	-	-	-	-	(13)
x	x	x	x	x		x	x	870	-	8	-	-	(14)
x	x	x	x	x		x	x	20	-	-	-	-	(15)
x	x	x	x	x	-	x	x	1	-	-	-	-	(16)
x	x	x	x	x	-	x	x	-	-	-	-	-	(17)
x	x	x	x	x		x	x	1	-	-	-	-	(18)
x	x	x	x	x		x	x	1	-	-	-	-	(19)
x	x	x	x	x		x	x	1	-	-	-	-	(20)
x	x	x	x	x		x	x	2	-	-	-	-	(21)
x	x	x	x	x	-	x	x	1	-	-	-	-	(22)
x	x	x	x	x	-	x	x	2	-	-	-	-	(23)
x	x	x	x	x	-	x	x	90	-	-	-	-	(24)
x	x	x	x	x	-	x	x	1	-	-	-	-	(25)
x	x	x	x	x	-	x	x	1	-	-	-	-	(26)
x	x	x	x	x	1,883	x	x	2	-	-	-	-	(27)
x	x	x	x	x	1,501	x	x	143	-	26	-	-	(28)
x	x	x	x	x	75	x	x	1,207	-	-	-	-	(29)
x	x	x	x	x	-	x	x	1	-	-	-	-	(30)
x	x	x	x	x	-	x	x	2	-	-	-	-	(31)
x	x	x	x	x	-	x	x	3	-	-	-	-	(32)
x	x	x	x	x	-	x	x	2	74	-	-	-	(33)
x	x	x	x	x	467	x	x	7	-	-	-	-	(34)
x	x	x	x	x	868	x	x	386	-	-	-	-	(35)
x	x	x	x	x	91	x	x	7	-	-	-	-	(36)
x	x	x	x	x	-	x	x	1	-	-	-	-	(37)
x	x	x	x	x	502	x	x	1	-	-	-	-	(38)
x	x	x	x	x	-	x	x	14	-	-	-	-	(39)
x	x	x	x	x	-	x	x	1	-	-	-	-	(40)
x	x	x	x	x	-	x	x	1,579	74	178	5	-	(41)
x	x	x	x	x	877	x	x	13	-	-	-	-	(42)
x	x	x	x	x	494	x	x	385	-	16	-	-	(43)
x	x	x	x	x	544	x	x	-	-	12	-	-	(44)
x	x	x	x	x	168	x	x	143	-	-	-	-	(45)
x	x	x	x	x	144	x	x	6	-	-	15	-	(46)
x	x	x	x	x	275	x	x	638	-	1,204	-	-	(47)
x	x	x	x	x	74	x	x	44	-	12	-	-	(48)

14 飲用牛乳等入出荷量（都道府県別）（月別）（続き）

(3) 2月分

入荷＼出荷		全 国	北海道	青 森	岩 手	宮 城	秋 田	山 形	福 島	茨 城	栃 木	群 馬
全　　国	(1)	132,258	29,165	x	3,846	2,169	x	233	524	11,972	9,031	7,454
北　海　道	(2)	58	-	x	-	11	x	-	-	-	-	-
青　　森	(3)	715	313	x	305	-	x	-	-	-	-	-
岩　　手	(4)	461	304	x	-	44	x	-	5	-	-	-
宮　　城	(5)	1,728	411	x	474	-	x	160	18	166	206	51
秋　　田	(6)	781	319	x	369	20	x	20	-	-	-	-
山　　形	(7)	195	12	x	7	118	x	-	-	-	18	-
福　　島	(8)	497	25	x	-	221	x	52	-	52	65	3
茨　　城	(9)	6,593	1,816	x	1	296	x	-	-	-	1,916	992
栃　　木	(10)	1,004	59	x	18	13	x	-	3	689	-	121
群　　馬	(11)	3,364	301	x	98	-	x	-	-	141	637	-
埼　　玉	(12)	21,553	5,070	x	1,072	907	x	-	6	4,597	3,374	1,836
千　　葉	(13)	4,961	1,729	x	1	-	x	-	-	1,792	77	28
東　　京	(14)	22,128	5,320	x	77	462	x	-	492	2,338	176	2,808
神　奈　川	(15)	11,625	3,250	x	1,416	-	x	-	-	2,053	1,130	1,273
新　　潟	(16)	1,179	459	x	-	77	x	1	-	7	-	119
富　　山	(17)	655	97	x	-	-	x	-	-	-	-	-
石　　川	(18)	490	106	x	-	-	x	-	-	-	-	-
福　　井	(19)	1,587	45	x	-	-	x	-	-	-	-	-
山　　梨	(20)	1,090	-	x	-	-	x	-	-	-	19	1
長　　野	(21)	463	22	x	-	-	x	-	-	-	16	118
岐　　阜	(22)	453	22	x	-	-	x	-	-	-	-	90
静　　岡	(23)	2,312	48	x	8	-	x	-	-	137	388	10
愛　　知	(24)	8,133	1,106	x	-	-	x	-	-	-	899	1
三　　重	(25)	428	12	x	-	-	x	-	-	-	-	-
滋　　賀	(26)	255	40	x	-	-	x	-	-	-	-	-
京　　都	(27)	4,325	212	x	-	-	x	-	-	-	-	-
大　　阪	(28)	16,164	7,912	x	-	-	x	-	-	-	-	3
兵　　庫	(29)	2,727	127	x	-	-	x	-	-	-	110	-
奈　　良	(30)	787	-	x	-	-	x	-	-	-	-	-
和　歌　山	(31)	469	3	x	-	-	x	-	-	-	-	-
鳥　　取	(32)	118	-	x	-	-	x	-	-	-	-	-
島　　根	(33)	99	-	x	-	-	x	-	-	-	-	-
岡　　山	(34)	2,199	9	x	-	-	x	-	-	-	-	-
広　　島	(35)	2,126	-	x	-	-	x	-	-	-	-	-
山　　口	(36)	317	4	x	-	-	x	-	-	-	-	-
徳　　島	(37)	409	-	x	-	-	x	-	-	-	-	-
香　　川	(38)	757	-	x	-	-	x	-	-	-	-	-
愛　　媛	(39)	310	-	x	-	-	x	-	-	-	-	-
高　　知	(40)	226	-	x	-	-	x	-	-	-	-	-
福　　岡	(41)	3,170	6	x	-	-	x	-	-	-	-	-
佐　　賀	(42)	679	-	x	-	-	x	-	-	-	-	-
長　　崎	(43)	962	-	x	-	-	x	-	-	-	-	-
熊　　本	(44)	740	-	x	-	-	x	-	-	-	-	-
大　　分	(45)	398	-	x	-	-	x	-	-	-	-	-
宮　　崎	(46)	177	-	x	-	-	x	-	-	-	-	-
鹿　児　島	(47)	2,263	-	x	-	-	x	-	-	-	-	-
沖　　縄	(48)	128	6	x	-	-	x	-	-	-	-	-

埼 玉	千 葉	東 京	神奈川	新 潟	富 山	石 川	福 井	山 梨	長 野	岐 阜	静 岡	
4,539	6,727	2,918	6,302	702	x	694	x	−	4,029	3,975	2,290	(1)
−	24	−	−	−	x	−	x	−	−	−	−	(2)
−	1	−	−	−	x	−	x	−	−	−	−	(3)
−	−	1	−	52	x	−	x	−	−	−	−	(4)
−	12	28	1	167	x	−	x	−	−	−	−	(5)
−	−	7	−	35	x	−	x	−	−	−	−	(6)
−	−	−	−	39	x	−	x	−	−	−	−	(7)
−	3	50	−	22	x	−	x	−	−	−	−	(8)
266	950	122	176	3	x	−	x	−	−	−	−	(9)
−	3	83	−	−	x	−	x	−	−	−	−	(10)
1,373	311	172	11	230	x	−	x	−	39	−	−	(11)
−	1,206	693	2,353	−	x	−	x	−	121	−	−	(12)
−	−	484	746	51	x	−	x	−	−	5	−	(13)
2,391	3,727	−	1,720	−	x	−	x	−	1,285	19	96	(14)
−	386	718	−	−	x	−	x	−	1,077	10	29	(15)
−	81	54	74	−	x	−	x	−	298	−	−	(16)
−	−	−	−	44	x	380	x	−	98	28	−	(17)
−	−	−	−	−	x	−	x	−	−	12	−	(18)
−	−	−	−	−	x	259	x	−	−	5	−	(19)
164	11	90	57	−	x	−	x	−	500	−	237	(20)
143	−	98	−	49	x	−	x	−	−	−	−	(21)
−	−	−	−	−	x	−	x	−	−	−	−	(22)
−	2	48	1,155	−	x	−	x	−	131	9	−	(23)
−	−	269	3	10	x	4	x	−	384	2,114	1,300	(24)
−	−	−	−	−	x	−	x	−	−	197	9	(25)
−	−	−	−	−	x	−	x	−	−	17	−	(26)
−	2	−	−	−	x	−	x	−	−	181	389	(27)
202	2	−	4	−	x	48	x	−	96	1,346	230	(28)
−	3	1	2	−	x	3	x	−	−	21	−	(29)
−	−	−	−	−	x	−	x	−	−	4	−	(30)
−	−	−	−	−	x	−	x	−	−	7	−	(31)
−	−	−	−	−	x	−	x	−	−	−	−	(32)
−	−	−	−	−	x	−	x	−	−	−	−	(33)
−	2	−	−	−	x	−	x	−	−	−	−	(34)
−	1	−	−	−	x	−	x	−	−	−	−	(35)
−	−	−	−	−	x	−	x	−	−	−	−	(36)
−	−	−	−	−	x	−	x	−	−	−	−	(37)
−	−	−	−	−	x	−	x	−	−	−	−	(38)
−	−	−	−	−	x	−	x	−	−	−	−	(39)
−	−	−	−	−	x	−	x	−	−	−	−	(40)
−	−	−	−	−	x	−	x	−	−	−	−	(41)
−	−	−	−	−	x	−	x	−	−	−	−	(42)
−	−	−	−	−	x	−	x	−	−	−	−	(43)
−	−	−	−	−	x	−	x	−	−	−	−	(44)
−	−	−	−	−	x	−	x	−	−	−	−	(45)
−	−	−	−	−	x	−	x	−	−	−	−	(46)
−	−	−	−	−	x	−	x	−	−	−	−	(47)
−	−	−	−	−	x	−	x	−	−	−	−	(48)

14 飲用牛乳等入出荷量（都道府県別）（月別）（続き）

(3) ２月分（続き）

入荷＼出荷	愛知	三重	滋賀	京都	大阪	兵庫	奈良	和歌山	鳥取	島根	岡山	広島
全　国　(1)	3,834	611	721	2,373	1,778	3,711	x	x	x	257	1,558	800
北海道　(2)	23	-	-				x	x	x	-	-	-
青　森　(3)	-	-					x	x	x			
岩　手　(4)	6	-					x	x	x			
宮　城　(5)	33	-					x	x	x			
秋　田　(6)	-	-					x	x	x			
山　形　(7)	-	-					x	x	x			
福　島　(8)	3	-					x	x	x			
茨　城　(9)	54						x	x	x			
栃　木　(10)	14						x	x	x			
群　馬　(11)	15						x	x	x		35	-
埼　玉　(12)	128						x	x	x	-	126	-
千　葉　(13)	39						x	x	x		-	-
東　京　(14)	325	26	-				x	x	x	22	3	-
神奈川　(15)	75	19			-	-	x	x	x	-	164	
新　潟　(16)	8	-					x	x	x		-	
富　山　(17)	7	-					x	x	x		-	
石　川　(18)	312	-	-	5	12	13	x	x	x	-	18	
福　井　(19)	750	-	216	-	30	278	x	x	x	-	-	-
山　梨　(20)	10	-			-	-	x	x	x	-	-	
長　野　(21)	14	-			-	-	x	x	x	-	-	
岐　阜　(22)	268	-	-	2	-	-	x	x	x	35	-	
静　岡　(23)	369		-	2	-	-	x	x	x	-	-	
愛　知　(24)	-	21	56	449	247	979	x	x	x	-	89	
三　重　(25)	107	-	42	44	15	-	x	x	x	-	-	
滋　賀　(26)	14	-	-	88	78	15	x	x	x	-	-	-
京　都　(27)	163	-	50	-	70	556	x	x	x	8	28	-
大　阪　(28)	731	369	357	1,051	-	656	x	x	x	85	854	-
兵　庫　(29)	156	-		465	379	-	x	x	x	24	37	-
奈　良　(30)	7	176	-	157	438	3	x	x	x	-	-	-
和　歌　山　(31)	11	-		50	289	105	x	x		-	-	-
鳥　取　(32)	-	-	-	-	-	-	x	x	x	26	6	80
島　根　(33)	-	-	-	-	-	-	x	x	x	-	-	11
岡　山　(34)	32	-		8	28	366	x	x	x	15	-	511
広　島　(35)	29	-		52	34	293	x	x	x	18	82	-
山　口　(36)	7	-			-	-	x	x	x	4	-	196
徳　島　(37)	-	-			120	115	x	x	x	-	-	-
香　川　(38)	13	-			17	276	x	x	x	-	9	1
愛　媛　(39)	9	-					x	x	x	4	18	1
高　知　(40)	3	-					x	x	x	-	-	-
福　岡　(41)	56	-	-	-	21	33	x	x	x	16	89	-
佐　賀　(42)	4	-					x	x	x			
長　崎　(43)	8	-					x	x	x			
熊　本　(44)	12	-				12	x	x	x			
大　分　(45)	4	-					x	x	x			
宮　崎　(46)	-	-					x	x	x			
鹿児島　(47)	15	-			-	11	x	x	x			
沖　縄　(48)	-	-					x	x	x	-	-	-

単位：kl

	山口	徳島	香川	愛媛	高知	福岡	佐賀	長崎	熊本	大分	宮崎	鹿児島	沖縄	
	x	x	x	x	x	6,913	x	x	5,612	72	1,474	19	-	(1)
	x	x	x	x	x	-	x	x	-	-	-	-	-	(2)
	x	x	x	x	x		x	x	-	-	-	-	-	(3)
	x	x	x	x	x		x	x	1	-	-	-	-	(4)
	x	x	x	x	x		x	x	1	-	-	-	-	(5)
	x	x	x	x	x		x	x	-	-	-	-	-	(6)
	x	x	x	x	x		x	x	1	-	-	-	-	(7)
	x	x	x	x	x		x	x	1	-	-	-	-	(8)
	x	x	x	x	x		x	x	1	-	-	-	-	(9)
	x	x	x	x	x		x	x	1	-	-	-	-	(10)
	x	x	x	x	x		x	x	1	-	-	-	-	(11)
	x	x	x	x	x		x	x	34	-	-	-	-	(12)
	x	x	x	x	x		x	x	9	-	-	-	-	(13)
	x	x	x	x	x		x	x	833	-	8	-	-	(14)
	x	x	x	x	x		x	x	25	-	-	-	-	(15)
	x	x	x	x	x		x	x	1	-	-	-	-	(16)
	x	x	x	x	x		x	x	1	-	-	-	-	(17)
	x	x	x	x	x		x	x	3	-	-	-	-	(18)
	x	x	x	x	x		x	x	1	-	-	-	-	(19)
	x	x	x	x	x	-	x	x	1	-	-	-	-	(20)
	x	x	x	x	x	-	x	x	3	-	-	-	-	(21)
	x	x	x	x	x		x	x	1	-	-	-	-	(22)
	x	x	x	x	x		x	x	5	-	-	-	-	(23)
	x	x	x	x	x	-	x	x	202	-	-	-	-	(24)
	x	x	x	x	x	-	x	x	2	-	-	-	-	(25)
	x	x	x	x	x	-	x	x	3	-	-	-	-	(26)
	x	x	x	x	x	1,653	x	x	6	-	-	-	-	(27)
	x	x	x	x	x	1,197	x	x	189	-	33	-	-	(28)
	x	x	x	x	x	75	x	x	1,110	-	-	-	-	(29)
	x	x	x	x	x	-	x	x	2	-	-	-	-	(30)
	x	x	x	x	x	-	x	x	4	-	-	-	-	(31)
	x	x	x	x	x	-	x	x	6	-	-	-	-	(32)
	x	x	x	x	x	-	x	x	4	-	-	-	-	(33)
	x	x	x	x	x	443	x	x	13	-	-	-	-	(34)
	x	x	x	x	x	809	x	x	361	-	-	-	-	(35)
	x	x	x	x	x	87	x	x	12	-	-	-	-	(36)
	x	x	x	x	x	-	x	x	1	-	-	-	-	(37)
	x	x	x	x	x	438	x	x	3	-	-	-	-	(38)
	x	x	x	x	x	-	x	x	22	-	-	-	-	(39)
	x	x	x	x	x	-	x	x	4	-	-	-	-	(40)
	x	x	x	x	x	-	x	x	1,549	72	183	5	-	(41)
	x	x	x	x	x	578	x	x	21	-	-	-	-	(42)
	x	x	x	x	x	459	x	x	374	-	16	-	-	(43)
	x	x	x	x	x	548	x	x	-	-	11	-	-	(44)
	x	x	x	x	x	163	x	x	149	-	-	-	-	(45)
	x	x	x	x	x	134	x	x	11	-	-	14	-	(46)
	x	x	x	x	x	264	x	x	596	-	1,211	-	-	(47)
	x	x	x	x	x	65	x	x	44	-	12	-	-	(48)

14 飲用牛乳等入出荷量（都道府県別）（月別）（続き）

(4) 3月分

入荷 ＼ 出荷		全国	北海道	青森	岩手	宮城	秋田	山形	福島	茨城	栃木	群馬
全　　国	(1)	145,175	33,571	x	4,070	2,192	x	255	1,157	12,916	9,981	7,828
北 海 道	(2)	68	-	x	-	12	x	-	-	-	-	-
青　　森	(3)	834	391	x	347	-	x	-	-	-	-	-
岩　　手	(4)	446	275	x	-	49	x	-	6	-	-	-
宮　　城	(5)	2,850	550	x	347	-	x	174	21	159	316	977
秋　　田	(6)	813	342	x	369	22	x	21	-	-	-	-
山　　形	(7)	217	14	x	7	131	x	-	-	-	21	-
福　　島	(8)	603	33	x	-	248	x	58	-	44	61	3
茨　　城	(9)	7,209	1,959	x	17	283	x	-	-	-	2,103	1,069
栃　　木	(10)	1,081	50	x	18	15	x	-	4	790	-	97
群　　馬	(11)	3,250	358	x	56	1	x	-	-	158	684	-
埼　　玉	(12)	22,827	5,493	x	1,222	876	x	-	7	4,850	3,757	1,637
千　　葉	(13)	5,110	1,835	x	1	-	x	-	-	2,022	81	29
東　　京	(14)	23,924	6,113	x	90	488	x	-	1,118	2,453	199	2,755
神 奈 川	(15)	12,578	3,888	x	1,584	-	x	-	1	2,271	1,262	1,041
新　　潟	(16)	1,123	503	x	-	67	x	2	-	8	-	52
富　　山	(17)	1,116	199	x	-	-	x	-	-	-	-	-
石　　川	(18)	565	123	x	-	-	x	-	-	-	-	-
福　　井	(19)	2,005	54	x	-	-	x	-	-	-	-	-
山　　梨	(20)	1,137	-	x			x		-	-	17	2
長　　野	(21)	481	66	x			x		-	-	18	59
岐　　阜	(22)	539	23	x			x	-	-	-	-	94
静　　岡	(23)	2,337	55	x	12	-	x	-	-	161	427	9
愛　　知	(24)	8,951	1,308	x	-	-	x	-	-	-	923	1
三　　重	(25)	496	14	x	-	-	x	-	-	-	-	-
滋　　賀	(26)	355	50	x	-	-	x	-	-	-	-	-
京　　都	(27)	4,877	270	x	-	-	x	-	-	-	-	-
大　　阪	(28)	18,424	9,334	x	-	-	x	-	-	-	-	3
兵　　庫	(29)	3,147	146	x	-	-	x	-	-	-	112	-
奈　　良	(30)	807	-	x	-	-	x	-	-	-	-	-
和 歌 山	(31)	517	17	x	-	-	x	-	-	-	-	-
鳥　　取	(32)	130	-	x	-	-	x	-	-	-	-	-
島　　根	(33)	109	-	x	-	-	x	-	-	-	-	-
岡　　山	(34)	2,482	50	x	-	-	x	-	-	-	-	-
広　　島	(35)	2,324	-	x	-	-	x	-	-	-	-	-
山　　口	(36)	340	4	x	-	-	x	-	-	-	-	-
徳　　島	(37)	437	-	x	-	-	x	-	-	-	-	-
香　　川	(38)	840	-	x	-	-	x	-	-	-	-	-
愛　　媛	(39)	325	-	x	-	-	x	-	-	-	-	-
高　　知	(40)	227	-	x	-	-	x	-	-	-	-	-
福　　岡	(41)	3,416	46	x	-	-	x	-	-	-	-	-
佐　　賀	(42)	895	-	x	-	-	x	-	-	-	-	-
長　　崎	(43)	999	-	x	-	-	x	-	-	-	-	-
熊　　本	(44)	880	-	x	-	-	x	-	-	-	-	-
大　　分	(45)	412	-	x	-	-	x	-	-	-	-	-
宮　　崎	(46)	180	-	x	-	-	x	-	-	-	-	-
鹿 児 島	(47)	2,330	-	x	-	-	x	-	-	-	-	-
沖　　縄	(48)	162	8	x	-	-	x	-	-	-	-	-

埼　玉	千　葉	東　京	神奈川	新　潟	富　山	石　川	福　井	山　梨	長　野	岐　阜	静　岡	
4,375	7,082	3,034	6,272	854	x	963	x	−	4,412	4,347	2,383	(1)
−	27	−	−	−	x	−	x	−	−	−	−	(2)
−	2	−	−	−	x	−	x	−	−	−	−	(3)
−	−	2	−	60	x	−	x	−	−	−	−	(4)
−	14	58	9	181	x	−	x	−	−	−	−	(5)
−	−	8	−	38	x	−	x	−	−	−	−	(6)
−	−	−	−	42	x	−	x	−	−	−	−	(7)
−	3	122	−	24	x	−	x	−	−	−	−	(8)
284	986	271	189	3	x	−	x	−	−	−	−	(9)
−	3	82	−	−	x	−	x	−	−	−	−	(10)
1,091	339	174	12	281	x	−	x	−	41	−	−	(11)
−	1,315	702	2,475	−	x	−	x	−	135	−	−	(12)
−	−	250	770	63	x	−	x	−	−	5	−	(13)
2,460	3,862	−	1,747	−	x	−	x	−	1,348	22	65	(14)
−	415	530	−	−	x	−	x	−	1,181	11	76	(15)
−	89	61	−	−	x	−	x	−	330	−	−	(16)
−	−	−	−	97	x	639	x	−	141	31	−	(17)
−	−	−	−	−	x	−	x	−	−	15	−	(18)
−	−	9	−	−	x	270	x	−	−	6	−	(19)
169	12	99	64	−	x	−	x	−	540	−	218	(20)
148	−	94	21	53	x	−	x	−	−	−	−	(21)
−	−	−	−	−	x	−	x	−	21	−	−	(22)
−	2	87	977	−	x	−	x	−	144	10	−	(23)
−	−	333	2	12	x	12	x	−	421	2,267	1,303	(24)
−	−	−	−	−	x	−	x	−	−	225	23	(25)
−	−	−	−	−	x	−	x	−	−	29	−	(26)
−	2	6	−	−	x	−	x	−	−	214	452	(27)
223	3	−	4	−	x	39	x	−	110	1,477	246	(28)
−	4	146	2	−	x	3	x	−	−	22	−	(29)
−	−	−	−	−	x	−	x	−	−	5	−	(30)
−	−	−	−	−	x	−	x	−	−	8	−	(31)
−	−	−	−	−	x	−	x	−	−	−	−	(32)
−	−	−	−	−	x	−	x	−	−	−	−	(33)
−	2	−	−	−	x	−	x	−	−	−	−	(34)
−	2	−	−	−	x	−	x	−	−	−	−	(35)
−	−	−	−	−	x	−	x	−	−	−	−	(36)
−	−	−	−	−	x	−	x	−	−	−	−	(37)
−	−	−	−	−	x	−	x	−	−	−	−	(38)
−	−	−	−	−	x	−	x	−	−	−	−	(39)
−	−	−	−	−	x	−	x	−	−	−	−	(40)
−	−	−	−	−	x	−	x	−	−	−	−	(41)
−	−	−	−	−	x	−	x	−	−	−	−	(42)
−	−	−	−	−	x	−	x	−	−	−	−	(43)
−	−	−	−	−	x	−	x	−	−	−	−	(44)
−	−	−	−	−	x	−	x	−	−	−	−	(45)
−	−	−	−	−	x	−	x	−	−	−	−	(46)
−	−	−	−	−	x	−	x	−	−	−	−	(47)
−	−	−	−	−	x	−	x	−	−	−	−	(48)

14 飲用牛乳等入出荷量（都道府県別）（月別）（続き）

(4) 3月分（続き）

入荷＼出荷		愛知	三重	滋賀	京都	大阪	兵庫	奈良	和歌山	鳥取	島根	岡山	広島
全　国	(1)	4,338	610	832	2,922	2,056	4,139	x	x	x	289	1,608	832
北 海 道	(2)	28	-	-	-	-	-	x	x	x	-	-	-
青　森	(3)	-	-	-	-	-	-	x	x	x	-	-	-
岩　手	(4)	6	-	-	-	-	-	x	x	x	-	-	-
宮　城	(5)	42	-	-	-	-	-	x	x	x	-	-	-
秋　田	(6)	-	-	-	-	-	-	x	x	x	-	-	-
山　形	(7)	-	-	-	-	-	-	x	x	x	-	-	-
福　島	(8)	6	-	-	-	-	-	x	x	x	-	-	-
茨　城	(9)	44	-	-	-	-	-	x	x	x	-	-	-
栃　木	(10)	20	-	-	-	-	-	x	x	x	-	-	-
群　馬	(11)	18	-	-	-	-	-	x	x	x	-	36	-
埼　玉	(12)	153	-	-	-	-	-	x	x	x	-	129	-
千　葉	(13)	42	-	-	-	-	-	x	x	x	-	-	-
東　京	(14)	310	30	-	-	-	-	x	x	x	24	4	-
神 奈 川	(15)	95	22	-	-	-	-	x	x	x	-	168	-
新　潟	(16)	9	-	-	-	-	-	x	x	x	-	-	-
富　山	(17)	8	-	-	-	-	-	x	x	x	-	-	-
石　川	(18)	363	-	-	3	15	16	x	x	x	-	18	-
福　井	(19)	759	-	334	-	261	307	x	x	x	-	-	-
山　梨	(20)	15	-	-	-	-	-	x	x	x	-	-	-
長　野	(21)	20	-	-	-	-	-	x	x	x	-	-	-
岐　阜	(22)	319	-	-	2	-	-	x	x	x	45	-	-
静　岡	(23)	444	-	-	2	-	-	x	x	x	-	-	-
愛　知	(24)	-	24	61	574	258	1,114	x	x	x	-	91	-
三　重	(25)	125	-	35	55	17	-	x	x	x	-	-	-
滋　賀	(26)	17	-	-	167	72	17	x	x	x	-	-	-
京　都	(27)	182	-	40	-	85	654	x	x	x	9	31	-
大　阪	(28)	878	359	362	1,238	-	759	x	x	x	96	883	-
兵　庫	(29)	171	-	-	533	385	-	x	x	x	26	38	-
奈　良	(30)	8	175	-	197	417	3	x	x	x	-	-	-
和 歌 山	(31)	14	-	-	63	294	117	x	x	x	-	-	-
鳥　取	(32)	-	-	-	-	-	-	x	x	x	29	7	86
島　根	(33)	-	-	-	-	-	-	x	x	x	-	-	11
岡　山	(34)	39	-	-	19	33	396	x	x	x	15	-	525
広　島	(35)	32	-	-	69	38	294	x	x	x	19	84	-
山　口	(36)	11	-	-	-	-	-	x	x	x	4	-	208
徳　島	(37)	-	-	-	-	135	128	x	x	x	-	-	-
香　川	(38)	20	-	-	-	20	285	x	x	x	-	10	1
愛　媛	(39)	13	-	-	-	-	-	x	x	x	4	18	1
高　知	(40)	3	-	-	-	-	-	x	x	x	-	-	-
福　岡	(41)	68	-	-	-	26	25	x	x	x	18	91	-
佐　賀	(42)	7	-	-	-	-	-	x	x	x	-	-	-
長　崎	(43)	10	-	-	-	-	-	x	x	x	-	-	-
熊　本	(44)	15	-	-	-	-	13	x	x	x	-	-	-
大　分	(45)	5	-	-	-	-	-	x	x	x	-	-	-
宮　崎	(46)	-	-	-	-	-	-	x	x	x	-	-	-
鹿 児 島	(47)	19	-	-	-	-	11	x	x	x	-	-	-
沖　縄	(48)	-	-	-	-	-	-	x	x	x	-	-	-

単位：kl

山　口	徳　島	香　川	愛　媛	高　知	福　岡	佐　賀	長　崎	熊　本	大　分	宮　崎	鹿児島	沖　縄	
x	x	x	x	x	7,700	x	x	6,097	85	1,526	22	－	(1)
x	x	x	x	x	－	x	x	1	－	－	－	－	(2)
x	x	x	x	x	－	x	x	－	－	－	－	－	(3)
x	x	x	x	x	－	x	x	1	－	－	－	－	(4)
x	x	x	x	x	－	x	x	2	－	－	－	－	(5)
x	x	x	x	x	－	x	x	－	－	－	－	－	(6)
x	x	x	x	x	－	x	x	2	－	－	－	－	(7)
x	x	x	x	x	－	x	x	1	－	－	－	－	(8)
x	x	x	x	x	－	x	x	1	－	－	－	－	(9)
x	x	x	x	x	－	x	x	2	－	－	－	－	(10)
x	x	x	x	x	－	x	x	1	－	－	－	－	(11)
x	x	x	x	x	－	x	x	39	－	－	－	－	(12)
x	x	x	x	x	－	x	x	12	－	－	－	－	(13)
x	x	x	x	x	－	x	x	827	－	9	－	－	(14)
x	x	x	x	x	－	x	x	33	－	－	－	－	(15)
x	x	x	x	x	－	x	x	2	－	－	－	－	(16)
x	x	x	x	x	－	x	x	1	－	－	－	－	(17)
x	x	x	x	x	－	x	x	2	－	－	－	－	(18)
x	x	x	x	x	－	x	x	2	－	－	－	－	(19)
x	x	x	x	x	－	x	x	1	－	－	－	－	(20)
x	x	x	x	x	－	x	x	2	－	－	－	－	(21)
x	x	x	x	x	－	x	x	2	－	－	－	－	(22)
x	x	x	x	x	－	x	x	7	－	－	－	－	(23)
x	x	x	x	x	－	x	x	247	－	－	－	－	(24)
x	x	x	x	x	－	x	x	2	－	－	－	－	(25)
x	x	x	x	x	－	x	x	3	－	－	－	－	(26)
x	x	x	x	x	1,868	x	x	6	－	－	－	－	(27)
x	x	x	x	x	1,261	x	x	230	－	40	－	－	(28)
x	x	x	x	x	75	x	x	1,243	－	－	－	－	(29)
x	x	x	x	x	－	x	x	2	－	－	－	－	(30)
x	x	x	x	x	－	x	x	4	－	－	－	－	(31)
x	x	x	x	x	－	x	x	8	－	－	－	－	(32)
x	x	x	x	x	－	x	x	5	－	－	－	－	(33)
x	x	x	x	x	511	x	x	18	－	－	－	－	(34)
x	x	x	x	x	897	x	x	399	－	－	－	－	(35)
x	x	x	x	x	91	x	x	13	－	－	－	－	(36)
x	x	x	x	x	－	x	x	2	－	－	－	－	(37)
x	x	x	x	x	501	x	x	3	－	－	－	－	(38)
x	x	x	x	x	－	x	x	29	－	－	－	－	(39)
x	x	x	x	x	－	x	x	3	－	－	－	－	(40)
x	x	x	x	x	－	x	x	1,623	85	201	6	－	(41)
x	x	x	x	x	785	x	x	24	－	－	－	－	(42)
x	x	x	x	x	441	x	x	410	－	19	－	－	(43)
x	x	x	x	x	667	x	x	－	－	12	－	－	(44)
x	x	x	x	x	154	x	x	164	－	－	－	－	(45)
x	x	x	x	x	133	x	x	13	－	－	16	－	(46)
x	x	x	x	x	247	x	x	636	－	1,232	－	－	(47)
x	x	x	x	x	69	x	x	69	－	13	－	－	(48)

14 飲用牛乳等入出荷量（都道府県別）（月別）（続き）

(5) 4月分

入荷＼出荷		全国	北海道	青森	岩手	宮城	秋田	山形	福島	茨城	栃木	群馬
全国	(1)	142,615	32,580	x	4,036	2,318	x	248	1,093	12,353	9,767	7,081
北海道	(2)	64	–	x	–	12	x	–	–	–	–	–
青森	(3)	771	338	x	335	–	x	–	–	–	–	–
岩手	(4)	492	318	x	–	52	x	–	6	–	–	–
宮城	(5)	2,840	570	x	395	–	x	172	33	115	243	989
秋田	(6)	831	347	x	380	22	x	21	–	–	–	–
山形	(7)	194	17	x	7	126	x	–	–	–	–	–
福島	(8)	527	37	x	–	231	x	54	–	30	71	1
茨城	(9)	7,347	2,042	x	1	316	x	–	–	–	2,107	801
栃木	(10)	985	36	x	17	14	x	–	3	734	–	65
群馬	(11)	3,631	416	x	57	–	x	–	–	163	683	–
埼玉	(12)	22,713	5,224	x	1,132	876	x	–	8	4,618	4,143	1,430
千葉	(13)	4,750	1,740	x	5	103	x	–	–	1,883	31	35
東京	(14)	23,916	5,723	x	84	484	x	–	1,043	2,436	24	2,971
神奈川	(15)	11,830	3,752	x	1,611	–	x	–	–	2,213	1,076	636
新潟	(16)	1,155	451	x	–	82	x	1	–	7	–	50
富山	(17)	733	119	x	–	–	x	–	–	–	–	–
石川	(18)	376	128	x	–	–	x	–	–	–	–	–
福井	(19)	1,743	49	x	–	–	x	–	–	–	–	–
山梨	(20)	1,156	–	x	–	–	x	–	–	–	14	3
長野	(21)	387	5	x	–	–	x	–	–	–	–	43
岐阜	(22)	787	22	x	–	–	x	–	–	–	–	45
静岡	(23)	2,539	92	x	12	–	x	–	–	154	406	7
愛知	(24)	9,221	1,759	x	–	–	x	–	–	–	859	1
三重	(25)	566	16	x	–	–	x	–	–	–	–	–
滋賀	(26)	248	58	x	–	–	x	–	–	–	–	–
京都	(27)	4,402	79	x	–	–	x	–	–	–	–	–
大阪	(28)	17,779	8,972	x	–	–	x	–	–	–	–	4
兵庫	(29)	2,911	166	x	–	–	x	–	–	–	110	–
奈良	(30)	771	–	x	–	–	x	–	–	–	–	–
和歌山	(31)	533	5	x	–	–	x	–	–	–	–	–
鳥取	(32)	131	–	x	–	–	x	–	–	–	–	–
島根	(33)	106	–	x	–	–	x	–	–	–	–	–
岡山	(34)	2,353	45	x	–	–	x	–	–	–	–	–
広島	(35)	2,494	1	x	–	–	x	–	–	–	–	–
山口	(36)	249	5	x	–	–	x	–	–	–	–	–
徳島	(37)	532	–	x	–	–	x	–	–	–	–	–
香川	(38)	516	–	x	–	–	x	–	–	–	–	–
愛媛	(39)	414	–	x	–	–	x	–	–	–	–	–
高知	(40)	323	–	x	–	–	x	–	–	–	–	–
福岡	(41)	3,384	39	x	–	–	x	–	–	–	–	–
佐賀	(42)	919	–	x	–	–	x	–	–	–	–	–
長崎	(43)	1,029	–	x	–	–	x	–	–	–	–	–
熊本	(44)	803	–	x	–	–	x	–	–	–	–	–
大分	(45)	416	–	x	–	–	x	–	–	–	–	–
宮崎	(46)	180	–	x	–	–	x	–	–	–	–	–
鹿児島	(47)	2,400	–	x	–	–	x	–	–	–	–	–
沖縄	(48)	168	9	x	–	–	x	–	–	–	–	–

埼玉	千葉	東京	神奈川	新潟	富山	石川	福井	山梨	長野	岐阜	静岡	
4,863	7,415	3,605	6,491	807	x	813	x	−	4,476	4,478	2,196	(1)
−	28	2	−	−	x	−	x	−	−	−	−	(2)
−	2	−	−	−	x	−	x	−	−	−	−	(3)
−	−	2	−	60	x	−	x	−	−	−	−	(4)
−	14	79	1	191	x	−	x	−	−	−	−	(5)
−	−	11	−	38	x	−	x	−	−	−	−	(6)
−	−	−	−	43	x	−	x	−	−	−	−	(7)
−	3	70	−	24	x	−	x	−	−	−	−	(8)
295	1,038	464	188	3	x	−	x	−	−	−	−	(9)
−	3	89	−	−	x	−	x	−	−	−	−	(10)
1,395	348	190	13	267	x	−	x	−	41	−	−	(11)
−	1,409	794	2,559	−	x	−	x	−	204	−	−	(12)
−	−	153	681	57	x	−	x	−	−	5	−	(13)
2,620	4,019	−	1,767	−	x	−	x	−	1,290	22	66	(14)
−	431	588	−	−	x	−	x	−	1,103	11	77	(15)
−	92	67	73	−	x	−	x	−	322	−	−	(16)
−	−	−	−	59	x	479	x	−	37	31	−	(17)
−	−	−	−	−	x	−	x	−	−	13	−	(18)
−	−	11	−	−	x	268	x	−	−	5	−	(19)
180	13	119	63	−	x	−	x	−	529	−	221	(20)
157	−	99	10	52	x	−	x	−	−	−	−	(21)
−	−	−	−	−	x	−	x	−	324	−	−	(22)
−	2	101	1,128	−	x	−	x	−	141	9	−	(23)
−	−	649	2	13	x	5	x	−	390	2,393	1,143	(24)
−	−	−	−	−	x	−	x	−	−	229	24	(25)
−	−	−	−	−	x	−	x	−	−	25	−	(26)
−	2	5	−	−	x	−	x	−	−	226	438	(27)
216	3	−	4	−	x	58	x	−	95	1,475	227	(28)
−	4	112	2	−	x	3	x	−	−	22	−	(29)
−	−	−	−	−	x	−	x	−	−	5	−	(30)
−	−	−	−	−	x	−	x	−	−	7	−	(31)
−	−	−	−	−	x	−	x	−	−	−	−	(32)
−	−	−	−	−	x	−	x	−	−	−	−	(33)
−	2	−	−	−	x	−	x	−	−	−	−	(34)
−	2	−	−	−	x	−	x	−	−	−	−	(35)
−	−	−	−	−	x	−	x	−	−	−	−	(36)
−	−	−	−	−	x	−	x	−	−	−	−	(37)
−	−	−	−	−	x	−	x	−	−	−	−	(38)
−	−	−	−	−	x	−	x	−	−	−	−	(39)
−	−	−	−	−	x	−	x	−	−	−	−	(40)
−	−	−	−	−	x	−	x	−	−	−	−	(41)
−	−	−	−	−	x	−	x	−	−	−	−	(42)
−	−	−	−	−	x	−	x	−	−	−	−	(43)
−	−	−	−	−	x	−	x	−	−	−	−	(44)
−	−	−	−	−	x	−	x	−	−	−	−	(45)
−	−	−	−	−	x	−	x	−	−	−	−	(46)
−	−	−	−	−	x	−	x	−	−	−	−	(47)
−	−	−	−	−	x	−	x	−	−	−	−	(48)

14　飲用牛乳等入出荷量（都道府県別）（月別）（続き）

(5)　4月分（続き）

入荷＼出荷	愛知	三重	滋賀	京都	大阪	兵庫	奈良	和歌山	鳥取	島根	岡山	広島
全　　国　(1)	4,068	671	876	2,485	1,869	4,157	x	x	x	287	1,613	753
北 海 道　(2)	21	-	-	-	-	-	x	x	x	-	-	-
青　　森　(3)	-	-	-	-	-	-	x	x	x	-	-	-
岩　　手　(4)	5	-	-	-	-	-	x	x	x	-	-	-
宮　　城　(5)	37	-	-	-	-	-	x	x	x	-	-	-
秋　　田　(6)	-	-	-	-	-	-	x	x	x	-	-	-
山　　形　(7)	-	-	-	-	-	-	x	x	x	-	-	-
福　　島　(8)	5	-	-	-	-	-	x	x	x	-	-	-
茨　　城　(9)	91	-	-	-	-	-	x	x	x	-	-	-
栃　　木　(10)	23	-	-	-	-	-	x	x	x	-	-	-
群　　馬　(11)	20	-	-	-	-	-	x	x	x	-	37	-
埼　　玉　(12)	103	-	-	-	-	-	x	x	x	-	129	-
千　　葉　(13)	46	-	-	-	-	-	x	x	x	-	-	-
東　　京　(14)	326	28	-	-	-	94	x	x	x	23	3	-
神 奈 川　(15)	101	27	-	-	-	-	x	x	x	-	174	-
新　　潟　(16)	9	-	-	-	-	-	x	x	x	-	-	-
富　　山　(17)	7	-	-	-	-	-	x	x	x	-	-	-
石　　川　(18)	166	-	-	10	14	14	x	x	x	-	18	-
福　　井　(19)	728	-	327	-	21	330	x	x	x	-	-	-
山　　梨　(20)	13	-	-	-	-	-	x	x	x	-	-	-
長　　野　(21)	19	-	-	-	-	-	x	x	x	-	-	-
岐　　阜　(22)	306	-	-	2	-	-	x	x	x	45	-	-
静　　岡　(23)	477	-	-	2	-	-	x	x	x	-	-	-
愛　　知　(24)	-	22	56	578	270	813	x	x	x	-	91	-
三　　重　(25)	119	-	58	55	63	-	x	x	x	-	-	-
滋　　賀　(26)	16	-	-	49	83	15	x	x	x	-	-	-
京　　都　(27)	184	-	44	-	80	603	x	x	x	9	29	-
大　　阪　(28)	840	403	391	916	-	970	x	x	x	94	886	-
兵　　庫　(29)	151	-	-	522	395	-	x	x	x	26	37	-
奈　　良　(30)	7	191	-	195	368	3	x	x	x	-	-	-
和 歌 山　(31)	12	-	-	62	325	119	x	x	x	-	-	-
鳥　　取　(32)	-	-	-	-	-	-	x	x	x	29	7	87
島　　根　(33)	-	-	-	-	-	-	x	x	x	-	-	11
岡　　山　(34)	36	-	-	20	31	385	x	x	x	16	-	537
広　　島　(35)	36	-	-	74	33	302	x	x	x	19	84	-
山　　口　(36)	10	-	-	-	-	-	x	x	x	4	-	116
徳　　島　(37)	-	-	-	-	138	127	x	x	x	-	-	-
香　　川　(38)	16	-	-	-	24	302	x	x	x	-	9	1
愛　　媛　(39)	11	-	-	-	-	-	x	x	x	4	18	1
高　　知　(40)	3	-	-	-	-	-	x	x	x	-	-	-
福　　岡　(41)	64	-	-	-	24	58	x	x	x	18	91	-
佐　　賀　(42)	6	-	-	-	-	-	x	x	x	-	-	-
長　　崎　(43)	10	-	-	-	-	-	x	x	x	-	-	-
熊　　本　(44)	15	-	-	-	-	12	x	x	x	-	-	-
大　　分　(45)	7	-	-	-	-	-	x	x	x	-	-	-
宮　　崎　(46)	-	-	-	-	-	-	x	x	x	-	-	-
鹿 児 島　(47)	18	-	-	-	-	10	x	x	x	-	-	-
沖　　縄　(48)	4	-	-	-	-	-	x	x	x	-	-	-

単位：kl

山 口	徳 島	香 川	愛 媛	高 知	福 岡	佐 賀	長 崎	熊 本	大 分	宮 崎	鹿児島	沖 縄	
x	x	x	x	x	7,363	x	x	5,878	76	1,581	21	-	(1)
x	x	x	x	x	-	x	x	1	-	-	-	-	(2)
x	x	x	x	x	-	x	x	-	-	-	-	-	(3)
x	x	x	x	x	-	x	x	1	-	-	-	-	(4)
x	x	x	x	x	-	x	x	1	-	-	-	-	(5)
x	x	x	x	x	-	x	x	-	-	-	-	-	(6)
x	x	x	x	x	-	x	x	1	-	-	-	-	(7)
x	x	x	x	x	-	x	x	1	-	-	-	-	(8)
x	x	x	x	x	-	x	x	1	-	-	-	-	(9)
x	x	x	x	x	-	x	x	1	-	-	-	-	(10)
x	x	x	x	x	-	x	x	1	-	-	-	-	(11)
x	x	x	x	x	-	x	x	37	-	-	-	-	(12)
x	x	x	x	x	-	x	x	11	-	-	-	-	(13)
x	x	x	x	x	-	x	x	883	-	10	-	-	(14)
x	x	x	x	x	-	x	x	30	-	-	-	-	(15)
x	x	x	x	x	-	x	x	1	-	-	-	-	(16)
x	x	x	x	x	-	x	x	1	-	-	-	-	(17)
x	x	x	x	x	-	x	x	2	-	-	-	-	(18)
x	x	x	x	x	-	x	x	1	-	-	-	-	(19)
x	x	x	x	x	-	x	x	1	-	-	-	-	(20)
x	x	x	x	x	-	x	x	2	-	-	-	-	(21)
x	x	x	x	x	-	x	x	2	-	-	-	-	(22)
x	x	x	x	x	-	x	x	8	-	-	-	-	(23)
x	x	x	x	x	-	x	x	177	-	-	-	-	(24)
x	x	x	x	x	-	x	x	2	-	-	-	-	(25)
x	x	x	x	x	-	x	x	2	-	-	-	-	(26)
x	x	x	x	x	1,791	x	x	6	-	-	-	-	(27)
x	x	x	x	x	1,348	x	x	123	-	52	-	-	(28)
x	x	x	x	x	76	x	x	1,050	-	-	-	-	(29)
x	x	x	x	x	-	x	x	2	-	-	-	-	(30)
x	x	x	x	x	-	x	x	3	-	-	-	-	(31)
x	x	x	x	x	-	x	x	8	-	-	-	-	(32)
x	x	x	x	x	-	x	x	4	-	-	-	-	(33)
x	x	x	x	x	479	x	x	14	76	-	-	-	(34)
x	x	x	x	x	868	x	x	520	-	-	-	-	(35)
x	x	x	x	x	93	x	x	13	-	-	-	-	(36)
x	x	x	x	x	-	x	x	1	-	-	-	-	(37)
x	x	x	x	x	162	x	x	2	-	-	-	-	(38)
x	x	x	x	x	-	x	x	27	-	-	-	-	(39)
x	x	x	x	x	-	x	x	4	-	-	-	-	(40)
x	x	x	x	x	-	x	x	1,636	76	190	6	-	(41)
x	x	x	x	x	817	x	x	22	-	-	-	-	(42)
x	x	x	x	x	476	x	x	410	-	18	-	-	(43)
x	x	x	x	x	596	x	x	-	-	12	-	-	(44)
x	x	x	x	x	168	x	x	158	-	-	-	-	(45)
x	x	x	x	x	136	x	x	11	-	-	15	-	(46)
x	x	x	x	x	275	x	x	634	-	1,286	-	-	(47)
x	x	x	x	x	78	x	x	62	-	13	-	-	(48)

14 飲用牛乳等入出荷量（都道府県別）（月別）（続き）

(6) 5月分

入荷＼出荷		全 国	北海道	青 森	岩 手	宮 城	秋 田	山 形	福 島	茨 城	栃 木	群 馬
全 国	(1)	148,940	33,439	x	4,226	2,317	x	266	623	13,309	10,643	7,202
北 海 道	(2)	63	-	x	-	12	x	-	-	-	-	-
青 森	(3)	797	334	x	371	-	x	-	-	-	-	-
岩 手	(4)	443	275	x	-	48	x	-	6	-	-	-
宮 城	(5)	2,855	646	x	306	-	x	182	21	41	243	1,021
秋 田	(6)	918	413	x	403	21	x	22	-	-	-	-
山 形	(7)	196	18	x	4	126	x	-	3	-	-	-
福 島	(8)	605	40	x	-	251	x	60	-	35	68	1
茨 城	(9)	7,778	2,016	x	1	292	x	-	-	-	2,202	907
栃 木	(10)	1,104	116	x	17	14	x	-	4	775	-	63
群 馬	(11)	4,027	645	x	53	1	x	-	-	174	714	-
埼 玉	(12)	24,273	5,583	x	1,238	811	x	-	8	5,047	4,522	1,408
千 葉	(13)	4,467	1,258	x	5	126	x	-	-	2,098	33	46
東 京	(14)	23,594	5,300	x	100	531	x	-	581	2,638	27	2,945
神 奈 川	(15)	13,268	4,665	x	1,720	-	x	-	-	2,339	1,214	644
新 潟	(16)	1,163	407	x	-	84	x	2	-	9	-	52
富 山	(17)	907	153	x	-	-	x	-	-	-	-	-
石 川	(18)	362	140	x	-	-	x	-	-	-	-	-
福 井	(19)	1,895	47	x	-	-	x	-	-	-	-	-
山 梨	(20)	1,253	-	x	-	-	x	-	-	-	12	5
長 野	(21)	393	1	x	-	-	x	-	-	-	-	46
岐 阜	(22)	797	21	x	-	-	x	-	-	-	-	49
静 岡	(23)	2,670	78	x	8	-	x	-	-	153	441	10
愛 知	(24)	9,967	1,934	x	-	-	x	-	-	-	1,063	1
三 重	(25)	659	18	x	-	-	x	-	-	-	-	-
滋 賀	(26)	213	66	x	-	-	x	-	-	-	-	-
京 都	(27)	4,511	181	x	-	-	x	-	-	-	-	-
大 阪	(28)	18,239	8,828	x	-	-	x	-	-	-	-	4
兵 庫	(29)	3,223	155	x	-	-	x	-	-	-	104	-
奈 良	(30)	852	-	x	-	-	x	-	-	-	-	-
和 歌 山	(31)	583	13	x	-	-	x	-	-	-	-	-
鳥 取	(32)	165	-	x	-	-	x	-	-	-	-	-
島 根	(33)	110	-	x	-	-	x	-	-	-	-	-
岡 山	(34)	2,510	39	x	-	-	x	-	-	-	-	-
広 島	(35)	2,526	1	x	-	-	x	-	-	-	-	-
山 口	(36)	261	6	x	-	-	x	-	-	-	-	-
徳 島	(37)	616	-	x	-	-	x	-	-	-	-	-
香 川	(38)	385	-	x	-	-	x	-	-	-	-	-
愛 媛	(39)	482	-	x	-	-	x	-	-	-	-	-
高 知	(40)	393	-	x	-	-	x	-	-	-	-	-
福 岡	(41)	3,400	31	x	-	-	x	-	-	-	-	-
佐 賀	(42)	790	-	x	-	-	x	-	-	-	-	-
長 崎	(43)	1,076	-	x	-	-	x	-	-	-	-	-
熊 本	(44)	782	-	x	-	-	x	-	-	-	-	-
大 分	(45)	427	-	x	-	-	x	-	-	-	-	-
宮 崎	(46)	192	-	x	-	-	x	-	-	-	-	-
鹿 児 島	(47)	2,549	-	x	-	-	x	-	-	-	-	-
沖 縄	(48)	201	11	x	-	-	x	-	-	-	-	-

単位：kl

埼 玉	千 葉	東 京	神奈川	新 潟	富 山	石 川	福 井	山 梨	長 野	岐 阜	静 岡	
4,831	8,160	3,936	6,884	965	x	919	x	-	4,940	4,896	2,251	(1)
-	30	-	-	-	x	-	x	-	-	-	-	(2)
-	2	-	-	-	x	-	x	-	-	-	-	(3)
-	-	1	-	63	x	-	x	-	-	-	-	(4)
-	15	85	2	258	x	-	x	-	-	-	-	(5)
-	-	8	-	40	x	-	x	-	-	-	-	(6)
-	-	-	-	44	x	-	x	-	-	-	-	(7)
-	3	84	-	57	x	-	x	-	-	-	-	(8)
305	1,115	436	392	3	x	-	x	-	-	-	-	(9)
-	4	92	-	-	x	-	x	-	-	-	-	(10)
1,440	380	221	13	287	x	-	x	-	44	-	-	(11)
-	1,566	928	2,660	-	x	-	x	-	226	-	-	(12)
-	-	154	631	62	x	-	x	-	-	6	-	(13)
2,494	4,439	-	1,829	-	x	-	x	-	1,467	22	10	(14)
-	476	677	-	-	x	-	x	-	1,197	11	9	(15)
-	100	70	75	-	x	-	x	-	355	-	-	(16)
-	-	-	-	80	x	551	x	-	84	31	-	(17)
-	-	-	-	-	x	-	x	-	-	14	-	(18)
-	-	8	-	-	x	292	x	-	-	5	-	(19)
198	14	134	65	-	x	-	x	-	568	-	245	(20)
173	-	99	-	58	x	-	x	-	-	-	-	(21)
-	-	-	-	-	x	-	x	-	334	-	-	(22)
-	2	95	1,208	-	x	-	x	-	157	10	-	(23)
-	-	727	3	13	x	5	x	-	398	2,634	1,232	(24)
-	-	-	-	-	x	-	x	-	-	236	93	(25)
-	-	-	-	-	x	-	x	-	-	24	-	(26)
-	3	3	-	-	x	-	x	-	-	225	431	(27)
221	3	-	4	-	x	68	x	-	110	1,642	231	(28)
-	4	114	2	-	x	3	x	-	-	24	-	(29)
-	-	-	-	-	x	-	x	-	-	5	-	(30)
-	-	-	-	-	x	-	x	-	-	7	-	(31)
-	-	-	-	-	x	-	x	-	-	-	-	(32)
-	-	-	-	-	x	-	x	-	-	-	-	(33)
-	2	-	-	-	x	-	x	-	-	-	-	(34)
-	2	-	-	-	x	-	x	-	-	-	-	(35)
-	-	-	-	-	x	-	x	-	-	-	-	(36)
-	-	-	-	-	x	-	x	-	-	-	-	(37)
-	-	-	-	-	x	-	x	-	-	-	-	(38)
-	-	-	-	-	x	-	x	-	-	-	-	(39)
-	-	-	-	-	x	-	x	-	-	-	-	(40)
-	-	-	-	-	x	-	x	-	-	-	-	(41)
-	-	-	-	-	x	-	x	-	-	-	-	(42)
-	-	-	-	-	x	-	x	-	-	-	-	(43)
-	-	-	-	-	x	-	x	-	-	-	-	(44)
-	-	-	-	-	x	-	x	-	-	-	-	(45)
-	-	-	-	-	x	-	x	-	-	-	-	(46)
-	-	-	-	-	x	-	x	-	-	-	-	(47)
-	-	-	-	-	x	-	x	-	-	-	-	(48)

単位：kl

(6)　5月分（続き）

入荷 ＼ 出荷	愛知	三重	滋賀	京都	大阪	兵庫	奈良	和歌山	鳥取	島根	岡山	広島
全　国　(1)	3,955	664	1,003	3,055	1,920	3,952	x	x	x	274	1,727	912
北 海 道 (2)	20	-	-	-	-	-	x	x	x	-	-	-
青　森　(3)	-	-	-	-	-	-	x	x	x	-	-	-
岩　手　(4)	4	-	-	-	-	-	x	x	x	-	-	-
宮　城　(5)	34	-	-	-	-	-	x	x	x	-	-	-
秋　田　(6)	-	-	-	-	-	-	x	x	x	-	-	-
山　形　(7)	-	-	-	-	-	-	x	x	x	-	-	-
福　島　(8)	5	-	-	-	-	-	x	x	x	-	-	-
茨　城　(9)	108	-	-	-	-	-	x	x	x	-	-	-
栃　木　(10)	18	-	-	-	-	-	x	x	x	-	-	-
群　馬　(11)	15	-	-	-	-	-	x	x	x	-	39	-
埼　玉　(12)	73	-	-	-	-	-	x	x	x	-	140	-
千　葉　(13)	40	-	-	-	-	-	x	x	x	-	-	-
東　京　(14)	279	29	-	-	-	-	x	x	x	23	3	-
神 奈 川 (15)	87	23	-	-	-	-	x	x	x	-	186	-
新　潟　(16)	8	-	-	-	-	-	x	x	x	-	-	-
富　山　(17)	7	-	-	-	-	-	x	x	x	-	-	-
石　川　(18)	135	-	-	10	14	16	x	x	x	-	20	-
福　井　(19)	811	-	382	-	16	331	x	x	x	-	-	-
山　梨　(20)	11	-	-	-	-	-	x	x	x	-	-	-
長　野　(21)	15	-	-	-	-	-	x	x	x	-	-	-
岐　阜　(22)	309	-	-	2	-	-	x	x	x	40	-	-
静　岡　(23)	500	-	-	3	-	-	x	x	x	-	-	-
愛　知　(24)	-	23	57	612	186	843	x	x	x	-	98	-
三　重　(25)	114	-	67	61	69	-	x	x	x	-	-	-
滋　賀　(26)	14	-	-	15	71	21	x	x	x	-	-	-
京　都　(27)	184	-	50	-	85	625	x	x	x	9	31	-
大　阪　(28)	843	389	447	1,334	-	719	x	x	x	88	948	-
兵　庫　(29)	150	-	-	634	442	-	x	x	x	26	40	-
奈　良　(30)	6	200	-	217	419	3	x	x	x	-	-	-
和 歌 山 (31)	10	-	-	69	368	114	x	x	x	-	-	-
鳥　取　(32)	-	-	-	-	-	-	x	x	x	35	9	116
島　根　(33)	-	-	-	-	-	-	x	x	x	-	-	12
岡　山　(34)	21	-	-	19	33	404	x	x	x	9	-	658
広　島　(35)	23	-	-	79	30	309	x	x	x	19	88	-
山　口　(36)	8	-	-	-	-	-	x	x	x	4	-	124
徳　島　(37)	-	-	-	-	143	140	x	x	x	-	-	-
香　川　(38)	13	-	-	-	20	338	x	x	x	-	7	1
愛　媛　(39)	9	-	-	-	-	-	x	x	x	4	20	1
高　知　(40)	2	-	-	-	-	-	x	x	x	-	-	-
福　岡　(41)	39	-	-	-	24	67	x	x	x	17	98	-
佐　賀　(42)	4	-	-	-	-	-	x	x	x	-	-	-
長　崎　(43)	7	-	-	-	-	-	x	x	x	-	-	-
熊　本　(44)	10	-	-	-	-	12	x	x	x	-	-	-
大　分　(45)	3	-	-	-	-	-	x	x	x	-	-	-
宮　崎　(46)	-	-	-	-	-	-	x	x	x	-	-	-
鹿 児 島 (47)	12	-	-	-	-	10	x	x	x	-	-	-
沖　縄　(48)	4	-	-	-	-	-	x	x	x	-	-	-

単位：kl

山口	徳島	香川	愛媛	高知	福岡	佐賀	長崎	熊本	大分	宮崎	鹿児島	沖縄	
x	x	x	x	x	7,429	x	x	6,073	84	1,626	20	-	(1)
x	x	x	x	x	-	x	x	1	-	-	-	-	(2)
x	x	x	x	x	-	x	x	-	-	-	-	-	(3)
x	x	x	x	x	-	x	x	1	-	-	-	-	(4)
x	x	x	x	x	-	x	x	1	-	-	-	-	(5)
x	x	x	x	x	-	x	x	-	-	-	-	-	(6)
x	x	x	x	x	-	x	x	1	-	-	-	-	(7)
x	x	x	x	x	-	x	x	1	-	-	-	-	(8)
x	x	x	x	x	-	x	x	1	-	-	-	-	(9)
x	x	x	x	x	-	x	x	1	-	-	-	-	(10)
x	x	x	x	x	-	x	x	1	-	-	-	-	(11)
x	x	x	x	x	-	x	x	18	-	-	-	-	(12)
x	x	x	x	x	-	x	x	8	-	-	-	-	(13)
x	x	x	x	x	-	x	x	870	-	7	-	-	(14)
x	x	x	x	x	-	x	x	20	-	-	-	-	(15)
x	x	x	x	x	-	x	x	1	-	-	-	-	(16)
x	x	x	x	x	-	x	x	1	-	-	-	-	(17)
x	x	x	x	x	-	x	x	1	-	-	-	-	(18)
x	x	x	x	x	-	x	x	-	-	-	-	-	(19)
x	x	x	x	x	-	x	x	1	-	-	-	-	(20)
x	x	x	x	x	-	x	x	1	-	-	-	-	(21)
x	x	x	x	x	-	x	x	1	-	-	-	-	(22)
x	x	x	x	x	-	x	x	5	-	-	-	-	(23)
x	x	x	x	x	-	x	x	138	-	-	-	-	(24)
x	x	x	x	x	-	x	x	1	-	-	-	-	(25)
x	x	x	x	x	-	x	x	2	-	-	-	-	(26)
x	x	x	x	x	1,772	x	x	4	-	-	-	-	(27)
x	x	x	x	x	1,558	x	x	187	-	37	-	-	(28)
x	x	x	x	x	76	x	x	1,223	-	-	-	-	(29)
x	x	x	x	x	-	x	x	2	-	-	-	-	(30)
x	x	x	x	x	-	x	x	2	-	-	-	-	(31)
x	x	x	x	x	-	x	x	5	-	-	-	-	(32)
x	x	x	x	x	-	x	x	3	-	-	-	-	(33)
x	x	x	x	x	502	x	x	10	-	-	-	-	(34)
x	x	x	x	x	905	x	x	537	-	-	-	-	(35)
x	x	x	x	x	101	x	x	9	-	-	-	-	(36)
x	x	x	x	x	-	x	x	-	-	-	-	-	(37)
x	x	x	x	x	4	x	x	2	-	-	-	-	(38)
x	x	x	x	x	-	x	x	21	-	-	-	-	(39)
x	x	x	x	x	-	x	x	3	-	-	-	-	(40)
x	x	x	x	x	-	x	x	1,607	84	208	5	-	(41)
x	x	x	x	x	696	x	x	16	-	-	-	-	(42)
x	x	x	x	x	516	x	x	415	-	17	-	-	(43)
x	x	x	x	x	578	x	x	-	-	12	-	-	(44)
x	x	x	x	x	180	x	x	158	-	-	-	-	(45)
x	x	x	x	x	150	x	x	9	-	-	15	-	(46)
x	x	x	x	x	302	x	x	703	-	1,332	-	-	(47)
x	x	x	x	x	89	x	x	81	-	13	-	-	(48)

14 飲用牛乳等入出荷量（都道府県別）（月別）（続き）

(7) 6月分

入荷　＼　出荷	全国	北海道	青森	岩手	宮城	秋田	山形	福島	茨城	栃木	群馬
全　国　(1)	148,892	33,421	x	4,183	2,247	x	261	714	13,346	10,354	7,145
北　海　道　(2)	64	–	x	–	12	x	–	–	–	–	–
青　森　(3)	773	308	x	357	–	x	–	–	–	–	–
岩　手　(4)	410	233	x	–	49	x	–	–	–	–	–
宮　城　(5)	2,757	596	x	373	–	x	178	22	9	238	965
秋　田　(6)	914	407	x	407	21	x	22	–	–	–	–
山　形　(7)	207	18	x	6	134	x	–	5	–	–	–
福　島　(8)	591	43	x	–	244	x	59	–	36	70	–
茨　城　(9)	7,800	2,134	x	50	357	x	–	–	–	2,089	825
栃　木　(10)	1,077	94	x	16	14	x	–	3	773	–	68
群　馬　(11)	3,603	493	x	41	1	x	–	–	165	725	–
埼　玉　(12)	23,742	5,338	x	1,201	727	x	–	7	5,098	4,365	1,477
千　葉　(13)	4,341	1,165	x	5	100	x	–	–	2,139	35	49
東　京　(14)	23,843	5,196	x	92	513	x	–	677	2,653	26	2,956
神　奈　川　(15)	13,118	4,693	x	1,627	–	x	–	–	2,314	1,228	650
新　潟　(16)	1,153	392	x	–	75	x	2	–	8	–	53
富　山　(17)	1,158	273	x	–	–	x	–	–	–	–	–
石　川　(18)	321	139	x	–	–	x	–	–	–	–	–
福　井　(19)	1,897	23	x	–	–	x	–	–	–	–	–
山　梨　(20)	1,261	–	x	–	–	x	–	–	–	14	5
長　野　(21)	376	1	x	–	–	x	–	–	–	–	42
岐　阜　(22)	764	19	x	–	–	x	–	–	–	–	41
静　岡　(23)	2,330	65	x	8	–	x	–	–	151	433	8
愛　知　(24)	10,234	1,928	x	–	–	x	–	–	–	1,072	1
三　重　(25)	572	20	x	–	–	x	–	–	–	–	–
滋　賀　(26)	206	71	x	–	–	x	–	–	–	–	–
京　都　(27)	4,669	248	x	–	–	x	–	–	–	–	–
大　阪　(28)	18,690	9,251	x	–	–	x	–	–	–	–	5
兵　庫　(29)	3,135	182	x	–	–	x	–	–	–	59	–
奈　良　(30)	868	–	x	–	–	x	–	–	–	–	–
和　歌　山　(31)	619	6	x	–	–	x	–	–	–	–	–
鳥　取　(32)	165	–	x	–	–	x	–	–	–	–	–
島　根　(33)	108	–	x	–	–	x	–	–	–	–	–
岡　山　(34)	2,545	41	x	–	–	x	–	–	–	–	–
広　島　(35)	2,581	1	x	–	–	x	–	–	–	–	–
山　口　(36)	282	6	x	–	–	x	–	–	–	–	–
徳　島　(37)	620	–	x	–	–	x	–	–	–	–	–
香　川　(38)	373	–	x	–	–	x	–	–	–	–	–
愛　媛　(39)	499	–	x	–	–	x	–	–	–	–	–
高　知　(40)	404	–	x	–	–	x	–	–	–	–	–
福　岡　(41)	3,721	26	x	–	–	x	–	–	–	–	–
佐　賀　(42)	823	–	x	–	–	x	–	–	–	–	–
長　崎　(43)	1,109	–	x	–	–	x	–	–	–	–	–
熊　本　(44)	694	–	x	–	–	x	–	–	–	–	–
大　分　(45)	441	–	x	–	–	x	–	–	–	–	–
宮　崎　(46)	203	–	x	–	–	x	–	–	–	–	–
鹿　児　島　(47)	2,641	–	x	–	–	x	–	–	–	–	–
沖　縄　(48)	190	11	x	–	–	x	–	–	–	–	–

埼玉	千葉	東京	神奈川	新潟	富山	石川	福井	山梨	長野	岐阜	静岡	
4,936	8,163	3,809	6,516	892	x	962	x	-	4,824	5,035	2,348	(1)
-	30	-	-	-	x	-	x	-	-	-	-	(2)
-	2	-	-	-	x	-	x	-	-	-	-	(3)
-	-	3	-	67	x	-	x	-	-	-	-	(4)
-	15	59	2	263	x	-	x	-	-	-	-	(5)
-	-	7	-	39	x	-	x	-	-	-	-	(6)
-	-	-	-	43	x	-	x	-	-	-	-	(7)
-	3	70	-	60	x	-	x	-	-	-	-	(8)
278	1,130	446	382	3	x	-	x	-	-	-	-	(9)
-	3	88	-	-	x	-	x	-	-	-	-	(10)
1,312	372	201	19	176	x	-	x	-	43	-	-	(11)
-	1,517	881	2,589	-	x	-	x	-	228	-	-	(12)
-	-	158	575	62	x	-	x	-	-	6	-	(13)
2,779	4,505	-	1,902	-	x	-	x	-	1,404	22	108	(14)
-	458	645	-	-	x	-	x	-	1,121	11	46	(15)
-	98	70	99	-	x	-	x	-	348	-	-	(16)
-	-	-	-	110	x	623	x	-	113	31	-	(17)
-	-	-	-	-	x	-	x	-	-	14	-	(18)
-	-	7	-	-	x	296	x	-	-	6	-	(19)
187	13	137	64	-	x	-	x	-	548	-	279	(20)
164	-	97	-	54	x	-	x	-	-	-	-	(21)
-	-	-	-	-	x	-	x	-	324	-	-	(22)
-	3	112	876	-	x	-	x	-	149	10	-	(23)
-	-	703	2	15	x	17	x	-	437	2,737	1,212	(24)
-	-	-	-	-	x	-	x	-	-	221	11	(25)
-	-	-	-	-	x	-	x	-	-	22	-	(26)
-	3	4	-	-	x	-	x	-	-	219	447	(27)
216	3	-	4	-	x	23	x	-	109	1,700	245	(28)
-	4	121	2	-	x	3	x	-	-	23	-	(29)
-	-	-	-	-	x	-	x	-	-	5	-	(30)
-	-	-	-	-	x	-	x	-	-	8	-	(31)
-	-	-	-	-	x	-	x	-	-	-	-	(32)
-	-	-	-	-	x	-	x	-	-	-	-	(33)
-	2	-	-	-	x	-	x	-	-	-	-	(34)
-	2	-	-	-	x	-	x	-	-	-	-	(35)
-	-	-	-	-	x	-	x	-	-	-	-	(36)
-	-	-	-	-	x	-	x	-	-	-	-	(37)
-	-	-	-	-	x	-	x	-	-	-	-	(38)
-	-	-	-	-	x	-	x	-	-	-	-	(39)
-	-	-	-	-	x	-	x	-	-	-	-	(40)
-	-	-	-	-	x	-	x	-	-	-	-	(41)
-	-	-	-	-	x	-	x	-	-	-	-	(42)
-	-	-	-	-	x	-	x	-	-	-	-	(43)
-	-	-	-	-	x	-	x	-	-	-	-	(44)
-	-	-	-	-	x	-	x	-	-	-	-	(45)
-	-	-	-	-	x	-	x	-	-	-	-	(46)
-	-	-	-	-	x	-	x	-	-	-	-	(47)
-	-	-	-	-	x	-	x	-	-	-	-	(48)

| 埼玉 | 千葉 | 東京 | 神奈川 | 新潟 | 富山 | 石川 | 福井 | 山梨 | 長野 | 岐阜 | 静岡 | |

14 飲用牛乳等入出荷量（都道府県別）（月別）（続き）

(7) 6月分（続き）

入荷 ＼ 出荷	愛知	三重	滋賀	京都	大阪	兵庫	奈良	和歌山	鳥取	島根	岡山	広島
全　　国 (1)	4,080	681	1,087	2,807	2,139	3,799	x	x	x	278	1,770	939
北 海 道 (2)	21	-	-	-	-	-	x	x	x	-	-	-
青　　森 (3)	-	-	-	-	-	-	x	x	x	-	-	-
岩　　手 (4)	4	-	-	-	-	-	x	x	x	-	-	-
宮　　城 (5)	36	-	-	-	-	-	x	x	x	-	-	-
秋　　田 (6)	-	-	-	-	-	-	x	x	x	-	-	-
山　　形 (7)	-	-	-	-	-	-	x	x	x	-	-	-
福　　島 (8)	5	-	-	-	-	-	x	x	x	-	-	-
茨　　城 (9)	105	-	-	-	-	-	x	x	x	-	-	-
栃　　木 (10)	17	-	-	-	-	-	x	x	x	-	-	-
群　　馬 (11)	14	-	-	-	-	-	x	x	x	-	40	-
埼　　玉 (12)	96	-	-	-	-	-	x	x	x	-	143	-
千　　葉 (13)	36	-	-	-	-	-	x	x	x	-	-	-
東　　京 (14)	290	29	-	-	-	-	x	x	x	24	4	-
神 奈 川 (15)	91	13	-	-	-	-	x	x	x	-	193	-
新　　潟 (16)	7	-	-	-	-	-	x	x	x	-	-	-
富　　山 (17)	7	-	-	-	-	-	x	x	x	-	-	-
石　　川 (18)	96	-	-	9	14	16	x	x	x	-	20	-
福　　井 (19)	810	-	407	-	20	324	x	x	x	-	-	-
山　　梨 (20)	13	-	-	-	-	-	x	x	x	-	-	-
長　　野 (21)	17	-	-	-	-	-	x	x	x	-	-	-
岐　　阜 (22)	304	-	-	2	-	-	x	x	x	40	-	-
静　　岡 (23)	506	-	-	2	-	-	x	x	x	-	-	-
愛　　知 (24)	-	24	62	594	292	831	x	x	x	-	101	-
三　　重 (25)	116	-	83	54	66	-	x	x	x	-	-	-
滋　　賀 (26)	14	-	-	9	70	17	x	x	x	-	-	-
京　　都 (27)	199	-	57	-	87	532	x	x	x	9	31	-
大　　阪 (28)	916	415	478	1,234	-	706	x	x	x	90	972	-
兵　　庫 (29)	164	-	-	552	454	-	x	x	x	27	39	-
奈　　良 (30)	7	200	-	191	459	3	x	x	x	-	-	-
和 歌 山 (31)	11	-	-	61	415	115	x	x	x	-	-	-
鳥　　取 (32)	-	-	-	-	-	-	x	x	x	35	7	115
島　　根 (33)	-	-	-	-	-	-	x	x	x	-	-	12
岡　　山 (34)	29	-	-	19	34	401	x	x	x	9	-	684
広　　島 (35)	20	-	-	80	36	307	x	x	x	19	91	-
山　　口 (36)	7	-	-	-	-	-	x	x	x	4	-	127
徳　　島 (37)	-	-	-	-	144	132	x	x	x	-	-	-
香　　川 (38)	14	-	-	-	23	320	x	x	x	-	8	1
愛　　媛 (39)	10	-	-	-	-	-	x	x	x	4	20	-
高　　知 (40)	2	-	-	-	-	-	x	x	x	-	-	-
福　　岡 (41)	49	-	-	-	25	72	x	x	x	17	101	-
佐　　賀 (42)	6	-	-	-	-	-	x	x	x	-	-	-
長　　崎 (43)	7	-	-	-	-	-	x	x	x	-	-	-
熊　　本 (44)	12	-	-	-	-	12	x	x	x	-	-	-
大　　分 (45)	4	-	-	-	-	-	x	x	x	-	-	-
宮　　崎 (46)	-	-	-	-	-	-	x	x	x	-	-	-
鹿 児 島 (47)	15	-	-	-	-	11	x	x	x	-	-	-
沖　　縄 (48)	3	-	-	-	-	-	x	x	x	-	-	-

山口	徳島	香川	愛媛	高知	福岡	佐賀	長崎	熊本	大分	宮崎	鹿児島	沖縄	
x	x	x	x	x	7,674	x	x	6,284	88	1,718	20	–	(1)
x	x	x	x	x	–	x	x	1	–	–	–	–	(2)
x	x	x	x	x	–	x	x	–	–	–	–	–	(3)
x	x	x	x	x	–	x	x	1	–	–	–	–	(4)
x	x	x	x	x	–	x	x	1	–	–	–	–	(5)
x	x	x	x	x	–	x	x	–	–	–	–	–	(6)
x	x	x	x	x	–	x	x	1	–	–	–	–	(7)
x	x	x	x	x	–	x	x	1	–	–	–	–	(8)
x	x	x	x	x	–	x	x	1	–	–	–	–	(9)
x	x	x	x	x	–	x	x	1	–	–	–	–	(10)
x	x	x	x	x	–	x	x	1	–	–	–	–	(11)
x	x	x	x	x	–	x	x	24	–	–	–	–	(12)
x	x	x	x	x	–	x	x	11	–	–	–	–	(13)
x	x	x	x	x	–	x	x	654	–	9	–	–	(14)
x	x	x	x	x	–	x	x	28	–	–	–	–	(15)
x	x	x	x	x	–	x	x	1	–	–	–	–	(16)
x	x	x	x	x	–	x	x	1	–	–	–	–	(17)
x	x	x	x	x	–	x	x	2	–	–	–	–	(18)
x	x	x	x	x	–	x	x	1	–	–	–	–	(19)
x	x	x	x	x	–	x	x	1	–	–	–	–	(20)
x	x	x	x	x	–	x	x	1	–	–	–	–	(21)
x	x	x	x	x	–	x	x	1	–	–	–	–	(22)
x	x	x	x	x	–	x	x	7	–	–	–	–	(23)
x	x	x	x	x	–	x	x	206	–	–	–	–	(24)
x	x	x	x	x	–	x	x	1	–	–	–	–	(25)
x	x	x	x	x	–	x	x	3	–	–	–	–	(26)
x	x	x	x	x	1,896	x	x	6	–	–	–	–	(27)
x	x	x	x	x	1,606	x	x	213	–	41	–	–	(28)
x	x	x	x	x	76	x	x	1,201	–	–	–	–	(29)
x	x	x	x	x	–	x	x	3	–	–	–	–	(30)
x	x	x	x	x	–	x	x	3	–	–	–	–	(31)
x	x	x	x	x	–	x	x	8	–	–	–	–	(32)
x	x	x	x	x	–	x	x	4	–	–	–	–	(33)
x	x	x	x	x	515	x	x	15	–	–	–	–	(34)
x	x	x	x	x	989	x	x	534	–	–	–	–	(35)
x	x	x	x	x	115	x	x	14	–	–	–	–	(36)
x	x	x	x	x	–	x	x	1	–	–	–	–	(37)
x	x	x	x	x	4	x	x	3	–	–	–	–	(38)
x	x	x	x	x	–	x	x	26	–	–	–	–	(39)
x	x	x	x	x	–	x	x	3	–	–	–	–	(40)
x	x	x	x	x	–	x	x	1,894	88	214	5	–	(41)
x	x	x	x	x	717	x	x	25	–	–	–	–	(42)
x	x	x	x	x	529	x	x	433	–	18	–	–	(43)
x	x	x	x	x	488	x	x	–	–	11	–	–	(44)
x	x	x	x	x	187	x	x	163	–	–	–	–	(45)
x	x	x	x	x	157	x	x	12	–	–	15	–	(46)
x	x	x	x	x	306	x	x	702	–	1,412	–	–	(47)
x	x	x	x	x	89	x	x	71	–	13	–	–	(48)

14 飲用牛乳等入出荷量（都道府県別）（月別）（続き）

(8) 7月分

入荷 ＼ 出荷	全国	北海道	青森	岩手	宮城	秋田	山形	福島	茨城	栃木	群馬
全国 (1)	151,672	34,718	x	4,202	2,301	x	255	811	12,640	10,980	7,195
北海道 (2)	66	–	x	–	12	x	–	–	–	–	–
青森 (3)	768	307	x	363	–	x	–	–	–	–	–
岩手 (4)	378	192	x	–	50	x	–	6	–	–	–
宮城 (5)	2,998	651	x	394	–	x	175	22	9	279	1,063
秋田 (6)	866	383	x	379	21	x	23	–	–	–	–
山形 (7)	210	18	x	5	137	x	–	5	–	–	–
福島 (8)	564	47	x	–	254	x	55	–	39	74	–
茨城 (9)	7,813	2,212	x	15	276	x	–	–	–	2,181	800
栃木 (10)	1,088	106	x	14	13	x	–	4	769	–	64
群馬 (11)	4,127	605	x	57	1	x	–	–	197	741	–
埼玉 (12)	24,268	5,864	x	1,229	836	x	–	8	4,858	4,518	1,424
千葉 (13)	4,318	1,343	x	6	100	x	–	–	1,925	35	35
東京 (14)	23,446	5,387	x	90	524	x	–	766	2,490	27	2,975
神奈川 (15)	13,411	4,798	x	1,636	–	x	–	–	2,194	1,449	680
新潟 (16)	1,290	457	x	–	77	x	2	–	8	–	54
富山 (17)	963	157	x	–	–	x	–	–	–	–	–
石川 (18)	339	141	x	–	–	x	–	–	–	–	–
福井 (19)	1,858	4	x	–	–	x	–	–	–	–	–
山梨 (20)	1,193	–	x	–	–	x	–	–	–	14	4
長野 (21)	395	1	x	–	–	x	–	–	–	–	41
岐阜 (22)	800	19	x	–	–	x	–	–	–	–	43
静岡 (23)	2,624	79	x	14	–	x	–	–	151	459	7
愛知 (24)	10,569	2,048	x	–	–	x	–	–	–	1,122	1
三重 (25)	672	21	x	–	–	x	–	–	–	–	–
滋賀 (26)	231	73	x	–	–	x	–	–	–	–	–
京都 (27)	4,757	86	x	–	–	x	–	–	–	–	–
大阪 (28)	19,289	9,457	x	–	–	x	–	–	–	–	4
兵庫 (29)	3,423	147	x	–	–	x	–	–	–	81	–
奈良 (30)	823	–	x	–	–	x	–	–	–	–	–
和歌山 (31)	560	6	x	–	–	x	–	–	–	–	–
鳥取 (32)	175	–	x	–	–	x	–	–	–	–	–
島根 (33)	113	–	x	–	–	x	–	–	–	–	–
岡山 (34)	2,544	50	x	–	–	x	–	–	–	–	–
広島 (35)	2,657	1	x	–	–	x	–	–	–	–	–
山口 (36)	406	7	x	–	–	x	–	–	–	–	–
徳島 (37)	593	–	x	–	–	x	–	–	–	–	–
香川 (38)	430	–	x	–	–	x	–	–	–	–	–
愛媛 (39)	472	–	x	–	–	x	–	–	–	–	–
高知 (40)	373	–	x	–	–	x	–	–	–	–	–
福岡 (41)	3,765	39	x	–	–	x	–	–	–	–	–
佐賀 (42)	902	–	x	–	–	x	–	–	–	–	–
長崎 (43)	1,099	–	x	–	–	x	–	–	–	–	–
熊本 (44)	714	–	x	–	–	x	–	–	–	–	–
大分 (45)	432	–	x	–	–	x	–	–	–	–	–
宮崎 (46)	192	–	x	–	–	x	–	–	–	–	–
鹿児島 (47)	2,525	–	x	–	–	x	–	–	–	–	–
沖縄 (48)	173	12	x	–	–	x	–	–	–	–	–

単位：kl

埼玉	千葉	東京	神奈川	新潟	富山	石川	福井	山梨	長野	岐阜	静岡	
5,069	7,578	3,726	6,866	1,045	x	861	x	-	4,897	5,278	2,414	(1)
-	29	-	-	-	x	-	x	-	-	-	-	(2)
-	2	-	-	-	x	-	x	-	-	-	-	(3)
-	-	2	-	74	x	-	x	-	-	-	-	(4)
-	15	61	2	288	x	-	x	-	-	-	-	(5)
-	-	8	-	41	x	-	x	-	-	-	-	(6)
-	-	-	-	44	x	-	x	-	-	-	-	(7)
-	3	22	-	62	x	-	x	-	-	-	-	(8)
278	1,062	466	394	3	x	-	x	-	-	-	-	(9)
-	3	93	-	-	x	-	x	-	-	-	-	(10)
1,564	359	198	13	287	x	-	x	-	42	-	-	(11)
-	1,489	837	2,685	-	x	-	x	-	197	-	-	(12)
-	-	145	601	65	x	-	x	-	-	6	-	(13)
2,650	4,039	-	1,859	-	x	-	x	-	1,361	22	45	(14)
-	452	622	-	-	x	-	x	-	1,180	11	42	(15)
-	96	78	144	-	x	-	x	-	365	-	-	(16)
-	-	-	-	110	x	518	x	-	138	31	-	(17)
-	-	-	-	-	x	-	x	-	-	14	-	(18)
-	-	5	-	-	x	281	x	-	-	5	-	(19)
189	13	122	68	-	x	-	x	-	568	-	200	(20)
165	-	99	10	56	x	-	x	-	-	-	-	(21)
-	-	-	-	-	x	-	x	-	334	-	-	(22)
-	3	115	1,086	-	x	-	x	-	161	10	-	(23)
-	-	740	2	15	x	6	x	-	451	2,793	1,222	(24)
-	-	-	-	-	x	-	x	-	-	285	68	(25)
-	-	-	-	-	x	-	x	-	-	32	-	(26)
-	2	5	-	-	x	-	x	-	-	299	523	(27)
223	3	-	1	-	x	53	x	-	100	1,735	314	(28)
-	4	108	1	-	x	3	x	-	-	23	-	(29)
-	-	-	-	-	x	-	x	-	-	5	-	(30)
-	-	-	-	-	x	-	x	-	-	7	-	(31)
-	-	-	-	-	x	-	x	-	-	-	-	(32)
-	-	-	-	-	x	-	x	-	-	-	-	(33)
-	2	-	-	-	x	-	x	-	-	-	-	(34)
-	2	-	-	-	x	-	x	-	-	-	-	(35)
-	-	-	-	-	x	-	x	-	-	-	-	(36)
-	-	-	-	-	x	-	x	-	-	-	-	(37)
-	-	-	-	-	x	-	x	-	-	-	-	(38)
-	-	-	-	-	x	-	x	-	-	-	-	(39)
-	-	-	-	-	x	-	x	-	-	-	-	(40)
-	-	-	-	-	x	-	x	-	-	-	-	(41)
-	-	-	-	-	x	-	x	-	-	-	-	(42)
-	-	-	-	-	x	-	x	-	-	-	-	(43)
-	-	-	-	-	x	-	x	-	-	-	-	(44)
-	-	-	-	-	x	-	x	-	-	-	-	(45)
-	-	-	-	-	x	-	x	-	-	-	-	(46)
-	-	-	-	-	x	-	x	-	-	-	-	(47)
-	-	-	-	-	x	-	x	-	-	-	-	(48)

14 飲用牛乳等入出荷量（都道府県別）（月別）（続き）

(8) 7月分（続き）

入荷＼出荷	愛知	三重	滋賀	京都	大阪	兵庫	奈良	和歌山	鳥取	島根	岡山	広島
全　国 (1)	4,377	665	901	3,265	1,887	3,837	x	x	x	295	1,919	885
北海道 (2)	24	-	-	-	-	-	x	x	x	-	-	-
青　森 (3)	-	-	-	-	-	-	x	x	x	-	-	-
岩　手 (4)	5	-	-	-	-	-	x	x	x	-	-	-
宮　城 (5)	38	-	-	-	-	-	x	x	x	-	-	-
秋　田 (6)	-	-	-	-	-	-	x	x	x	-	-	-
山　形 (7)	-	-	-	-	-	-	x	x	x	-	-	-
福　島 (8)	7	-	-	-	-	-	x	x	x	-	-	-
茨　城 (9)	125	-	-	-	-	-	x	x	x	-	-	-
栃　木 (10)	21	-	-	-	-	-	x	x	x	-	-	-
群　馬 (11)	18	-	-	-	-	-	x	x	x	-	44	-
埼　玉 (12)	106	-	-	-	-	-	x	x	x	-	157	-
千　葉 (13)	43	-	-	-	-	-	x	x	x	-	-	-
東　京 (14)	309	27	-	-	-	-	x	x	x	24	4	-
神奈川 (15)	92	21	-	-	-	-	x	x	x	-	212	-
新　潟 (16)	8	-	-	-	-	-	x	x	x	-	-	-
富　山 (17)	8	-	-	-	-	-	x	x	x	-	-	-
石　川 (18)	105	-	-	11	15	17	x	x	x	-	22	-
福　井 (19)	855	-	339	-	23	342	x	x	x	-	-	-
山　梨 (20)	14	-	-	-	-	-	x	x	x	-	-	-
長　野 (21)	22	-	-	-	-	-	x	x	x	-	-	-
岐　阜 (22)	320	-	-	2	-	-	x	x	x	44	-	-
静　岡 (23)	529	-	-	3	-	-	x	x	x	-	-	-
愛　知 (24)	-	22	57	656	195	882	x	x	x	-	110	-
三　重 (25)	122	-	37	62	75	-	x	x	x	-	-	-
滋　賀 (26)	14	-	-	19	74	16	x	x	x	-	-	-
京　都 (27)	211	-	39	-	86	483	x	x	x	10	33	-
大　阪 (28)	954	397	429	1,369	-	668	x	x	x	96	1,056	-
兵　庫 (29)	184	-	-	731	422	-	x	x	x	28	40	-
奈　良 (30)	8	198	-	220	387	3	x	x	x	-	-	-
和歌山 (31)	13	-	-	70	344	118	x	x	x	-	-	-
鳥　取 (32)	-	-	-	-	-	-	x	x	x	37	7	124
島　根 (33)	-	-	-	-	-	-	x	x	x	-	-	11
岡　山 (34)	32	-	-	20	34	438	x	x	x	9	-	629
広　島 (35)	33	-	-	102	36	307	x	x	x	20	93	-
山　口 (36)	10	-	-	-	-	-	x	x	x	4	-	119
徳　島 (37)	-	-	-	-	150	129	x	x	x	-	-	-
香　川 (38)	17	-	-	-	20	339	x	x	x	-	9	1
愛　媛 (39)	13	-	-	-	-	-	x	x	x	4	22	1
高　知 (40)	3	-	-	-	-	-	x	x	x	-	-	-
福　岡 (41)	57	-	-	-	26	73	x	x	x	19	110	-
佐　賀 (42)	5	-	-	-	-	-	x	x	x	-	-	-
長　崎 (43)	11	-	-	-	-	-	x	x	x	-	-	-
熊　本 (44)	14	-	-	-	-	12	x	x	x	-	-	-
大　分 (45)	5	-	-	-	-	-	x	x	x	-	-	-
宮　崎 (46)	-	-	-	-	-	-	x	x	x	-	-	-
鹿児島 (47)	16	-	-	-	-	10	x	x	x	-	-	-
沖　縄 (48)	6	-	-	-	-	-	x	x	x	-	-	-

単位：kl

山口	徳島	香川	愛媛	高知	福岡	佐賀	長崎	熊本	大分	宮崎	鹿児島	沖縄	
x	x	x	x	x	8,144	x	x	6,822	83	1,581	21	-	(1)
x	x	x	x	x	-	x	x	1	-	-	-	-	(2)
x	x	x	x	x	-	x	x	-	-	-	-	-	(3)
x	x	x	x	x	-	x	x	1	-	-	-	-	(4)
x	x	x	x	x	-	x	x	1	-	-	-	-	(5)
x	x	x	x	x	-	x	x	-	-	-	-	-	(6)
x	x	x	x	x	-	x	x	1	-	-	-	-	(7)
x	x	x	x	x	-	x	x	1	-	-	-	-	(8)
x	x	x	x	x	-	x	x	1	-	-	-	-	(9)
x	x	x	x	x	-	x	x	1	-	-	-	-	(10)
x	x	x	x	x	-	x	x	1	-	-	-	-	(11)
x	x	x	x	x	-	x	x	25	-	-	-	-	(12)
x	x	x	x	x	-	x	x	14	-	-	-	-	(13)
x	x	x	x	x	-	x	x	838	-	9	-	-	(14)
x	x	x	x	x	-	x	x	22	-	-	-	-	(15)
x	x	x	x	x	-	x	x	1	-	-	-	-	(16)
x	x	x	x	x	-	x	x	1	-	-	-	-	(17)
x	x	x	x	x	-	x	x	3	-	-	-	-	(18)
x	x	x	x	x	-	x	x	1	-	-	-	-	(19)
x	x	x	x	x	-	x	x	1	-	-	-	-	(20)
x	x	x	x	x	-	x	x	1	-	-	-	-	(21)
x	x	x	x	x	-	x	x	2	-	-	-	-	(22)
x	x	x	x	x	-	x	x	7	-	-	-	-	(23)
x	x	x	x	x	-	x	x	247	-	-	-	-	(24)
x	x	x	x	x	-	x	x	2	-	-	-	-	(25)
x	x	x	x	x	-	x	x	3	-	-	-	-	(26)
x	x	x	x	x	2,043	x	x	7	-	-	-	-	(27)
x	x	x	x	x	1,694	x	x	222	-	41	-	-	(28)
x	x	x	x	x	76	x	x	1,339	-	-	-	-	(29)
x	x	x	x	x	-	x	x	2	-	-	-	-	(30)
x	x	x	x	x	-	x	x	2	-	-	-	-	(31)
x	x	x	x	x	-	x	x	7	-	-	-	-	(32)
x	x	x	x	x	-	x	x	5	-	-	-	-	(33)
x	x	x	x	x	525	x	x	17	-	-	-	-	(34)
x	x	x	x	x	999	x	x	557	-	-	-	-	(35)
x	x	x	x	x	242	x	x	15	-	-	-	-	(36)
x	x	x	x	x	-	x	x	1	-	-	-	-	(37)
x	x	x	x	x	41	x	x	3	-	-	-	-	(38)
x	x	x	x	x	-	x	x	28	-	-	-	-	(39)
x	x	x	x	x	-	x	x	4	-	-	-	-	(40)
x	x	x	x	x	-	x	x	1,992	83	216	6	-	(41)
x	x	x	x	x	796	x	x	27	-	-	-	-	(42)
x	x	x	x	x	504	x	x	449	-	15	-	-	(43)
x	x	x	x	x	512	x	x	-	-	11	-	-	(44)
x	x	x	x	x	179	x	x	163	-	-	-	-	(45)
x	x	x	x	x	148	x	x	12	-	-	15	-	(46)
x	x	x	x	x	308	x	x	731	-	1,276	-	-	(47)
x	x	x	x	x	77	x	x	63	-	13	-	-	(48)

(9) 8月分

入荷＼出荷		全 国	北海道	青 森	岩 手	宮 城	秋 田	山 形	福 島	茨 城	栃 木	群 馬
全 国	(1)	151,039	35,074	x	4,137	2,489	x	266	949	13,099	10,805	7,070
北 海 道	(2)	63	–	x	–	12	x	–	–	–	–	–
青 森	(3)	671	307	x	283	–	x	–	–	–	–	–
岩 手	(4)	367	196	x	–	49	x	–	6	–	–	–
宮 城	(5)	2,840	638	x	265	–	x	185	21	9	249	1,049
秋 田	(6)	818	391	x	321	22	x	23	–	–	–	–
山 形	(7)	204	19	x	6	131	x	–	5	–	–	–
福 島	(8)	573	45	x	–	256	x	56	–	46	72	–
茨 城	(9)	7,497	2,248	x	1	356	x	–	–	–	2,167	636
栃 木	(10)	1,183	98	x	22	14	x	–	3	874	–	46
群 馬	(11)	4,108	592	x	117	3	x	–	–	205	768	–
埼 玉	(12)	24,506	6,101	x	1,334	910	x	–	13	4,919	4,376	1,340
千 葉	(13)	4,377	1,182	x	6	100	x	–	–	2,138	46	19
東 京	(14)	22,447	5,256	x	95	548	x	–	901	2,183	29	3,219
神 奈 川	(15)	13,781	4,850	x	1,675	–	x	–	–	2,562	1,367	593
新 潟	(16)	1,253	410	x	–	88	x	2	–	9	–	53
富 山	(17)	1,004	180	x	–	–	x	–	–	–	–	–
石 川	(18)	338	143	x	–	–	x	–	–	–	–	–
福 井	(19)	1,747	4	x	–	–	x	–	–	–	–	–
山 梨	(20)	1,091	–	x	–	–	x	–	–	–	13	6
長 野	(21)	402	2	x	–	–	x	–	–	–	–	42
岐 阜	(22)	815	19	x	–	–	x	–	–	–	–	44
静 岡	(23)	3,090	66	x	12	–	x	–	–	154	491	19
愛 知	(24)	10,279	1,963	x	–	–	x	–	–	–	1,148	1
三 重	(25)	535	21	x	–	–	x	–	–	–	–	–
滋 賀	(26)	250	72	x	–	–	x	–	–	–	–	–
京 都	(27)	5,173	151	x	–	–	x	–	–	–	14	–
大 阪	(28)	19,520	9,898	x	–	–	x	–	–	–	–	3
兵 庫	(29)	3,654	156	x	–	–	x	–	–	–	65	–
奈 良	(30)	774	–	x	–	–	x	–	–	–	–	–
和 歌 山	(31)	444	6	x	–	–	x	–	–	–	–	–
鳥 取	(32)	171	–	x	–	–	x	–	–	–	–	–
島 根	(33)	114	–	x	–	–	x	–	–	–	–	–
岡 山	(34)	2,594	36	x	–	–	x	–	–	–	–	–
広 島	(35)	2,616	1	x	–	–	x	–	–	–	–	–
山 口	(36)	425	6	x	–	–	x	–	–	–	–	–
徳 島	(37)	574	–	x	–	–	x	–	–	–	–	–
香 川	(38)	410	–	x	–	–	x	–	–	–	–	–
愛 媛	(39)	426	–	x	–	–	x	–	–	–	–	–
高 知	(40)	334	–	x	–	–	x	–	–	–	–	–
福 岡	(41)	3,650	5	x	–	–	x	–	–	–	–	–
佐 賀	(42)	843	–	x	–	–	x	–	–	–	–	–
長 崎	(43)	1,097	–	x	–	–	x	–	–	–	–	–
熊 本	(44)	752	–	x	–	–	x	–	–	–	–	–
大 分	(45)	424	–	x	–	–	x	–	–	–	–	–
宮 崎	(46)	185	–	x	–	–	x	–	–	–	–	–
鹿 児 島	(47)	2,446	–	x	–	–	x	–	–	–	–	–
沖 縄	(48)	174	12	x	–	–	x	–	–	–	–	–

単位：kl

埼玉	千葉	東京	神奈川	新潟	富山	石川	福井	山梨	長野	岐阜	静岡	
4,786	6,776	3,567	7,129	1,015	x	893	x	-	5,046	5,055	2,303	(1)
-	26	-	-	-	x	-	x				-	(2)
-	1	-	-	-	x	-	x				-	(3)
-	-	2	-	68	x	-	x				-	(4)
-	13	66	6	301	x	-	x				-	(5)
-	-	8	-	42	x	-	x				-	(6)
-	-	-	-	42	x	-	x				-	(7)
-	3	22	-	66	x	-	x				-	(8)
303	967	321	374	3	x	-	x		-			(9)
-	3	103	-	-	x	-	x		-		-	(10)
1,475	333	208	12	297	x	-	x	-	40	-	-	(11)
-	1,464	819	2,589	-	x	-	x	-	310	-	-	(12)
-	-	131	635	66	x	-	x	-	-	6	-	(13)
2,401	3,385	-	1,791	-	x	-	x	-	1,359	22	89	(14)
-	465	608	-	-	x	-	x	-	1,226	11	85	(15)
-	87	75	152	-	x	-	x	-	367	-	-	(16)
-	-	-	-	59	x	626	x	-	98	32	-	(17)
-	-	-	-	-	x	-	x	-	-	14	-	(18)
-	-	6	-	-	x	239	x	-	-	5	-	(19)
205	15	108	68	-	x	-	x	-	571	-	91	(20)
179	-	101	-	56	x	-	x	-	-	-	-	(21)
-	-	-	-	-	x	-	x	-	334	-	-	(22)
-	2	121	1,499	-	x	-	x	-	166	9	-	(23)
-	-	745	2	15	x	5	x	-	484	2,641	1,159	(24)
-	-	-	-	-	x	-	x	-	-	234	20	(25)
-	-	-	-	-	x	-	x	-	-	26	-	(26)
-	2	4	-	-	x	-	x	-	-	270	533	(27)
223	3	-	1	-	x	20	x	-	91	1,751	326	(28)
-	4	119	-	-	x	3	x	-	-	22	-	(29)
-	-	-	-	-	x	-	x	-	-	5	-	(30)
-	-	-	-	-	x	-	x	-	-	7	-	(31)
-	-	-	-	-	x	-	x	-	-	-	-	(32)
-	-	-	-	-	x	-	x	-	-	-	-	(33)
-	2	-	-	-	x	-	x	-	-	-	-	(34)
-	1	-	-	-	x	-	x	-	-	-	-	(35)
-	-	-	-	-	x	-	x	-	-	-	-	(36)
-	-	-	-	-	x	-	x	-	-	-	-	(37)
-	-	-	-	-	x	-	x	-	-	-	-	(38)
-	-	-	-	-	x	-	x	-	-	-	-	(39)
-	-	-	-	-	x	-	x	-	-	-	-	(40)
-	-	-	-	-	x	-	x	-	-	-	-	(41)
-	-	-	-	-	x	-	x	-	-	-	-	(42)
-	-	-	-	-	x	-	x	-	-	-	-	(43)
-	-	-	-	-	x	-	x	-	-	-	-	(44)
-	-	-	-	-	x	-	x	-	-	-	-	(45)
-	-	-	-	-	x	-	x	-	-	-	-	(46)
-	-	-	-	-	x	-	x	-	-	-	-	(47)
-	-	-	-	-	x	-	x	-	-	-	-	(48)

(9) 8月分（続き）

入荷＼出荷	愛知	三重	滋賀	京都	大阪	兵庫	奈良	和歌山	鳥取	島根	岡山	広島
全国 (1)	4,373	729	705	3,497	1,614	4,171	x	x	x	288	1,844	944
北海道 (2)	24	-	-	-	-	-	x	x	x	-	-	-
青森 (3)	-	-	-	-	-	-	x	x	x	-	-	-
岩手 (4)	5	-	-	-	-	-	x	x	x	-	-	-
宮城 (5)	37	-	-	-	-	-	x	x	x	-	-	-
秋田 (6)	-	-	-	-	-	-	x	x	x	-	-	-
山形 (7)	-	-	-	-	-	-	x	x	x	-	-	-
福島 (8)	6	-	-	-	-	-	x	x	x	-	-	-
茨城 (9)	120	-	-	-	-	-	x	x	x	-	-	-
栃木 (10)	19	-	-	-	-	-	x	x	x	-	-	-
群馬 (11)	15	-	-	-	-	-	x	x	x	-	-	-
埼玉 (12)	116	-	-	-	-	-	x	x	x	-	42	-
千葉 (13)	39	-	-	-	-	-	x	x	x	-	150	-
東京 (14)	270	28	-	-	-	-	x	x	x	24	3	-
神奈川 (15)	94	22	-	-	-	-	x	x	x	-	199	-
新潟 (16)	9	-	-	-	-	-	x	x	x	-	-	-
富山 (17)	8	-	-	-	-	-	x	x	x	-	-	-
石川 (18)	103	-	-	12	12	17	x	x	x	-	21	-
福井 (19)	858	-	257	-	22	352	x	x	x	-	-	-
山梨 (20)	14	-	-	-	-	-	x	x	x	-	-	-
長野 (21)	21	-	-	-	-	-	x	x	x	-	-	-
岐阜 (22)	323	-	-	15	-	-	x	x	x	44	-	-
静岡 (23)	542	-	-	3	-	-	x	x	x	-	-	-
愛知 (24)	-	25	54	663	183	892	x	x	x	-	106	-
三重 (25)	118	-	-	65	76	-	x	x	x	-	-	-
滋賀 (26)	15	-	-	49	68	17	x	x	x	-	-	-
京都 (27)	204	-	29	-	77	649	x	x	x	10	31	-
大阪 (28)	989	448	365	1,310	-	773	x	x	x	96	1,019	-
兵庫 (29)	209	-	-	919	394	-	x	x	x	28	39	-
奈良 (30)	7	206	-	229	322	3	x	x	x	-	-	-
和歌山 (31)	14	-	-	73	206	137	x	x	x	-	-	-
鳥取 (32)	-	-	-	-	-	-	x	x	x	35	8	122
島根 (33)	-	-	-	-	-	-	x	x	x	-	-	11
岡山 (34)	33	-	-	21	31	417	x	x	x	9	-	693
広島 (35)	24	-	-	129	28	323	x	x	x	19	92	-
山口 (36)	9	-	-	-	-	-	x	x	x	4	-	116
徳島 (37)	-	-	-	-	153	140	x	x	x	-	-	-
香川 (38)	19	-	-	-	20	356	x	x	x	-	7	1
愛媛 (39)	10	-	-	-	-	-	x	x	x	4	21	1
高知 (40)	2	-	-	-	-	-	x	x	x	-	-	-
福岡 (41)	50	-	-	9	22	72	x	x	x	15	106	-
佐賀 (42)	5	-	-	-	-	-	x	x	x	-	-	-
長崎 (43)	8	-	-	-	-	-	x	x	x	-	-	-
熊本 (44)	12	-	-	-	-	12	x	x	x	-	-	-
大分 (45)	4	-	-	-	-	-	x	x	x	-	-	-
宮崎 (46)	-	-	-	-	-	-	x	x	x	-	-	-
鹿児島 (47)	13	-	-	-	-	11	x	x	x	-	-	-
沖縄 (48)	5	-	-	-	-	-	x	x	x	-	-	-

山 口	徳 島	香 川	愛 媛	高 知	福 岡	佐 賀	長 崎	熊 本	大 分	宮 崎	鹿児島	沖 縄	
x	x	x	x	x	8,122	x	x	6,729	78	1,519	21	-	(1)
x	x	x	x	x	-	x	x	1	-	-	-	-	(2)
x	x	x	x	x	-	x	x	-	-	-	-	-	(3)
x	x	x	x	x	-	x	x	1	-	-	-	-	(4)
x	x	x	x	x	-	x	x	1	-	-	-	-	(5)
x	x	x	x	x	-	x	x	-	-	-	-	-	(6)
x	x	x	x	x	-	x	x	1	-	-	-	-	(7)
x	x	x	x	x	-	x	x	1	-	-	-	-	(8)
x	x	x	x	x	-	x	x	1	-	-	-	-	(9)
x	x	x	x	x	-	x	x	1	-	-	-	-	(10)
x	x	x	x	x	-	x	x	1	-	-	-	-	(11)
x	x	x	x	x	-	x	x	26	-	-	-	-	(12)
x	x	x	x	x	-	x	x	9	-	-	-	-	(13)
x	x	x	x	x	-	x	x	835	-	9	-	-	(14)
x	x	x	x	x	-	x	x	24	-	-	-	-	(15)
x	x	x	x	x	-	x	x	1	-	-	-	-	(16)
x	x	x	x	x	-	x	x	1	-	-	-	-	(17)
x	x	x	x	x	-	x	x	3	-	-	-	-	(18)
x	x	x	x	x	-	x	x	1	-	-	-	-	(19)
x	x	x	x	x	-	x	x	-	-	-	-	-	(20)
x	x	x	x	x	-	x	x	1	-	-	-	-	(21)
x	x	x	x	x	-	x	x	1	-	-	-	-	(22)
x	x	x	x	x	-	x	x	6	-	-	-	-	(23)
x	x	x	x	x	-	x	x	193	-	-	-	-	(24)
x	x	x	x	x	-	x	x	1	-	-	-	-	(25)
x	x	x	x	x	-	x	x	3	-	-	-	-	(26)
x	x	x	x	x	2,231	x	x	8	-	-	-	-	(27)
x	x	x	x	x	1,548	x	x	191	-	41	-	-	(28)
x	x	x	x	x	75	x	x	1,394	-	-	-	-	(29)
x	x	x	x	x	-	x	x	2	-	-	-	-	(30)
x	x	x	x	x	-	x	x	1	-	-	-	-	(31)
x	x	x	x	x	-	x	x	6	-	-	-	-	(32)
x	x	x	x	x	-	x	x	3	-	-	-	-	(33)
x	x	x	x	x	552	x	x	10	-	-	-	-	(34)
x	x	x	x	x	971	x	x	551	-	-	-	-	(35)
x	x	x	x	x	268	x	x	12	-	-	-	-	(36)
x	x	x	x	x	-	x	x	1	-	-	-	-	(37)
x	x	x	x	x	5	x	x	2	-	-	-	-	(38)
x	x	x	x	x	-	x	x	24	-	-	-	-	(39)
x	x	x	x	x	-	x	x	3	-	-	-	-	(40)
x	x	x	x	x	-	x	x	1,952	78	223	5	-	(41)
x	x	x	x	x	748	x	x	21	-	-	-	-	(42)
x	x	x	x	x	489	x	x	465	-	15	-	-	(43)
x	x	x	x	x	550	x	x	-	-	12	-	-	(44)
x	x	x	x	x	170	x	x	167	-	-	-	-	(45)
x	x	x	x	x	141	x	x	11	-	-	16	-	(46)
x	x	x	x	x	291	x	x	734	-	1,206	-	-	(47)
x	x	x	x	x	83	x	x	58	-	13	-	-	(48)

14 飲用牛乳等入出荷量（都道府県別）（月別）（続き）

(10) 9月分

入荷＼出荷	全　国	北海道	青　森	岩　手	宮　城	秋　田	山　形	福　島	茨　城	栃　木	群　馬
全　　国　(1)	150,182	35,600	x	4,069	2,241	x	253	1,179	12,625	10,623	6,515
北　海　道　(2)	63	-	x	-	13	x	-	-	-	-	-
青　　森　(3)	705	250	x	350	-	x	-	-	-	-	-
岩　　手　(4)	359	171	x	-	48	x	-	6	-	-	-
宮　　城　(5)	2,842	652	x	310	-	x	177	20	10	287	971
秋　　田　(6)	905	420	x	386	20	x	22	-	-	-	-
山　　形　(7)	191	18	x	6	117	x	-	5	-	-	-
福　　島　(8)	597	42	x	-	250	x	53	-	41	73	-
茨　　城　(9)	7,695	2,214	x	1	397	x	-	-	-	2,141	756
栃　　木　(10)	1,101	107	x	21	14	x	-	4	788	-	50
群　　馬　(11)	3,740	560	x	68	4	x	-	-	173	733	-
埼　　玉　(12)	24,250	6,072	x	1,213	692	x	-	8	4,924	4,467	1,321
千　　葉　(13)	4,285	1,270	x	5	100	x	-	-	1,987	43	42
東　　京　(14)	23,259	5,166	x	92	515	x	-	1,136	2,375	25	2,947
神　奈　川　(15)	13,279	5,333	x	1,607	-	x	-	-	2,173	1,250	304
新　　潟　(16)	1,215	443	x	-	71	x	1	-	8	-	33
富　　山　(17)	1,263	379	x	-	-	x	-	-	-	-	-
石　　川　(18)	348	138	x	-	-	x	-	-	-	-	-
福　　井　(19)	1,903	4	x	-	-	x	-	-	-	-	-
山　　梨　(20)	1,201	-	x	-	-	x	-	-	-	15	2
長　　野　(21)	365	2	x	-	-	x	-	-	-	-	32
岐　　阜　(22)	777	19	x	-	-	x	-	-	-	-	41
静　　岡　(23)	2,599	103	x	10	-	x	-	-	146	451	12
愛　　知　(24)	10,057	1,939	x	-	-	x	-	-	-	1,086	1
三　　重　(25)	545	19	x	-	-	x	-	-	-	-	-
滋　　賀　(26)	300	71	x	-	-	x	-	-	-	-	-
京　　都　(27)	4,764	134	x	-	-	x	-	-	-	-	-
大　　阪　(28)	19,286	9,766	x	-	-	x	-	-	-	-	3
兵　　庫　(29)	3,181	180	x	-	-	x	-	-	-	52	-
奈　　良　(30)	852	-	x	-	-	x	-	-	-	-	-
和　歌　山　(31)	639	22	x	-	-	x	-	-	-	-	-
鳥　　取　(32)	165	-	x	-	-	x	-	-	-	-	-
島　　根　(33)	108	-	x	-	-	x	-	-	-	-	-
岡　　山　(34)	2,621	49	x	-	-	x	-	-	-	-	-
広　　島　(35)	2,506	1	x	-	-	x	-	-	-	-	-
山　　口　(36)	275	6	x	-	-	x	-	-	-	-	-
徳　　島　(37)	630	-	x	-	-	x	-	-	-	-	-
香　　川　(38)	378	-	x	-	-	x	-	-	-	-	-
愛　　媛　(39)	505	-	x	-	-	x	-	-	-	-	-
高　　知　(40)	410	-	x	-	-	x	-	-	-	-	-
福　　岡　(41)	3,770	38	x	-	-	x	-	-	-	-	-
佐　　賀　(42)	948	-	x	-	-	x	-	-	-	-	-
長　　崎　(43)	1,124	-	x	-	-	x	-	-	-	-	-
熊　　本　(44)	711	-	x	-	-	x	-	-	-	-	-
大　　分　(45)	432	-	x	-	-	x	-	-	-	-	-
宮　　崎　(46)	311	-	x	-	-	x	-	-	-	-	-
鹿　児　島　(47)	2,542	-	x	-	-	x	-	-	-	-	-
沖　　縄　(48)	180	12	x	-	-	x	-	-	-	-	-

埼玉	千葉	東京	神奈川	新潟	富山	石川	福井	山梨	長野	岐阜	静岡	
4,965	7,355	3,670	6,662	1,053	x	1,008	x	-	4,829	4,874	2,474	(1)
-	26	-	-	-	x	-	x	-	-	-	-	(2)
-	1	-	-	-	x	-	x	-	-	-	-	(3)
-	-	3	-	75	x	-	x	-	-	-	-	(4)
-	13	64	-	303	x	-	x	-	-	-	-	(5)
-	-	7	-	39	x	-	x	-	-	-	-	(6)
-	-	-	-	44	x	-	x	-	-	-	-	(7)
-	3	22	-	106	x	-	x	-	-	-	-	(8)
284	1,127	271	383	3	x	-	x	-	-	-	-	(9)
-	2	98	-	-	x	-	x	-	-	-	-	(10)
1,286	328	208	12	268	x	-	x	-	43	-	-	(11)
-	1,574	846	2,614	-	x	-	x	-	203	-	-	(12)
-	-	136	591	58	x	-	x	-	-	6	-	(13)
2,825	3,722	-	1,782	-	x	-	x	-	1,425	23	118	(14)
-	440	628	-	-	x	-	x	-	1,108	11	88	(15)
-	87	72	141	-	x	-	x	-	350	-	-	(16)
-	-	-	-	90	x	635	x	-	118	32	-	(17)
-	-	-	-	-	x	-	x	-	-	14	-	(18)
-	-	25	-	-	x	289	x	-	-	5	-	(19)
189	18	116	45	-	x	-	x	-	555	-	246	(20)
165	-	96	-	53	x	-	x	-	-	-	-	(21)
-	-	-	-	-	x	-	x	-	323	-	-	(22)
-	2	115	1,088	-	x	-	x	-	153	10	-	(23)
-	-	860	2	14	x	5	x	-	449	2,499	1,235	(24)
-	-	-	-	-	x	-	x	-	-	220	8	(25)
-	-	-	-	-	x	-	x	-	-	24	-	(26)
-	2	5	-	-	x	-	x	-	-	236	490	(27)
216	3	-	3	-	x	76	x	-	102	1,758	289	(28)
-	4	98	1	-	x	3	x	-	-	23	-	(29)
-	-	-	-	-	x	-	x	-	-	5	-	(30)
-	-	-	-	-	x	-	x	-	-	8	-	(31)
-	-	-	-	-	x	-	x	-	-	-	-	(32)
-	-	-	-	-	x	-	x	-	-	-	-	(33)
-	2	-	-	-	x	-	x	-	-	-	-	(34)
-	1	-	-	-	x	-	x	-	-	-	-	(35)
-	-	-	-	-	x	-	x	-	-	-	-	(36)
-	-	-	-	-	x	-	x	-	-	-	-	(37)
-	-	-	-	-	x	-	x	-	-	-	-	(38)
-	-	-	-	-	x	-	x	-	-	-	-	(39)
-	-	-	-	-	x	-	x	-	-	-	-	(40)
-	-	-	-	-	x	-	x	-	-	-	-	(41)
-	-	-	-	-	x	-	x	-	-	-	-	(42)
-	-	-	-	-	x	-	x	-	-	-	-	(43)
-	-	-	-	-	x	-	x	-	-	-	-	(44)
-	-	-	-	-	x	-	x	-	-	-	-	(45)
-	-	-	-	-	x	-	x	-	-	-	-	(46)
-	-	-	-	-	x	-	x	-	-	-	-	(47)
-	-	-	-	-	x	-	x	-	-	-	-	(48)

14 飲用牛乳等入出荷量（都道府県別）（月別）（続き）

(10) 9月分（続き）

入荷＼出荷		愛知	三重	滋賀	京都	大阪	兵庫	奈良	和歌山	鳥取	島根	岡山	広島
全国	(1)	4,189	749	949	3,281	2,020	3,471	x	x	x	280	1,880	1,027
北海道	(2)	24	-	-	-	-	-	x	x	x	-	-	-
青森	(3)	-	-	-	-	-	-	x	x	x	-	-	-
岩手	(4)	3	-	-	-	-	-	x	x	x	-	-	-
宮城	(5)	34	-	-	-	-	-	x	x	x	-	-	-
秋田	(6)	-	-	-	-	-	-	x	x	x	-	-	-
山形	(7)	-	-	-	-	-	-	x	x	x	-	-	-
福島	(8)	6	-	-	-	-	-	x	x	x	-	-	-
茨城	(9)	117	-	-	-	-	-	x	x	x	-	-	-
栃木	(10)	16	-	-	-	-	-	x	x	x	-	-	-
群馬	(11)	13	-	-	-	-	-	x	x	x	-	43	-
埼玉	(12)	97	-	-	-	-	-	x	x	x	-	152	-
千葉	(13)	38	-	-	-	-	-	x	x	x	-	-	-
東京	(14)	275	29	-	-	-	-	x	x	x	24	3	-
神奈川	(15)	94	23	-	-	-	-	x	x	x	-	199	-
新潟	(16)	8	-	-	-	-	-	x	x	x	-	-	-
富山	(17)	8	-	-	-	-	-	x	x	x	-	-	-
石川	(18)	100	-	-	36	14	11	x	x	x	-	22	-
福井	(19)	839	-	386	-	20	331	x	x	x	-	-	-
山梨	(20)	14	-	-	-	-	-	x	x	x	-	-	-
長野	(21)	16	-	-	-	-	-	x	x	x	-	-	-
岐阜	(22)	316	-	-	2	-	-	x	x	x	40	-	-
静岡	(23)	501	-	-	3	-	-	x	x	x	-	-	-
愛知	(24)	-	36	55	648	285	700	x	x	x	-	108	-
三重	(25)	121	-	43	66	67	-	x	x	x	-	-	-
滋賀	(26)	10	-	-	116	61	16	x	x	x	-	-	-
京都	(27)	208	-	42	-	78	534	x	x	x	10	32	-
大阪	(28)	963	457	423	1,355	-	507	x	x	x	93	1,039	-
兵庫	(29)	169	-	-	636	452	-	x	x	x	28	41	-
奈良	(30)	7	204	-	235	396	3	x	x	x	-	-	-
和歌山	(31)	12	-	-	75	389	132	x	x	x	-	-	-
鳥取	(32)	-	-	-	-	-	-	x	x	x	35	9	116
島根	(33)	-	-	-	-	-	-	x	x	x	-	-	12
岡山	(34)	27	-	-	21	33	394	x	x	x	9	-	772
広島	(35)	25	-	-	88	33	294	x	x	x	19	95	-
山口	(36)	8	-	-	-	-	-	x	x	x	4	-	125
徳島	(37)	-	-	-	-	147	132	x	x	x	-	-	-
香川	(38)	12	-	-	-	21	332	x	x	x	-	7	1
愛媛	(39)	11	-	-	-	-	-	x	x	x	4	22	1
高知	(40)	3	-	-	-	-	-	x	x	x	-	-	-
福岡	(41)	43	-	-	-	24	64	x	x	x	14	108	-
佐賀	(42)	6	-	-	-	-	-	x	x	x	-	-	-
長崎	(43)	7	-	-	-	-	-	x	x	x	-	-	-
熊本	(44)	12	-	-	-	-	11	x	x	x	-	-	-
大分	(45)	5	-	-	-	-	-	x	x	x	-	-	-
宮崎	(46)	-	-	-	-	-	-	x	x	x	-	-	-
鹿児島	(47)	15	-	-	-	-	10	x	x	x	-	-	-
沖縄	(48)	6	-	-	-	-	-	x	x	x	-	-	-

単位：kl

山 口	徳 島	香 川	愛 媛	高 知	福 岡	佐 賀	長 崎	熊 本	大 分	宮 崎	鹿児島	沖 縄	
x	x	x	x	x	7,954	x	x	6,381	76	1,698	19	–	(1)
x	x	x	x	x	–	x	x	–	–	–	–	–	(2)
x	x	x	x	x	–	x	x	–	–	–	–	–	(3)
x	x	x	x	x	–	x	x	1	–	–	–	–	(4)
x	x	x	x	x	–	x	x	1	–	–	–	–	(5)
x	x	x	x	x	–	x	x	–	–	–	–	–	(6)
x	x	x	x	x	–	x	x	1	–	–	–	–	(7)
x	x	x	x	x	–	x	x	1	–	–	–	–	(8)
x	x	x	x	x	–	x	x	1	–	–	–	–	(9)
x	x	x	x	x	–	x	x	1	–	–	–	–	(10)
x	x	x	x	x	–	x	x	1	–	–	–	–	(11)
x	x	x	x	x	–	x	x	27	–	–	–	–	(12)
x	x	x	x	x	–	x	x	9	–	–	–	–	(13)
x	x	x	x	x	–	x	x	768	–	9	–	–	(14)
x	x	x	x	x	–	x	x	21	–	–	–	–	(15)
x	x	x	x	x	–	x	x	1	–	–	–	–	(16)
x	x	x	x	x	–	x	x	1	–	–	–	–	(17)
x	x	x	x	x	–	x	x	2	–	–	–	–	(18)
x	x	x	x	x	–	x	x	1	–	–	–	–	(19)
x	x	x	x	x	–	x	x	1	–	–	–	–	(20)
x	x	x	x	x	–	x	x	1	–	–	–	–	(21)
x	x	x	x	x	–	x	x	1	–	–	–	–	(22)
x	x	x	x	x	–	x	x	5	–	–	–	–	(23)
x	x	x	x	x	–	x	x	135	–	–	–	–	(24)
x	x	x	x	x	–	x	x	1	–	–	–	–	(25)
x	x	x	x	x	–	x	x	2	–	–	–	–	(26)
x	x	x	x	x	2,097	x	x	5	–	–	–	–	(27)
x	x	x	x	x	1,575	x	x	193	–	37	–	–	(28)
x	x	x	x	x	75	x	x	1,188	–	–	–	–	(29)
x	x	x	x	x	–	x	x	2	–	–	–	–	(30)
x	x	x	x	x	–	x	x	1	–	–	–	–	(31)
x	x	x	x	x	–	x	x	5	–	–	–	–	(32)
x	x	x	x	x	–	x	x	3	–	–	–	–	(33)
x	x	x	x	x	526	x	x	11	–	–	–	–	(34)
x	x	x	x	x	940	x	x	533	–	–	–	–	(35)
x	x	x	x	x	112	x	x	12	–	–	–	–	(36)
x	x	x	x	x	–	x	x	1	–	–	–	–	(37)
x	x	x	x	x	3	x	x	2	–	–	–	–	(38)
x	x	x	x	x	–	x	x	22	–	–	–	–	(39)
x	x	x	x	x	–	x	x	3	–	–	–	–	(40)
x	x	x	x	x	–	x	x	2,004	76	206	5	–	(41)
x	x	x	x	x	848	x	x	20	–	–	–	–	(42)
x	x	x	x	x	535	x	x	444	–	15	–	–	(43)
x	x	x	x	x	505	x	x	–	–	12	–	–	(44)
x	x	x	x	x	184	x	x	158	–	–	–	–	(45)
x	x	x	x	x	157	x	x	10	–	–	14	–	(46)
x	x	x	x	x	310	x	x	723	–	1,405	–	–	(47)
x	x	x	x	x	87	x	x	58	–	14	–	–	(48)

— 173 —

14 飲用牛乳等入出荷量（都道府県別）（月別）（続き）

(11) 10月分

入荷＼出荷		全国	北海道	青森	岩手	宮城	秋田	山形	福島	茨城	栃木	群馬
全　国	(1)	151,788	35,665	x	4,100	2,320	x	244	1,165	12,737	10,073	6,741
北　海　道	(2)	67	-	x	-	12	x	-	-	-	-	-
青　　森	(3)	744	304	x	336	-	x	-	-	-	-	-
岩　　手	(4)	376	204	x	-	44	x	-	-	-	-	-
宮　　城	(5)	3,171	933	x	317	-	x	171	20	15	308	960
秋　　田	(6)	912	415	x	398	22	x	21	-	-	-	-
山　　形	(7)	189	20	x	7	116	x	-	4	-	-	-
福　　島	(8)	523	43	x	-	237	x	51	-	12	69	-
茨　　城	(9)	7,726	2,263	x	1	440	x	-	-	-	1,965	862
栃　　木	(10)	1,056	97	x	14	13	x	-	2	746	-	54
群　　馬	(11)	3,799	346	x	116	1	x	-	-	165	674	-
埼　　玉	(12)	23,829	5,969	x	1,171	697	x	-	4	4,770	4,197	1,341
千　　葉	(13)	4,611	1,486	x	5	110	x	-	-	2,091	39	43
東　　京	(14)	24,471	5,567	x	86	502	x	-	1,135	2,550	22	3,003
神　奈　川	(15)	13,361	5,132	x	1,643	17	x	-	-	2,232	1,258	370
新　　潟	(16)	1,203	401	x	-	109	x	1	-	7	-	32
富　　山	(17)	953	269	x	-	-	x	-	-	-	-	-
石　　川	(18)	332	141	x	-	-	x	-	-	-	-	-
福　　井	(19)	1,859	3	x	-	-	x	-	-	-	-	-
山　　梨	(20)	1,200	-	x	-	-	x	-	-	-	14	3
長　　野	(21)	367	2	x	-	-	x	-	-	-	-	30
岐　　阜	(22)	779	19	x	-	-	x	-	-	-	-	39
静　　岡	(23)	2,278	83	x	6	-	x	-	-	149	483	-
愛　　知	(24)	10,519	1,960	x	-	-	x	-	-	-	1,043	1
三　　重	(25)	586	20	x	-	-	x	-	-	-	-	-
滋　　賀	(26)	272	72	x	-	-	x	-	-	-	-	-
京　　都	(27)	4,712	166	x	-	-	x	-	-	-	-	-
大　　阪	(28)	19,112	9,475	x	-	-	x	-	-	-	-	3
兵　　庫	(29)	3,336	161	x	-	-	x	-	-	-	1	-
奈　　良	(30)	921	-	x	-	-	x	-	-	-	-	-
和　歌　山	(31)	626	18	x	-	-	x	-	-	-	-	-
鳥　　取	(32)	162	-	x	-	-	x	-	-	-	-	-
島　　根	(33)	113	-	x	-	-	x	-	-	-	-	-
岡　　山	(34)	2,597	50	x	-	-	x	-	-	-	-	-
広　　島	(35)	2,490	1	x	-	-	x	-	-	-	-	-
山　　口	(36)	413	6	x	-	-	x	-	-	-	-	-
徳　　島	(37)	601	-	x	-	-	x	-	-	-	-	-
香　　川	(38)	398	-	x	-	-	x	-	-	-	-	-
愛　　媛	(39)	481	-	x	-	-	x	-	-	-	-	-
高　　知	(40)	381	-	x	-	-	x	-	-	-	-	-
福　　岡	(41)	3,896	27	x	-	-	x	-	-	-	-	-
佐　　賀	(42)	1,051	-	x	-	-	x	-	-	-	-	-
長　　崎	(43)	1,078	-	x	-	-	x	-	-	-	-	-
熊　　本	(44)	771	-	x	-	-	x	-	-	-	-	-
大　　分	(45)	426	-	x	-	-	x	-	-	-	-	-
宮　　崎	(46)	307	-	x	-	-	x	-	-	-	-	-
鹿　児　島	(47)	2,528	-	x	-	-	x	-	-	-	-	-
沖　　縄	(48)	205	12	x	-	-	x	-	-	-	-	-

右上: 単位：kl

埼　玉	千　葉	東　京	神奈川	新　潟	富　山	石　川	福　井	山　梨	長　野	岐　阜	静　岡	
5,349	7,548	3,934	6,445	1,062	x	907	x	–	4,978	5,119	2,459	(1)
–	28	–	–	–	x	–	x	–	–	–	–	(2)
–	2	–	–	–	x	–	x	–	–	–	–	(3)
–	–	2	–	68	x	–	x	–	–	–	–	(4)
–	14	76	15	298	x	–	x	–	–	–	–	(5)
–	–	7	–	38	x	–	x	–	–	–	–	(6)
–	–	–	–	41	x	–	x	–	–	–	–	(7)
–	3	31	–	70	x	–	x	–	–	–	–	(8)
279	1,130	280	379	3	x	–	x	–	–	–	–	(9)
–	2	108	–	–	x	–	x	–	–	–	–	(10)
1,549	343	210	12	281	x	–	x	–	39	–	–	(11)
–	1,587	888	2,621	–	x	–	x	–	238	–	–	(12)
–	–	141	572	65	x	–	x	–	–	6	–	(13)
2,956	3,876	–	1,913	–	x	–	x	–	1,412	23	110	(14)
–	437	669	–	–	x	–	x	–	1,140	12	97	(15)
–	92	73	137	–	x	–	x	–	342	–	–	(16)
–	–	–	–	130	x	395	x	–	119	32	–	(17)
–	–	–	–	–	x	–	x	–	–	15	–	(18)
–	–	64	–	–	x	295	x	–	–	6	–	(19)
186	19	130	47	–	x	–	x	–	526	–	260	(20)
163	–	93	–	53	x	–	x	–	–	–	–	(21)
–	–	–	–	–	x	–	x	–	334	–	–	(22)
–	2	113	741	–	x	–	x	–	158	10	–	(23)
–	–	943	2	15	x	23	x	–	565	2,630	1,322	(24)
–	–	–	–	–	x	–	x	–	–	238	–	(25)
–	–	–	–	–	x	–	x	–	–	30	–	(26)
–	2	6	–	–	x	114	x	–	–	252	426	(27)
216	3	–	4	–	x	77	x	–	105	1,826	244	(28)
–	4	100	2	–	x	3	x	–	–	25	–	(29)
–	–	–	–	–	x	–	x	–	–	5	–	(30)
–	–	–	–	–	x	–	x	–	–	9	–	(31)
–	–	–	–	–	x	–	x	–	–	–	–	(32)
–	–	–	–	–	x	–	x	–	–	–	–	(33)
–	2	–	–	–	x	–	x	–	–	–	–	(34)
–	2	–	–	–	x	–	x	–	–	–	–	(35)
–	–	–	–	–	x	–	x	–	–	–	–	(36)
–	–	–	–	–	x	–	x	–	–	–	–	(37)
–	–	–	–	–	x	–	x	–	–	–	–	(38)
–	–	–	–	–	x	–	x	–	–	–	–	(39)
–	–	–	–	–	x	–	x	–	–	–	–	(40)
–	–	–	–	–	x	–	x	–	–	–	–	(41)
–	–	–	–	–	x	–	x	–	–	–	–	(42)
–	–	–	–	–	x	–	x	–	–	–	–	(43)
–	–	–	–	–	x	–	x	–	–	–	–	(44)
–	–	–	–	–	x	–	x	–	–	–	–	(45)
–	–	–	–	–	x	–	x	–	–	–	–	(46)
–	–	–	–	–	x	–	x	–	–	–	–	(47)
–	–	–	–	–	x	–	x	–	–	–	–	(48)

14 飲用牛乳等入出荷量（都道府県別）（月別）（続き）

(11) 10月分（続き）

入荷＼出荷	愛 知	三 重	滋 賀	京 都	大 阪	兵 庫	奈 良	和歌山	鳥 取	島 根	岡 山	広 島
全　国 (1)	4,244	720	995	3,538	2,094	3,519	x	x	x	285	1,978	1,005
北 海 道 (2)	26	-	-	-	-	-	x	x	x	-	-	-
青　森 (3)	-	-	-	-	-	-	x	x	x	-	-	-
岩　手 (4)	6	-	-	-	-	-	x	x	x	-	-	-
宮　城 (5)	43	-	-	-	-	-	x	x	x	-	-	-
秋　田 (6)	-	-	-	-	-	-	x	x	x	-	-	-
山　形 (7)	-	-	-	-	-	-	x	x	x	-	-	-
福　島 (8)	6	-	-	-	-	-	x	x	x	-	-	-
茨　城 (9)	123	-	-	-	-	-	x	x	x	-	-	-
栃　木 (10)	19	-	-	-	-	-	x	x	x	-	-	-
群　馬 (11)	16	-	-	-	-	-	x	x	x	-	46	-
埼　玉 (12)	108	-	-	-	-	-	x	x	x	-	162	-
千　葉 (13)	42	-	-	-	-	-	x	x	x	-	-	-
東　京 (14)	316	27	-	-	-	-	x	x	x	22	3	-
神 奈 川 (15)	94	21	-	-	-	-	x	x	x	-	212	-
新　潟 (16)	8	-	-	-	-	-	x	x	x	-	-	-
富　山 (17)	7	-	-	-	-	-	x	x	x	-	-	-
石　川 (18)	104	-	-	10	14	12	x	x	x	-	23	-
福　井 (19)	762	-	385	-	20	320	x	x	x	-	-	-
山　梨 (20)	14	-	-	-	-	-	x	x	x	-	-	-
長　野 (21)	24	-	-	-	-	-	x	x	x	-	-	-
岐　阜 (22)	299	-	-	3	-	-	x	x	x	42	-	-
静　岡 (23)	523	-	-	3	-	-	x	x	x	-	-	-
愛　知 (24)	-	32	65	645	293	678	x	x	x	-	114	-
三　重 (25)	118	-	74	73	62	-	x	x	x	-	-	-
滋　賀 (26)	15	-	-	63	73	16	x	x	x	-	-	-
京　都 (27)	203	-	57	-	85	587	x	x	x	10	34	-
大　阪 (28)	960	447	414	1,474	-	541	x	x	x	96	1,094	-
兵　庫 (29)	175	-	-	787	453	-	x	x	x	28	41	-
奈　良 (30)	7	193	-	260	451	3	x	x	x	-	-	-
和 歌 山 (31)	12	-	-	83	381	122	x	x	x	-	-	-
鳥　取 (32)	-	-	-	-	-	-	x	x	x	35	7	112
島　根 (33)	-	-	-	-	-	-	x	x	x	-	-	12
岡　山 (34)	34	-	-	20	33	414	x	x	x	9	-	754
広　島 (35)	30	-	-	117	35	293	x	x	x	19	97	-
山　口 (36)	9	-	-	-	-	-	x	x	x	4	-	125
徳　島 (37)	-	-	-	-	147	134	x	x	x	-	-	-
香　川 (38)	17	-	-	-	22	302	x	x	x	-	8	1
愛　媛 (39)	11	-	-	-	-	-	x	x	x	4	23	1
高　知 (40)	3	-	-	-	-	-	x	x	x	-	-	-
福　岡 (41)	58	-	-	-	25	73	x	x	x	16	114	-
佐　賀 (42)	5	-	-	-	-	-	x	x	x	-	-	-
長　崎 (43)	9	-	-	-	-	-	x	x	x	-	-	-
熊　本 (44)	13	-	-	-	-	13	x	x	x	-	-	-
大　分 (45)	5	-	-	-	-	-	x	x	x	-	-	-
宮　崎 (46)	-	-	-	-	-	-	x	x	x	-	-	-
鹿 児 島 (47)	14	-	-	-	-	11	x	x	x	-	-	-
沖　縄 (48)	6	-	-	-	-	-	x	x	x	-	-	-

山口	徳島	香川	愛媛	高知	福岡	佐賀	長崎	熊本	大分	宮崎	鹿児島	沖縄	
x	x	x	x	x	7,723	x	x	6,739	84	1,712	20	-	(1)
x	x	x	x	x	-	x	x	1	-	-	-	-	(2)
x	x	x	x	x	-	x	x	-	-	-	-	-	(3)
x	x	x	x	x	-	x	x	1	-	-	-	-	(4)
x	x	x	x	x	-	x	x	1	-	-	-	-	(5)
x	x	x	x	x	-	x	x	-	-	-	-	-	(6)
x	x	x	x	x	-	x	x	1	-	-	-	-	(7)
x	x	x	x	x	-	x	x	1	-	-	-	-	(8)
x	x	x	x	x	-	x	x	1	-	-	-	-	(9)
x	x	x	x	x	-	x	x	1	-	-	-	-	(10)
x	x	x	x	x	-	x	x	1	-	-	-	-	(11)
x	x	x	x	x	-	x	x	28	-	-	-	-	(12)
x	x	x	x	x	-	x	x	11	-	-	-	-	(13)
x	x	x	x	x	-	x	x	940	-	8	・	-	(14)
x	x	x	x	x	-	x	x	27	-	-	-	-	(15)
x	x	x	x	x	-	x	x	1	-	-	-	-	(16)
x	x	x	x	x	-	x	x	1	-	-	-	-	(17)
x	x	x	x	x	-	x	x	3	-	-	-	-	(18)
x	x	x	x	x	-	x	x	1	-	-	-	-	(19)
x	x	x	x	x	-	x	x	1	-	-	-	-	(20)
x	x	x	x	x	-	x	x	2	-	-	-	-	(21)
x	x	x	x	x	-	x	x	1	-	-	-	-	(22)
x	x	x	x	x	-	x	x	7	-	-	-	-	(23)
x	x	x	x	x	-	x	x	188	-	-	-	-	(24)
x	x	x	x	x	-	x	x	1	-	-	-	-	(25)
x	x	x	x	x	-	x	x	3	-	-	-	-	(26)
x	x	x	x	x	1,836	x	x	7	-	-	-	-	(27)
x	x	x	x	x	1,436	x	x	200	-	37	-	-	(28)
x	x	x	x	x	88	x	x	1,231	-	-	-	-	(29)
x	x	x	x	x	-	x	x	2	-	-	-	-	(30)
x	x	x	x	x	-	x	x	1	-	-	-	-	(31)
x	x	x	x	x	-	x	x	8	-	-	-	-	(32)
x	x	x	x	x	-	x	x	4	-	-	-	-	(33)
x	x	x	x	x	478	x	x	13	-	-	-	-	(34)
x	x	x	x	x	871	x	x	543	-	-	-	-	(35)
x	x	x	x	x	247	x	x	13	-	-	-	-	(36)
x	x	x	x	x	-	x	x	1	-	-	-	-	(37)
x	x	x	x	x	45	x	x	3	-	-	-	-	(38)
x	x	x	x	x	-	x	x	27	-	-	-	-	(39)
x	x	x	x	x	-	x	x	4	-	-	-	-	(40)
x	x	x	x	x	-	x	x	2,034	84	215	5	-	(41)
x	x	x	x	x	949	x	x	25	-	-	-	-	(42)
x	x	x	x	x	505	x	x	426	-	15	-	-	(43)
x	x	x	x	x	563	x	x	-	-	12	-	-	(44)
x	x	x	x	x	173	x	x	161	-	-	-	-	(45)
x	x	x	x	x	146	x	x	11	-	-	15	-	(46)
x	x	x	x	x	295	x	x	721	-	1,411	-	-	(47)
x	x	x	x	x	91	x	x	81	-	14	-	-	(48)

14 飲用牛乳等入出荷量（都道府県別）（月別）（続き）

(12) 11月分

入荷 ＼ 出荷		全 国	北海道	青 森	岩 手	宮 城	秋 田	山 形	福 島	茨 城	栃 木	群 馬
全 国	(1)	143,381	32,429	x	3,966	2,100	x	230	1,057	12,156	10,410	6,457
北 海 道	(2)	69	–	x	–	13	x	–	–	–	–	–
青 森	(3)	749	298	x	348	–	x	–	–	–	–	–
岩 手	(4)	347	181	x	–	42	x	–	–	–	–	–
宮 城	(5)	3,037	854	x	279	–	x	160	19	8	365	913
秋 田	(6)	842	384	x	364	20	x	20	–	–	–	–
山 形	(7)	188	16	x	7	115	x	–	5	–	–	–
福 島	(8)	585	42	x	–	228	x	48	–	32	64	–
茨 城	(9)	7,469	1,773	x	29	311	x	–	–	–	2,276	1,004
栃 木	(10)	1,055	89	x	15	14	x	–	3	744	–	56
群 馬	(11)	3,495	344	x	71	1	x	–	–	147	652	–
埼 玉	(12)	22,470	5,593	x	1,123	704	x	–	4	4,503	4,123	1,250
千 葉	(13)	4,535	1,491	x	5	100	x	–	–	2,044	39	43
東 京	(14)	23,118	5,315	x	87	447	x	–	1,026	2,436	21	2,726
神 奈 川	(15)	12,582	4,565	x	1,628	19	x	–	–	2,087	1,339	362
新 潟	(16)	1,091	367	x	–	86	x	2	–	7	–	30
富 山	(17)	889	171	x	–	–	x	–	–	–	–	–
石 川	(18)	322	135	x	–	–	x	–	–	–	–	–
福 井	(19)	1,696	3	x	–	–	x	–	–	–	–	–
山 梨	(20)	1,359	211	x	–	–	x	–	–	–	14	2
長 野	(21)	345	2	x	–	–	x	–	–	–	–	31
岐 阜	(22)	756	17	x	–	–	x	–	–	–	–	36
静 岡	(23)	2,806	109	x	10	–	x	–	–	148	391	–
愛 知	(24)	9,812	1,716	x	–	–	x	–	–	–	1,018	1
三 重	(25)	553	19	x	–	–	x	–	–	–	–	–
滋 賀	(26)	226	64	x	–	–	x	–	–	–	–	–
京 都	(27)	4,396	76	x	–	–	x	–	–	–	–	–
大 阪	(28)	17,539	8,298	x	–	–	x	–	–	–	–	3
兵 庫	(29)	3,239	169	x	–	–	x	–	–	–	108	–
奈 良	(30)	842	–	x	–	–	x	–	–	–	–	–
和 歌 山	(31)	575	6	x	–	–	x	–	–	–	–	–
鳥 取	(32)	150	–	x	–	–	x	–	–	–	–	–
島 根	(33)	102	–	x	–	–	x	–	–	–	–	–
岡 山	(34)	2,379	63	x	–	–	x	–	–	–	–	–
広 島	(35)	2,379	1	x	–	–	x	–	–	–	–	–
山 口	(36)	250	6	x	–	–	x	–	–	–	–	–
徳 島	(37)	549	–	x	–	–	x	–	–	–	–	–
香 川	(38)	340	–	x	–	–	x	–	–	–	–	–
愛 媛	(39)	455	–	x	–	–	x	–	–	–	–	–
高 知	(40)	356	–	x	–	–	x	–	–	–	–	–
福 岡	(41)	3,626	41	x	–	–	x	–	–	–	–	–
佐 賀	(42)	816	–	x	–	–	x	–	–	–	–	–
長 崎	(43)	1,001	–	x	–	–	x	–	–	–	–	–
熊 本	(44)	795	–	x	–	–	x	–	–	–	–	–
大 分	(45)	423	–	x	–	–	x	–	–	–	–	–
宮 崎	(46)	283	–	x	–	–	x	–	–	–	–	–
鹿 児 島	(47)	2,285	–	x	–	–	x	–	–	–	–	–
沖 縄	(48)	205	10	x	–	–	x	–	–	–	–	–

埼玉	千葉	東京	神奈川	新潟	富山	石川	福井	山梨	長野	岐阜	静岡	
5,247	6,998	3,649	6,472	957	x	897	x	–	4,645	5,034	2,075	(1)
–	26	–	–	–	x	–	x	–	–	–	–	(2)
–	1	–	–	–	x	–	x	–	–	–	–	(3)
–	–	2	–	65	x	–	x	–	–	–	–	(4)
–	13	68	4	309	x	–	x	–	–	–	–	(5)
–	–	6	–	37	x	–	x	–	–	–	–	(6)
–	–	–	–	43	x	–	x	–	–	–	–	(7)
–	3	93	–	68	x	–	x	–	–	–	–	(8)
260	1,038	304	349	3	x	–	x	–	–	–	–	(9)
–	2	106	–	–	x	–	x	–	–	–	–	(10)
1,409	317	189	12	245	x	–	x	–	37	–	–	(11)
–	1,476	807	2,308	–	x	–	x	–	197	–	–	(12)
–	–	131	553	55	x	–	x	–	–	6	–	(13)
3,043	3,608	–	1,677	–	x	–	x	–	1,346	24	95	(14)
–	397	606	–	–	x	–	x	–	1,082	12	98	(15)
–	85	65	128	–	x	–	x	–	310	–	–	(16)
–	–	–	–	68	x	538	x	–	71	32	–	(17)
–	–	–	–	–	x	–	x	–	–	14	–	(18)
–	–	20	–	–	x	280	x	–	–	6	–	(19)
170	18	120	44	–	x	–	x	–	511	–	250	(20)
149	–	86	–	51	x	–	x	–	–	–	–	(21)
–	–	–	–	–	x	–	x	–	323	–	–	(22)
–	2	102	1,390	–	x	–	x	–	147	10	–	(23)
–	–	836	2	13	x	6	x	–	516	2,580	1,251	(24)
–	–	–	–	–	x	–	x	–	–	221	–	(25)
–	–	–	–	–	x	–	x	–	–	26	–	(26)
–	2	7	–	–	x	–	x	–	–	238	251	(27)
216	3	–	4	–	x	70	x	–	105	1,827	130	(28)
–	4	101	1	–	x	3	x	–	–	25	–	(29)
–	–	–	–	–	x	–	x	–	–	5	–	(30)
–	–	–	–	–	x	–	x	–	–	8	–	(31)
–	–	–	–	–	x	–	x	–	–	–	–	(32)
–	–	–	–	–	x	–	x	–	–	–	–	(33)
–	2	–	–	–	x	–	x	–	–	–	–	(34)
–	1	–	–	–	x	–	x	–	–	–	–	(35)
–	–	–	–	–	x	–	x	–	–	–	–	(36)
–	–	–	–	–	x	–	x	–	–	–	–	(37)
–	–	–	–	–	x	–	x	–	–	–	–	(38)
–	–	–	–	–	x	–	x	–	–	–	–	(39)
–	–	–	–	–	x	–	x	–	–	–	–	(40)
–	–	–	–	–	x	–	x	–	–	–	–	(41)
–	–	–	–	–	x	–	x	–	–	–	–	(42)
–	–	–	–	–	x	–	x	–	–	–	–	(43)
–	–	–	–	–	x	–	x	–	–	–	–	(44)
–	–	–	–	–	x	–	x	–	–	–	–	(45)
–	–	–	–	–	x	–	x	–	–	–	–	(46)
–	–	–	–	–	x	–	x	–	–	–	–	(47)
–	–	–	–	–	x	–	x	–	–	–	–	(48)

14 飲用牛乳等入出荷量（都道府県別）（月別）（続き）

(12) 11月分（続き）

入荷＼出荷		愛知	三重	滋賀	京都	大阪	兵庫	奈良	和歌山	鳥取	島根	岡山	広島
全国	(1)	4,130	699	925	2,964	1,983	3,208	x	x	x	288	2,059	905
北海道	(2)	29	-	-	-	-	-	x	x	x	-	-	-
青森	(3)	-	-	-	-	-	-	x	x	x	-	-	-
岩手	(4)	7	-	-	-	-	-	x	x	x	-	-	-
宮城	(5)	43	-	-	-	-	-	x	x	x	-	-	-
秋田	(6)	-	-	-	-	-	-	x	x	x	-	-	-
山形	(7)	-	-	-	-	-	-	x	x	x	-	-	-
福島	(8)	6	-	-	-	-	-	x	x	x	-	-	-
茨城	(9)	121	-	-	-	-	-	x	x	x	-	-	-
栃木	(10)	24	-	-	-	-	-	x	x	x	-	-	-
群馬	(11)	22	-	-	-	-	-	x	x	x	-	48	-
埼玉	(12)	119	-	-	-	-	-	x	x	x	-	169	-
千葉	(13)	54	-	-	-	-	-	x	x	x	-	-	-
東京	(14)	321	27	-	-	-	-	x	x	x	23	2	-
神奈川	(15)	113	21	-	-	-	-	x	x	x	-	220	-
新潟	(16)	9	-	-	-	-	-	x	x	x	-	-	-
富山	(17)	8	-	-	-	-	-	x	x	x	-	-	-
石川	(18)	101	-	-	9	15	12	x	x	x	-	24	-
福井	(19)	710	-	369	-	20	283	x	x	x	-	-	-
山梨	(20)	18	-	-	-	-	-	x	x	x	-	-	-
長野	(21)	24	-	-	-	-	-	x	x	x	-	-	-
岐阜	(22)	295	-	-	2	-	-	x	x	x	43	-	-
静岡	(23)	485	-	-	3	-	-	x	x	x	-	-	-
愛知	(24)	-	32	61	567	273	588	x	x	x	-	119	-
三重	(25)	126	-	70	59	56	-	x	x	x	-	-	-
滋賀	(26)	16	-	-	35	68	13	x	x	x	-	-	-
京都	(27)	186	-	52	-	84	551	x	x	x	8	34	-
大阪	(28)	840	426	373	1,271	-	520	x	x	x	97	1,141	-
兵庫	(29)	172	-	-	648	426	-	x	x	x	28	41	-
奈良	(30)	9	193	-	211	420	2	x	x	x	-	-	-
和歌山	(31)	16	-	-	67	373	103	x	x	x	-	-	-
鳥取	(32)	-	-	-	-	-	-	x	x	x	34	9	99
島根	(33)	-	-	-	-	-	-	x	x	x	-	-	10
岡山	(34)	40	-	-	18	34	381	x	x	x	9	-	682
広島	(35)	34	-	-	74	34	269	x	x	x	20	102	-
山口	(36)	10	-	-	-	-	-	x	x	x	4	-	112
徳島	(37)	-	-	-	-	133	117	x	x	x	-	-	-
香川	(38)	20	-	-	-	20	286	x	x	x	-	7	1
愛媛	(39)	13	-	-	-	-	-	x	x	x	4	24	1
高知	(40)	3	-	-	-	-	-	x	x	x	-	-	-
福岡	(41)	66	-	-	-	27	62	x	x	x	18	119	-
佐賀	(42)	7	-	-	-	-	-	x	x	x	-	-	-
長崎	(43)	13	-	-	-	-	-	x	x	x	-	-	-
熊本	(44)	15	-	-	-	-	12	x	x	x	-	-	-
大分	(45)	7	-	-	-	-	-	x	x	x	-	-	-
宮崎	(46)	-	-	-	-	-	-	x	x	x	-	-	-
鹿児島	(47)	21	-	-	-	-	9	x	x	x	-	-	-
沖縄	(48)	7	-	-	-	-	-	x	x	x	-	-	-

山 口	徳 島	香 川	愛 媛	高 知	福 岡	佐 賀	長 崎	熊 本	大 分	宮 崎	鹿児島	沖 縄	
x	x	x	x	x	7,256	x	x	6,483	78	1,545	20	-	(1)
x	x	x	x	x	-	x	x	1	-	-	-	-	(2)
x	x	x	x	x	-	x	x	-	-	-	-	-	(3)
x	x	x	x	x	-	x	x	-	-	-	-	-	(4)
x	x	x	x	x	-	x	x	2	-	-	-	-	(5)
x	x	x	x	x	-	x	x	-	-	-	-	-	(6)
x	x	x	x	x	-	x	x	2	-	-	-	-	(7)
x	x	x	x	x	-	x	x	1	-	-	-	-	(8)
x	x	x	x	x	-	x	x	1	-	-	-	-	(9)
x	x	x	x	x	-	x	x	2	-	-	-	-	(10)
x	x	x	x	x	-	x	x	1	-	-	-	-	(11)
x	x	x	x	x	-	x	x	46	-	-	-	-	(12)
x	x	x	x	x	-	x	x	14	-	-	-	-	(13)
x	x	x	x	x	-	x	x	885	-	9	-	-	(14)
x	x	x	x	x	-	x	x	33	-	-	-	-	(15)
x	x	x	x	x	-	x	x	2	-	-	-	-	(16)
x	x	x	x	x	-	x	x	1	-	-	-	-	(17)
x	x	x	x	x	-	x	x	4	-	-	-	-	(18)
x	x	x	x	x	-	x	x	2	-	-	-	-	(19)
x	x	x	x	x	-	x	x	1	-	-	-	-	(20)
x	x	x	x	x	-	x	x	2	-	-	-	-	(21)
x	x	x	x	x	-	x	x	2	-	-	-	-	(22)
x	x	x	x	x	-	x	x	9	-	-	-	-	(23)
x	x	x	x	x	-	x	x	233	-	-	-	-	(24)
x	x	x	x	x	-	x	x	2	-	-	-	-	(25)
x	x	x	x	x	-	x	x	4	-	-	-	-	(26)
x	x	x	x	x	1,878	x	x	9	-	-	-	-	(27)
x	x	x	x	x	1,455	x	x	223	-	39	-	-	(28)
x	x	x	x	x	76	x	x	1,198	-	-	-	-	(29)
x	x	x	x	x	-	x	x	2	-	-	-	-	(30)
x	x	x	x	x	-	x	x	2	-	-	-	-	(31)
x	x	x	x	x	-	x	x	8	-	-	-	-	(32)
x	x	x	x	x	-	x	x	5	-	-	-	-	(33)
x	x	x	x	x	448	x	x	16	-	-	-	-	(34)
x	x	x	x	x	873	x	x	512	-	-	-	-	(35)
x	x	x	x	x	98	x	x	12	-	-	-	-	(36)
x	x	x	x	x	-	x	x	1	-	-	-	-	(37)
x	x	x	x	x	3	x	x	3	-	-	-	-	(38)
x	x	x	x	x	-	x	x	26	-	-	-	-	(39)
x	x	x	x	x	-	x	x	2	-	-	-	-	(40)
x	x	x	x	x	-	x	x	1,887	78	186	5	-	(41)
x	x	x	x	x	709	x	x	29	-	-	-	-	(42)
x	x	x	x	x	472	x	x	386	-	15	-	-	(43)
x	x	x	x	x	593	x	x	-	-	12	-	-	(44)
x	x	x	x	x	167	x	x	165	-	-	-	-	(45)
x	x	x	x	x	136	x	x	11	-	-	15	-	(46)
x	x	x	x	x	265	x	x	645	-	1,271	-	-	(47)
x	x	x	x	x	83	x	x	91	-	13	-	-	(48)

14 飲用牛乳等入出荷量（都道府県別）（月別）（続き）

(13) 12月分

入荷 ＼ 出荷		全国	北海道	青森	岩手	宮城	秋田	山形	福島	茨城	栃木	群馬
全　国	(1)	144,093	33,020	x	3,892	2,274	x	241	858	11,402	10,333	6,497
北 海 道	(2)	70	-	x	-	12	x	-	-	-	-	-
青　森	(3)	760	304	x	357	-	x	-	-	-	-	-
岩　手	(4)	454	288	x	-	43	x	-	-	-	-	-
宮　城	(5)	3,013	919	x	246	-	x	173	19	8	236	932
秋　田	(6)	872	407	x	365	21	x	21	-	-	-	-
山　形	(7)	193	17	x	6	123	x	-	4	-	-	-
福　島	(8)	955	50	x	-	236	x	46	-	34	69	-
茨　城	(9)	7,665	1,991	x	1	420	x	-	-	-	2,267	992
栃　木	(10)	959	88	x	14	12	x	-	2	694	-	43
群　馬	(11)	3,491	548	x	37	1	x	-	-	148	642	-
埼　玉	(12)	22,123	5,530	x	1,115	795	x	-	5	4,115	4,002	1,320
千　葉	(13)	4,345	1,376	x	19	50	x	-	-	1,923	39	38
東　京	(14)	22,534	5,273	x	83	445	x	-	828	2,306	20	2,690
神 奈 川	(15)	12,799	4,625	x	1,640	17	x	-	-	2,023	1,490	385
新　潟	(16)	1,087	362	x	-	99	x	1	-	7	-	29
富　山	(17)	860	149	x	-	-	x	-	-	-	-	-
石　川	(18)	333	140	x	-	-	x	-	-	-	-	-
福　井	(19)	1,701	3	x	-	-	x	-	-	-	-	-
山　梨	(20)	1,372	254	x	-	-	x	-	-	-	12	1
長　野	(21)	340	2	x	-	-	x	-	-	-	-	28
岐　阜	(22)	761	17	x	-	-	x	-	-	-	-	35
静　岡	(23)	2,452	70	x	9	-	x	-	-	144	401	-
愛　知	(24)	10,496	1,762	x	-	-	x	-	-	-	1,101	1
三　重	(25)	558	18	x	-	-	x	-	-	-	-	-
滋　賀	(26)	225	65	x	-	-	x	-	-	-	-	-
京　都	(27)	4,522	77	x	-	-	x	-	-	-	-	-
大　阪	(28)	18,230	8,407	x	-	-	x	-	-	-	-	3
兵　庫	(29)	3,180	183	x	-	-	x	-	-	-	54	-
奈　良	(30)	723	-	x	-	-	x	-	-	-	-	-
和 歌 山	(31)	512	6	x	-	-	x	-	-	-	-	-
鳥　取	(32)	151	-	x	-	-	x	-	-	-	-	-
島　根	(33)	110	-	x	-	-	x	-	-	-	-	-
岡　山	(34)	2,382	34	x	-	-	x	-	-	-	-	-
広　島	(35)	2,426	1	x	-	-	x	-	-	-	-	-
山　口	(36)	239	6	x	-	-	x	-	-	-	-	-
徳　島	(37)	526	-	x	-	-	x	-	-	-	-	-
香　川	(38)	446	-	x	-	-	x	-	-	-	-	-
愛　媛	(39)	422	-	x	-	-	x	-	-	-	-	-
高　知	(40)	328	-	x	-	-	x	-	-	-	-	-
福　岡	(41)	3,623	38	x	-	-	x	-	-	-	-	-
佐　賀	(42)	817	-	x	-	-	x	-	-	-	-	-
長　崎	(43)	985	-	x	-	-	x	-	-	-	-	-
熊　本	(44)	901	-	x	-	-	x	-	-	-	-	-
大　分	(45)	423	-	x	-	-	x	-	-	-	-	-
宮　崎	(46)	279	-	x	-	-	x	-	-	-	-	-
鹿 児 島	(47)	2,254	-	x	-	-	x	-	-	-	-	-
沖　縄	(48)	196	10	x	-	-	x	-	-	-	-	-

単位：kl

埼 玉	千 葉	東 京	神奈川	新 潟	富 山	石 川	福 井	山 梨	長 野	岐 阜	静 岡	
5,132	6,664	3,947	6,248	1,068	x	860	x	−	4,642	6,026	2,161	(1)
−	25	−	−	−	x	−	x	−	−	−	−	(2)
−	1	−	−	−	x	−	x	−	−	−	−	(3)
−	−	2	−	64	x	−	x	−	−	−	−	(4)
−	13	107	16	292	x	−	x	−	−	−	−	(5)
−	−	6	−	40	x	−	x	−	−	−	−	(6)
−	−	−	−	41	x	−	x	−	−	−	−	(7)
−	3	388	−	122	x	−	x	−	−	−	−	(8)
254	989	272	341	2	x	−	x	−	−	−	−	(9)
−	2	79	−	−	x	−	x	−	−	−	−	(10)
1,204	308	194	12	288	x	−	x	−	36	−	−	(11)
−	1,436	797	2,429	−	x	−	x	−	184	−	−	(12)
−	−	121	639	70	x	−	x	−	−	6	−	(13)
3,140	3,386	−	1,569	−	x	−	x	−	1,303	22	111	(14)
−	389	599	−	−	x	−	x	−	1,100	11	117	(15)
−	82	70	128	−	x	−	x	−	297	−	−	(16)
−	−	−	−	76	x	498	x	−	98	30	−	(17)
−	−	−	−	−	x	−	x	−	−	14	−	(18)
−	−	22	−	−	x	273	x	−	−	3	−	(19)
166	18	112	44	−	x	−	x	−	520	−	227	(20)
145	−	89	−	54	x	−	x	−	−	−	−	(21)
−	−	−	−	−	x	−	x	−	324	−	−	(22)
−	2	105	1,052	−	x	−	x	−	145	9	−	(23)
−	−	855	12	19	x	4	x	−	538	3,036	1,335	(24)
−	−	−	−	−	x	−	x	−	−	267	−	(25)
−	−	−	−	−	x	−	x	−	−	29	−	(26)
−	2	8	−	−	x	13	x	−	−	258	250	(27)
223	2	−	4	−	x	69	x	−	97	2,306	121	(28)
−	3	121	2	−	x	3	x	−	−	22	−	(29)
−	−	−	−	−	x	−	x	−	−	5	−	(30)
−	−	−	−	−	x	−	x	−	−	8	−	(31)
−	−	−	−	−	x	−	x	−	−	−	−	(32)
−	−	−	−	−	x	−	x	−	−	−	−	(33)
−	2	−	−	−	x	−	x	−	−	−	−	(34)
−	1	−	−	−	x	−	x	−	−	−	−	(35)
−	−	−	−	−	x	−	x	−	−	−	−	(36)
−	−	−	−	−	x	−	x	−	−	−	−	(37)
−	−	−	−	−	x	−	x	−	−	−	−	(38)
−	−	−	−	−	x	−	x	−	−	−	−	(39)
−	−	−	−	−	x	−	x	−	−	−	−	(40)
−	−	−	−	−	x	−	x	−	−	−	−	(41)
−	−	−	−	−	x	−	x	−	−	−	−	(42)
−	−	−	−	−	x	−	x	−	−	−	−	(43)
−	−	−	−	−	x	−	x	−	−	−	−	(44)
−	−	−	−	−	x	−	x	−	−	−	−	(45)
−	−	−	−	−	x	−	x	−	−	−	−	(46)
−	−	−	−	−	x	−	x	−	−	−	−	(47)
−	−	−	−	−	x	−	x	−	−	−	−	(48)

14 飲用牛乳等入出荷量（都道府県別）（月別）（続き）

(13) 12月分（続き）

入荷＼出荷		愛知	三重	滋賀	京都	大阪	兵庫	奈良	和歌山	鳥取	島根	岡山	広島
全　　国	(1)	4,419	670	856	2,299	1,893	3,352	x	x	x	300	2,096	907
北 海 道	(2)	32	-	-	-	-	-	x	x	x	-	-	-
青　　森	(3)	-	-	-	-	-	-	x	x	x	-	-	-
岩　　手	(4)	8	-	-	-	-	-	x	x	x	-	-	-
宮　　城	(5)	51	-	-	-	-	-	x	x	x	-	-	-
秋　　田	(6)	-	-	-	-	-	-	x	x	x	-	-	-
山　　形	(7)	-	-	-	-	-	-	x	x	x	-	-	-
福　　島	(8)	6	-	-	-	-	-	x	x	x	-	-	-
茨　　城	(9)	135	-	-	-	-	-	x	x	x	-	-	-
栃　　木	(10)	23	-	-	-	-	-	x	x	x	-	-	-
群　　馬	(11)	23	-	-	-	-	-	x	x	x	-	49	-
埼　　玉	(12)	120	-	-	-	-	-	x	x	x	-	173	-
千　　葉	(13)	49	-	-	-	-	-	x	x	x	-	-	-
東　　京	(14)	349	26	-	-	-	-	x	x	x	25	2	-
神 奈 川	(15)	123	20	-	-	-	-	x	x	x	-	222	-
新　　潟	(16)	10	-	-	-	-	-	x	x	x	-	-	-
富　　山	(17)	8	-	-	-	-	-	x	x	x	-	-	-
石　　川	(18)	111	-	-	10	13	7	x	x	x	-	24	-
福　　井	(19)	742	-	332	-	22	300	x	x	x	-	-	-
山　　梨	(20)	17	-	-	-	-	-	x	x	x	-	-	-
長　　野	(21)	21	-	-	-	-	-	x	x	x	-	-	-
岐　　阜	(22)	295	-	-	1	-	-	x	x	x	49	-	-
静　　岡	(23)	504	-	-	2	-	-	x	x	x	-	-	-
愛　　知	(24)	-	30	59	526	268	578	x	x	x	-	122	-
三　　重	(25)	121	-	58	35	57	-	x	x	x	-	-	-
滋　　賀	(26)	17	-	-	27	68	16	x	x	x	-	-	-
京　　都	(27)	198	-	42	-	80	593	x	x	x	8	34	-
大　　阪	(28)	945	406	365	901	-	585	x	x	x	101	1,168	-
兵　　庫	(29)	221	-	-	541	410	-	x	x	x	27	41	-
奈　　良	(30)	11	188	-	124	390	2	x	x	x	-	-	-
和 歌 山	(31)	15	-	-	39	346	97	x	x	x	-	-	-
鳥　　取	(32)	-	-	-	-	-	-	x	x	x	33	7	104
島　　根	(33)	-	-	-	-	-	-	x	x	x	-	-	9
岡　　山	(34)	45	-	-	15	29	376	x	x	x	9	-	681
広　　島	(35)	39	-	-	78	31	281	x	x	x	20	100	-
山　　口	(36)	11	-	-	-	-	-	x	x	x	4	-	111
徳　　島	(37)	-	-	-	-	135	121	x	x	x	-	-	-
香　　川	(38)	20	-	-	-	20	297	x	x	x	-	8	1
愛　　媛	(39)	14	-	-	-	-	-	x	x	x	4	24	1
高　　知	(40)	4	-	-	-	-	-	x	x	x	-	-	-
福　　岡	(41)	67	-	-	-	24	49	x	x	x	20	122	-
佐　　賀	(42)	6	-	-	-	-	-	x	x	x	-	-	-
長　　崎	(43)	11	-	-	-	-	-	x	x	x	-	-	-
熊　　本	(44)	15	-	-	-	-	41	x	x	x	-	-	-
大　　分	(45)	6	-	-	-	-	-	x	x	x	-	-	-
宮　　崎	(46)	-	-	-	-	-	-	x	x	x	-	-	-
鹿 児 島	(47)	19	-	-	-	-	9	x	x	x	-	-	-
沖　　縄	(48)	7	-	-	-	-	-	x	x	x	-	-	-

山 口	徳 島	香 川	愛 媛	高 知	福 岡	佐 賀	長 崎	熊 本	大 分	宮 崎	鹿児島	沖 縄	
x	x	x	x	x	7,660	x	x	6,673	72	1,545	21	-	(1)
x	x	x	x	x	-	x	x	1	-	-	-	-	(2)
x	x	x	x	x	-	x	x	-	-	-	-	-	(3)
x	x	x	x	x	-	x	x	-	-	-	-	-	(4)
x	x	x	x	x	-	x	x	1	-	-	-	-	(5)
x	x	x	x	x	-	x	x	-	-	-	-	-	(6)
x	x	x	x	x	-	x	x	2	-	-	-	-	(7)
x	x	x	x	x	-	x	x	1	-	-	-	-	(8)
x	x	x	x	x	-	x	x	1	-	-	-	-	(9)
x	x	x	x	x	-	x	x	2	-	-	-	-	(10)
x	x	x	x	x	-	x	x	1	-	-	-	-	(11)
x	x	x	x	x	-	x	x	47	-	-	-	-	(12)
x	x	x	x	x	-	x	x	15	-	-	-	-	(13)
x	x	x	x	x	-	x	x	946	-	10	-	-	(14)
x	x	x	x	x	-	x	x	38	-	-	-	-	(15)
x	x	x	x	x	-	x	x	2	-	-	-	-	(16)
x	x	x	x	x	-	x	x	1	-	-	-	-	(17)
x	x	x	x	x	-	x	x	4	-	-	-	-	(18)
x	x	x	x	x	-	x	x	1	-	-	-	-	(19)
x	x	x	x	x	-	x	x	1	-	-	-	-	(20)
x	x	x	x	x	-	x	x	1	-	-	-	-	(21)
x	x	x	x	x	-	x	x	2	-	-	-	-	(22)
x	x	x	x	x	-	x	x	9	-	-	-	-	(23)
x	x	x	x	x	-	x	x	250	-	-	-	-	(24)
x	x	x	x	x	-	x	x	2	-	-	-	-	(25)
x	x	x	x	x	-	x	x	3	-	-	-	-	(26)
x	x	x	x	x	1,906	x	x	11	-	-	-	-	(27)
x	x	x	x	x	1,693	x	x	236	-	63	-	-	(28)
x	x	x	x	x	75	x	x	1,219	-	-	-	-	(29)
x	x	x	x	x	-	x	x	3	-	-	-	-	(30)
x	x	x	x	x	-	x	x	1	-	-	-	-	(31)
x	x	x	x	x	-	x	x	7	-	-	-	-	(32)
x	x	x	x	x	-	x	x	5	-	-	-	-	(33)
x	x	x	x	x	490	x	x	15	-	-	-	-	(34)
x	x	x	x	x	869	x	x	529	-	-	-	-	(35)
x	x	x	x	x	87	x	x	12	-	-	-	-	(36)
x	x	x	x	x	-	x	x	1	-	-	-	-	(37)
x	x	x	x	x	97	x	x	3	-	-	-	-	(38)
x	x	x	x	x	-	x	x	25	-	-	-	-	(39)
x	x	x	x	x	-	x	x	4	-	-	-	-	(40)
x	x	x	x	x	-	x	x	1,934	72	184	5	-	(41)
x	x	x	x	x	696	x	x	26	-	-	-	-	(42)
x	x	x	x	x	450	x	x	396	-	16	-	-	(43)
x	x	x	x	x	665	x	x	-	-	14	-	-	(44)
x	x	x	x	x	160	x	x	174	-	-	-	-	(45)
x	x	x	x	x	129	x	x	11	-	-	16	-	(46)
x	x	x	x	x	263	x	x	645	-	1,246	-	-	(47)
x	x	x	x	x	80	x	x	85	-	12	-	-	(48)

15 乳製品生産量（全国・北海道・都府県）（月別）

種　　類		単位	年　　計		1　月	2	3	4
			実　数	対前年比				
				%				
全国								
全粉乳	(1)	t	8,959	98.8	696	736	846	854
脱脂粉乳	(2)	〃	154,890	110.7	13,414	11,609	14,527	14,125
調製粉乳	(3)	〃	26,157	92.7	2,107	2,075	2,933	2,386
ホエイパウダー	(4)	〃	19,238	102.0	1,578	1,615	1,775	1,693
うちタンパク質含有量25%未満	(5)	〃	19,213	102.1	1,577	1,612	1,774	1,693
タンパク質含有量25%以上45%未満	(6)	〃	26	63.4	1	3	1	－
バター	(7)	〃	73,317	102.5	7,077	6,001	6,927	7,057
クリーム	(8)	〃	119,710	108.7	8,728	8,798	10,933	9,300
チーズ	(9)	〃	167,910	102.0	12,497	12,822	15,054	15,230
うち直接消費用ナチュラルチーズ	(10)	〃	33,752	108.6	2,464	2,523	2,862	2,902
加糖れん乳	(11)	〃	30,652	101.1	3,234	2,753	3,180	2,811
無糖れん乳	(12)	〃	375	96.6	29	22	11	19
脱脂加糖れん乳	(13)	〃	3,243	97.7	319	248	257	151
アイスクリーム	(14)	kl	137,382	104.4	7,914	8,965	11,617	12,151
北海道								
全粉乳	(15)	t	7,808	96.4	601	629	648	668
脱脂粉乳	(16)	〃	138,626	111.2	12,021	10,558	12,155	12,010
調製粉乳	(17)	〃	－	nc	－	－	－	－
ホエイパウダー	(18)	〃	19,238	102.0	1,578	1,615	1,775	1,693
うちタンパク質含有量25%未満	(19)	〃	19,213	102.1	1,577	1,612	1,774	1,693
タンパク質含有量25%以上45%未満	(20)	〃	26	63.4	1	3	1	－
バター	(21)	〃	63,863	102.3	6,251	5,389	5,614	5,840
クリーム	(22)	〃	109,353	109.3	7,931	8,040	10,025	8,457
チーズ	(23)	〃	32,071	108.6	2,398	2,414	2,704	2,756
うち直接消費用ナチュラルチーズ	(24)	〃	30,485	108.3	2,281	2,308	2,577	2,608
加糖れん乳	(25)	〃	12,931	96.4	1,189	968	1,226	1,060
無糖れん乳	(26)	〃	－	nc	－	－	－	－
脱脂加糖れん乳	(27)	〃	1,660	96.2	125	116	157	110
アイスクリーム	(28)	kl	725	102.4	54	47	54	68
都府県								
全粉乳	(29)	t	1,151	118.9	95	107	198	187
脱脂粉乳	(30)	〃	16,264	106.1	1,393	1,051	2,372	2,115
調製粉乳	(31)	〃	26,157	92.7	2,107	2,075	2,933	2,386
ホエイパウダー	(32)	〃	－	nc	－	－	－	－
うちタンパク質含有量25%未満	(33)	〃	－	nc	－	－	－	－
タンパク質含有量25%以上45%未満	(34)	〃	－	nc	－	－	－	－
バター	(35)	〃	9,454	103.8	826	612	1,313	1,217
クリーム	(36)	〃	10,357	102.4	797	758	907	843
チーズ	(37)	〃	135,839	100.5	10,099	10,408	12,351	12,474
うち直接消費用ナチュラルチーズ	(38)	〃	3,267	111.1	183	215	284	295
加糖れん乳	(39)	〃	17,721	104.7	2,044	1,784	1,955	1,751
無糖れん乳	(40)	〃	375	96.6	29	22	11	19
脱脂加糖れん乳	(41)	〃	1,583	99.2	195	132	100	41
アイスクリーム	(42)	kl	136,657	104.4	7,860	8,918	11,563	12,083

注：表示単位未満を四捨五入したため、計と内訳が一致しない場合がある。

5	6	7	8	9	10	11	12	
1,105	567	851	778	655	544	519	806	(1)
14,018	12,068	12,305	12,269	10,571	11,482	12,778	15,724	(2)
2,019	2,143	2,184	1,350	2,137	2,031	2,557	2,235	(3)
1,713	1,623	1,601	1,500	1,528	1,575	1,451	1,587	(4)
1,710	1,621	1,599	1,496	1,524	1,574	1,450	1,584	(5)
3	1	2	4	4	1	2	3	(6)
7,095	5,721	5,562	6,037	4,910	5,135	5,156	6,639	(7)
9,716	9,631	10,440	9,109	9,583	10,326	11,431	11,716	(8)
13,139	14,236	14,126	13,300	13,705	14,793	14,990	14,020	(9)
2,762	2,692	2,994	2,886	2,981	2,938	2,852	2,897	(10)
2,081	2,518	2,423	2,268	1,882	2,494	2,421	2,587	(11)
34	48	28	33	18	30	61	43	(12)
285	444	209	294	330	177	225	302	(13)
11,201	13,164	13,750	13,028	12,428	10,939	12,810	9,415	(14)
1,003	550	778	636	635	521	464	675	(15)
12,380	11,506	11,378	10,911	9,780	10,919	11,740	13,269	(16)
-	-	-	-	-	-	-	-	(17)
1,713	1,623	1,601	1,500	1,528	1,575	1,451	1,587	(18)
1,710	1,621	1,599	1,496	1,524	1,574	1,450	1,584	(19)
3	1	2	4	4	1	2	3	(20)
6,142	5,280	4,978	5,224	4,388	4,807	4,588	5,362	(21)
8,853	8,849	9,640	8,282	8,761	9,439	10,470	10,605	(22)
2,582	2,578	2,830	2,698	2,853	2,818	2,657	2,783	(23)
2,449	2,440	2,701	2,579	2,705	2,674	2,532	2,631	(24)
1,134	1,043	1,094	1,194	1,093	978	1,063	889	(25)
-	-	-	-	-	-	-	-	(26)
134	175	156	185	97	123	138	147	(27)
69	72	68	68	65	47	52	61	(28)
102	16	73	143	21	23	55	131	(29)
1,638	563	927	1,357	792	563	1,038	2,455	(30)
2,019	2,143	2,184	1,350	2,137	2,031	2,557	2,235	(31)
-	-	-	-	-	-	-	-	(32)
-	-	-	-	-	-	-	-	(33)
-	-	-	-	-	-	-	-	(34)
953	442	584	813	522	328	567	1,277	(35)
862	782	800	827	822	887	961	1,111	(36)
10,557	11,658	11,296	10,602	10,852	11,974	12,332	11,238	(37)
314	252	292	307	276	263	319	266	(38)
947	1,475	1,329	1,074	790	1,516	1,358	1,698	(39)
34	48	28	33	18	30	61	43	(40)
151	270	53	110	234	55	88	155	(41)
11,132	13,092	13,682	12,960	12,363	10,892	12,758	9,354	(42)

16 乳製品在庫量（全国）（月別）

単位：t

月別	全粉乳	脱脂粉乳			バター		
		計	国産	輸入	計	国産	輸入
1月	3,339	84,095	83,256	840	38,071	35,291	2,780
2	3,527	84,872	84,091	781	38,660	35,986	2,674
3	3,644	80,928	80,103	825	38,862	36,537	2,325
4	3,646	83,824	82,869	955	39,293	37,348	1,945
5	3,959	88,060	87,233	827	41,721	40,029	1,692
6	3,826	89,576	88,836	740	42,232	40,756	1,476
7	3,901	89,480	88,768	712	42,070	40,875	1,195
8	4,060	90,547	89,843	703	42,410	41,481	929
9	3,932	89,908	89,354	553	41,678	40,781	897
10	3,707	89,865	89,384	481	40,587	39,837	749
11	3,397	90,285	89,816	469	38,618	37,954	664
12	3,318	94,599	94,119	480	37,125	36,354	771

月別	ホエイパウダー			タンパク質含有量25%未満			タンパク質含有量25%以上45%未満		
	計	国産	輸入	小計	国産	輸入	小計	国産	輸入
1月	16,011	14,605	1,406	15,626	14,531	1,094	379	74	306
2	16,228	14,626	1,603	15,759	14,558	1,201	463	68	395
3	15,985	14,285	1,700	15,577	14,211	1,366	404	75	329
4	15,683	14,227	1,456	15,223	14,153	1,070	453	74	379
5	15,917	14,407	1,511	15,473	14,330	1,143	438	77	361
6	15,657	14,144	1,513	15,278	14,080	1,198	372	64	308
7	15,122	13,734	1,388	14,845	13,668	1,178	270	66	204
8	14,863	13,431	1,432	14,440	13,349	1,091	417	82	335
9	14,202	12,881	1,321	13,911	12,808	1,103	286	73	213
10	14,286	12,888	1,398	13,997	12,812	1,185	285	76	208
11	14,112	12,562	1,550	13,823	12,475	1,348	284	86	197
12	14,186	12,536	1,650	13,877	12,461	1,416	271	75	196

注：1 在庫量は各月末時点のものである。
　　2 表示単位未満を四捨五入したため、計と内訳が一致しない場合がある。

17 牛乳処理場及び乳製品工場数

(1) 経営組織別・生乳処理量規模別工場処理場数（全国農業地域別・都道府県別）（令和3年12月末日現在）

単位：工場

全国農業地域・都道府県	計	経営組織			12月の生乳処理量規模（1日当たり）							生乳を処理しない乳製品工場数	生乳を処理しないアイスクリーム工場数
		会社	農業協同組合	個人・その他	2t未満	2t以上							
						小計	2～4	4～10	10～20	20～40	40t以上		
全　　国	546	440	31	75	270	224	23	26	36	31	108	52	26
（全国農業地域）													
北　海　道	120	91	5	24	80	37	3	2	1	2	29	3	1
東　　北	54	46	2	6	27	25	1	3	7	5	9	2	1
北　　陸	29	20	-	9	16	11	2	1	5	1	2	2	2
関　　東	110	94	7	9	36	53	5	7	8	9	24	21	8
東　　山	29	25	1	3	18	8	2	1	1	1	3	3	1
東　　海	51	39	7	5	24	22	3	2	2	4	11	5	4
近　　畿	55	43	-	12	26	19	1	3	2	2	11	10	3
中　　国	30	25	3	2	13	17	1	3	4	2	7	-	-
四　　国	10	8	-	2	5	4	-	-	-	2	2	1	1
九　　州	50	41	6	3	21	24	5	2	5	2	10	5	5
沖　　縄	8	8	-	-	4	4	-	2	1	-	1	-	-
（都道府県）													
北　海　道	120	91	5	24	80	37	3	2	1	2	29	3	1
青　　森	5	5	-	-	4	1	-	-	-	1	-	-	-
岩　　手	19	17	1	1	9	10	1	1	2	3	3	-	-
宮　　城	8	6	-	2	3	5	-	-	2	-	3	-	-
秋　　田	6	4	-	2	5	1	-	-	1	-	-	-	-
山　　形	8	6	1	1	3	4	-	1	2	1	-	1	-
福　　島	8	8	-	-	3	4	-	1	-	-	3	1	1
茨　　城	14	11	1	2	5	8	-	-	-	5	3	1	-
栃　　木	21	19	1	1	11	6	-	-	3	1	2	4	2
群　　馬	21	17	2	2	10	11	2	3	1	2	3	-	-
埼　　玉	17	16	1	-	2	8	2	3	-	1	2	7	3
千　　葉	13	10	2	1	3	8	1	-	2	-	5	2	1
東　　京	11	8	-	3	5	3	-	1	-	-	2	3	1
神　奈　川	13	13	-	-	-	9	-	-	-	2	7	4	1
新　　潟	14	9	-	5	7	6	1	-	3	1	1	1	1
富　　山	10	7	-	3	6	3	1	1	1	-	-	1	1
石　　川	4	4	-	-	2	2	-	-	1	-	1	-	-
福　　井	1	-	-	1	1	-	-	-	-	-	-	-	-
山　　梨	7	7	-	-	4	2	1	1	-	-	-	1	1
長　　野	22	18	1	3	14	6	1	-	1	1	3	2	-
岐　　阜	13	10	2	1	7	5	-	-	1	1	2	1	1
静　　岡	18	13	3	2	8	8	1	2	1	2	2	2	2
愛　　知	12	12	-	-	3	7	1	-	-	-	6	2	1
三　　重	8	4	2	2	6	2	-	-	-	1	1	-	-
滋　　賀	14	11	-	3	11	2	1	-	-	-	1	1	-
京　　都	8	8	-	-	2	5	-	-	-	1	3	1	1
大　　阪	12	11	-	1	2	7	-	2	1	1	3	3	1
兵　　庫	12	12	-	-	2	5	-	-	1	-	4	5	1
奈　　良	3	-	-	3	3	-	-	-	-	-	-	-	-
和　歌　山	6	1	-	5	6	-	-	-	-	-	-	-	-
鳥　　取	3	-	2	1	2	1	-	-	-	-	-	1	-
島　　根	5	5	-	-	2	3	-	-	3	-	-	-	-
岡　　山	10	8	1	1	5	5	-	2	-	-	3	-	-
広　　島	7	7	-	-	1	6	1	-	1	2	2	-	-
山　　口	5	5	-	-	3	2	-	1	-	-	1	-	-
徳　　島	1	1	-	-	-	1	-	-	-	-	1	-	-
香　　川	3	2	-	1	2	1	-	-	-	-	-	1	-
愛　　媛	2	2	-	-	1	1	-	-	-	-	-	1	-
高　　知	4	3	-	1	2	1	-	-	-	1	-	1	1
福　　岡	11	10	-	1	3	5	-	-	1	1	3	3	3
佐　　賀	4	3	-	1	1	2	1	-	-	-	1	-	1
長　　崎	3	1	1	1	1	2	-	-	-	2	-	-	-
熊　　本	15	11	4	-	9	6	-	1	1	-	4	-	-
大　　分	5	4	-	-	2	3	2	-	-	-	1	-	-
宮　　崎	8	8	-	-	4	4	2	1	-	-	1	-	-
鹿　児　島	4	4	-	-	1	3	-	-	-	-	1	1	1
沖　　縄	8	8	-	-	4	4	-	2	1	-	1	-	-

17 牛乳処理場及び乳製品工場数（続き）

（2） 牛乳等製造工場処理場数（全国農業地域別・都道府県別）（令和3年12月末日現在）

単位：工場

全国農業地域・都道府県	飲用牛乳等							乳飲料	はっ酵乳	乳酸菌飲料
	計	牛乳	業務用	学校給食用	加工乳・成分調整牛乳	業務用	成分調整牛乳			
全　　国	349	348	160	186	94	13	55	199	258	36
（全国農業地域）										
北　海　道	52	51	28	18	15	2	12	18	37	3
東　　北	42	42	20	25	11	2	9	21	35	2
北　　陸	25	25	8	14	9	–	2	19	13	–
関　　東	56	56	29	37	18	3	11	33	53	9
東　　山	17	17	6	8	–	–	–	5	16	1
東　　海	38	38	15	20	13	2	5	27	26	3
近　　畿	43	43	18	22	5	–	2	23	20	4
中　　国	23	23	11	10	7	2	7	16	19	1
四　　国	8	8	3	6	4	–	2	6	4	2
九　　州	38	38	20	22	9	1	5	26	32	7
沖　　縄	7	7	2	4	3	1	–	5	3	4
（都道府県）										
北　海　道	52	51	28	18	15	2	12	18	37	3
青　　森	3	3	1	1	–	–	–	–	4	–
岩　　手	14	14	8	10	4	1	4	7	14	–
宮　　城	8	8	4	3	3	1	3	5	6	1
秋　　田	5	5	1	2	1	–	1	2	3	1
山　　形	6	6	3	4	1	–	–	2	2	–
福　　島	6	6	3	5	2	–	1	5	6	–
茨　　城	5	5	3	3	2	–	2	4	8	–
栃　　木	12	12	5	6	3	–	1	7	11	2
群　　馬	8	8	5	4	3	–	2	4	12	2
埼　　玉	6	6	2	5	2	1	1	4	5	–
千　　葉	11	11	6	9	3	–	2	5	6	2
東　　京	6	6	3	4	1	1	1	3	6	2
神　奈　川	8	8	5	6	4	1	2	6	5	1
新　　潟	12	12	4	6	6	–	2	11	7	–
富　　山	9	9	2	6	3	–	–	6	2	–
石　　川	3	3	2	2	–	–	–	2	4	–
福　　井	1	1	–	–	–	–	–	–	–	–
山　　梨	3	3	2	–	–	–	–	–	3	1
長　　野	14	14	4	8	–	–	–	5	13	–
岐　　阜	10	10	6	8	2	–	–	8	7	–
静　　岡	12	12	3	6	4	1	1	7	9	1
愛　　知	9	9	4	4	4	1	2	7	4	1
三　　重	7	7	2	2	3	–	2	5	6	1
滋　　賀	13	13	2	5	–	–	–	6	5	1
京　　都	6	6	4	3	1	–	–	5	4	2
大　　阪	9	9	5	8	2	–	–	5	4	1
兵　　庫	7	7	5	5	2	–	2	4	5	–
奈　　良	2	2	2	1	–	–	–	–	2	–
和　歌　山	6	6	–	–	–	–	–	3	–	–
鳥　　取	1	1	–	1	1	–	1	1	2	–
島　　根	5	5	3	3	1	–	1	3	5	–
岡　　山	7	7	2	1	3	2	3	4	4	1
広　　島	5	5	3	4	1	–	1	4	5	–
山　　口	5	5	3	1	1	–	1	4	3	–
徳　　島	1	1	1	1	–	–	–	1	–	–
香　　川	3	3	–	1	–	–	–	1	2	–
愛　　媛	1	1	1	1	1	–	1	1	1	1
高　　知	3	3	1	3	3	–	1	3	1	–
福　　岡	7	7	4	4	1	1	1	6	4	–
佐　　賀	3	3	2	2	–	–	–	2	2	–
長　　崎	3	3	1	2	–	–	–	2	3	1
熊　　本	12	12	6	6	3	–	2	8	10	1
大　　分	5	5	3	3	1	–	1	2	5	2
宮　　崎	6	6	4	4	2	–	1	4	6	1
鹿　児　島	2	2	–	1	2	–	–	2	2	2
沖　　縄	7	7	2	4	3	1	–	5	3	4

注：「計」は各製品を製造した工場数であり、計と内訳は一致しない。

(3) 乳製品種類別製造工場処理場数（全国農業地域別・都道府県別）（令和3年12月末日現在）

単位：工場

全国農業地域・都道府県	乳製品の生産を行った工場	粉乳			ホエイパウダー	バター	クリーム	チーズ	直接消費用ナチュラルチーズ	れん乳			乳脂肪分8%以上のアイスクリーム
		全粉乳	脱脂粉乳	調製粉乳						加糖れん乳	無糖れん乳	脱脂加糖れん乳	
全　　　国	327	9	26	5	5	72	74	188	167	20	2	10	116
（全国農業地域）													
北　海　道	106	5	15	-	5	30	24	82	82	5	-	4	20
東　　　北	31	-	3	-	-	6	7	15	14	2	-	1	16
北　　　陸	11	-	-	-	-	3	4	3	3	3	1	-	4
関　　　東	65	-	3	4	-	10	11	34	23	2	1	1	21
東　　　山	15	-	-	-	-	1	1	10	8	-	-	-	7
東　　　海	25	2	1	-	-	6	7	10	9	2	-	-	13
近　　　畿	24	-	-	1	-	3	3	14	8	1	-	-	9
中　　　国	17	1	1	-	-	5	7	6	6	2	-	1	9
四　　　国	5	-	1	-	-	1	2	3	3	-	-	-	3
九　　　州	27	1	2	-	-	7	8	10	10	3	-	3	14
沖　　　縄	1	-	-	-	-	-	-	1	1	-	-	-	-
（都道府県）													
北　海　道	106	5	15	-	5	30	24	82	82	5	-	4	20
青森	3	-	-	-	-	-	-	1	1	-	-	-	3
岩手	15	-	2	-	-	4	4	7	7	1	-	-	6
宮城	3	-	-	-	-	1	2	1	1	-	-	-	2
秋田	4	-	-	-	-	-	-	3	3	-	-	-	2
山形	2	-	-	-	-	-	-	1	1	1	-	-	2
福島	4	-	1	-	-	1	1	2	2	1	-	1	3
茨城	10	-	1	-	-	1	2	5	3	2	-	1	2
栃木	14	-	-	1	-	3	2	9	8	-	-	-	6
群馬	14	-	1	1	-	4	3	7	7	-	-	-	4
埼玉	9	-	-	1	-	-	-	4	1	-	-	-	4
千葉	5	-	-	-	-	-	-	3	3	-	-	-	3
東京	7	-	1	1	-	2	2	3	2	-	-	-	1
神奈川	6	-	-	-	-	-	2	3	-	-	-	-	1
新潟	8	-	-	-	-	2	3	2	2	3	1	-	3
富山	2	-	-	-	-	-	1	-	-	-	-	-	1
石川	1	-	-	-	-	1	-	1	1	-	-	-	-
福井	-	-	-	-	-	-	-	-	-	-	-	-	-
山梨	5	-	-	-	-	-	-	2	2	-	-	-	3
長野	10	-	-	-	-	1	1	8	6	-	-	-	4
岐阜	5	-	-	-	-	-	1	3	3	-	-	-	3
静岡	10	1	-	-	-	2	2	5	5	1	-	-	3
愛知	6	1	1	-	-	1	1	1	1	-	-	-	5
三重	4	-	-	-	-	3	3	1	1	-	-	-	2
滋賀	5	-	-	-	-	2	1	3	2	-	-	-	2
京都	3	-	-	-	-	1	1	2	2	1	-	-	1
大阪	3	-	-	-	-	-	-	2	-	-	-	-	1
兵庫	10	-	-	1	-	-	1	6	3	-	-	-	2
奈良	2	-	-	-	-	-	-	1	1	-	-	-	2
和歌山	1	-	-	-	-	-	-	-	-	-	-	-	1
鳥取	2	1	1	-	-	1	1	1	1	1	-	1	1
島根	4	-	-	-	-	1	1	1	1	1	-	-	3
岡山	6	-	-	-	-	2	2	3	3	-	-	-	2
広島	3	-	-	-	-	-	1	1	-	-	-	-	2
山口	2	-	-	-	-	1	2	1	1	-	-	-	1
徳島	-	-	-	-	-	-	-	-	-	-	-	-	-
香川	1	-	-	-	-	-	-	1	1	-	-	-	1
愛媛	2	-	1	-	-	1	1	2	2	-	-	-	1
高知	2	-	-	-	-	-	1	-	-	-	-	-	1
福岡	6	-	-	-	-	-	-	1	2	1	-	-	4
佐賀	3	-	-	-	-	-	1	1	1	-	-	-	2
長崎	1	-	-	-	-	-	-	-	-	-	-	-	1
熊本	7	-	1	-	-	3	4	3	3	1	-	1	3
大分	2	-	-	-	-	-	2	-	1	-	-	-	2
宮崎	5	1	1	-	-	-	2	1	2	1	-	1	2
鹿児島	3	-	-	-	-	-	1	1	1	1	-	1	1
沖縄	1	-	-	-	-	-	-	1	1	-	-	-	-

注：「乳製品の生産を行った工場」は、各製品を製造した工場数であり、計と内訳は一致しない。

17 牛乳処理場及び乳製品工場数（続き）

(4) 生乳処理量規模別工場処理場数（全国農業地域別・都道府県別）（令和３年12月末日現在）

全国農業地域・都道府県	計	牛乳処理場数（牛乳等向け≧乳製品向け）						
		小計	2 t未満	2 ～ 4	4 ～ 10	10 ～ 20	20 ～ 40	40 t以上
全　　　　国　(1)	546	351	166	20	24	33	27	81
（全国農業地域）								
北　海　道　(2)	120	39	28	1	1	1	-	8
東　　北　(3)	54	43	21	1	3	6	5	7
北　　陸　(4)	29	25	14	2	1	5	1	2
関　　東　(5)	110	69	19	5	7	7	8	23
東　　山　(6)	29	20	13	1	1	1	1	3
東　　海　(7)	51	40	19	3	2	1	4	11
近　　畿　(8)	55	40	21	1	3	2	2	11
中　　国　(9)	30	26	10	1	2	4	2	7
四　　国　(10)	10	8	4	-	-	-	2	2
九　　州　(11)	50	33	13	5	2	5	1	7
沖　　縄　(12)	8	8	4	-	2	1	1	-
（都道府県）								
北　海　道　(13)	120	39	28	1	1	1	-	8
青　　森　(14)	5	4	3	-	-	-	1	-
岩　　手　(15)	19	15	6	1	1	2	3	2
宮　　城　(16)	8	6	2	-	-	1	-	3
秋　　田　(17)	6	5	4	-	-	1	-	-
山　　形　(18)	8	7	3	-	1	2	1	-
福　　島　(19)	8	6	3	-	1	-	-	2
茨　　城　(20)	14	9	3	-	-	-	4	2
栃　　木　(21)	21	13	7	-	-	3	1	2
群　　馬　(22)	21	15	5	2	3	-	2	3
埼　　玉　(23)	17	8	-	2	3	-	1	2
千　　葉　(24)	13	10	2	-	1	2	-	5
東　　京　(25)	11	5	2	-	1	-	-	2
神　奈　川　(26)	13	9	-	-	-	2	-	7
新　　潟　(27)	14	12	6	1	-	3	1	1
富　　山　(28)	10	9	6	1	1	1	-	1
石　　川　(29)	4	3	1	-	-	1	-	1
福　　井　(30)	1	1	1	-	-	-	-	-
山　　梨　(31)	7	3	2	-	1	-	-	-
長　　野　(32)	22	17	11	1	-	1	1	3
岐　　阜　(33)	13	11	6	1	-	1	1	2
静　　岡　(34)	18	13	6	1	2	-	2	2
愛　　知　(35)	12	9	2	1	-	-	-	6
三　　重　(36)	8	7	5	-	-	-	1	1
滋　　賀　(37)	14	11	9	1	-	-	-	1
京　　都　(38)	8	6	1	-	1	-	1	3
大　　阪　(39)	12	9	2	-	2	1	1	3
兵　　庫　(40)	12	6	1	-	-	1	-	4
奈　　良　(41)	3	2	2	-	-	-	-	-
和　歌　山　(42)	6	6	6	-	-	-	-	-
鳥　　取　(43)	3	2	1	-	-	-	-	1
島　　根　(44)	5	5	2	-	-	3	-	-
岡　　山　(45)	10	7	3	-	1	-	-	3
広　　島　(46)	7	7	1	1	-	1	2	2
山　　口　(47)	5	5	3	-	1	-	-	1
徳　　島　(48)	1	1	-	-	-	-	1	-
香　　川　(49)	3	3	2	-	-	-	-	1
愛　　媛　(50)	2	1	-	-	-	-	-	1
高　　知　(51)	4	3	2	-	-	-	1	-
福　　岡　(52)	11	6	2	-	-	1	-	3
佐　　賀　(53)	4	3	1	1	-	-	1	-
長　　崎　(54)	3	2	-	-	-	2	-	-
熊　　本　(55)	15	11	7	-	1	1	-	2
大　　分　(56)	5	4	1	2	-	-	-	1
宮　　崎　(57)	8	5	2	2	1	-	-	-
鹿　児　島　(58)	4	2	-	-	-	1	-	1
沖　　縄　(59)	8	8	4	-	2	-	1	-

注：1　生乳処理量規模別は、12月における１日当たりの生乳の平均処理量を基に区分した。
　　2　本統計表では、生乳を処理した工場の分類として、生乳を主として牛乳等の生産に仕向けた工場を「牛乳処理場」、主として乳製品の生産に仕向けた工場を「乳製品工場」としている。

単位：工場

乳製品工場数（牛乳等向け＜乳製品向け）							生乳を処理しない乳製品工場数	生乳を処理しないアイスクリーム工場数	
小 計	2t未満	2 ～ 4	4 ～ 10	10 ～ 20	20 ～ 40	40t以上			
143	104	3	2	3	4	27	52	26	(1)
78	52	2	1	-	2	21	3	1	(2)
9	6	-	-	1	-	2	2	1	(3)
2	2	-	-	-	-	-	2	2	(4)
20	17	-	-	1	1	1	21	8	(5)
6	5	1	-	-	-	-	3	1	(6)
6	5	-	-	1	-	-	5	4	(7)
5	5	-	-	-	-	-	10	3	(8)
4	3	-	1	-	-	-	-	-	(9)
1	1	-	-	-	-	-	1	1	(10)
12	8	-	-	-	1	3	5	5	(11)
-	-	-	-	-	-	-	-	-	(12)
78	52	2	1	-	2	21	3	1	(13)
1	1	-	-	-	-	-	-	-	(14)
4	3	-	-	-	-	1	-	-	(15)
2	1	-	-	1	-	-	-	-	(16)
1	1	-	-	-	-	-	-	-	(17)
-	-	-	-	-	-	-	1	-	(18)
1	-	-	-	-	-	1	1	1	(19)
4	2	-	-	-	1	1	1	-	(20)
4	4	-	-	-	-	-	4	2	(21)
6	5	-	-	1	-	-	-	-	(22)
2	2	-	-	-	-	-	7	3	(23)
1	1	-	-	-	-	-	2	1	(24)
3	3	-	-	-	-	-	3	1	(25)
-	-	-	-	-	-	-	4	1	(26)
1	1	-	-	-	-	-	1	1	(27)
-	-	-	-	-	-	-	1	1	(28)
1	1	-	-	-	-	-	-	-	(29)
-	-	-	-	-	-	-	-	-	(30)
3	2	1	-	-	-	-	1	1	(31)
3	3	-	-	-	-	-	2	-	(32)
1	1	-	-	-	-	-	1	1	(33)
3	2	-	-	1	-	-	2	2	(34)
1	1	-	-	-	-	-	2	1	(35)
1	1	-	-	-	-	-	-	-	(36)
2	2	-	-	-	-	-	1	-	(37)
1	1	-	-	-	-	-	1	1	(38)
-	-	-	-	-	-	-	3	1	(39)
1	1	-	-	-	-	-	5	1	(40)
1	1	-	-	-	-	-	-	-	(41)
-	-	-	-	-	-	-	-	-	(42)
1	1	-	-	-	-	-	-	-	(43)
-	-	-	-	-	-	-	-	-	(44)
3	2	-	1	-	-	-	-	-	(45)
-	-	-	-	-	-	-	-	-	(46)
-	-	-	-	-	-	-	-	-	(47)
-	-	-	-	-	-	-	-	-	(48)
-	-	-	-	-	-	-	-	-	(49)
1	1	-	-	-	-	-	-	-	(50)
-	-	-	-	-	-	-	1	1	(51)
2	1	-	-	-	1	-	3	3	(52)
-	-	-	-	-	-	-	1	1	(53)
1	1	-	-	-	-	-	-	-	(54)
4	2	-	-	-	-	2	-	-	(55)
1	1	-	-	-	-	-	-	-	(56)
3	2	-	-	-	-	1	-	-	(57)
1	1	-	-	-	-	-	1	1	(58)
-	-	-	-	-	-	-	-	-	(59)

17 牛乳処理場及び乳製品工場数（続き）

(5) 常用従業者規模別工場処理場数（全国農業地域別・都道府県別）（令和3年12月末日現在）

単位：工場

全国農業地域・都道府県	計	4人以下	5～9	10～19	20～29	30人以上
全　　国	546	124	85	69	38	230
（全国農業地域）						
北　海　道	120	42	24	15	1	38
東　　北	54	11	5	12	7	19
北　　陸	29	9	4	6	3	7
関　　東	110	13	12	12	10	63
東　　山	29	7	5	4	2	11
東　　海	51	7	11	6	3	24
近　　畿	55	15	6	8	1	25
中　　国	30	5	7	1	4	13
四　　国	10	3	1	-	1	5
九　　州	50	11	7	4	6	22
沖　　縄	8	1	-	3	1	3
（都道府県）						
北　海　道	120	42	24	15	1	38
青　森	5	2	1	1	-	1
岩　手	19	3	1	5	2	8
宮　城	8	2	1	-	1	4
秋　田	6	3	-	2	-	1
山　形	8	1	1	3	2	1
福　島	8	-	1	1	2	4
茨　城	14	1	2	2	1	8
栃　木	21	2	4	3	2	10
群　馬	21	5	2	3	2	9
埼　玉	17	-	-	2	3	12
千　葉	13	1	1	2	2	7
東　京	11	4	2	-	-	5
神　奈　川	13	-	1	-	-	12
新　潟	14	5	1	2	2	4
富　山	10	2	2	4	1	1
石　川	4	1	1	-	-	2
福　井	1	1	-	-	-	-
山　梨	7	-	1	1	-	5
長　野	22	7	4	3	2	6
岐　阜	13	1	4	1	2	5
静　岡	18	3	2	5	1	7
愛　知	12	1	2	-	-	9
三　重	8	2	3	-	-	3
滋　賀	14	8	1	3	-	2
京　都	8	-	1	1	1	5
大　阪	12	-	2	1	-	9
兵　庫	12	1	-	2	-	9
奈　良	3	2	1	-	-	-
和　歌　山	6	4	1	1	-	-
鳥　取	3	2	-	-	-	1
島　根	5	-	1	1	1	2
岡　山	10	3	2	-	1	4
広　島	7	-	1	-	2	4
山　口	5	-	3	-	-	2
徳　島	1	-	-	-	-	1
香　川	3	1	1	-	-	1
愛　媛	2	1	-	-	-	1
高　知	4	1	-	-	1	2
福　岡	11	2	-	-	2	7
佐　賀	4	1	-	1	-	2
長　崎	3	-	1	-	-	2
熊　本	15	4	2	3	1	5
大　分	5	1	3	-	-	1
宮　崎	8	2	1	-	3	2
鹿　児　島	4	1	-	-	-	3
沖　縄	8	1	-	3	1	3

18　生産能力（全国農業地域別・都道府県別）（令和３年12月末日現在）

全国農業地域・都道府県	生乳の貯乳能力	飲用牛乳等	はっ酵乳	粉乳	バター 連続式	バター バッチ式	クリーム	チーズ 連続式	チーズ バッチ式	れん乳
	t	1/h	1/h	kg/h	kg/h	1/バット	kg/h	kg/h	1/バット	kg/バット
全　　国	66,605	2,848,548	688,487	96,815	61,764	19,746	246,786	63,373	327,761	75,976
（全国農業地域）										
北　海　道	29,160	317,817	27,530	64,522	45,370	6,011	96,279	10,118	278,113	15,625
東　　北	4,390	193,228	33,943	5,088	5,950	595	32,400	x	16,230	8,010
北　　陸	851	103,572	15,935	–	x	265	6,840	–	740	14,017
関東	13,093	847,893	261,753	21,230	4,224	1,260	39,555	28,601	15,208	x
東山	1,037	77,522	15,752	–	–	x	x	x	4,820	x
東　海	4,253	274,020	62,906	x	–	1,598	13,120	x	2,620	8,450
近　畿	4,200	292,161	134,472	x	–	234	2,098	15,334	3,170	x
中　国	2,916	247,178	39,220	x	x	3,010	13,135	–	3,290	x
四　国	925	72,825	10,555	x	x	x	1,104	–	x	–
九　州	5,552	384,092	80,021	x	4,840	6,557	41,315	–	2,110	14,223
沖　縄	228	38,240	6,400	–	–	–	x	–	x	–
（都道府県）										
北　海　道	29,160	317,817	27,530	64,522	45,370	6,011	96,279	10,118	278,113	15,625
青　森	x	x	x	x	x	x	x	x	x	x
岩　手	1,816	67,553	13,682	x	x	349	27,650	–	2,440	x
宮　城	1,015	58,430	11,860	–	–	x	x	–	x	x
秋　田	x	x	x	x	x	x	x	x	x	x
山　形	183	23,880	x	x	x	x	–	x	x	x
福　島	1,154	24,300	5,420	x	x	x	x	x	x	x
茨　城	3,058	134,900	62,395	x	x	–	x	11,321	2,421	x
栃　木	1,393	88,201	10,863	x	x	610	560	–	7,462	x
群　馬	2,025	86,068	47,169	x	x	x	4,810	–	3,620	x
埼　玉	730	45,360	12,610	x	–	–	x	4,000	x	x
千　葉	1,365	183,460	25,980	–	–	–	–	–	x	x
東　京	1,202	114,290	40,366	x	x	x	x	x	x	x
神　奈　川	3,320	195,614	62,370	–	–	–	28,000	x	x	–
新　潟	490	55,592	13,585	–	x	x	6,740	–	x	14,017
富　山	x	x	x	x	x	x	x	x	x	–
石　川	197	23,720	1,900	–	–	x	–	–	x	–
福　井	x	x	x	x	x	x	x	x	x	x
山　梨	83	302	4,102	–	–	–	–	–	x	–
長　野	954	77,220	11,650	–	–	x	x	x	x	–
岐　阜	894	67,480	15,478	–	–	–	1,410	–	x	–
静　岡	859	66,220	8,125	x	–	x	5,910	–	1,290	x
愛　知	2,163	109,982	33,108	x	–	x	x	–	–	x
三　重	337	30,338	6,195	–	–	443	x	x	–	x
滋　賀	183	18,592	3,810	–	–	x	x	x	x	x
京　都	1,109	67,000	65,454	–	–	x	x	x	x	x
大　阪	1,221	85,591	35,442	–	–	x	x	x	x	x
兵　庫	1,670	117,620	29,366	x	–	–	x	14,634	2,480	x
奈　良	x	x	x	x	x	x	x	x	x	x
和　歌　山	x	x	x	x	x	x	x	x	x	x
鳥　取	x	x	x	x	x	x	x	x	x	x
島　根	237	21,830	3,220	–	–	x	x	–	x	x
岡　山	1,039	86,208	7,560	–	x	x	9,900	–	660	–
広　島	753	58,740	18,410	–	–	–	x	–	–	–
山　口	x	x	x	x	x	x	x	x	x	x
徳　島	x	x	x	x	x	x	x	x	x	x
香　川	x	x	x	x	x	x	x	x	x	x
愛　媛	x	x	x	x	x	x	x	x	x	x
高　知	x	x	x	x	x	x	x	x	x	x
福　岡	1,471	101,430	21,153	–	–	–	x	–	x	x
佐　賀	x	x	x	x	x	x	x	x	x	x
長　崎	x	x	x	x	x	x	x	x	x	x
熊　本	2,536	100,120	19,870	x	x	4,136	5,120	–	540	x
大　分	518	43,020	12,265	–	–	–	x	–	x	x
宮　崎	491	41,860	6,713	x	–	–	x	–	x	x
鹿　児　島	272	14,142	x	–	–	–	x	–	x	x
沖　縄	228	38,240	6,400	–	–	–	x	–	x	–

19 容器容量別牛乳生産量割合（全国農業地域別・都道府県別）（令和3年10月）

全国農業地域・都道府県	計		ガラスびん				紙製容器				その他	
			500 ml 未満		500 ml 以上		500 ml 未満		500 ml 以上			
	生産量	生産量割合	生産量	生産量割合	生産量	生産量割合	生産量	生産量割合	生産量	生産量割合	生産量	生産量割合
	kl	%	kl	%	kl	%	kl	%	kl	%	kl	%
全　　　　国	283,697	100.0	5,746	2.0	2,526	0.9	45,957	16.2	203,798	71.8	25,670	9.0
（全国農業地域）												
北　海　道	43,741	100.0	201	0.5	38	0.1	2,751	6.3	35,741	81.7	5,010	11.5
東　　　北	17,714	100.0	323	1.8	30	0.2	3,064	17.3	13,603	76.8	694	3.9
北　　　陸	6,695	100.0	63	0.9	146	2.2	1,866	27.9	4,059	60.6	561	8.4
関　　　東	84,466	100.0	954	1.1	546	0.6	13,937	16.5	60,943	72.2	8,086	9.6
東　山	10,533	100.0	861	8.2	357	3.4	218	2.1	8,266	78.5	831	7.9
東　　　海	28,871	100.0	1,461	5.1	211	0.7	5,210	18.0	19,784	68.5	2,205	7.6
近　　　畿	32,515	100.0	453	1.4	18	0.1	7,184	22.1	20,319	62.5	4,541	14.0
中　　　国	19,662	100.0	849	4.3	533	2.7	2,163	11.0	15,395	78.3	722	3.7
四　　　国	7,697	100.0	451	5.9	-	-	1,816	23.6	4,510	58.6	920	12.0
九　　　州	30,102	100.0	126	0.4	647	2.1	7,063	23.5	20,189	67.1	2,077	6.9
沖　　　縄	1,701	100.0	4	0.2	-	-	685	40.3	989	58.1	23	1.4
（都道府県）												
北　海　道	43,741	100.0	201	0.5	38	0.1	2,751	6.3	35,741	81.7	5,010	11.5
青　　　森	x	x	x	x	x	x	x	x	x	x	x	x
岩　　　手	5,826	100.0	11	0.2	10	0.2	685	11.8	4,616	79.2	504	8.7
宮　　　城	5,598	100.0	280	5.0	3	0.1	991	17.7	4,181	74.7	143	2.6
秋　　　田	x	x	x	x	x	x	x	x	x	x	x	x
山　　　形	1,758	100.0	24	1.4	-	-	369	21.0	1,332	75.8	33	1.9
福　　　島	3,355	100.0	4	0.1	12	0.4	506	15.1	2,824	84.2	9	0.3
茨　　　城	16,230	100.0	79	0.5	-	-	973	6.0	14,852	91.5	326	2.0
栃　　　木	13,901	100.0	4	0.0	506	3.6	2,538	18.3	10,133	72.9	720	5.2
群　　　馬	7,965	100.0	156	2.0	29	0.4	1,180	14.8	5,168	64.9	1,432	18.0
埼　　　玉	7,116	100.0	8	0.1	-	-	2,359	33.2	3,510	49.3	1,239	17.4
千　　　葉	15,403	100.0	360	2.3	3	0.0	3,167	20.6	11,257	73.1	616	4.0
東　　　京	5,407	100.0	126	2.3	8	0.1	312	5.8	2,763	51.1	2,198	40.7
神　奈　川	18,444	100.0	221	1.2	-	-	3,408	18.5	13,260	71.9	1,555	8.4
新　　　潟	3,548	100.0	36	1.0	15	0.4	833	23.5	2,528	71.3	136	3.8
富　　　山	x	x	x	x	x	x	x	x	x	x	x	x
石　　　川	2,348	100.0	15	0.6	128	5.5	597	25.4	1,183	50.4	425	18.1
福　　　井	x	x	x	x	x	x	x	x	x	x	x	x
山　　　梨	179	100.0	-	-	-	-	-	-	-	-	179	100.0
長　　　野	10,354	100.0	861	8.3	357	3.4	218	2.1	8,266	79.8	652	6.3
岐　　　阜	7,395	100.0	74	1.0	139	1.9	979	13.2	6,152	83.2	51	0.7
静　　　岡	6,901	100.0	116	1.7	46	0.7	1,067	15.5	5,076	73.6	596	8.6
愛　　　知	12,368	100.0	1,234	10.0	2	0.0	2,632	21.3	6,943	56.1	1,557	12.6
三　　　重	2,207	100.0	37	1.7	24	1.1	532	24.1	1,613	73.1	1	0.0
滋　　　賀	2,106	100.0	15	0.7	5	0.2	897	42.6	1,188	56.4	1	0.0
京　　　都	8,410	100.0	1	0.0	7	0.1	683	8.1	5,345	63.6	2,374	28.2
大　　　阪	9,942	100.0	324	3.3	-	-	3,280	33.0	5,712	57.5	626	6.3
兵　　　庫	12,024	100.0	100	0.8	2	0.0	2,324	19.3	8,061	67.0	1,537	12.8
奈　　　良	x	x	x	x	x	x	x	x	x	x	x	x
和　歌　山	x	x	x	x	x	x	x	x	x	x	x	x
鳥　　　取	x	x	x	x	x	x	x	x	x	x	x	x
島　　　根	1,372	100.0	23	1.7	32	2.3	280	20.4	976	71.1	61	4.4
岡　　　山	8,952	100.0	339	3.8	4	0.0	195	2.2	8,307	92.8	107	1.2
広　　　島	4,659	100.0	2	0.0	70	1.5	1,121	24.1	3,466	74.4	-	-
山　　　口	x	x	x	x	x	x	x	x	x	x	x	x
徳　　　島	x	x	x	x	x	x	x	x	x	x	x	x
香　　　川	x	x	x	x	x	x	x	x	x	x	x	x
愛　　　媛	x	x	x	x	x	x	x	x	x	x	x	x
高　　　知	x	x	x	x	x	x	x	x	x	x	x	x
福　　　岡	11,858	100.0	1	0.0	502	4.2	3,162	26.7	7,659	64.6	534	4.5
佐　　　賀	x	x	x	x	x	x	x	x	x	x	x	x
長　　　崎	x	x	x	x	x	x	x	x	x	x	x	x
熊　　　本	9,028	100.0	45	0.5	67	0.7	1,320	14.6	6,493	71.9	1,103	12.2
大　　　分	3,942	100.0	22	0.6	35	0.9	572	14.5	3,093	78.5	220	5.6
宮　　　崎	2,404	100.0	1	0.0	-	-	916	38.1	1,278	53.2	209	8.7
鹿　児　島	858	100.0	20	2.3	25	2.9	220	25.6	593	69.1	-	-
沖　　　縄	1,701	100.0	4	0.2	-	-	685	40.3	989	58.1	23	1.4

注：1　生産量は、10月における1か月間の牛乳の生産量である。
　　2　生産量割合については、表示単位未満を四捨五入しているため、計と内訳の合計が一致しない場合がある。

20 容器容量別加工乳・成分調整牛乳生産量割合（全国農業地域別・都道府県別）（令和3年10月）

全国農業地域 都道府県	計 生産量	計 生産量割合	ガラスびん 500 ml 未満 生産量	ガラスびん 500 ml 未満 生産量割合	ガラスびん 500 ml 以上 生産量	ガラスびん 500 ml 以上 生産量割合	紙製容器 500 ml 未満 生産量	紙製容器 500 ml 未満 生産量割合	紙製容器 500 ml 以上 生産量	紙製容器 500 ml 以上 生産量割合	その他 生産量	その他 生産量割合
	kl	%	kl	%	kl	%	kl	%	kl	%	kl	%
全　　　　国	32,379	100.0	159	0.5	29	0.1	572	1.8	29,508	91.1	2,111	6.5
（全国農業地域）												
北　海　道	7,874	100.0	-	-	-	-	27	0.3	7,827	99.4	20	0.3
東　　　北	1,203	100.0	-	-	-	-	7	0.6	1,185	98.5	11	0.9
北　　　陸	146	100.0	19	13.0	-	-	4	2.7	123	84.2	-	-
関　　　東	10,509	100.0	39	0.4	-	-	40	0.4	9,110	86.7	1,320	12.6
東　山	-	-	-	-	-	-	-	-	-	-	-	-
東　　　海	3,456	100.0	10	0.3	2	0.1	148	4.3	3,296	95.4	-	-
近　　　畿	2,049	100.0	27	1.3	-	-	-	-	2,022	98.7	-	-
中　　　国	2,208	100.0	44	2.0	25	1.1	32	1.4	2,038	92.3	69	3.1
四　　　国	215	100.0	13	6.0	-	-	11	5.1	191	88.8	-	-
九　　　州	4,190	100.0	7	0.2	2	0.0	59	1.4	3,431	81.9	691	16.5
沖　　　縄	529	100.0	-	-	-	-	244	46.1	285	53.9	-	-
（都道府県）												
北　海　道	7,874	100.0	-	-	-	-	27	0.3	7,827	99.4	20	0.3
青　　　森	x	x	x	x	x	x	x	x	x	x	x	x
岩　　　手	482	100.0	-	-	-	-	7	1.5	464	96.3	11	2.3
宮　　　城	384	100.0	-	-	-	-	-	-	384	100.0	-	-
秋　　　田	x	x	x	x	x	x	x	x	x	x	x	x
山　　　形	221	100.0	-	-	-	-	-	-	221	100.0	-	-
福　　　島	3	100.0	-	-	-	-	-	-	3	100.0	-	-
茨　　　城	310	100.0	-	-	-	-	-	-	293	94.5	17	5.5
栃　　　木	936	100.0	2	0.2	-	-	15	1.6	919	98.2	-	-
群　　　馬	1,272	100.0	-	-	-	-	-	-	1,272	100.0	-	-
埼　　　玉	865	100.0	-	-	-	-	13	1.5	852	98.5	-	-
千　　　葉	191	100.0	30	15.7	-	-	-	-	161	84.3	-	-
東　　　京	1,303	100.0	-	-	-	-	-	-	-	-	1,303	100.0
神　奈　川	5,632	100.0	7	0.1	-	-	12	0.2	5,613	99.7	-	-
新　　　潟	137	100.0	17	12.4	-	-	-	-	120	87.6	-	-
富　　　山	x	x	x	x	x	x	x	x	x	x	x	x
石　　　川	-	-	-	-	-	-	-	-	-	-	-	-
福　　　井	x	x	x	x	x	x	x	x	x	x	x	x
山　　　梨	-	-	-	-	-	-	-	-	-	-	-	-
長　　　野	-	-	-	-	-	-	-	-	-	-	-	-
岐　　　阜	4	100.0	4	100.0	-	-	-	-	-	-	-	-
静　　　岡	545	100.0	3	0.6	1	0.2	-	-	541	99.3	-	-
愛　　　知	2,652	100.0	-	-	-	-	148	5.6	2,504	94.4	-	-
三　　　重	255	100.0	3	1.2	1	0.4	-	-	251	98.4	-	-
滋　　　賀	-	-	-	-	-	-	-	-	-	-	-	-
京　　　都	6	100.0	-	-	-	-	-	-	6	100.0	-	-
大　　　阪	605	100.0	27	4.5	-	-	-	-	578	95.5	-	-
兵　　　庫	1,438	100.0	-	-	-	-	-	-	1,438	100.0	-	-
奈　　　良	x	x	x	x	x	x	x	x	x	x	x	x
和　歌　山	x	x	x	x	x	x	x	x	x	x	x	x
鳥　　　取	x	x	x	x	x	x	x	x	x	x	x	x
島　　　根	11	100.0	-	-	-	-	-	-	11	100.0	-	-
岡　　　山	1,648	100.0	36	2.2	4	0.2	29	1.8	1,510	91.6	69	4.2
広　　　島	224	100.0	-	-	-	-	-	-	224	100.0	-	-
山　　　口	x	x	x	x	x	x	x	x	x	x	x	x
徳　　　島	x	x	x	x	x	x	x	x	x	x	x	x
香　　　川	x	x	x	x	x	x	x	x	x	x	x	x
愛　　　媛	x	x	x	x	x	x	x	x	x	x	x	x
高　　　知	x	x	x	x	x	x	x	x	x	x	x	x
福　　　岡	691	100.0	-	-	-	-	-	-	-	-	691	100.0
佐　　　賀	x	x	x	x	x	x	x	x	x	x	x	x
長　　　崎	x	x	x	x	x	x	x	x	x	x	x	x
熊　　　本	2,241	100.0	-	-	-	-	26	1.2	2,215	98.8	-	-
大　　　分	384	100.0	-	-	2	0.5	-	-	382	99.5	-	-
宮　　　崎	867	100.0	-	-	-	-	33	3.8	834	96.2	-	-
鹿　児　島	7	100.0	7	100.0	-	-	-	-	-	-	-	-
沖　　　縄	529	100.0	-	-	-	-	244	46.1	285	53.9	-	-

注：1　生産量は、10月における1か月間の加工乳及び成分調整牛乳の生産量である。
　　2　生産量割合については、表示単位未満を四捨五入しているため、計と内訳の合計が一致しない場合がある。

参考　飲用牛乳等の容器容量別工場数（全国）（令和３年10月）

単位：工場

区分	計	ガラスびん		紙製容器		その他
		500 ml 未満	500 ml 以上	500 ml 未満	500 ml 以上	
牛乳	343	133	87	179	213	135
加工乳・成分調整牛乳	91	24	6	20	74	7

注：1　工場数は、10月末日における工場数である。
　　2　「計」は牛乳又は加工乳・成分調整牛乳を製造した工場であり、計と内訳（容器容量別の工場数）は一致しない。

Ⅲ　累年統計表

1 生乳生産量及び用途別処理量（全国）

年次・年度		生乳生産量			処理 牛乳等向け			業務用向け		乳 乳製品向け			製 チーズ向け	
		実数 (t)	1日当たり平均 (t)	対前年比 (%)	実数 (t)	対前年比 (%)	用途別割合 (%)	実数 (t)	対前年比 (%)	実数 (t)	対前年比 (%)	用途別割合 (%)	実数 (t)	対前年比 (%)
平成9年	(1)	8,645,455	23,686	99.9	(5,156,663)	(99.4)	(59.6)	…	nc	(3,375,030)	(100.7)	(39.0)	…	nc
10	(2)	8,572,421	23,486	99.2	(5,046,669)	(97.9)	(58.9)	…	nc	(3,420,380)	(101.3)	(39.9)	…	nc
11	(3)	8,459,694	23,177	98.7	(4,950,069)	(98.1)	(58.5)	…	nc	(3,406,545)	(99.6)	(40.3)	…	nc
12	(4)	8,497,278	23,217	100.4	(4,970,310)	(100.4)	(58.5)	…	nc	(3,420,517)	(100.4)	(40.3)	…	nc
13	(5)	8,300,488	22,741	97.7	(4,941,499)	(99.4)	(59.5)	…	nc	(3,266,303)	(95.5)	(39.4)	…	nc
14	(6)	8,385,280	22,973	101.0	(5,002,265)	(101.2)	(59.7)	…	nc	(3,293,367)	(100.8)	(39.3)	…	nc
15	(7)	8,400,073	23,014	100.2	(4,974,103)	(99.4)	(59.2)	…	nc	(3,339,775)	(101.4)	(39.8)	…	nc
16	(8)	8,328,951	22,757	99.2	4,594,710	nc	59.5	296,843	nc	3,292,397	nc	39.5	…	nc
17	(9)	8,285,215	22,699	99.5	4,775,335	96.4	57.6	303,396	102.2	3,429,456	104.2	41.4	…	nc
18	(10)	8,137,512	22,295	98.2	4,648,191	97.3	57.1	309,036	101.9	3,408,095	99.4	41.9	…	nc
19	(11)	8,007,417	21,938	98.4	4,520,740	97.3	56.5	326,223	105.6	3,402,339	99.8	42.5	(387,813)	nc
20	(12)	7,982,030	21,809	99.7	4,442,561	98.3	55.7	335,676	102.9	3,457,962	101.6	43.3	(479,140)	(123.5)
21	(13)	7,910,413	21,672	99.1	4,264,106	96.0	53.9	336,403	100.2	3,570,453	103.3	45.1	(450,464)	(94.0)
22	(14)	7,720,456	21,152	97.6	4,149,598	97.3	53.7	316,382	94.0	3,498,582	98.0	45.3	(484,152)	(107.5)
23	(15)	7,474,309	20,478	96.8	4,058,062	97.8	54.3	298,192	94.3	3,350,909	95.8	44.8	(492,236)	(101.7)
24	(16)	7,630,418	20,848	102.1	4,043,870	99.7	53.0	313,883	105.3	3,527,910	105.3	46.2	(504,063)	(102.4)
25	(17)	7,508,261	20,571	98.4	3,974,526	98.3	52.9	306,715	97.7	3,476,528	98.5	46.3	(486,429)	(96.5)
26	(18)	7,334,264	20,094	97.7	3,910,940	98.4	53.3	305,470	99.6	3,364,492	96.8	45.9	(498,474)	(102.5)
27	(19)	7,379,234	20,217	100.6	3,932,861	100.6	53.3	311,867	102.1	3,389,838	100.8	45.9	(466,069)	(93.5)
28	(20)	7,393,717	20,201	100.2	3,991,966	101.5	54.0	308,202	98.8	3,349,178	98.8	45.3	(439,076)	(94.2)
29	(21)	7,276,523	19,936	98.4	3,986,478	99.9	54.8	322,564	104.7	3,240,814	96.8	44.5	434,567	nc
30	(22)	7,289,227	19,970	100.2	3,999,805	100.3	54.9	350,351	108.6	3,243,275	100.1	44.5	431,267	99.2
令和元	(23)	7,313,530	20,037	100.3	3,999,655	100.0	54.7	346,127	98.8	3,269,669	100.8	44.7	425,778	98.7
2	(24)	7,438,218	20,323	101.7	4,019,561	100.5	54.0	300,580	86.8	3,374,111	103.2	45.4	432,063	101.5
3	(25)	7,592,061	20,800	102.1	4,000,979	99.5	52.7	323,820	107.7	3,542,626	105.0	46.7	454,145	105.1
平成9年度	(26)	8,628,863	23,641	99.7	(5,122,340)	(98.7)	(59.4)	…	nc	(3,395,895)	(101.3)	(39.4)	…	nc
10	(27)	8,549,404	23,423	99.1	(5,025,951)	(98.1)	(58.8)	…	nc	(3,419,499)	(100.7)	(40.0)	…	nc
11	(28)	8,513,035	23,260	99.6	(4,939,127)	(98.3)	(58.0)	…	nc	(3,470,407)	(101.5)	(40.8)	…	nc
12	(29)	8,414,523	23,053	98.8	(5,003,240)	(101.3)	(59.5)	…	nc	(3,307,294)	(95.3)	(39.3)	…	nc
13	(30)	8,311,848	22,772	98.8	(4,903,260)	(98.0)	(59.0)	…	nc	(3,316,630)	(100.3)	(39.9)	…	nc
14	(31)	8,379,969	22,959	100.8	(5,046,042)	(102.9)	(60.2)	…	nc	(3,245,423)	(97.9)	(38.7)	…	nc
15	(32)	8,404,999	22,964	100.3	5,017,971	nc	59.7	287,402	nc	3,301,744	nc	39.3	…	nc
16	(33)	8,284,746	22,698	98.6	4,902,004	97.7	59.2	302,217	105.2	3,301,434	100.0	39.8	…	nc
17	(34)	8,292,696	22,720	100.1	4,738,677	96.7	57.1	304,707	100.8	3,472,231	105.2	41.9	…	nc
18	(35)	8,090,754	22,166	97.6	4,620,222	97.5	57.1	310,125	101.8	3,388,983	97.6	41.9	…	nc
19	(36)	8,024,247	21,924	99.2	4,508,210	97.6	56.2	329,589	106.3	3,433,061	101.3	42.8	(410,679)	nc
20	(37)	7,945,110	21,767	99.0	4,414,770	97.9	55.6	338,715	102.8	3,450,730	100.5	43.4	(473,637)	(115.3)
21	(38)	7,881,390	21,593	99.2	4,218,563	95.6	53.5	332,833	98.3	3,586,821	103.9	45.5	(465,357)	(98.3)
22	(39)	7,631,304	20,908	96.8	4,109,761	97.4	53.9	300,719	90.4	3,451,217	96.2	45.2	(497,614)	(106.9)
23	(40)	7,533,851	20,584	98.7	4,082,898	99.3	54.2	311,362	103.5	3,387,330	98.1	45.0	(496,106)	(99.7)
24	(41)	7,607,356	20,842	101.0	4,010,692	98.2	52.7	308,052	98.9	3,538,102	104.5	46.5	(484,989)	(97.8)
25	(42)	7,447,032	20,403	97.9	3,964,647	98.9	53.2	308,848	100.3	3,425,551	96.8	46.0	(501,691)	(103.4)
26	(43)	7,330,871	20,085	98.4	3,910,165	98.6	53.3	303,229	98.2	3,361,201	98.1	45.8	(485,976)	(96.9)
27	(44)	7,407,326	20,239	101.0	3,953,352	101.1	53.4	313,351	103.3	3,398,469	101.1	45.9	(454,709)	(93.6)
28	(45)	7,342,475	20,116	99.1	3,989,455	100.9	54.3	310,676	99.1	3,301,787	97.2	45.0	(444,196)	nc
29	(46)	7,290,458	19,974	99.3	3,983,712	99.9	54.6	330,415	106.4	3,257,947	98.7	44.7	437,783	nc
30	(47)	7,282,255	19,951	99.9	4,006,039	100.6	55.0	348,977	105.6	3,231,140	99.2	44.4	423,134	96.7
令和元	(48)	7,362,387	20,116	101.1	3,997,143	99.8	54.3	339,609	97.3	3,320,765	102.8	45.1	424,273	100.3
2	(49)	7,433,335	20,365	101.0	4,034,278	100.9	54.3	300,973	88.6	3,354,535	101.0	45.1	433,982	102.3

注：1 平成15年4月調査より、牛乳等向けのうち「業務用向け」の調査項目を追加した。また、「牛乳等向け」及び「乳製品向け」の調査定義を変更したため、平成16年及び平成15年度の対前年比を計算不能（nc）とした。
　　　なお、調査定義変更前の数値は、（　）書きで表示した。
　　2 平成19年1月調査より、乳製品向けのうち「チーズ向け」、「クリーム等向け」及びその他のうち「欠減」の調査項目を追加した。

クリーム向け 実数	対前年比	脱脂濃縮乳向け 実数	対前年比	濃縮乳向け 実数	対前年比	その他向け 実数	対前年比	用途別割合	欠減 実数	対前年比	
t	%	t	%	t	%	t	%	%	t	%	
…	nc	…	nc	…	nc	113,762	95.3	1.3	…	nc	(1)
…	nc	…	nc	…	nc	105,372	92.6	1.2	…	nc	(2)
…	nc	…	nc	…	nc	103,080	97.8	1.2	…	nc	(3)
…	nc	…	nc	…	nc	106,451	103.3	1.3	…	nc	(4)
…	nc	…	nc	…	nc	92,686	87.1	1.1	…	nc	(5)
…	nc	…	nc	…	nc	89,648	96.7	1.1	…	nc	(6)
…	nc	…	nc	…	nc	86,195	96.1	1.0	…	nc	(7)
…	nc	…	nc	…	nc	81,844	95.0	1.0	…	nc	(8)
…	nc	…	nc	…	nc	80,424	98.3	1.0	…	nc	(9)
…	nc	…	nc	…	nc	81,226	101.0	1.0	…	nc	(10)
…	nc	…	nc	…	nc	84,338	103.8	1.1	20,632	nc	(11)
…	nc	…	nc	…	nc	81,507	96.6	1.0	20,677	100.2	(12)
…	nc	…	nc	…	nc	75,854	93.1	1.0	18,472	89.3	(13)
…	nc	…	nc	…	nc	72,276	95.3	0.9	19,363	104.8	(14)
…	nc	…	nc	…	nc	65,338	90.4	0.9	13,022	67.3	(15)
…	nc	…	nc	…	nc	58,638	89.7	0.8	12,443	95.6	(16)
…	nc	…	nc	…	nc	57,207	97.6	0.8	11,040	88.7	(17)
…	nc	…	nc	…	nc	58,832	102.8	0.8	10,392	94.1	(18)
…	nc	…	nc	…	nc	56,535	96.1	0.8	10,748	103.4	(19)
…	nc	…	nc	…	nc	52,573	93.0	0.7	11,218	104.4	(20)
753,215	nc	533,348	nc	7,997	nc	49,231	93.6	0.7	9,214	82.1	(21)
769,219	102.1	543,495	101.9	7,889	98.6	46,147	93.7	0.6	9,918	107.6	(22)
710,369	92.3	550,379	101.3	6,999	88.7	44,206	95.8	0.6	10,258	103.4	(23)
675,114	95.0	531,554	96.6	5,990	85.6	44,546	100.8	0.6	10,120	98.7	(24)
721,727	106.9	518,992	97.6	6,438	107.5	48,456	108.8	0.6	13,520	133.6	(25)
…	nc	…	nc	…	nc	110,628	92.2	1.3	…	nc	(26)
…	nc	…	nc	…	nc	103,954	94.0	1.2	…	nc	(27)
…	nc	…	nc	…	nc	103,501	99.6	1.2	…	nc	(28)
…	nc	…	nc	…	nc	103,989	100.5	1.2	…	nc	(29)
…	nc	…	nc	…	nc	91,958	88.4	1.1	…	nc	(30)
…	nc	…	nc	…	nc	88,504	96.2	1.1	…	nc	(31)
…	nc	…	nc	…	nc	85,284	96.4	1.0	…	nc	(32)
…	nc	…	nc	…	nc	81,308	95.3	1.0	…	nc	(33)
…	nc	…	nc	…	nc	81,788	100.6	1.0	…	nc	(34)
…	nc	…	nc	…	nc	81,549	99.7	1.0	…	nc	(35)
…	nc	…	nc	…	nc	82,976	101.7	1.0	20,603	nc	(36)
…	nc	…	nc	…	nc	79,610	95.9	1.0	19,643	95.3	(37)
…	nc	…	nc	…	nc	76,006	95.5	1.0	19,187	97.7	(38)
…	nc	…	nc	…	nc	70,326	92.5	0.9	18,028	94.0	(39)
…	nc	…	nc	…	nc	63,623	90.5	0.8	12,533	69.5	(40)
…	nc	…	nc	…	nc	58,562	92.0	0.8	12,390	98.9	(41)
…	nc	…	nc	…	nc	56,834	97.0	0.8	10,687	86.3	(42)
…	nc	…	nc	…	nc	59,505	104.7	0.8	10,195	95.4	(43)
…	nc	…	nc	…	nc	55,505	93.3	0.7	10,957	107.5	(44)
…	nc	…	nc	…	nc	51,233	92.3	0.7	10,932	99.8	(45)
763,867	nc	536,498	411.8	8,047	nc	48,799	95.2	0.7	9,155	83.7	(46)
756,969	99.1	546,354	101.8	7,778	96.7	45,076	92.4	0.6	10,108	110.4	(47)
703,963	93.0	549,005	100.5	6,829	87.8	44,479	98.7	0.6	10,404	102.9	(48)
675,603	96.0	522,048	95.1	5,908	86.5	44,522	100.1	0.6	9,951	95.6	(49)

3 平成29年1月調査より、乳製品向けのうち「クリーム等向け」を「クリーム向け」、「脱脂濃縮乳向け」及び「濃縮乳向け」に区分し、また、
「クリーム向け」及び「チーズ向け」の調査定義を変更したため、平成29年及び平成28年度の対前年比を計算不能（nc）とした。
　なお、調査定義変更前の数値は、（　）書きで表示した。

1 生乳生産量及び用途別処理量（全国）（続き）

年次・月別	生乳生産量 実数	1日当たり平均	対前年比	処理 牛乳等向け 実数	対前年比	用途別割合	業務用向け 実数	対前年比	乳製 実数	対前年比	用途別割合	チーズ向け 実数	対前年比
	t	t	%	t	%	%	t	%	t	%	%	t	%
平成30年1月 (50)	621,288	20,042	101.0	324,296	100.9	52.2	28,101	108.2	292,995	101.3	47.2	38,560	104.7
2 (51)	568,874	20,317	100.4	303,308	99.1	53.3	27,022	115.2	261,628	102.0	46.0	38,696	104.0
3 (52)	639,118	20,617	100.8	319,277	99.1	50.0	29,291	107.9	315,866	102.7	49.4	43,628	100.0
4 (53)	623,312	20,777	101.1	324,152	99.1	52.0	28,307	106.8	295,369	103.6	47.4	36,433	99.0
5 (54)	647,555	20,889	100.4	351,840	101.4	54.3	29,555	113.0	291,917	99.3	45.1	36,296	99.1
6 (55)	620,517	20,684	101.0	351,414	101.5	56.6	28,210	115.1	265,348	100.5	42.8	35,323	96.0
7 (56)	616,231	19,878	101.0	350,381	101.2	56.9	26,853	106.7	261,977	100.8	42.5	37,166	102.2
8 (57)	606,470	19,564	101.0	333,318	101.8	55.0	28,568	109.0	269,323	100.2	44.4	35,162	98.0
9 (58)	560,308	18,677	96.5	339,380	97.1	60.6	28,386	104.5	217,091	95.7	38.7	27,846	81.0
10 (59)	596,228	19,233	99.3	354,844	102.2	59.5	34,192	110.1	237,565	95.4	39.8	31,958	103.2
11 (60)	579,820	19,327	99.5	332,984	101.0	57.4	32,328	106.9	243,016	97.7	41.9	31,979	100.4
12 (61)	609,506	19,661	99.8	314,611	99.5	51.6	29,538	101.9	291,180	100.1	47.8	38,220	102.7
31年1月 (62)	615,920	19,868	99.1	325,861	100.5	52.9	28,509	101.5	286,198	97.7	46.5	37,684	97.7
2 (63)	567,072	20,253	99.7	305,411	100.7	53.9	26,369	97.6	258,297	98.7	45.5	35,716	92.3
3 (64)	639,316	20,623	100.0	321,843	100.8	50.3	28,162	96.1	313,859	99.4	49.1	39,351	90.2
4 (65)	622,418	20,747	99.9	323,425	99.8	52.0	29,797	105.3	295,369	100.0	47.5	35,441	97.3
令和元年5月 (66)	644,183	20,780	99.5	347,893	98.9	54.0	28,954	98.0	292,634	100.2	45.4	37,843	104.3
6 (67)	618,867	20,629	99.7	349,677	99.5	56.5	28,020	99.3	265,471	100.0	42.9	36,006	101.9
7 (68)	623,259	20,105	101.1	339,492	96.9	54.5	25,650	95.5	280,019	106.9	44.9	34,646	93.2
8 (69)	595,598	19,213	98.2	331,514	99.5	55.7	28,271	99.0	260,327	96.7	43.7	33,723	95.9
9 (70)	583,513	19,450	104.1	349,598	103.0	59.9	30,432	107.2	230,154	106.0	39.4	32,322	116.1
10 (71)	601,947	19,418	101.0	356,019	100.3	59.1	32,097	93.9	242,190	101.9	40.2	32,925	103.0
11 (72)	585,432	19,514	101.0	331,531	99.6	56.6	30,123	93.2	250,143	102.9	42.7	33,837	105.8
12 (73)	616,005	19,871	101.1	317,391	100.9	51.5	29,743	100.7	295,008	101.3	47.9	36,284	94.9
2年1月 (74)	624,875	20,157	101.5	325,479	99.9	52.1	26,576	93.2	295,657	103.3	47.3	36,283	96.3
2 (75)	596,539	20,570	105.2	314,118	102.9	52.7	25,018	94.9	278,785	107.9	46.7	33,505	93.8
3 (76)	649,751	20,960	101.6	311,006	96.6	47.9	24,928	88.5	335,008	106.7	51.6	41,458	105.4
4 (77)	633,914	21,130	101.8	314,441	97.2	49.6	21,552	72.3	315,848	106.9	49.8	38,810	109.5
5 (78)	657,120	21,197	102.0	335,101	96.3	51.0	18,850	65.1	318,410	108.8	48.5	43,818	115.8
6 (79)	623,450	20,782	100.7	355,202	101.6	57.0	23,466	83.7	264,526	99.6	42.4	35,701	99.2
7 (80)	627,939	20,256	100.8	359,884	106.0	57.3	24,875	97.0	264,284	94.4	42.1	33,278	96.1
8 (81)	607,364	19,592	102.0	345,174	104.1	56.8	24,753	87.6	258,434	99.3	42.6	34,367	101.9
9 (82)	589,070	19,636	101.0	355,038	101.6	60.3	27,305	89.7	230,274	100.1	39.1	32,761	101.4
10 (83)	612,391	19,755	101.7	352,934	99.1	57.6	28,548	88.9	255,707	105.6	41.8	33,205	100.9
11 (84)	593,699	19,790	101.4	330,346	99.6	55.6	29,016	96.3	259,590	103.8	43.7	32,919	97.3
12 (85)	622,106	20,068	101.0	320,838	101.1	51.6	25,693	86.4	297,588	100.9	47.8	35,958	99.1
3年1月 (86)	628,127	20,262	100.5	328,455	100.9	52.3	24,471	92.1	295,934	100.1	47.1	36,570	100.8
2 (87)	582,916	20,818	97.7	307,769	98.0	52.8	24,233	96.9	271,529	97.4	46.6	36,181	108.0
3 (88)	655,239	21,137	100.8	329,096	105.8	50.2	28,211	113.2	322,411	96.2	49.2	40,414	97.5
4 (89)	643,807	21,460	101.6	327,608	104.2	50.9	26,699	123.9	312,107	98.8	48.5	40,188	103.6
5 (90)	670,200	21,619	102.0	349,001	104.1	52.1	26,311	139.6	317,062	99.6	47.3	38,940	88.9
6 (91)	640,625	21,354	102.8	351,762	99.0	54.9	25,316	107.9	284,627	107.6	44.4	37,608	105.3
7 (92)	639,247	20,621	101.8	340,889	94.7	53.3	26,275	105.6	294,081	111.3	46.0	38,729	116.4
8 (93)	628,217	20,265	103.4	329,636	95.5	52.5	28,503	115.1	294,395	113.9	46.9	37,404	108.8
9 (94)	613,296	20,443	104.1	345,291	97.3	56.3	28,166	103.2	263,848	114.6	43.0	35,625	108.7
10 (95)	630,651	20,344	103.0	350,611	99.3	55.6	30,244	105.9	275,994	107.9	43.8	37,599	113.2
11 (96)	614,100	20,470	103.4	324,951	98.4	52.9	28,937	99.7	284,999	109.8	46.4	34,448	104.6
12 (97)	645,636	20,827	103.8	315,910	98.5	48.9	26,454	103.0	325,639	109.4	50.4	40,439	112.5

品		向		け		その他向け			欠減		
クリーム向け		脱脂濃縮乳向け		濃縮乳向け							
実数	対前年比	実数	対前年比	実数	対前年比	実数	対前年比	用途別割合	実数	対前年比	
t	%	t	%	t	%	t	%	%	t	%	
61,565	106.2	44,087	101.8	529	89.5	3,997	95.1	0.6	781	93.5	(50)
58,155	106.5	41,558	107.7	579	125.6	3,938	96.9	0.7	722	100.1	(51)
67,352	105.5	47,802	98.7	636	99.1	3,975	97.5	0.6	759	99.2	(52)
64,365	106.8	47,144	104.3	724	103.7	3,791	93.3	0.6	799	111.1	(53)
64,581	104.2	48,206	101.7	622	99.4	3,798	91.8	0.6	811	101.5	(54)
64,076	103.6	46,380	104.8	722	96.1	3,755	95.1	0.6	765	94.6	(55)
62,891	97.5	47,844	100.7	784	115.6	3,873	94.1	0.6	870	116.5	(56)
63,084	100.3	46,593	98.2	803	113.4	3,829	93.7	0.6	824	114.8	(57)
60,823	97.2	42,100	93.8	503	71.3	3,837	93.3	0.7	1,237	164.7	(58)
64,468	98.7	47,005	106.9	634	91.4	3,819	90.5	0.6	811	96.9	(59)
68,635	102.5	44,445	105.3	769	90.6	3,820	92.4	0.7	824	106.3	(60)
69,224	98.2	40,331	100.4	584	98.3	3,715	91.2	0.6	715	96.9	(61)
56,646	92.0	46,022	104.4	496	93.8	3,861	96.6	0.6	866	110.9	(62)
55,195	94.9	42,034	101.1	443	76.5	3,364	85.4	0.6	769	106.5	(63)
62,981	93.5	48,250	100.9	694	109.1	3,614	90.9	0.6	817	107.6	(64)
61,223	95.1	46,664	99.0	702	97.0	3,624	95.6	0.6	825	103.3	(65)
57,728	89.4	46,955	97.4	733	117.8	3,656	96.3	0.6	856	105.5	(66)
56,864	88.7	46,541	100.3	539	74.7	3,719	99.0	0.6	869	113.6	(67)
59,524	94.6	48,398	101.2	546	69.6	3,748	96.8	0.6	892	102.5	(68)
57,115	90.5	47,634	102.2	521	64.9	3,757	98.1	0.6	906	110.0	(69)
56,008	92.1	45,235	107.4	568	112.9	3,761	98.0	0.6	909	73.5	(70)
60,328	93.6	45,697	97.2	632	99.7	3,738	97.9	0.6	884	109.0	(71)
62,228	90.7	43,550	98.0	603	78.4	3,758	98.4	0.6	906	110.0	(72)
64,529	93.2	43,399	107.6	522	89.4	3,606	97.1	0.6	759	106.2	(73)
56,810	100.3	44,418	96.5	518	104.4	3,739	96.8	0.6	897	103.6	(74)
54,486	98.7	42,671	101.5	456	102.9	3,636	108.1	0.6	797	103.6	(75)
57,120	90.7	47,843	99.2	489	70.5	3,737	103.4	0.6	904	110.6	(76)
46,950	76.7	45,039	96.5	431	61.4	3,625	100.0	0.6	799	96.8	(77)
53,524	92.7	46,128	98.2	459	62.6	3,609	98.7	0.5	786	91.8	(78)
53,909	94.8	45,568	97.9	468	86.8	3,722	100.1	0.6	847	97.5	(79)
57,539	96.7	46,231	95.5	568	104.0	3,771	100.6	0.6	871	97.6	(80)
53,551	93.8	45,132	94.7	485	93.1	3,756	100.0	0.6	855	94.4	(81)
54,510	97.3	43,019	95.1	413	72.7	3,758	99.9	0.6	861	94.7	(82)
60,851	100.9	43,975	96.2	666	105.4	3,750	100.3	0.6	851	96.3	(83)
62,606	100.6	41,295	94.8	575	95.4	3,763	100.1	0.6	862	95.1	(84)
63,258	98.0	40,235	92.7	462	88.5	3,680	102.1	0.6	790	104.1	(85)
52,801	92.9	41,654	93.8	416	80.3	3,738	100.0	0.6	857	95.5	(86)
52,742	96.8	38,576	90.4	443	97.1	3,618	99.5	0.6	736	92.3	(87)
63,362	110.9	45,196	94.5	522	106.7	3,732	99.9	0.6	836	92.5	(88)
57,187	121.8	42,973	95.4	568	131.8	4,092	112.9	0.6	1,199	150.1	(89)
58,434	109.2	45,641	98.9	603	131.4	4,137	114.6	0.6	1,249	158.9	(90)
58,096	107.8	44,129	96.8	482	103.0	4,236	113.8	0.7	1,307	154.3	(91)
63,190	109.8	45,171	97.7	665	117.1	4,277	113.4	0.7	1,344	154.3	(92)
57,802	107.9	46,053	102.0	547	112.8	4,186	111.4	0.7	1,253	146.5	(93)
59,038	108.3	42,988	99.9	591	143.1	4,157	110.6	0.7	1,234	143.3	(94)
62,358	102.5	44,010	100.1	522	78.4	4,046	107.9	0.6	1,119	131.5	(95)
68,352	109.2	42,291	102.4	569	99.0	4,150	110.3	0.7	1,228	142.5	(96)
68,365	108.1	40,310	100.2	510	110.4	4,087	111.1	0.6	1,158	146.6	(97)

2　生乳生産量及び用途別処理量（全国農業地域別）

単位：t

全国農業地域・用途別処理内訳	年次 平成29年	30	令和元	2	3	年度 平成28年度	29	30	令和元	2
全国										
生乳生産量	7,276,523	7,289,227	7,313,530	7,438,218	7,592,061	7,342,475	7,290,458	7,282,255	7,362,387	7,433,335
処理量	7,276,523	7,289,227	7,313,530	7,438,218	7,592,061	7,342,475	7,290,458	7,282,255	7,362,387	7,433,335
牛乳等向け	3,986,478	3,999,805	3,999,655	4,019,561	4,000,979	3,989,455	3,983,712	4,006,039	3,997,143	4,034,278
うち業務用向け	322,564	350,351	346,127	300,580	323,820	310,676	330,415	348,977	339,609	300,973
乳製品向け	3,240,814	3,243,275	3,269,669	3,374,111	3,542,626	3,301,787	3,257,947	3,231,140	3,320,765	3,354,535
うちチーズ向け	434,567	431,267	425,778	432,063	454,145	(444,196)	437,783	423,134	424,273	433,982
クリーム向け	753,215	769,219	710,369	675,114	721,727	…	763,867	756,969	703,963	675,603
脱脂濃縮乳向け	533,348	543,495	550,379	531,554	518,992	…	536,498	546,354	549,005	522,048
濃縮乳向け	7,997	7,889	6,999	5,990	6,438	…	8,047	7,778	6,829	5,908
その他	49,231	46,147	44,206	44,546	48,456	51,233	48,799	45,076	44,479	44,522
うち欠減	9,214	9,918	10,258	10,120	13,520	10,932	9,155	10,108	10,404	9,951
北海道										
生乳生産量	3,892,895	3,965,193	4,048,197	4,153,714	4,265,600	3,904,628	3,922,023	3,967,129	4,091,916	4,158,482
処理量	3,449,089	3,475,926	3,518,650	3,620,890	3,775,485	3,504,555	3,469,556	3,474,598	3,562,906	3,615,516
牛乳等向け	548,156	554,893	556,498	570,743	570,092	565,039	546,681	560,384	556,628	572,010
うち業務用向け	71,188	73,495	74,069	62,617	63,727	71,609	71,596	74,934	70,502	63,114
乳製品向け	2,878,104	2,897,634	2,939,035	3,027,079	3,182,137	2,916,410	2,900,484	2,890,524	2,982,929	3,020,537
うちチーズ向け	427,620	425,033	419,702	426,904	448,848	(436,990)	431,036	416,912	418,456	428,938
クリーム向け	663,380	682,903	631,305	603,781	652,336	…	673,730	673,180	626,368	605,598
脱脂濃縮乳向け	529,037	539,319	545,635	527,148	514,656	…	532,369	541,901	544,379	517,654
濃縮乳向け	7,624	7,517	6,639	5,613	6,053	…	7,675	7,411	6,469	5,524
その他	22,829	23,399	23,117	23,068	23,256	23,106	22,391	23,690	23,349	22,969
うち欠減	553	1,012	554	571	542	709	512	1,039	567	528
東北										
生乳生産量	564,863	556,714	548,641	553,395	546,230	570,303	562,277	555,860	550,468	549,421
処理量	384,390	384,370	378,418	367,869	357,019	398,858	384,388	384,112	374,706	362,260
牛乳等向け	289,064	296,198	290,549	277,402	264,870	294,509	291,535	296,104	286,062	275,803
うち業務用向け	23,951	23,570	24,342	19,264	19,975	23,427	23,501	24,021	23,674	18,910
乳製品向け	90,763	84,504	84,817	87,592	89,514	99,693	88,287	84,680	85,642	83,663
うちチーズ向け	2,418	2,045	1,882	1,440	1,177	(2,369)	2,371	2,029	1,718	1,382
クリーム向け	7,271	6,941	7,853	7,071	5,529	…	7,015	7,255	8,014	6,348
脱脂濃縮乳向け	576	580	644	473	371	…	543	614	621	432
濃縮乳向け	–	–	–	–	–	…	–	–	–	–
その他	4,563	3,668	3,052	2,875	2,635	4,656	4,566	3,328	3,002	2,794
うち欠減	310	317	376	354	283	360	313	335	382	324
北陸										
生乳生産量	83,338	79,301	75,347	74,958	75,345	86,807	82,343	78,302	75,081	74,651
処理量	100,386	97,657	92,694	87,730	90,958	98,813	98,839	98,077	89,341	88,936
牛乳等向け	97,477	94,812	89,606	84,750	88,084	95,990	95,900	95,164	86,179	86,099
うち業務用向け	4,831	5,503	6,403	5,750	6,321	4,419	4,887	5,512	6,427	5,662
乳製品向け	2,351	2,223	2,493	2,407	2,447	2,233	2,347	2,336	2,520	2,347
うちチーズ向け	64	74	78	68	70	(62)	69	76	74	69
クリーム向け	1,286	1,470	1,488	1,557	1,577	…	1,431	1,484	1,489	1,588
脱脂濃縮乳向け	46	17	73	77	47	…	45	41	114	27
濃縮乳向け	6	3	–	17	25	…	3	–	–	24
その他	558	622	595	573	427	590	592	577	642	490
うち欠減	96	190	298	354	230	122	130	163	384	280
関東										
生乳生産量	1,036,338	1,012,647	991,738	983,460	1,012,065	1,043,942	1,030,087	1,011,507	990,781	978,676
処理量	1,343,075	1,339,489	1,340,890	1,376,695	1,386,298	1,337,672	1,340,951	1,341,370	1,346,858	1,384,371
牛乳等向け	1,233,870	1,237,256	1,246,596	1,270,698	1,264,977	1,233,239	1,234,578	1,241,509	1,250,255	1,279,954
うち業務用向け	91,252	110,759	103,856	89,447	89,970	90,306	96,651	110,657	101,874	87,020
乳製品向け	98,644	93,550	86,061	97,090	108,374	92,478	95,910	91,738	88,346	95,186
うちチーズ向け	494	456	481	519	825	(411)	496	462	489	527
クリーム向け	33,730	33,553	29,145	26,754	25,575	…	33,232	32,613	28,199	26,646
脱脂濃縮乳向け	–	–	–	–	–	…	–	–	–	–
濃縮乳向け	–	–	–	–	–	…	–	–	–	–
その他	10,561	8,683	8,233	8,907	12,947	11,955	10,463	8,123	8,257	9,231
うち欠減	4,028	3,889	4,145	4,141	7,748	5,379	3,930	3,966	4,114	4,243
東山										
生乳生産量	114,780	110,965	107,128	108,249	111,348	119,004	114,240	110,044	106,567	108,976
処理量	140,006	136,388	131,949	134,283	139,466	145,054	138,523	135,902	131,173	135,121
牛乳等向け	135,130	132,000	126,815	128,944	133,971	137,550	133,978	131,279	125,949	129,903
うち業務用向け	5,086	5,474	5,718	5,568	5,750	4,345	5,221	5,520	5,832	5,505
乳製品向け	3,439	3,032	3,840	3,895	3,892	6,104	3,122	3,259	3,960	3,739
うちチーズ向け	1,636	1,347	1,288	889	911	(2,004)	1,488	1,339	1,201	822
クリーム向け	446	422	1,285	1,472	1,486	…	338	647	1,358	1,463
脱脂濃縮乳向け	–	–	–	–	–	…	–	–	–	–
濃縮乳向け	–	–	–	–	–	…	–	–	–	–
その他	1,437	1,356	1,294	1,444	1,603	1,400	1,423	1,364	1,264	1,479
うち欠減	663	792	834	913	1,020	600	649	878	804	921

注：　平成29年1月調査より、乳製品向けのうち「クリーム等向け」を「クリーム向け」、「脱脂濃縮乳向け」及び「濃縮乳向け」に区分し、また、「クリーム向け」及び「チーズ向け」の調査定義を変更した。
　　　なお、調査定義変更前の数値は、（　）書きで表示した。

単位：t

全国農業地域・用途別処理内訳	年次 平成29年	30	令和元	2	3	年度 平成28年度	29	30	令和元	2
東海										
生乳生産量	358,267	345,716	339,838	334,143	332,500	363,425	356,675	343,731	339,524	330,994
処理量	420,051	421,640	427,858	422,397	421,747	416,192	421,189	420,209	430,247	420,564
牛乳等向け	392,049	393,027	399,705	397,104	396,233	388,940	392,895	391,735	401,592	396,587
うち業務用向け	31,604	37,517	36,787	28,809	45,373	29,828	33,271	37,093	34,876	32,835
乳製品向け	25,503	26,125	25,628	22,767	23,027	24,753	25,740	26,029	26,082	21,506
うちチーズ向け	208	187	255	275	294	(200)	203	193	273	277
クリーム向け	1,356	1,532	1,373	1,177	1,120	…	1,400	1,465	1,380	1,236
脱脂濃縮乳向け	1	-	-	-	-	…	-	-	-	-
濃縮乳向け	367	369	360	360	360	…	369	367	360	360
その他	2,499	2,488	2,525	2,526	2,487	2,499	2,554	2,445	2,573	2,471
うち欠減	1,246	1,366	1,425	1,285	1,100	1,238	1,278	1,385	1,441	1,197
近畿										
生乳生産量	172,554	163,192	158,520	160,898	164,010	177,658	170,391	161,933	158,745	161,202
処理量	458,141	450,308	442,432	442,940	438,538	453,096	459,896	445,143	443,755	444,989
牛乳等向け	447,983	442,146	436,697	440,903	436,380	433,758	450,148	437,865	438,704	443,425
うち業務用向け	35,293	31,779	37,125	36,543	41,283	36,093	34,243	31,482	38,198	37,188
乳製品向け	8,942	6,975	4,417	854	1,123	18,205	8,523	6,139	3,636	475
うちチーズ向け	112	132	138	146	154	(116)	110	141	141	144
クリーム向け	8,745	6,560	4,136	557	804	…	8,320	5,704	3,348	179
脱脂濃縮乳向け	-	-	-	-	-	…	-	-	-	-
濃縮乳向け	-	-	-	-	-	…	-	-	-	-
その他	1,216	1,187	1,318	1,183	1,035	1,133	1,225	1,139	1,415	1,089
うち欠減	529	536	846	822	741	438	537	511	995	743
中国										
生乳生産量	282,106	288,914	293,199	312,371	316,837	286,374	283,843	289,763	298,559	312,815
処理量	342,480	340,123	337,179	317,828	321,021	343,380	341,323	338,974	332,835	317,990
牛乳等向け	314,232	313,215	311,165	292,134	295,408	312,409	312,828	312,138	306,529	293,118
うち業務用向け	19,649	19,218	17,795	13,956	14,354	14,883	19,368	17,783	17,998	13,991
乳製品向け	25,571	24,530	23,776	23,557	23,523	28,133	25,791	24,574	24,086	22,726
うちチーズ向け	635	647	606	566	557	(647)	645	636	594	568
クリーム向け	5,987	5,089	4,819	4,310	4,545	…	6,030	4,972	4,674	4,261
脱脂濃縮乳向け	-	-	-	-	-	…	-	-	-	-
濃縮乳向け	-	-	-	-	-	…	-	-	-	-
その他	2,677	2,378	2,238	2,137	2,090	2,838	2,704	2,262	2,220	2,146
うち欠減	1,195	1,142	1,062	941	1,012	1,350	1,222	1,116	1,020	962
四国										
生乳生産量	121,322	116,136	113,137	112,837	112,291	124,127	120,118	115,575	112,687	112,384
処理量	93,349	94,073	93,837	98,531	99,467	95,660	90,061	95,640	93,907	99,306
牛乳等向け	89,662	90,784	91,553	95,594	97,047	91,678	86,388	92,633	91,370	96,762
うち業務用向け	9,912	10,812	8,918	8,633	9,328	9,370	10,483	9,698	9,164	8,435
乳製品向け	2,422	2,497	1,909	2,626	2,094	2,661	2,407	2,407	2,218	2,228
うちチーズ向け	83	84	87	86	97	(80)	77	86	84	83
クリーム向け	1,917	2,018	1,510	1,391	1,418	…	2,009	1,995	1,436	1,417
脱脂濃縮乳向け	-	-	-	-	-	…	-	-	-	-
濃縮乳向け	-	-	-	-	-	…	-	-	-	-
その他	1,265	792	375	311	326	1,321	1,266	600	319	316
うち欠減	32	36	64	59	81	61	33	39	65	64
九州										
生乳生産量	625,302	626,603	614,605	621,176	632,991	640,495	624,112	624,946	614,712	622,791
処理量	520,048	524,404	525,662	545,437	537,912	522,802	520,481	523,728	532,779	540,507
牛乳等向け	413,415	420,676	426,555	437,763	430,000	410,046	413,589	422,773	430,041	436,949
うち業務用向け	28,399	30,750	29,659	28,713	26,388	25,043	29,765	30,805	29,629	27,045
乳製品向け	105,075	102,205	97,693	106,244	106,486	111,117	105,336	99,454	101,346	102,128
うちチーズ向け	1,297	1,262	1,261	1,170	1,203	(1,317)	1,288	1,260	1,243	1,172
クリーム向け	29,097	28,731	27,455	27,044	27,337	…	30,362	27,654	27,697	26,867
脱脂濃縮乳向け	3,688	3,579	4,027	3,856	3,918	…	3,541	3,798	3,891	3,935
濃縮乳向け	-	-	-	-	-	…	-	-	-	-
その他	1,558	1,523	1,414	1,430	1,426	1,639	1,556	1,501	1,392	1,430
うち欠減	541	626	642	624	575	607	539	664	620	618
沖縄										
生乳生産量	24,758	23,846	23,180	23,017	22,844	25,712	24,349	23,465	23,347	22,943
処理量	25,508	24,849	23,961	23,618	24,150	26,393	25,251	24,502	23,880	23,775
牛乳等向け	25,440	24,798	23,916	23,526	23,917	26,297	25,192	24,455	23,834	23,668
うち業務用向け	1,399	1,474	1,455	1,280	1,351	1,353	1,429	1,472	1,435	1,268
乳製品向け	-	-	-	-	9	-	-	-	-	-
うちチーズ向け	-	-	-	-	9	(-)	-	-	-	-
クリーム向け	-	-	-	-	-	…	-	-	-	-
脱脂濃縮乳向け	-	-	-	-	-	…	-	-	-	-
濃縮乳向け	-	-	-	-	-	…	-	-	-	-
その他	68	51	45	92	224	96	59	47	46	107
うち欠減	21	12	12	56	188	48	12	12	12	71

3 生乳生産量及び用途別処理量（地方農政局別）

地方農政局・用途別処理内訳	年		次			年			度	
	平成29年	30	令和元	2	3	平成28年度	29	30	令和元	2
関東農政局										
生乳生産量	1,241,506	1,211,861	1,188,225	1,180,817	1,211,816	1,253,949	1,234,403	1,209,469	1,187,475	1,176,314
処理量	1,569,729	1,563,073	1,560,909	1,609,898	1,623,004	1,572,860	1,565,509	1,564,237	1,568,943	1,618,771
牛乳等向け	1,443,838	1,443,837	1,447,958	1,486,958	1,484,457	1,449,090	1,442,704	1,446,703	1,453,604	1,497,809
うち業務用向け	105,613	130,860	124,862	106,278	108,676	103,832	112,174	131,088	121,483	104,907
乳製品向け	113,570	108,916	103,128	112,244	123,602	110,091	110,596	107,782	105,506	109,898
うちチーズ向け	2,203	1,884	1,841	1,473	1,803	(2,488)	2,060	1,880	1,762	1,416
クリーム向け	34,957	34,725	31,118	28,824	27,646	…	34,336	33,992	30,256	28,684
脱脂濃縮乳向け	-	-	-	-	-	…	-	-	-	-
濃縮乳向け	360	360	360	360	360	…	360	360	360	360
その他	12,321	10,320	9,823	10,696	14,945	13,679	12,209	9,752	9,833	11,064
うち欠減	4,691	4,683	4,979	5,054	8,768	5,999	4,579	4,846	4,918	5,164
東海農政局										
生乳生産量	267,879	257,467	250,479	245,035	244,097	272,422	266,599	255,813	249,397	242,332
処理量	333,403	334,444	339,788	323,477	324,507	326,058	335,154	333,244	339,335	321,285
牛乳等向け	317,211	318,446	325,158	309,788	310,724	310,639	318,747	317,820	324,192	308,635
うち業務用向け	22,329	22,890	21,499	17,546	32,417	20,647	22,969	22,182	21,099	20,453
乳製品向け	14,016	13,791	12,401	11,508	11,691	13,244	14,176	13,244	12,882	10,533
うちチーズ向け	135	106	183	210	227	(127)	127	114	201	210
クリーム向け	575	782	685	579	535	…	634	733	681	661
脱脂濃縮乳向け	1	-	-	-	-	…	-	-	-	-
濃縮乳向け	7	9	-	-	-	…	9	7	-	-
その他	2,176	2,207	2,229	2,181	2,092	2,175	2,231	2,180	2,261	2,117
うち欠減	1,246	1,364	1,425	1,285	1,100	1,238	1,278	1,383	1,441	1,197
中国四国農政局										
生乳生産量	403,428	405,050	406,336	425,208	429,128	410,501	403,961	405,338	411,246	425,199
処理量	435,829	434,196	431,016	416,359	420,488	439,040	431,384	434,614	426,742	417,296
牛乳等向け	403,894	403,999	402,718	387,728	392,455	404,087	399,216	404,771	397,899	389,880
うち業務用向け	29,561	30,030	26,713	22,589	23,682	24,253	29,851	27,481	27,162	22,426
乳製品向け	27,993	27,027	25,685	26,183	25,617	30,794	28,198	26,981	26,304	24,954
うちチーズ向け	718	731	693	652	654	(727)	722	722	678	651
クリーム向け	7,904	7,107	6,329	5,701	5,963	…	8,039	6,967	6,110	5,678
脱脂濃縮乳向け	-	-	-	-	-	…	-	-	-	-
濃縮乳向け	-	-	-	-	-	…	-	-	-	-
その他	3,942	3,170	2,613	2,448	2,416	4,159	3,970	2,862	2,539	2,462
うち欠減	1,227	1,178	1,126	1,000	1,093	1,411	1,255	1,155	1,085	1,026

注：1 全国農業地域と区分が違う地方農政局の集計結果を掲載した。なお、本統計表に掲載していない地方農政局の集計結果は、前ページ「2 生乳生産量及び用途別処理量（全国農業地域別）」に掲載しており、東北農政局は「東北」、北陸農政局は「北陸」、近畿農政局は「近畿」、九州農政局は「九州」の集計結果と同じである。
  2 平成29年1月調査より、乳製品向けのうち「クリーム等向け」を「クリーム向け」、「脱脂濃縮乳向け」及び「濃縮乳向け」に区分し、また、「クリーム向け」及び「チーズ向け」の調査定義を変更した。
   なお、調査定義変更前の数値は、（ ）書きで表示した。

4 牛乳等生産量（全国）

年次・年度		計		牛乳			飲用牛乳等			
							業務用		学校給食用	
		実数（A）	対前年比	実数（B）	対前年比	（B）／（A）	実数	対前年比	実数	対前年比
		kl	%	kl	%	%	kl	%	kl	%
平成9年	(1)	(4,941,205)	(97.9)	(4,106,059)	(97.3)	(83.1)	…	nc	…	nc
10	(2)	(4,792,512)	(97.0)	(3,995,644)	(97.3)	(83.4)	…	nc	…	nc
11	(3)	(4,665,994)	(97.4)	(3,897,435)	(97.5)	(83.5)	…	nc	…	nc
12	(4)	(4,571,305)	(98.0)	(3,894,563)	(99.9)	(85.2)	…	nc	…	nc
13	(5)	(4,450,902)	(97.4)	(3,875,298)	(99.5)	(87.1)	…	nc	…	nc
14	(6)	(4,399,302)	(98.8)	(3,919,824)	(101.1)	(89.1)	…	nc	…	nc
15	(7)	(4,362,144)	(99.2)	(3,946,191)	(100.7)	(90.5)	…	nc	…	nc
16	(8)	4,454,157	nc	3,971,177	nc	89.2	283,978	nc	…	nc
17	(9)	4,289,629	96.3	3,822,690	96.3	89.1	288,485	101.6	…	nc
18	(10)	4,150,372	96.8	3,701,774	96.8	89.2	294,758	102.2	…	nc
19	(11)	4,038,605	97.3	3,592,408	97.0	89.0	307,771	104.4	378,939	nc
20	(12)	3,950,584	97.8	3,508,968	97.7	88.8	317,101	103.0	376,265	99.3
21	(13)	3,804,487	96.3	3,179,987	90.6	83.6	311,700	98.3	373,475	99.3
22	(14)	3,746,938	98.5	3,069,268	96.5	81.9	289,226	92.8	382,572	102.4
23	(15)	3,653,095	97.5	3,064,197	99.8	83.9	281,733	97.4	367,510	96.1
24	(16)	3,585,876	98.2	3,068,253	100.1	85.6	294,079	104.4	375,835	102.3
25	(17)	3,506,587	97.8	3,030,519	98.8	86.4	286,883	97.6	369,211	98.2
26	(18)	3,456,269	98.6	2,988,742	98.6	86.5	284,777	99.3	366,220	99.2
27	(19)	3,456,311	100.0	3,005,406	100.6	87.0	290,258	101.9	363,527	99.3
28	(20)	3,488,163	100.9	3,049,421	101.5	87.4	292,833	100.9	361,083	99.3
29	(21)	3,538,986	101.5	3,090,779	101.4	87.3	299,317	102.2	361,811	100.2
30	(22)	3,556,019	100.5	3,141,688	101.6	88.3	326,726	109.2	355,736	98.3
令和元	(23)	3,571,543	100.4	3,160,464	100.6	88.5	322,321	98.7	351,062	98.7
2	(24)	3,573,856	100.1	3,179,724	100.6	89.0	280,924	87.2	305,850	87.1
3	(25)	3,575,929	100.1	3,193,854	100.4	89.3	299,665	106.7	354,360	115.9
平成9年度	(26)	(4,908,738)	(97.8)	(4,080,946)	(97.5)	(83.1)	…	nc	…	nc
10	(27)	(4,759,327)	(97.0)	(3,970,778)	(97.3)	(83.4)	…	nc	…	nc
11	(28)	(4,644,732)	(97.6)	(3,883,362)	(97.8)	(83.6)	…	nc	…	nc
12	(29)	(4,565,110)	(98.3)	(3,923,514)	(101.0)	(85.9)	…	nc	…	nc
13	(30)	(4,402,203)	(96.4)	(3,840,122)	(97.9)	(87.2)	…	nc	…	nc
14	(31)	(4,430,271)	(100.6)	(3,976,636)	(103.6)	(89.8)	…	nc	…	nc
15	(32)	4,478,913	nc	4,020,871	nc	89.8	275,718	nc	…	nc
16	(33)	4,404,370	98.3	3,926,680	97.7	89.2	288,011	104.5	…	nc
17	(34)	4,262,336	96.8	3,792,626	96.6	89.0	290,121	100.7	…	nc
18	(35)	4,125,286	96.8	3,679,015	97.0	89.2	294,818	101.6	…	nc
19	(36)	4,022,544	97.5	3,578,008	97.3	88.9	311,790	105.8	378,787	nc
20	(37)	3,917,985	97.4	3,462,463	96.8	88.4	317,304	101.8	374,818	99.0
21	(38)	3,779,089	96.5	3,116,850	90.0	82.5	308,637	97.3	377,375	100.7
22	(39)	3,717,134	98.4	3,048,024	97.8	82.0	276,046	89.4	375,308	99.5
23	(40)	3,659,182	98.4	3,085,641	101.2	84.3	293,383	106.3	372,509	99.3
24	(41)	3,547,021	96.9	3,047,409	98.8	85.9	288,659	98.4	372,267	99.9
25	(42)	3,502,069	98.7	3,026,176	99.3	86.4	288,345	99.9	368,911	99.1
26	(43)	3,455,305	98.7	2,994,450	99.0	86.7	282,735	98.1	367,769	99.7
27	(44)	3,464,092	100.3	3,013,922	100.7	87.0	292,936	103.6	361,941	98.4
28	(45)	3,502,873	101.1	3,059,798	101.5	87.4	293,900	100.3	361,848	100.0
29	(46)	3,534,985	100.9	3,094,479	101.1	87.5	306,935	104.4	358,210	99.0
30	(47)	3,566,591	100.9	3,154,165	101.9	88.4	325,103	105.9	356,063	99.4
令和元	(48)	3,568,330	100.0	3,158,767	100.1	88.5	316,536	97.4	329,345	92.5
2	(49)	3,583,705	100.4	3,195,117	101.2	89.2	280,585	88.6	327,845	99.5

注： 1　平成15年4月調査から、牛乳のうち「業務用」、加工乳・成分調整牛乳のうち「業務用」及び「成分調整牛乳」の調査項目を追加した。また、「牛乳」及び「加工乳・成分調整牛乳」の調査定義を変更したため、平成16年計及び平成15年度計の対前年比を計算不能（nc）とした。
　　　　なお、調査定義変更前の数値は、（　）書きで表示した。
　　2　平成19年1月調査から、牛乳のうち「学校給食用」の調査項目を追加した。

加工乳・成分調整牛乳		業務用		成分調整牛乳		乳飲料		はっ酵乳		乳酸菌飲料		
実数	対前年比	実数	対前年比	実数	対前年比	実数	対前年比	実数	対前年比	実数	対前年比	
kl	%	kl	%	kl	%	kl	%	kl	%	kl	%	
(835,146)	(101.0)	…	nc	…	nc	1,155,460	112.4	603,240	112.8	184,135	88.7	(1)
(796,868)	(95.4)	…	nc	…	nc	1,191,507	103.1	643,042	106.6	179,755	97.6	(2)
(768,559)	(96.4)	…	nc	…	nc	1,259,554	105.7	719,486	111.9	176,993	98.5	(3)
(676,742)	(88.1)	…	nc	…	nc	1,216,225	96.6	695,268	96.6	173,159	97.8	(4)
(575,604)	(85.1)	…	nc	…	nc	1,232,180	101.3	685,411	98.6	176,105	101.7	(5)
(479,478)	(83.3)	…	nc	…	nc	1,186,886	96.3	785,742	114.6	181,992	103.3	(6)
(415,953)	(86.8)	…	nc	…	nc	1,163,588	98.0	792,216	100.8	183,901	101.0	(7)
482,980	nc	16,118	nc	181,545	nc	1,189,388	102.2	777,548	98.1	174,060	94.6	(8)
466,939	96.7	17,780	110.3	189,113	104.2	1,203,215	101.2	799,936	102.9	173,629	99.8	(9)
448,598	96.1	19,813	111.4	180,872	95.6	1,242,044	103.2	839,324	104.9	166,014	95.6	(10)
446,197	99.5	28,015	141.4	196,718	108.8	1,312,075	105.6	844,343	100.6	172,770	104.1	(11)
441,616	99.0	19,181	68.5	241,842	122.9	1,241,363	94.6	813,404	96.3	178,850	103.5	(12)
624,500	141.4	13,555	70.7	421,921	174.5	1,179,669	95.0	821,389	101.0	198,640	111.1	(13)
677,670	108.5	25,527	188.3	435,915	103.3	1,209,946	102.6	840,988	102.4	183,835	92.5	(14)
588,898	86.9	31,153	122.0	386,827	88.7	1,278,500	105.7	842,820	100.2	178,357	97.0	(15)
517,623	87.9	34,036	109.3	367,468	95.0	1,331,279	104.1	983,566	116.7	163,477	91.7	(16)
476,068	92.0	35,251	103.6	347,371	94.5	1,366,555	102.6	1,003,238	102.0	157,298	96.2	(17)
467,527	98.2	38,910	110.4	346,348	99.7	1,330,001	97.3	1,001,289	99.8	145,640	92.6	(18)
450,905	96.4	40,535	104.2	346,660	100.1	1,306,315	98.2	1,054,932	105.4	148,340	101.9	(19)
438,742	97.3	42,685	105.3	339,727	98.0	1,238,828	94.8	1,104,917	104.7	140,011	94.4	(20)
448,207	102.2	53,573	125.5	352,642	103.8	1,177,800	95.1	1,072,051	97.0	124,495	88.9	(21)
414,331	92.4	49,866	93.1	317,415	90.0	1,129,372	95.9	1,067,820	99.6	125,563	100.9	(22)
411,079	99.2	58,478	117.3	288,215	90.8	1,127,879	99.9	1,029,592	96.4	115,992	92.4	(23)
394,132	95.9	42,612	72.9	282,329	98.0	1,108,195	98.3	1,059,866	102.9	117,248	101.1	(24)
382,075	96.9	43,682	102.5	264,289	93.6	1,058,886	95.6	1,033,721	97.5	113,009	96.4	(25)
(827,792)	(99.5)	…	nc	…	nc	1,173,865	110.6	599,716	108.6	180,417	87.8	(26)
(788,549)	(95.3)	…	nc	…	nc	1,197,908	102.0	673,450	112.3	179,821	99.7	(27)
(761,370)	(96.6)	…	nc	…	nc	1,283,024	107.1	721,403	107.1	175,828	97.8	(28)
(641,596)	(84.3)	…	nc	…	nc	1,198,228	93.4	684,425	94.9	173,993	99.0	(29)
(562,081)	(87.6)	…	nc	…	nc	1,225,693	102.3	698,142	102.0	174,697	100.4	(30)
(453,635)	(80.7)	…	nc	…	nc	1,173,306	95.7	798,915	114.4	185,271	106.1	(31)
458,042	nc	17,083	nc	156,094	nc	1,174,909	100.1	793,335	99.3	180,076	97.2	(32)
477,690	104.3	16,420	96.1	182,454	116.9	1,185,274	100.9	782,036	98.6	172,662	95.9	(33)
469,710	98.3	18,092	110.2	191,954	105.2	1,207,356	101.9	801,837	102.5	172,279	99.8	(34)
446,271	95.0	22,915	126.7	181,401	94.5	1,260,541	104.4	849,741	106.0	169,354	98.3	(35)
444,536	99.6	25,989	113.4	202,655	111.7	1,320,240	104.7	838,881	98.7	172,568	101.9	(36)
455,522	102.5	16,308	62.7	263,418	130.0	1,207,926	91.5	805,239	96.0	186,495	108.1	(37)
662,239	145.4	14,414	88.4	452,858	171.9	1,181,741	97.8	819,252	101.7	194,245	104.2	(38)
669,110	101.0	29,406	204.0	425,758	94.0	1,215,410	102.8	836,922	102.2	179,776	92.6	(39)
573,541	85.7	32,476	110.4	383,437	90.1	1,297,212	106.7	895,755	107.0	179,944	100.1	(40)
499,612	87.1	34,351	105.8	359,201	93.7	1,345,290	103.7	987,772	110.3	162,429	90.3	(41)
475,893	95.3	35,851	104.4	348,295	97.0	1,366,061	101.5	1,005,659	101.8	152,052	93.6	(42)
460,855	96.8	40,040	111.7	343,019	98.5	1,322,360	96.8	1,005,530	100.0	146,888	96.6	(43)
450,170	97.7	40,006	99.9	349,209	101.8	1,293,705	97.8	1,081,270	107.5	145,327	98.9	(44)
443,075	98.4	47,075	117.7	342,619	98.1	1,226,322	94.8	1,090,542	100.9	138,568	95.3	(45)
440,506	99.4	51,720	109.9	347,524	101.4	1,166,007	95.1	1,074,902	98.6	125,979	90.9	(46)
412,426	93.6	51,855	100.3	311,254	89.6	1,120,651	96.1	1,063,141	98.9	124,287	98.7	(47)
409,563	99.3	57,844	111.5	283,614	91.1	1,139,653	101.7	1,033,193	97.2	117,028	94.2	(48)
388,588	94.9	40,224	69.5	278,912	98.3	1,093,822	96.0	1,052,967	101.9	113,947	97.4	(49)

4　牛乳等生産量（全国）（続き）

年次・月別	計 実数（A）	計 対前年比	牛乳 実数（B）	牛乳 対前年比	(B)／(A)	飲用牛乳等 業務用 実数	業務用 対前年比	学校給食用 実数	学校給食用 対前年比
	kl	%	kl	%	%	kl	%	kl	%
平成30年1月　(50)	288,320	100.1	253,517	101.3	87.9	26,281	108.5	31,127	101.7
2　(51)	271,189	99.2	239,075	100.2	88.2	25,148	116.0	35,083	93.5
3　(52)	282,403	99.2	246,907	100.0	87.4	27,226	108.4	22,350	93.0
4　(53)	286,905	100.0	252,349	101.0	88.0	26,435	111.6	26,921	96.6
5　(54)	313,450	102.3	277,971	103.7	88.7	27,727	114.5	37,528	103.9
6　(55)	309,690	101.6	275,493	103.2	89.0	26,128	115.8	38,004	96.9
7　(56)	310,524	101.5	273,921	103.0	88.2	25,083	108.4	24,050	102.6
8　(57)	290,527	101.5	253,856	102.8	87.4	26,474	110.2	5,393	101.3
9　(58)	300,744	97.3	269,418	99.1	89.6	26,414	104.7	32,488	89.9
10　(59)	318,042	102.0	283,044	103.0	89.0	32,104	108.7	38,777	103.9
11　(60)	298,494	100.7	264,751	101.4	88.7	30,001	105.3	36,848	102.1
12　(61)	285,731	100.2	251,386	100.8	88.0	27,705	101.3	27,167	96.6
31年1月　(62)	290,682	100.8	256,463	101.2	88.2	26,268	100.0	31,588	101.5
2　(63)	275,417	101.6	243,660	101.9	88.5	24,627	97.9	35,164	100.2
3　(64)	286,385	101.4	251,853	102.0	87.9	26,137	96.0	22,135	99.0
4　(65)	286,524	99.9	252,896	100.2	88.3	27,754	105.0	24,449	90.8
令和元年5月　(66)	310,880	99.2	276,117	99.3	88.8	27,079	97.7	34,630	92.3
6　(67)	308,045	99.5	274,453	99.6	89.1	26,081	99.8	37,206	97.9
7　(68)	302,327	97.4	267,240	97.6	88.4	23,747	94.7	24,502	101.9
8　(69)	291,749	100.4	256,031	100.9	87.8	26,183	98.9	5,874	108.9
9　(70)	314,690	104.6	279,390	103.7	88.8	28,678	108.6	33,663	103.6
10　(71)	318,455	100.1	283,435	100.1	89.0	29,910	93.2	36,530	94.2
11　(72)	297,722	99.7	264,261	99.8	88.8	28,120	93.7	35,801	97.2
12　(73)	288,667	101.0	254,665	101.3	88.2	27,737	100.1	29,520	108.7
2年1月　(74)	290,446	99.9	257,189	100.3	88.5	24,555	93.5	31,145	98.6
2　(75)	282,975	102.7	251,172	103.1	88.8	23,347	94.8	33,099	94.1
3　(76)	275,850	96.3	241,918	96.1	87.7	23,345	89.3	2,926	13.2
4　(77)	275,150	96.0	243,968	96.5	88.7	20,093	72.4	5,345	21.9
5　(78)	291,002	93.6	257,500	93.3	88.5	17,325	64.0	6,156	17.8
6　(79)	313,811	101.9	281,721	102.6	89.8	21,939	84.1	34,904	93.8
7　(80)	315,761	104.4	282,839	105.8	89.6	23,146	97.5	35,035	143.0
8　(81)	307,338	105.3	273,763	106.9	89.1	23,370	89.3	16,019	272.7
9　(82)	315,144	100.1	281,434	100.7	89.3	25,556	89.1	35,836	106.5
10　(83)	314,876	98.9	282,061	99.5	89.6	26,788	89.6	38,741	106.1
11　(84)	300,015	100.8	267,838	101.4	89.3	27,476	97.7	35,413	98.9
12　(85)	291,488	101.0	258,321	101.4	88.6	23,984	86.5	31,231	105.8
3年1月　(86)	291,355	100.3	259,561	100.9	89.1	22,441	91.4	29,647	95.2
2　(87)	275,030	97.2	245,325	97.7	89.2	22,332	95.7	33,161	100.2
3　(88)	292,735	106.1	260,786	107.8	89.1	26,135	112.0	26,357	900.8
4　(89)	290,476	105.6	259,500	106.4	89.3	24,661	122.7	27,599	516.4
5　(90)	310,726	106.8	278,370	108.1	89.6	24,371	140.7	34,412	559.0
6　(91)	312,864	99.7	281,030	99.8	89.8	23,435	106.8	39,738	113.8
7　(92)	304,052	96.3	271,207	95.9	89.2	24,380	105.3	23,199	66.2
8　(93)	291,964	95.0	259,422	94.8	88.9	26,542	113.6	5,623	35.1
9　(94)	309,910	98.3	277,816	98.7	89.6	26,150	102.3	33,065	92.3
10　(95)	313,296	99.5	280,928	99.6	89.7	27,856	104.0	36,802	95.0
11　(96)	295,326	98.4	263,847	98.5	89.3	27,141	98.8	35,487	100.2
12　(97)	288,195	98.9	256,062	99.1	88.9	24,221	101.0	29,270	93.7

加工乳・成分調整牛乳		業務用		成分調整牛乳		乳　飲　料		はっ酵乳		乳酸菌飲料		
実数	対前年比	実数	対前年比	実数	対前年比	実数	対前年比	実数	対前年比	実数	対前年比	
kl	%	kl	%	kl	%	kl	%	kl	%	kl	%	
34,803	92.0	4,197	88.4	27,179	94.3	85,247	94.7	88,456	101.3	10,423	118.1	(50)
32,114	92.6	3,993	86.7	24,801	93.7	78,498	95.0	82,588	100.2	9,020	99.2	(51)
35,496	94.4	4,651	87.2	27,116	93.7	91,917	97.0	93,570	101.7	10,944	99.6	(52)
34,556	92.9	4,004	73.7	27,209	93.1	93,586	96.5	92,690	101.7	11,187	98.4	(53)
35,479	92.7	3,949	91.0	27,997	92.5	97,567	92.8	95,397	100.2	11,428	93.0	(54)
34,197	90.3	3,721	89.0	27,258	89.9	96,488	92.4	93,021	100.3	11,638	96.6	(55)
36,603	91.8	3,278	80.3	29,621	91.5	104,433	92.8	92,234	99.8	11,366	95.3	(56)
36,671	93.3	3,629	88.5	28,920	91.1	104,256	92.5	89,052	100.1	10,802	101.7	(57)
31,326	83.7	3,878	104.1	22,748	75.3	105,097	98.1	86,931	95.8	9,946	102.3	(58)
34,998	94.7	4,284	117.7	25,976	87.2	100,764	103.0	89,251	99.8	9,614	102.4	(59)
33,743	95.4	4,906	111.2	24,254	88.8	88,454	99.8	83,650	97.9	9,229	99.7	(60)
34,345	95.8	5,376	108.4	24,336	89.7	83,065	97.6	80,980	96.1	9,966	110.9	(61)
34,219	98.3	4,982	118.7	24,789	91.2	82,346	96.6	87,855	99.3	9,452	90.7	(62)
31,757	98.9	4,820	120.7	23,002	92.7	76,162	97.0	81,984	99.3	9,282	102.9	(63)
34,532	97.3	5,028	108.1	25,144	92.7	88,433	96.2	90,096	96.3	10,377	94.8	(64)
33,628	97.3	4,811	120.2	23,056	84.7	91,503	97.8	89,294	96.3	9,946	88.9	(65)
34,763	98.0	4,357	110.3	24,458	87.4	99,527	102.0	89,472	93.8	10,810	94.6	(66)
33,592	98.2	3,883	104.4	23,959	87.9	97,790	101.3	87,311	93.9	9,942	85.4	(67)
35,087	95.9	4,323	131.9	24,948	84.2	102,279	97.9	86,784	94.1	10,257	90.2	(68)
35,718	97.4	4,732	130.4	25,181	87.1	105,288	101.0	83,118	93.3	9,384	86.9	(69)
35,300	112.7	4,570	117.8	24,856	109.3	108,232	103.0	85,723	98.6	8,831	88.8	(70)
35,020	100.1	5,017	117.1	23,930	92.1	102,267	101.5	83,954	94.1	10,423	108.4	(71)
33,461	99.2	5,672	115.6	22,506	92.8	88,759	100.3	83,624	100.0	10,023	108.6	(72)
34,002	99.0	6,283	116.9	22,386	92.0	85,293	102.7	80,377	99.3	7,265	72.9	(73)
33,257	97.2	5,255	105.5	22,453	90.6	85,954	104.4	84,994	96.7	9,508	100.6	(74)
31,803	100.1	4,774	99.0	21,629	94.0	81,180	106.6	84,932	103.6	9,541	102.8	(75)
33,932	98.3	4,167	82.9	24,252	96.5	91,581	103.6	93,610	103.9	11,098	106.9	(76)
31,182	92.7	1,817	37.8	24,825	107.7	92,789	101.4	93,927	105.2	11,403	114.6	(77)
33,502	96.4	2,251	51.7	25,933	106.0	97,470	97.9	95,233	106.4	11,958	110.6	(78)
32,090	95.5	2,560	65.9	23,923	99.8	98,703	100.9	91,104	104.3	11,838	119.1	(79)
32,922	93.8	2,936	67.9	24,160	96.8	100,756	98.5	90,095	103.8	11,178	109.0	(80)
33,575	94.0	2,784	58.8	24,709	98.1	104,186	99.0	88,508	106.5	8,217	87.6	(81)
33,710	95.5	3,208	70.2	23,645	95.1	99,231	91.7	85,451	99.7	8,635	97.8	(82)
32,815	93.7	3,624	72.2	22,732	95.0	92,410	90.4	88,065	104.9	9,114	87.4	(83)
32,177	96.2	4,284	75.5	21,911	97.4	83,261	93.8	83,327	99.6	7,513	75.0	(84)
33,167	97.5	4,952	78.8	22,157	99.0	80,674	94.6	80,620	100.3	7,245	99.7	(85)
31,794	95.6	3,663	69.7	22,187	98.8	79,854	92.9	84,654	99.6	8,159	85.8	(86)
29,705	93.4	4,125	86.4	20,680	95.6	76,606	94.4	80,538	94.8	8,176	85.7	(87)
31,949	94.2	4,020	96.5	22,050	90.9	87,882	96.0	91,445	97.7	10,511	94.7	(88)
30,976	99.3	3,343	184.0	21,805	87.8	88,841	95.7	90,355	96.2	10,262	90.0	(89)
32,356	96.6	3,127	138.9	22,948	88.5	92,138	94.5	90,409	94.9	11,541	96.5	(90)
31,834	99.2	3,143	122.8	22,518	94.1	93,160	94.4	88,948	97.6	12,809	108.2	(91)
32,845	99.8	3,198	108.9	23,150	95.8	97,655	96.9	89,221	99.0	10,692	95.7	(92)
32,542	96.9	2,897	104.1	23,415	94.8	96,287	92.4	86,551	97.8	9,806	119.3	(93)
32,094	95.2	3,160	98.5	22,507	95.2	93,248	94.0	85,685	100.3	7,208	83.5	(94)
32,368	98.6	3,669	101.2	21,989	96.7	91,248	98.7	86,647	98.4	7,746	85.0	(95)
31,479	97.8	4,316	100.7	20,436	93.3	82,267	98.8	81,670	98.0	7,457	99.3	(96)
32,133	96.9	5,021	101.4	20,604	93.0	79,700	98.8	77,598	96.3	8,642	119.3	(97)

5 牛乳等生産量（全国農業地域別）

単位：kl

全国農業地域・牛乳等内訳	年次					年度				
	平成29年	30	令和元	2	3	平成28年度	29	30	令和元	2
全国										
飲用牛乳等	3,538,986	3,556,019	3,571,543	3,573,856	3,575,929	3,502,873	3,534,985	3,566,591	3,568,330	3,583,705
牛乳	3,090,779	3,141,688	3,160,464	3,179,724	3,193,854	3,059,798	3,094,479	3,154,165	3,158,767	3,195,117
うち業務用	299,317	326,726	322,321	280,924	299,665	293,900	306,935	325,103	316,536	280,585
学校給食用	361,811	355,736	351,062	305,850	354,360	361,848	358,210	356,063	329,345	327,845
加工乳・成分調整牛乳	448,207	414,331	411,079	394,132	382,075	443,075	440,506	412,426	409,563	388,588
うち業務用	53,573	49,866	58,478	42,612	43,682	47,075	51,720	51,855	57,844	40,224
成分調整牛乳	352,642	317,415	288,215	282,329	264,289	342,619	347,524	311,254	283,614	278,912
乳飲料	1,177,800	1,129,372	1,127,879	1,108,195	1,058,886	1,226,322	1,166,007	1,120,651	1,139,653	1,093,822
はっ酵乳	1,072,051	1,067,820	1,029,592	1,059,866	1,033,721	1,090,542	1,074,902	1,063,141	1,033,193	1,052,967
乳酸菌飲料	124,495	125,563	115,992	117,248	113,009	138,568	125,979	124,287	117,028	113,947
北海道										
飲用牛乳等	547,655	553,875	546,980	556,848	560,252	545,854	545,231	559,169	544,203	559,065
牛乳	418,499	428,005	444,812	461,024	464,993	418,764	417,346	433,609	448,111	463,380
うち業務用	67,965	69,962	69,485	58,716	59,561	68,640	68,279	71,271	65,869	59,159
学校給食用	16,257	15,589	15,524	13,387	15,548	16,262	15,953	15,631	14,409	14,557
加工乳・成分調整牛乳	129,156	125,870	102,168	95,824	95,259	127,090	127,885	125,560	96,092	95,685
うち業務用	1,281	1,392	2,679	1,787	1,625	1,155	1,303	1,426	2,845	1,808
成分調整牛乳	126,753	123,172	97,123	91,437	90,507	124,021	125,443	122,307	91,189	91,272
乳飲料	21,847	24,959	25,824	24,299	24,000	24,681	23,182	25,074	25,460	23,950
はっ酵乳	23,179	22,898	24,775	27,293	23,061	23,453	23,125	22,765	25,977	26,337
乳酸菌飲料	5,109	4,681	4,926	4,650	4,679	6,567	4,936	4,875	4,733	4,613
東北										
飲用牛乳等	240,591	247,141	241,314	228,508	217,549	243,085	242,807	246,718	236,753	226,825
牛乳	224,689	231,774	227,116	214,438	203,115	228,437	226,641	231,995	222,490	212,860
うち業務用	23,543	22,853	23,736	18,820	18,230	22,955	23,119	23,151	23,150	18,293
学校給食用	27,101	26,273	25,525	23,305	25,283	27,450	26,643	26,196	24,010	24,588
加工乳・成分調整牛乳	15,902	15,367	14,198	14,070	14,434	14,648	16,166	14,723	14,263	13,965
うち業務用	40	68	99	122	1,489	4	49	74	111	252
成分調整牛乳	13,410	12,397	11,309	11,370	10,177	9,965	13,927	11,777	11,347	11,159
乳飲料	71,810	66,853	65,881	64,472	57,046	75,274	71,043	65,669	67,172	61,553
はっ酵乳	45,562	45,840	46,908	48,092	49,072	47,255	45,599	45,853	47,771	47,661
乳酸菌飲料	4,864	4,712	4,342	3,895	3,770	5,065	4,834	4,674	4,198	3,913
北陸										
飲用牛乳等	83,237	81,410	77,129	73,612	76,351	81,971	81,909	81,650	74,514	74,570
牛乳	81,128	79,474	75,177	71,504	74,511	79,785	79,877	79,730	72,495	72,498
うち業務用	4,620	5,333	6,195	5,588	6,120	4,287	4,680	5,331	6,237	5,482
学校給食用	14,408	13,716	12,993	11,544	12,877	14,510	14,130	13,610	12,088	12,220
加工乳・成分調整牛乳	2,109	1,936	1,952	2,108	1,840	2,186	2,032	1,920	2,019	2,072
うち業務用	-	-	-	-	-	-	-	-	-	-
成分調整牛乳	751	712	855	1,085	1,049	807	716	729	939	1,087
乳飲料	17,449	14,949	9,569	5,631	5,509	18,125	16,866	14,513	7,708	5,619
はっ酵乳	14,242	14,187	14,616	14,609	14,316	15,037	14,125	14,320	14,824	14,569
乳酸菌飲料	16,818	17,483	15,810	4,171	-	16,958	17,223	17,562	15,303	-
関東										
飲用牛乳等	1,056,434	1,056,671	1,079,126	1,097,000	1,100,183	1,048,807	1,053,396	1,063,760	1,084,138	1,102,499
牛乳	918,880	936,000	941,005	964,610	977,152	904,051	921,039	940,473	943,616	974,363
うち業務用	82,838	101,759	96,048	84,119	84,752	83,384	88,013	101,626	94,667	81,834
学校給食用	111,739	112,076	109,073	91,455	110,101	111,954	111,050	112,322	102,264	98,489
加工乳・成分調整牛乳	137,554	120,671	138,121	132,390	123,031	144,756	132,357	123,287	140,522	128,136
うち業務用	27,201	23,997	26,189	16,605	14,059	29,120	25,764	25,050	24,872	15,060
成分調整牛乳	80,970	66,330	72,250	71,817	61,168	85,760	77,977	66,036	73,041	70,063
乳飲料	476,634	458,562	456,905	448,097	425,390	496,043	471,243	456,226	462,415	439,576
はっ酵乳	591,119	595,115	582,647	598,922	594,349	574,409	595,960	593,313	585,465	597,437
乳酸菌飲料	53,968	50,434	51,517	70,157	67,873	64,853	54,979	50,164	54,598	71,052
東山										
飲用牛乳等	123,222	119,936	116,235	116,790	120,775	126,284	121,876	119,526	115,992	116,663
牛乳	123,222	119,936	116,235	116,790	120,775	126,284	121,876	119,526	115,992	116,663
うち業務用	4,995	5,364	5,570	5,443	5,619	4,237	5,122	5,399	5,691	5,376
学校給食用	8,845	8,408	7,976	6,955	7,759	9,128	8,682	8,323	7,543	7,308
加工乳・成分調整牛乳	-	-	-	-	-	-	-	-	-	-
うち業務用	-	-	-	-	-	-	-	-	-	-
成分調整牛乳	-	-	-	-	-	-	-	-	-	-
乳飲料	10,694	10,784	11,174	13,350	13,094	10,442	10,639	10,812	11,697	13,369
はっ酵乳	24,961	26,063	28,190	28,378	25,317	25,144	25,430	26,870	27,859	28,689
乳酸菌飲料	-	-	-	-	-	-	-	-	-	-

単位：kl

全国農業地域・牛乳等内訳	年 次 平成29年	30	令和元	2	3	年 度 平成28年度	29	30	令和元	2
東海										
飲用牛乳等	347,673	354,262	366,343	363,146	363,355	339,509	350,064	353,765	368,827	362,192
牛乳	312,496	322,194	325,841	321,259	322,705	303,672	315,617	322,357	326,288	320,298
うち業務用	29,207	35,270	34,653	26,848	40,479	27,421	30,974	34,934	32,747	30,242
学校給食用	48,498	46,371	46,533	40,255	46,274	49,029	47,850	46,289	43,776	42,965
加工乳・成分調整牛乳	35,177	32,068	40,502	41,887	40,650	35,837	34,447	31,408	42,539	41,894
うち業務用	4,598	4,517	4,638	5,624	6,925	4,287	4,142	4,588	5,519	5,232
成分調整牛乳	27,781	24,882	23,387	24,178	22,086	28,622	27,596	23,939	23,675	23,834
乳飲料	151,513	158,004	156,704	152,434	140,498	162,034	153,208	156,875	157,362	152,027
はっ酵乳	108,184	93,143	88,056	88,420	79,299	118,099	103,619	92,457	88,272	84,787
乳酸菌飲料	20,740	19,234	19,970	15,505	16,772	17,782	20,341	19,006	20,466	15,065
近畿										
飲用牛乳等	397,606	394,306	389,919	387,678	383,340	390,941	398,932	391,847	390,836	388,968
牛乳	360,407	361,005	360,595	359,802	358,384	353,348	362,325	360,134	361,121	361,884
うち業務用	34,438	30,938	36,070	35,512	40,051	35,266	33,414	30,629	37,124	36,131
学校給食用	52,063	51,659	52,165	45,871	54,489	51,216	51,810	51,860	49,096	49,636
加工乳・成分調整牛乳	37,199	33,301	29,324	27,876	24,956	37,593	36,607	31,713	29,715	27,084
うち業務用	41	35	30	10	–	40	44	29	31	3
成分調整牛乳	32,345	25,796	20,967	19,592	17,323	32,236	31,770	23,664	21,100	18,969
乳飲料	164,321	163,233	164,483	170,370	171,723	162,282	166,400	160,203	169,636	168,779
はっ酵乳	121,628	132,359	108,010	121,305	122,030	132,925	124,650	130,112	106,913	122,911
乳酸菌飲料	3,470	3,264	1,005	244	1,488	3,841	3,424	3,222	288	317
中国										
飲用牛乳等	261,924	261,106	261,675	243,233	249,221	253,432	261,516	260,145	257,835	244,174
牛乳	233,102	235,791	235,468	220,317	224,725	225,546	232,959	235,824	231,225	221,866
うち業務用	18,457	18,634	17,174	13,215	13,698	14,311	18,190	17,243	17,308	13,240
学校給食用	22,529	21,666	21,837	19,876	22,447	22,231	22,376	21,705	20,340	21,423
加工乳・成分調整牛乳	28,822	25,315	26,207	22,916	24,496	27,886	28,557	24,321	26,610	22,308
うち業務用	11,418	10,855	12,919	9,713	10,865	10,005	11,452	10,863	13,303	9,268
成分調整牛乳	17,681	14,151	13,084	13,035	13,478	17,472	17,399	13,165	13,129	12,875
乳飲料	126,714	105,073	99,066	84,872	79,048	133,576	122,817	100,069	98,392	83,258
はっ酵乳	71,560	70,248	70,675	70,553	68,459	75,996	71,394	70,504	70,540	69,890
乳酸菌飲料	6,053	11,222	5,165	7,532	8,137	9,126	6,819	9,895	4,965	8,475
四国										
飲用牛乳等	78,895	80,378	81,348	85,398	87,576	80,945	75,957	82,041	81,261	86,694
牛乳	75,261	76,981	78,580	82,801	85,134	77,114	72,378	78,730	78,597	84,130
うち業務用	9,631	10,493	8,667	8,372	9,073	9,199	10,193	9,402	8,901	8,173
学校給食用	10,432	10,246	10,210	9,242	10,265	10,190	10,275	10,300	9,510	9,910
加工乳・成分調整牛乳	3,634	3,397	2,768	2,597	2,442	3,831	3,579	3,311	2,664	2,564
うち業務用	–	–	–	–	–	–	–	–	–	–
成分調整牛乳	2,989	2,870	2,427	2,321	2,199	3,132	2,959	2,825	2,347	2,296
乳飲料	29,672	20,649	21,906	24,133	21,895	34,020	26,344	21,137	22,218	24,566
はっ酵乳	6,950	7,099	6,655	6,264	5,518	7,841	6,906	7,036	6,548	6,160
乳酸菌飲料	2,896	2,753	2,516	2,508	2,321	2,849	2,873	2,721	2,488	2,486
九州										
飲用牛乳等	374,032	380,314	386,049	396,801	392,325	363,699	375,965	381,648	388,704	397,141
牛乳	321,304	329,447	335,175	347,137	341,871	320,474	322,928	330,940	338,434	346,964
うち業務用	22,275	24,725	23,365	23,079	20,827	22,906	23,586	24,721	23,504	21,453
学校給食用	43,446	43,293	42,978	38,573	43,577	43,375	43,051	43,372	40,351	41,101
加工乳・成分調整牛乳	52,728	50,867	50,874	49,664	50,454	43,225	53,037	50,708	50,270	50,177
うち業務用	8,828	8,756	11,668	8,560	8,511	2,270	8,787	9,571	10,919	8,410
成分調整牛乳	49,962	47,105	46,813	47,494	46,302	40,604	49,737	46,812	46,847	47,357
乳飲料	96,396	95,773	106,150	109,804	110,161	99,509	93,529	99,557	107,384	110,253
はっ酵乳	62,674	58,988	57,637	54,480	50,885	67,486	62,117	58,188	57,540	52,974
乳酸菌飲料	7,383	8,829	8,155	6,273	5,648	8,113	7,396	9,259	7,524	5,683
沖縄										
飲用牛乳等	27,717	26,620	25,425	24,842	25,002	28,346	27,332	26,322	25,267	24,914
牛乳	21,791	21,081	20,460	20,042	20,489	22,323	21,493	20,847	20,398	20,211
うち業務用	1,348	1,395	1,358	1,212	1,255	1,294	1,365	1,396	1,338	1,202
学校給食用	6,493	6,439	6,248	5,387	5,740	6,503	6,390	6,455	5,958	5,648
加工乳・成分調整牛乳	5,926	5,539	4,965	4,800	4,513	6,023	5,839	5,475	4,869	4,703
うち業務用	166	246	256	191	208	194	179	254	244	191
成分調整牛乳	–	–	–	–	–	–	–	–	–	–
乳飲料	10,750	10,533	10,217	10,733	10,522	10,336	10,736	10,516	10,209	10,872
はっ酵乳	1,992	1,880	1,423	1,550	1,415	2,897	1,977	1,723	1,484	1,552
乳酸菌飲料	3,194	2,951	2,586	2,313	2,321	3,414	3,154	2,909	2,465	2,343

6 牛乳等生産量（地方農政局別）

単位：kl

地方農政局・牛乳等内訳	年			次		年			度	
	平成29年	30	令和元	2	3	平成28年度	29	30	令和元	2
関東農政局										
飲用牛乳等	1,251,999	1,249,170	1,267,723	1,298,149	1,304,318	1,249,153	1,246,808	1,255,580	1,275,482	1,303,458
牛乳	1,108,480	1,122,854	1,123,921	1,158,960	1,175,424	1,098,640	1,109,008	1,126,639	1,128,400	1,169,388
うち業務用	95,275	120,102	115,331	99,308	101,814	94,938	101,735	120,329	112,557	98,121
学校給食用	132,202	130,875	127,704	108,006	128,574	132,761	131,276	130,735	120,144	115,814
加工乳・成分調整牛乳	143,519	126,316	143,802	139,189	128,894	150,513	137,800	128,941	147,082	134,070
うち業務用	31,799	28,514	30,827	22,229	18,978	33,407	29,906	29,638	30,391	19,827
成分調整牛乳	81,975	67,147	72,980	72,461	61,838	86,695	78,969	66,791	73,767	70,706
乳飲料	515,196	494,845	495,546	492,171	457,238	538,062	508,588	491,988	503,453	482,587
はっ酵乳	623,560	627,495	616,627	633,065	626,713	607,133	628,569	626,404	619,034	631,968
乳酸菌飲料	54,999	51,422	52,446	71,051	68,080	65,946	55,998	51,138	55,519	71,929
東海農政局										
飲用牛乳等	275,330	281,699	293,981	278,787	279,995	265,447	278,528	281,471	293,475	277,896
牛乳	246,118	255,276	259,160	243,699	245,208	235,367	249,524	255,717	257,496	241,936
うち業務用	21,765	22,291	20,940	17,102	29,036	20,104	22,374	21,630	20,548	19,331
学校給食用	36,880	35,980	35,878	30,659	35,560	37,350	36,306	36,199	33,439	32,948
加工乳・成分調整牛乳	29,212	26,423	34,821	35,088	34,787	30,080	29,004	25,754	35,979	35,960
うち業務用	-	-	-	-	2,006	-	-	-	-	465
成分調整牛乳	26,776	24,065	22,657	23,534	21,416	27,687	26,604	23,184	22,949	23,191
乳飲料	123,645	132,505	129,237	121,710	121,744	130,457	126,502	131,925	128,021	122,385
はっ酵乳	100,704	86,826	82,266	82,655	72,252	110,519	96,440	86,236	82,562	78,945
乳酸菌飲料	19,709	18,246	19,041	14,611	16,565	16,689	19,322	18,032	19,545	14,188
中国四国農政局										
飲用牛乳等	340,819	341,484	343,023	328,631	336,797	334,377	337,473	342,186	339,096	330,868
牛乳	308,363	312,772	314,048	303,118	309,859	302,660	305,337	314,554	309,822	305,996
うち業務用	28,088	29,127	25,841	21,587	22,771	23,510	28,383	26,645	26,209	21,413
学校給食用	32,961	31,912	32,047	29,118	32,712	32,421	32,651	32,005	29,850	31,333
加工乳・成分調整牛乳	32,456	28,712	28,975	25,513	26,938	31,717	32,136	27,632	29,274	24,872
うち業務用	11,418	10,855	12,919	9,713	10,865	10,005	11,452	10,863	13,303	9,268
成分調整牛乳	20,670	17,021	15,511	15,356	15,677	20,604	20,358	15,990	15,476	15,171
乳飲料	156,386	125,722	120,972	109,005	100,943	167,596	149,161	121,206	120,610	107,824
はっ酵乳	78,510	77,347	77,330	76,817	73,977	83,837	78,300	77,540	77,088	76,050
乳酸菌飲料	8,949	13,975	7,681	10,040	10,458	11,975	9,692	12,616	7,453	10,961

注： 全国農業地域と区分が違う地方農政局の集計結果を掲載した。なお、本統計表に掲載していない地方農政局の集計結果は、前ページ「5　牛乳等生産量（全国農業地域別）」に掲載しており、東北農政局は「東北」、北陸農政局は「北陸」、近畿農政局は「近畿」、九州農政局は「九州」の集計結果と同じである。

7 乳製品生産量（全国）

年　次・年　度		全粉乳	脱脂粉乳	調製粉乳	ホエイパウダー	タンパク質含有量25%未満	タンパク質含有量25%以上45%未満	バター
		t	t	t	t	t	t	t
平成9年	(1)	18,890	199,853	37,635	…	…	…	87,192
10	(2)	18,665	201,770	34,470	…	…	…	88,931
11	(3)	17,833	191,119	35,864	…	…	…	85,349
12	(4)	18,331	193,758	33,584	…	…	…	87,579
13	(5)	17,803	175,071	33,465	…	…	…	79,537
14	(6)	16,580	182,518	37,318	…	…	…	82,744
15	(7)	16,136	182,618	36,957	…	…	…	80,079
16	(8)	14,942	182,657	34,758	…	…	…	80,097
17	(9)	14,366	186,766	32,037	…	…	…	84,070
18	(10)	13,794	180,750	31,189	…	…	…	80,476
19	(11)	14,027	172,545	30,039	…	…	…	75,058
20	(12)	13,543	158,179	30,197	…	…	…	71,698
21	(13)	12,565	167,256	34,914	…	…	…	80,998
22	(14)	13,250	155,625	32,942	…	…	…	73,621
23	(15)	14,302	137,141	27,559	…	…	…	62,845
24	(16)	12,451	138,598	23,914	…	…	…	68,984
25	(17)	10,765	136,354	22,915	…	…	…	68,303
26	(18)	12,077	119,844	26,659	…	…	…	60,762
27	(19)	11,862	128,610	26,309	…	…	…	64,810
28	(20)	11,505	127,598	27,657	…	…	…	66,210
29	(21)	9,415	121,063	26,728	19,008	18,956	53	59,808
30	(22)	9,795	120,004	27,771	19,367	19,311	56	59,499
令和元	(23)	9,994	124,900	27,336	19,371	19,332	39	62,441
2	(24)	9,067	139,953	28,232	18,859	18,818	41	71,520
3	(25)	8,959	154,890	26,157	19,238	19,213	26	73,317
平成9年度	(26)	18,378	201,997	37,146	…	…	…	87,618
10	(27)	18,524	198,088	34,615	…	…	…	88,111
11	(28)	18,215	196,556	34,859	…	…	…	89,562
12	(29)	17,989	184,650	34,625	…	…	…	79,929
13	(30)	17,456	177,855	34,006	…	…	…	83,172
14	(31)	17,021	178,905	36,876	…	…	…	79,598
15	(32)	15,010	184,372	36,427	…	…	…	81,566
16	(33)	14,659	182,656	35,269	…	…	…	80,555
17	(34)	14,523	189,737	31,225	…	…	…	85,467
18	(35)	13,882	177,036	29,740	…	…	…	78,001
19	(36)	13,825	171,441	30,561	…	…	…	75,058
20	(37)	13,573	155,282	30,591	…	…	…	71,898
21	(38)	12,010	170,179	35,829	…	…	…	81,972
22	(39)	14,242	148,786	32,015	…	…	…	70,119
23	(40)	13,166	134,912	24,830	…	…	…	63,071
24	(41)	12,307	141,431	24,742	…	…	…	70,118
25	(42)	11,016	128,818	24,344	…	…	…	64,302
26	(43)	11,604	120,922	25,609	…	…	…	61,652
27	(44)	12,526	130,184	27,101	…	…	…	66,295
28	(45)	10,382	123,500	27,739	…	…	…	63,583
29	(46)	9,866	121,581	26,963	19,615	19,565	50	59,996
30	(47)	9,623	120,065	27,445	18,965	18,911	53	59,828
令和元	(48)	10,297	130,497	27,541	19,190	19,147	43	65,495
2	(49)	7,893	140,440	28,402	18,720	18,685	34	70,959

注：　平成29年1月分から、「ホエイパウダー」の調査項目を追加し、また、「クリーム」の調査定義を変更した。
　　　なお、調査定義変更前の数値は、（　）書きで表示した。

クリーム	チーズ	直接消費用 ナチュラル チ ー ズ	加糖れん乳	無糖れん乳	脱脂加糖 れ ん 乳	乳脂肪分8% 以上のアイス ク リ ー ム	
t	t	t	t	t	t	kl	
(67, 999)	114, 041	13, 064	35, 408	2, 158	8, 089	117, 655	(1)
(70, 659)	123, 815	14, 539	33, 764	2, 149	7, 750	105, 653	(2)
(74, 723)	123, 538	15, 562	34, 961	1, 597	6, 448	109, 801	(3)
(73, 370)	121, 936	15, 228	34, 452	1, 641	5, 353	107, 539	(4)
(86, 663)	118, 723	14, 386	32, 117	1, 855	5, 644	108, 710	(5)
(91, 308)	116, 564	13, 692	30, 453	2, 452	5, 068	99, 765	(6)
(93, 228)	118, 778	13, 635	33, 921	1, 738	6, 453	103, 433	(7)
(91, 496)	119, 572	12, 323	34, 599	1, 649	5, 658	112, 622	(8)
(90, 985)	122, 549	13, 471	34, 366	1, 256	6, 737	116, 320	(9)
(95, 567)	124, 886	15, 770	34, 384	1, 137	5, 961	128, 585	(10)
(103, 109)	125, 392	17, 486	37, 458	1, 041	6, 349	134, 035	(11)
(107, 535)	118, 347	20, 649	36, 956	1, 016	6, 094	126, 179	(12)
(104, 898)	122, 129	19, 506	39, 203	943	5, 307	128, 614	(13)
(107, 441)	124, 964	19, 176	36, 314	921	4, 498	130, 589	(14)
(111, 681)	136, 249	25, 342	36, 463	820	4, 791	137, 072	(15)
(112, 995)	140, 979	27, 120	37, 800	723	4, 836	138, 046	(16)
(113, 502)	140, 078	27, 342	34, 553	679	3, 981	143, 433	(17)
(116, 911)	139, 519	27, 653	33, 829	677	4, 661	144, 724	(18)
(113, 796)	150, 247	26, 851	34, 722	635	4, 402	134, 093	(19)
(111, 029)	153, 436	27, 944	35, 323	601	4, 117	141, 767	(20)
115, 848	154, 923	29, 384	34, 635	470	3, 985	147, 708	(21)
116, 190	162, 360	29, 535	32, 412	461	3, 845	148, 253	(22)
116, 297	160, 880	29, 955	34, 203	419	3, 831	146, 909	(23)
110, 125	164, 667	31, 082	30, 329	388	3, 321	131, 543	(24)
119, 710	167, 910	33, 752	30, 652	375	3, 243	137, 382	(25)
(69, 306)	117, 081	13, 812	34, 754	2, 118	8, 241	111, 898	(26)
(72, 928)	123, 729	14, 827	33, 697	2, 034	7, 557	109, 369	(27)
(72, 396)	124, 941	15, 978	34, 756	1, 627	6, 073	116, 204	(28)
(79, 961)	120, 557	14, 628	34, 293	1, 674	4, 901	98, 366	(29)
(85, 695)	116, 362	14, 159	31, 899	1, 778	5, 806	105, 875	(30)
(92, 100)	118, 779	13, 448	31, 911	2, 573	5, 395	102, 427	(31)
(91, 915)	119, 342	13, 773	33, 106	1, 645	6, 047	103, 921	(32)
(91, 273)	119, 496	12, 104	35, 253	1, 528	5, 933	112, 622	(33)
(92, 053)	123, 170	13, 941	32, 282	1, 269	6, 723	119, 793	(34)
(97, 928)	124, 186	16, 267	36, 112	1, 106	6, 053	132, 290	(35)
(104, 156)	125, 763	18, 276	36, 453	1, 006	6, 140	132, 092	(36)
(107, 521)	116, 877	20, 204	38, 340	1, 016	6, 119	123, 569	(37)
(103, 663)	122, 997	19, 729	37, 730	944	4, 913	127, 632	(38)
(107, 984)	128, 286	21, 114	36, 254	882	4, 614	131, 875	(39)
(114, 211)	139, 422	25, 797	38, 081	795	4, 941	139, 426	(40)
(112, 897)	138, 510	26, 638	36, 110	695	4, 561	138, 737	(41)
(114, 508)	141, 306	27, 845	35, 697	700	4, 108	144, 898	(42)
(116, 176)	141, 160	27, 459	33, 653	689	4, 603	143, 075	(43)
(113, 142)	150, 107	26, 719	34, 560	647	4, 468	135, 660	(44)
(111, 884)	155, 213	28, 760	34, 851	586	4, 131	144, 186	(45)
116, 179	156, 352	29, 073	35, 339	415	3, 962	148, 960	(46)
116, 109	162, 776	29, 796	32, 217	441	3, 721	147, 301	(47)
115, 838	161, 749	30, 088	33, 265	460	3, 672	145, 258	(48)
110, 388	165, 200	31, 391	29, 848	317	3, 328	129, 819	(49)

7 乳製品生産量（全国）（続き）

年　次 月　別		全粉乳	脱脂粉乳	調製粉乳	ホエイパウダー	タンパク質含有量 25%未満	タンパク質含有量 25%以上45%未満	バター
		t	t	t	t	t	t	t
平成30年1月	(50)	1,037	11,466	1,965	1,805	1,803	2	5,884
2	(51)	961	9,667	2,484	1,815	1,808	7	5,000
3	(52)	1,324	12,273	2,617	2,071	2,069	3	6,299
4	(53)	844	11,666	2,099	1,715	1,711	4	5,986
5	(54)	940	11,046	2,361	1,674	1,671	2	5,804
6	(55)	860	9,391	2,708	1,614	1,610	4	4,823
7	(56)	710	8,650	2,058	1,603	1,595	9	4,687
8	(57)	857	9,581	2,097	1,567	1,562	5	4,932
9	(58)	477	7,278	1,786	1,150	1,143	7	3,117
10	(59)	479	7,811	2,644	1,312	1,308	4	3,760
11	(60)	536	8,584	2,609	1,367	1,363	4	3,747
12	(61)	770	12,592	2,345	1,672	1,668	4	5,460
31年1月	(62)	1,108	10,984	2,156	1,734	1,728	6	6,111
2	(63)	978	9,720	2,290	1,642	1,639	3	4,953
3	(64)	1,063	12,762	2,295	1,914	1,914	－	6,448
4	(65)	877	12,226	2,024	1,623	1,622	1	6,071
令和元年5月	(66)	1,001	11,591	2,421	1,745	1,741	4	5,974
6	(67)	739	9,749	2,613	1,633	1,629	4	4,999
7	(68)	851	10,439	2,196	1,621	1,617	4	5,465
8	(69)	839	9,099	1,469	1,480	1,475	5	4,721
9	(70)	396	7,837	2,032	1,418	1,414	4	3,833
10	(71)	551	8,493	2,787	1,445	1,444	1	3,978
11	(72)	695	9,218	2,878	1,513	1,511	3	4,108
12	(73)	896	12,783	2,175	1,603	1,599	4	5,780
2年1月	(74)	1,113	12,525	1,976	1,690	1,686	4	6,526
2	(75)	1,036	11,950	2,428	1,482	1,477	4	6,040
3	(76)	1,303	14,588	2,541	1,936	1,932	3	8,000
4	(77)	1,071	14,118	2,262	1,670	1,668	3	8,472
5	(78)	819	13,680	2,349	1,994	1,993	1	7,555
6	(79)	513	10,197	2,787	1,642	1,639	3	5,478
7	(80)	621	9,895	2,799	1,462	1,458	4	5,029
8	(81)	687	9,804	2,074	1,427	1,422	6	5,127
9	(82)	286	8,267	2,012	1,387	1,383	4	3,970
10	(83)	380	10,212	2,538	1,372	1,366	6	4,652
11	(84)	474	11,001	2,518	1,277	1,277	－	4,679
12	(85)	764	13,715	1,948	1,519	1,517	2	5,992
3年1月	(86)	696	13,414	2,107	1,578	1,577	1	7,077
2	(87)	736	11,609	2,075	1,615	1,612	3	6,001
3	(88)	846	14,527	2,933	1,775	1,774	1	6,927
4	(89)	854	14,125	2,386	1,693	1,693	－	7,057
5	(90)	1,105	14,018	2,019	1,713	1,710	3	7,095
6	(91)	567	12,068	2,143	1,623	1,621	1	5,721
7	(92)	851	12,305	2,184	1,601	1,599	2	5,562
8	(93)	778	12,269	1,350	1,500	1,496	4	6,037
9	(94)	655	10,571	2,137	1,528	1,524	4	4,910
10	(95)	544	11,482	2,031	1,575	1,574	1	5,135
11	(96)	519	12,778	2,557	1,451	1,450	2	5,156
12	(97)	806	15,724	2,235	1,587	1,584	3	6,639

クリーム	チーズ	直接消費用ナチュラルチーズ	加糖れん乳	無糖れん乳	脱脂加糖れん乳	乳脂肪分8%以上のアイスクリーム	
t	t	t	t	t	t	kl	
9,278	12,192	2,330	3,827	55	373	9,277	(50)
9,146	12,303	2,251	3,299	46	435	10,769	(51)
10,312	14,059	2,565	3,654	12	292	12,777	(52)
9,814	14,200	2,482	3,629	46	263	13,277	(53)
9,722	13,188	2,457	2,710	29	397	14,631	(54)
9,139	13,729	2,349	2,618	57	279	14,746	(55)
9,154	13,875	2,473	2,101	54	481	14,451	(56)
9,212	12,822	2,438	2,476	49	344	14,051	(57)
9,268	12,040	2,246	1,369	36	253	10,976	(58)
9,833	14,920	2,667	1,693	24	245	14,400	(59)
10,534	14,906	2,614	2,029	46	195	11,358	(60)
10,777	14,126	2,665	3,006	8	286	7,540	(61)
9,326	12,486	2,523	3,556	34	362	9,344	(62)
9,125	12,578	2,307	3,446	29	324	9,957	(63)
10,204	13,907	2,576	3,585	29	290	12,570	(64)
10,166	14,547	2,429	3,390	36	331	15,012	(65)
9,388	13,215	2,562	3,318	29	399	12,076	(66)
9,056	13,127	2,348	2,362	40	243	13,307	(67)
9,442	13,824	2,411	2,752	47	508	14,027	(68)
9,117	12,611	2,507	2,836	30	415	13,573	(69)
9,049	12,198	2,373	1,415	40	208	11,955	(70)
9,972	14,227	2,590	1,743	36	194	14,092	(71)
10,449	14,351	2,721	2,548	33	272	12,055	(72)
11,004	13,809	2,607	3,253	36	284	8,941	(73)
9,542	12,466	2,418	3,588	41	338	8,858	(74)
9,286	12,916	2,417	2,940	40	268	10,473	(75)
9,368	14,458	2,705	3,119	53	212	10,889	(76)
7,541	14,851	2,488	3,014	26	232	12,272	(77)
8,566	13,039	2,822	2,484	9	414	8,891	(78)
8,524	14,300	2,594	2,415	9	359	12,094	(79)
9,180	14,179	2,574	2,173	19	335	13,700	(80)
8,604	12,671	2,589	1,865	48	241	11,298	(81)
8,592	13,702	2,506	1,193	37	235	11,012	(82)
9,873	14,860	2,726	2,016	37	225	13,095	(83)
10,388	13,680	2,596	2,533	48	186	11,045	(84)
10,660	13,545	2,647	2,988	22	276	7,916	(85)
8,728	12,497	2,464	3,234	29	319	7,914	(86)
8,798	12,822	2,523	2,753	22	248	8,965	(87)
10,933	15,054	2,862	3,180	11	257	11,617	(88)
9,300	15,230	2,902	2,811	19	151	12,151	(89)
9,716	13,139	2,762	2,081	34	285	11,201	(90)
9,631	14,236	2,692	2,518	48	444	13,164	(91)
10,440	14,126	2,994	2,423	28	209	13,750	(92)
9,109	13,300	2,886	2,268	33	294	13,028	(93)
9,583	13,705	2,981	1,882	18	330	12,428	(94)
10,326	14,793	2,938	2,494	30	177	10,939	(95)
11,431	14,990	2,852	2,421	61	225	12,810	(96)
11,716	14,020	2,897	2,587	43	302	9,415	(97)

参考1 乳用牛の年次別飼養戸数及び頭数（2月1日現在）

年次	飼養戸数	飼養頭数（めす）合計	計	2 歳 以 上 計	経 産 牛 小計	経 産 牛 搾乳牛	経 産 牛 乾乳牛	未経産牛	子畜 2歳未満の未経産牛	搾乳牛頭数割合	子畜頭数割合	1戸当たり飼養頭数	対前年比 飼養戸数	対前年比 飼養頭数
	千戸	千頭	千頭	千頭	千頭	千頭	千頭	千頭	千頭	%	%	頭	%	%
平成9年	39.4	1,899.0	1,320.0	1,205.0	1,032.0	172.6	115.3	578.4		85.6	30.5	48.2	94.7	98.5
10	37.4	1,860.0	1,301.0	1,190.0	1,022.0	168.1	111.0	558.6		85.9	30.0	49.7	94.9	97.9
11	35.4	1,816.0	1,279.0	1,171.0	1,008.0	163.5	107.2	537.4		86.1	29.6	51.3	94.7	97.6
12	33.6	1,764.0	1,251.0	1,150.0	991.8	157.9	101.4	513.2		86.2	29.1	52.5	94.9	97.1
13	32.2	1,725.0	1,221.0	1,124.0	971.3	153.1	96.2	504.7		86.4	29.3	53.6	95.8	97.8
14	31.0	1,726.0	1,219.0	1,126.0	966.1	160.3	92.7	506.7		85.8	29.4	55.7	96.3	100.1
15	29.8	1,719.0	1,210.0	1,120.0	964.2	156.0	89.4	509.2		86.1	29.6	57.7	96.1	99.6
16	28.8	1,690.0	1,180.0	1,088.0	935.8	152.0	92.1	510.5		86.0	30.2	58.7	96.6	98.3
17	27.7	1,655.0	1,145.0	1,055.0	910.1	144.9	89.8	510.2		86.3	30.8	59.7	96.2	97.9
18	26.6	1,636.0	1,131.0	1,046.0	900.0	146.1	84.6	505.3		86.0	30.9	61.5	96.0	98.9
19	25.4	1,592.0	1,093.0	1,011.0	871.2	140.1	81.2	499.6		86.2	31.4	62.7	95.5	97.3
20	24.4	1,533.0	1,075.0	998.2	861.5	136.7	76.5	458.0		86.3	29.9	62.8	96.1	96.3
21	23.1	1,500.0	1,055.0	985.2	848.0	137.2	69.6	445.1		86.1	29.7	64.9	94.7	97.8
22	21.9	1,484.0	1,029.0	963.8	829.7	134.1	65.6	454.9		86.1	30.7	67.8	94.8	98.9
23	21.0	1,467.0	999.6	932.9	804.7	128.2	66.7	467.8		86.3	31.9	69.9	95.9	98.9
24	20.1	1,449.0	1,012.0	942.6	812.7	129.9	69.7	436.7		86.2	30.1	72.1	95.7	98.8
25	19.4	1,423.0	992.1	923.4	798.3	125.1	68.7	431.3		86.5	30.3	73.4	96.5	98.2
26	18.6	1,395.0	957.8	893.4	772.5	121.0	64.4	436.8		86.5	31.3	75.0	95.9	98.0
27	17.7	1,371.0	934.1	869.7	750.1	119.6	64.4	437.2		86.2	31.9	77.5	95.2	98.3
28	17.0	1,345.0	936.7	871.0	751.7	119.3	65.8	408.3		86.3	30.4	79.1	96.0	98.1
29	16.4	1,323.0	913.8	852.1	735.2	116.9	61.7	409.3		86.3	30.9	80.7	96.5	98.4
30	15.7	1,328.0	906.9	847.2	731.1	116.1	59.7	421.1		86.3	31.7	84.6	95.7	100.4
31	15.0	1,332.0	900.5	839.2	729.5	109.7	61.3	431.1		86.9	32.4	88.8	95.5	100.3
31 (参考値)	14.9	1,339.0	903.7	840.7	717.0	123.7	63.0	435.7		85.3	32.5	89.9	nc	nc
令和2	14.4	1,352.0	900.3	838.9	715.4	123.5	61.4	452.0		85.3	33.4	93.9	96.6	101.0
3	13.8	1,356.0	909.9	849.3	726.0	123.3	60.6	445.8		85.5	32.9	98.3	95.8	100.3
4	13.3	1 371.0	924.0	861.7	736.5	125.2	62.3	447.2		85.5	32.6	103.1	96.4	101.1

注：1 この統計表は、「畜産統計」（農林水産省統計部）によるものである（ただし、平成12年は畜産予察調査及び情報収集等による。）。
　　2 表示単位未満を四捨五入している関係で内訳の計は必ずしも総数に一致しない。
　　3 平成31年（参考値）及び令和2年以降の数値は、牛個体識別全国データベース等の行政記録情報を用いて集計した加工統計である。
　　4 令和2年の対前年比は、平成31年（参考値）との比較である。

参考2 経産牛1頭当たり搾乳量

単位：kg

年 度	全 国	北 海 道	都 府 県
平成9年度	7,206	7,309	7,134
10	7,242	7,392	7,132
11	7,336	7,433	7,263
12	7,401	7,380	7,416
13	7,388	7,481	7,312
14	7,462	7,630	7,325
15	7,613	7,729	7,518
16	7,732	7,753	7,714
17	7,894	7,931	7,861
18	7,867	7,849	7,879
19	7,988	8,032	7,945
20	8,012	8,046	7,977
21	8,088	8,027	8,149
22	8,047	8,046	8,048
23	8,034	7,988	8,083
24	8,154	8,017	8,306
25	8,198	8,056	8,356
26	8,316	8,218	8,425
27	8,511	8,407	8,631
28	8,522	8,394	8,674
29	8,581	8,518	8,655
30	8,636	8,568	8,719
令和元	8,767	8,945	8,554
2	8,806	8,943	8,640
3	8,938	9,066	8,779

注：この統計表は、「牛乳乳製品統計調査」及び「畜産統計」（農林水産省統計部）の結果を用いて、次の計算式により算出した。

$$\frac{年度生乳生産量}{（当該年経産牛頭数＋翌年経産牛頭数）\times 1／2}$$

なお、令和3年度の算出に使用した「令和3年度（令和3年4月〜令和4年3月）の生乳生産量」は概数値である。
また、令和元年度以降の算出に使用した経産牛頭数の数値は、牛個体識別全国データベース等の行政記録情報を用いて集計した加工統計である。

付　表
調　査　票

別記様式第1号（第5条関係）

秘
農林水産省

統計法に基づく基幹統計
牛乳乳製品統計

政府統計

令和　　年
基礎調査票
牛乳乳製品統計調査

記入者氏名

	調査年	都道府県	管理番号	分類符号	工　場

統計法に基づく国の統計調査です。調査票情報の秘密の保護に万全を期します。
・網掛け部分は記入の必要はありません。

1　経営組織
1：会社・協同組合
2：農業協同組合
3：個人・その他

2　常用従業者数（12月31日現在）
　　　　人

3　生乳の送受乳量及び処理内訳（12月の月間）　単位：t

受乳量

区　分	計	生産者	集乳所から	他工場・処理場から		総処理量	牛乳等向け		乳製品向け		欠　減
		県　内	県　外	県　内	県　外			うち、クリーム向け	うち、チーズ向け	うち、脱脂濃縮乳向け	うち、濃縮乳向け
12月の月間											

生乳の処理内訳

4　牛乳等の生産量及び出荷状況（1月～12月）　単位：kl

区　分	計	牛乳	加工乳・成分調整牛乳		乳飲料	はっ酵乳	乳酸菌飲料
			うち、学校給食用	うち、業務用			
1月～12月							

飲用牛乳向け

飲用牛乳等の県外出荷の実績又は予定の有無（1月～12月）
有る：1　無し：2　□

5　飲用牛乳等の容器容量別生産量（10月の月間）　単位：kl

区　分	計	ガラスびん		紙製容器		その他
		500ml未満	500ml以上	500ml未満	500ml以上	
牛乳　（10月の月間）						
加工乳・成分調整牛乳（10月の月間）						

6　生産能力（12月31日現在）

区　分	生乳の貯乳能力（t）	飲用乳等（1/h）	はっ酵乳（1/h）	粉乳（kg/日）	バター		クリーム（kg/h）	チーズ		れん乳（kg/バッチ）
					バッチ式（1/バッチ）	連続式（kg/h）		バッチ式（1/バッチ）	連続式（kg/h）	
生産能力（12月31日現在）										

7　乳製品の生産量（1月～12月）及び年末在庫量（12月31日現在）　単位：kg

区　分	全粉乳	脱脂粉乳	調製粉乳	ホエイパウダー	粉乳 バター		クリーム	チーズ	れん乳			
					うち、カカオ脂含有量25%未満	うち、カカオ脂含有量25～45%			加糖れん乳	無糖れん乳	脱脂加糖れん乳	うち、直接消費用 チョコレートベース
												乳脂肪分8%以上のクリーム（単位：kl）
生産量（1月～12月）												
在庫量（合計）（12月31日現在）												
在庫量（国産）（12月31日現在）												
在庫量（輸入）（12月31日現在）												

注：年末在庫量については、本社が複数の工場・倉庫分を一括で把握している場合は記入する必要はありません。

SYSTEMS

別記様式第2号（第5条関係）

SAMPLE

5	1	3	1

牛乳乳製品統計調査

月 別 調 査 票 （牛乳処理場・乳製品工場用）

（令和　　年　　月分）

政府統計

統計法に基づく国の
統計調査です。調査
票情報の秘密の保護
に万全を期します。

入 力 方 向

秘
農林水産省

統計法に基づく基幹統計
牛乳乳製品統計

・記載は、1枠1文字で記入してください。
・網掛け部分は記入の必要はありません。
・この調査票は、直接機械で読みとりますので、汚したりしないでください。
　また、数字の記入に当たっては以下の記入見本を参考にして黒い鉛筆を使用し、間違えた場合には消しゴムできれいに消してください。

記入見本　0 1 2 3 4 5 6 7 8 9

調査年	調査月	都道府県	管理番号	工場	記入者氏名

1　生乳の送受乳量及び繰越、繰入量（トン単位で記入してください。）

単位：t

生産者・集乳所からの受乳量		他工場・処理場からの受乳量		他工場・処理場への送乳量		先月からの繰入量（キ）	翌月への繰越量（ク）
県内から（ア）	県外から（イ）	県内から（ウ）	県外から（エ）	県内へ（オ）	県外へ（カ）		

（イ）の内訳			（エ）の内訳			（カ）の内訳		
都道府県名	受乳量		都道府県名	工場・処理場名	受乳量	都道府県名	工場・処理場名	送乳量

単位：t（各内訳）

2　生乳の処理量　（トン単位で記入してください。）

単位：t

生乳処理量 (ア)+(イ)+(ウ)+(エ)-(オ)-(カ)+(キ)-(ク)	処理内訳								欠減
	牛乳等向け	うち、業務用向け	乳製品向け	うち、チーズ向け	うち、クリーム向け	うち、脱脂濃縮乳向け	うち、濃縮乳向け		

3　牛乳等の生産量　（キロリットル単位で記入してください。）

単位：kl

計 (ケ)+(コ)	飲用乳等				加工乳・成分調整牛乳（コ）	うち、業務用	うち、成分調整牛乳	乳飲料	はっ酵乳	乳酸菌飲料
	牛乳（ケ）	うち、業務用		学校給食用						

4　飲用牛乳等の都道府県別出荷量　（キロリットル単位で記入してください。）

単位：kl

番号	都道府県名	自県								
出荷量										

番号	都道府県名									
出荷量										

5　乳製品の生産量及び月末在庫量　（キログラム単位で記入してください。ただし、アイスクリームはキロリットル単位で記入してください。）

単位：kg

区分	全粉乳	脱脂粉乳	調製粉乳	ホエイパウダー	うち、タンパク質含有量25％未満	うち、タンパク質含有量25～45％
生産量						
在庫量（合計）						
在庫量（国産）						
在庫量（輸入）						

区分	バター	クリーム	チーズ	うち、直接消費用ナチュラルチーズ	加糖れん乳	無糖れん乳
生産量						
在庫量（合計）						
在庫量（国産）						
在庫量（輸入）						

区分	脱脂加糖れん乳	乳脂肪分8％以上のアイスクリーム（単位：kl）
生産量		

注：月末在庫量については、本社が複数の工場・倉庫分を一括で把握している場合は記入する必要はありません。

別記様式第3号（第5条関係）

5 1 4 1

秘
農林水産省

統計法に基づく基幹統計
牛乳乳製品統計

政府統計

統計法に基づく国の統
計調査です。調査票情
報の秘密の保護に万全
を期します。

入 力 方 向

牛乳乳製品統計調査

月 別 調 査 票 （本社用）

（令和　年　月分）

・記載は、1枠1文字で記入してください。
・網掛け部分は記入の必要はありません。
・この調査票は、直接機械で読みとりますので、汚したりしないでください。
　また、数字の記入に当たっては以下の記入見本を参考にして黒い鉛筆を使用し、間違えた場合には消しゴムできれいに消してください。

	記入見本	都道府県	管理番号				工場	
	0 1 2 3 4 5 6 7 8 9	::	: : :				: :	: :

	調査年	調査月
	: : :	: :

記入者氏名

乳製品の月末在庫量（キログラム単位で記入してください。）

単位：kg

区　分	全粉乳	脱脂粉乳		バター
			うち、タンパク質含有量25%未満	
在　庫　量（合　計）	: :	: :	: :	: :
在　庫　量（国　産）	: :	: :	: :	: :
在　庫　量（輸　入）	: :	: :	: :	: :

区　分	ホエイパウダー		
		うち、タンパク質含有量25%未満	うち、タンパク質含有量25〜45%
在　庫　量（合　計）	: :	: :	: :
在　庫　量（国　産）	: :	: :	: :
在　庫　量（輸　入）	: :	: :	: :

注：　月末現在で、倉庫に在庫として存在している乳製品の実数量を記入してください。
　　　帳簿上の動きではなく、実際の荷動きについて記入してください。

SAMPLE

令和3年　牛乳乳製品統計

令和5年2月　発行　　　　　　定価は表紙に表示してあります。

編集　　〒100-8950　東京都千代田区霞が関1－2－1
　　　　　農林水産省大臣官房統計部

発行　　〒141-0031　東京都品川区西五反田7-22-17　TOCビル
　　　　　一般財団法人　農林統計協会
　　　　　振替　00190-5-70255　TEL 03(3492)2987

ISBN978-4-541-04427-3　C3061